Progress in Mathematics
Volume 115

Integrable Systems

The Verdier Memorial Conference

Actes du Colloque International de Luminy

Olivier Babelon
Pierre Cartier
Yvette Kosmann-Schwarzbach
Editors

Springer Science+Business Media, LLC

Olivier Babelon
CNRS-Université de Paris VI
L.P.T.H.E. Tour 16
4, place Jussieu
75252 Paris Cedex 05
France

Pierre Cartier
Ecole Normale Supérieure de Paris
15 rue d'Ulm
75005 Paris Cedex
France

Yvette Kosmann-Schwarzbach
Centre de Mathématiques
Ecole Polytechnique
91128 Palaiseau
France

Library of Congress Cataloging-in Publication Data

Integrable systems : in memory of Jean-Louis Verdier : actes du colloque international de Luminy / Olivier Babelon, Pierre Cartier, Yvette Kosmann-Schwarzbach, editors.
p. cm. -- (Progress in mathematics : v. 115)
Includes bibliographical references and index.

1. Geometry, Differential--Congresses. 2. Hamiltonian systems--Congresses. I. Verdier, Jean-Louis. II. Babelon, Olivier, 1951- . III. Cartier, P. (Pierre) IV. Kosmann-Schwarzbach, Yvette, 1941- V. Series: Progress in mathematics ; vol. 115.
QA641.I55 1993 93-40972
514'.74--dc20 CIP

Printed on acid-free paper

Typeset by the Authors in TEX and AMSTEX

ISBN 978-0-8176-3653-1 ISBN 978-1-4612-0315-5 (eBook)
DOI 10.1007/978-1-4612-0315-5

9 8 7 6 5 4 3 2 1

Jean-Louis Verdier (1935–1989)
Photograph by Joëlle Pichaud

Contents

Preface ix

Introduction

Hommage à Jean-Louis Verdier: au jardin des systèmes intégrables
D. Bennequin 1

Part I. Algebro-Geometric Methods and τ-Functions

Compactified Jacobians of Tangential Covers
A. Treibich 39

Heisenberg Action and Verlinde Formulas
B. van Geemen and E. Previato 61

Hyperelliptic Curves that Generate Constant Mean Curvature Tori in $\mathbb{R}^3$
N. M. Ercolani, H. Knörrer, and E. Trubowitz 81

Modular Forms as τ-Functions for Certain Integrable Reductions of the Yang-Mills Equations
L. A. Takhtajan 115

The τ-Functions of the $\mathfrak{g}$AKNS *Equations*
G. Wilson 131

On Segal-Wilson's Definition of the τ-Function and Hierarchies AKNS-D *and* mcKP
L. A. Dickey 147

The Boundary of Isospectral Manifolds, Bäcklund Transforms and Regularization
P. van Moerbeke 163

Part II. Hamiltonian Methods

The Geometry of the Full Kostant-Toda Lattice
N. M. Ercolani, H. Flaschka, and S. Singer 181

Deformations of a Hamiltonian Action of a Compact Lie Group
V. Guillemin 227

Linear-Quadratic Metrics "Approximate" any Nondegenerate, Integrable Riemannian Metric on the 2-Sphere and the 2-Torus
A. T. Fomenko 235

Canonical Forms for Bihamiltonian Systems
P. J. Olver 239

Bihamiltonian Manifolds and Sato's Equations
P. Casati, F. Magri, and M. Pedroni 251

Part III. Solvable Lattice Models

Generalized Chiral Potts Models and Minimal Cyclic Representations of $U_q(\widehat{\mathfrak{gl}}(n,C))$
E. Date 275

Infinite Discrete Symmetry Group for the Yang-Baxter Equations and their Higher Dimensional Generalizations
M. Bellon, J.-M. Maillard, and C. Viallet 277

Part IV. Topological Field Theory

Integrable Systems and Classification of 2-Dimensional Topological Field Theories
B. Dubrovin 313

List of Participants 361

Index 365

Preface

This book constitutes the proceedings of the International Conference on Integrable Systems in memory of J.-L. Verdier. It was held on July 1–5, 1991 at the Centre International de Recherches Mathématiques (C.I.R.M.) at Luminy, near Marseille (France). This collection of articles, covering many aspects of the theory of integrable Hamiltonian systems, both finite- and infinite-dimensional, with an emphasis on the algebro-geometric methods, is published here as a tribute to Verdier who had planned this conference before his death in 1989 and whose active involvement with this topic brought integrable systems to the fore as a subject for active research in France.

The death of Verdier and his wife on August 25, 1989, in a car accident near their country house, was a shock to all of us who were acquainted with them, and was very deeply felt in the mathematics community. We knew of no better way to honor Verdier's memory than to proceed with both the School on Integrable Systems at the C.I.M.P.A. (Centre International de Mathématiques Pures et Appliquées in Nice), and the Conference on the same theme that was to follow it, as he himself had planned them. D. Bennequin, P. Cartier and A. Chenciner agreed to join O. Babelon and Y. Kosmann-Schwarzbach to form a new organizing committee, chaired by P. Cartier. The final list of speakers at the Conference was very close to the original list of invitations discussed with Verdier himself, and the invited participants included ten students chosen from among those who had attended the C.I.M.P.A. School, as originally planned by Verdier.

The refereed articles in this volume represent the advances in the field of complete integrability that were reported at the Luminy conference. In many cases, articles have been updated for publication. In two instances, where the results had been previously published, only summaries with references appear here. The articles represent very diverse methods and report very diverse results. This is a reflection of the complexity and richness of the field of research that is referred to as the theory of completely integrable systems.

In his preliminary text, D. Bennequin takes us into "the garden of integrable systems." He surveys the evolution of the subject, from Abel onwards, explaining the connections with the classical theory of elliptic functions, describing how algebraic curves and the infinite Grassmannian came to play a prominent role in the theory. He then analyzes the important contributions that Verdier made in this area.

The first part of this book contains articles that make essential use of Riemann surfaces and their theta functions in order to construct classes of solutions of integrable systems, and articles dealing with the tau-functions that generalize the classical theta functions. The first three papers in this part exemplify the algebro-geometric methods, while the next four deal more specifically with the tau-functions in their various guises.

A. Treibich, who was a close collaborator of Verdier, studies the family of elliptic solitons of the Kadomtsev–Petviashvili hierarchy associated with a projective curve, showing that if Γ is a tangential cover of an elliptic curve E, then its compactified Jacobian covers a symmetric power of E.

In an article written with B. van Geemen, E. Previato, who also collaborated with Verdier, describes recent work on the space of higher-order nonabelian theta functions over a Riemann surface of genus at least two, whose dimension is given by the Verlinde numbers, arising in the fusion rules of conformal field theory, and some connections of nonabelian theta functions with the Schottky problem.

The lecture of H. Knörrer, describing his work with N. Ercolani and E. Trubowitz, deals with the immersed submanifolds of $\mathbb{R}^3$ with constant mean curvature. The link with integrable systems lies in the fact that such immersions can be found by solving the elliptic sinh–Gordon equation, quasi-periodic solutions of which can be constructed by means of the Riemann theta function of hyperelliptic curves.

In the following articles the tau-functions of various integrable systems play a prominent part.

L. Takhtajan's paper shows that classical modular forms generate a tau-function for several integrable reductions of the self-dual Yang–Mills equations, and therefore general classes of solutions of many equations, in $0+1$, $1+1$, and $2+1$ dimensions.

G. Wilson reviews the generalized Ablowitz–Kaup–Newell–Segur equations associated with a simple Lie algebra, $\mathfrak{g}$, namely the evolution equations equivalent to the zero-curvature equation for a connection obtained from a "bare" connection by the dressing action of the associated loop group. He shows that, when $\mathfrak{g}$ is simply laced, solutions of the $\mathfrak{g}$AKNS equations can be obtained in terms of tau-functions, which he defines by means of the canonical trivialization of the fibration of the central extension of the loop group over the "big cell" in the loop group.

By redefining the tau-function of Segal and Wilson, L. Dickey is able to determine a tau-function for the hierarchies generated by matrix first-order differential operators which generalize the AKNS equations and for the multi-component KP hierarchies.

P. van Moerbeke studies the blowing-up of a solution of the Korteweg–de Vries equation with respect to a complexified time variable, and, more generally, the compactification of isospectral manifolds of differential operators. He then poses and answers analagous questions for the isospectral families of periodic Jacobi matrices.

In the second part of the book, the main emphasis is on the Hamiltonian formalism, and for the last two papers in this part, on the bihamiltonian formalism, while the first one is an illustration of the interplay of the Hamiltonian and the algebro-geometric methods in the study of integrability.

The joint work of N. M. Ercolani, H. Flaschka and S. Singer was presented in Flaschka's lecture on the geometry of the Kostant–Toda lattice, whose Lax matrix has entries below, on and just above the diagonal, the latter being all equal to 1. Using ideas from complex algebraic geometry, they prove the complete integrability of this system, and they determine its constants of motion, which are rational (rather than polynomial) functions on the phase-space.

Studying the vertex set of a Hamiltonian action of a compact commutative Lie group on a compact symplectic manifold, i.e., the image under the moment map of the set of fixed points, V. Guillemin proves a local rigidity theorem for Hamiltonian actions.

In his short contribution, A.T. Fomenko states a conjecture regarding the determination of all the integrable geodesic flows on two-dimensional compact manifolds.

P.J. Olver uses his classification of bihamiltonian structures based on the double Darboux theorem of Turiel in order to draw a list of canonical forms for bihamiltonian systems, and he obtains criteria for both the local and global integrability of such systems.

In the lecture of F. Magri, written in collaboration with P. Casati and M. Pedroni, the theory of soliton equations is presented from the Hamiltonian point of view, the hierarchies of bihamiltonian equations being generated by the Casimir functions of a pencil of Poisson brackets. It is shown that Sato's operator corresponds to the differential of a Casimir function expressed in terms of pseudodifferential operators, and Sato's equations to the vanishing of Poisson brackets on one-forms.

The third part of the book contains two papers that deal with the theory of two-dimensional solvable lattice models in which the quantum Yang–Baxter equation plays a fundamental role.

E. Date's contribution is a summary of his work on the finite-dimensional cyclic representations of the quantum groups at roots of unity and their relation with the two-dimensional lattice models associated with higher genus algebraic curves.

In his lecture, J.-M. Maillard presented his joint work with M. Bellon and C. M. Viallet, showing that the quantum Yang–Baxter equation admits a symmetry group which acts by birational projective transformations on the algebraic varieties which parametrize the solutions of the equation, and he discussed the generalization of these results to the tetrahedron and hyper-simplicial equations that are the analogues of the QYBE for lattices of dimension 3 or more.

In the concluding article, B. Dubrovin shows the interrelations of many aspects of the integrability of the hierarchies of Hamiltonian systems with topological field theory (TFT). He defines the limiting or "averaging" process of a hierarchy and of the tau-function which yields a system of partial equations whose coefficients induce a Frobenius structure on the invariant manifolds of the hierarchy, and hence a solution of the Witten–Dijkgraff–E. Verlinde–H. Verlinde (WDVV) equations from 2-dimensional TFT. The bihamiltonian structure of the integrable hierarchy is used in the calculation of higher genus corrections, and the WDVV equations are shown to specify the periods of the Abelian differentials of Riemann surfaces as functions on moduli spaces of these surfaces, so that both the bihamiltonian approach and the algebro-geometric methods enter the theory.

The Conference was funded by the C.I.R.M. and by the Société Mathématique de France. Additional support was provided by the French Ministry of Foreign Affairs, and grants were offered by the University of Paris VII, the U.F.R. de Mathématiques et Informatique of the University of Paris VII and the C.N.R.S. research unit U.R.A. 212 (Théories Géométriques). Financial support also came from the Fédération Française des Sociétés d'Assurances and is hereby gratefully acknowledged. We thank in particular our friend and colleague, Prof. M. Flato, who helped us with the fundraising even though he was not free to participate in the Conference.

It is a pleasure to thank the C.I.R.M. and its director, G. Lachaud, for a well-organized and very pleasant conference in the beautiful surroundings of Luminy, and the C.I.M.P.A. and its managing director, J.-M. Lemaire, for providing financial support for the students of the School on Integrable Systems who participated in the Conference.

We thank the editors of the series Progress in Mathematics for offering to publish this volume, and the staff of Birkhäuser Publishing Company for their help and efficient work.

The long-term planning and organizational work were performed with the secretarial assistance of Madame Claudine Roussel, from the University of Paris VII, who joined us at Luminy to handle some of the day-to-day needs of the conference. She also assisted us in the editing of this volume and the forthcoming volume of the courses given at the C.I.M.P.A. school. In the name of all the participants in the conference, we thank her for her expert and invariably cheerful collaboration.

Paris, February 1993

O. Babelon

P. Cartier

Y. Kosmann-Schwarzbach

INTRODUCTION

Hommage à Jean-Louis Verdier : au jardin des systèmes intégrables

Daniel Bennequin

Quel chemin mystérieux mène des théories cohomologiques et des catégories dérivées aux équations non linéaires et aux solitons elliptiques ? Jean-Louis Verdier a été sensible à la même beauté formelle en explorant la dualité de Poincaré et les systèmes complètement intégrables. Un des premiers en France il a noué des contacts avec les physiciens, dans son séminaire à l'Ecole Normale, autour des équations de Yang-Mills, du problème de Riemann-Hilbert, des matrices de transfert, de l'équation de Hill...

A partir de 1977, à côté d'études sur la correspondance de McKay, la transformation de Fourier géométrique et la monodromie modérée, il a publié sur les équations différentielles algébriques, les instantons, les algèbres de Lie affines et les systèmes hamiltoniens, les matrices S, les modèles σ, les groupes quantiques... Ses plus récentes contributions originales concernent les applications harmoniques de la sphère de dimension 2 dans la sphère de dimension 4 et les solutions doublement périodiques de KdV et KP.

Sans doute Jean-Louis Verdier (avec d'autres) se réappropriait-il ainsi le passé classique en remontant aux origines de la géométrie algébrique, à l'inspiration d'Abel, Jacobi et Riemann, mais en même temps, dans le même mouvement, il pouvait donner libre cours à sa volonté de classifier, de géométriser, d'algébriser dans la ligne montrée par Hilbert, Weil ou Grothendieck.

A-t-il vu les étranges liens qui unissent les topos et les cordes? Il devinait sûrement les structures à l'œuvre dans ces nouvelles théories des invariants, nées de rapprochement avec la théorie des particules, et qui sont des motifs secrets entre les grandes colonnes de l'algèbre.

Parmi tous les livres de mathématiques, Jean-Louis Verdier préférait les œuvres d'Abel. Dès le début, les fonctions abéliennes furent attachées à la solution des problèmes de Mécanique (voir les leçons de Jacobi sur la Dynamique) et leur présence reste un attrait des systèmes intégrables. Au départ de l'histoire que je veux raconter est un problème de Mécanique. Cette histoire n'est pas destinée aux spécialistes (à part peut être quelques remarques), ils la connaissent bien, je voudrais juste qu'elle donne un peu le goût des fruits qui attiraient Jean-Louis.

En 1971 F. Calogero découvrit un système de mécanique quantique complètement intégrable: celui de n points matériels $x_1, x_2, \ldots, x_n$, sur une droite soumis au potentiel

$$U(x_1, x_2, \ldots, x_n) = -2 \sum_{i \neq j} (x_i - x_j)^{-2} \tag{1}$$

C'est à dire que Calogero sut calculer jusqu'au bout son spectre d'énergie.

Quelques temps après, en 1975, J. Moser démontra l'intégrabilité complète du système de mécanique classique correspondant, celui dont le hamiltonien est

$$H_1(x_1, \ldots, p_1, \ldots) = \frac{1}{2} \sum_i p_i^2 - 2 \sum_{i \neq j} (x_i - x_j)^{-2} \tag{2}$$

C'est à dire que Moser sut trouver $n-1$ fonctions $H_2, \cdots, H_n$, des x et des p qui avec H_1 forment une famille de n intégrales premières du mouvement, indépendantes, en involution.

(La dynamique des observables classiques est régie par l'équation $\dot{f} = \{H_1, f\}$ où $\{f, g\} = \sum_i \frac{\partial f}{\partial p_i} \frac{\partial g}{\partial x_i} - \frac{\partial f}{\partial x_i} \frac{\partial g}{\partial p_i}$ est le crochet de Poisson; l'involutivité des H signifie que $\forall i, j,\ \{H_i, H_j\} = 0$ et leur indépendance est l'indépendance linéaire des champs de vecteurs hamiltoniens

$$\left(\frac{\partial H_i}{\partial p_1}, \ldots, \frac{\partial H_i}{\partial p_n}, -\frac{\partial H_i}{\partial x_1}, \ldots, -\frac{\partial H_i}{\partial x_n} \right)$$

sur un ouvert dense de l'espace des phases, de coordonnées $x_1, \ldots, x_n, p_1, \ldots, p_n$.)

En fait, le système de Calogero-Moser se laisse mettre sous la forme de Lax:

$$\frac{dL}{ds} = [M, L] \tag{3}$$

où M et L sont des matrices carrées $n \times n$; les coefficients diagonaux de L sont les impulsions $p_1, p_2, \ldots, p_n$, et en dehors de la diagonale $(L)_{ij} = 2/(x_i - x_j)$. Alors $H_k = \frac{1}{k+1} Tr(L^{k+1})$.

(Si l'on souhaite comprendre mieux les raisons de l'intégrabilité, on doit se tourner du côté des algèbres de Lie semi-simples et lire les articles de M. A. Olshanetsky et A. M. Perelomov en 1976. Par exemple, dans une Lettere al Nuovo Cimento (10 Luglio 1976) ils expliquent comment le système (2) se ramène à une partie du flot géodésique sur l'espace symétrique $SL_n(\mathbb{C})/SU_n$, et comment il se déforme jusqu'au jeu de billard dans une chambre de Weyl de sl_n. Depuis, bien des systèmes intégrables ont été reconnus sur les orbites coadjointes des groupes de Lie (Adler, Kostant, Symes, van Moerbeke...). Sur le procédé, avec des systèmes intégrables de dimension finie, mais à partir d'algèbres de Lie de dimensions infinies, citons l'exposé de J.-L. Verdier au Séminaire Bourbaki (n° 566, 1980-81) sur les travaux de M. Adler et P. van Moerbeke; on y trouvera le traitement moderne de référence de la toupie de Lagrange à partir d'une orbite coadjointe d'une algèbre de Kac-Moody.)

Dans leur (première) lettre de 76, Olshanetsky et Perelomov résolvent le problème de Cauchy posé par H_1: si la condition initiale est $(x_1(0), \ldots;$ $p_1(0), \ldots)$ l'ensemble des $x_i(s)$ est le spectre de la matrice $X(s)$ où $(X)_{ij} =$ $x_i(0)\delta_{ij} + s \cdot (L)_{ij}(0)$.
(*Remarque:* si $\forall i$, $x_i(0) \in \mathbb{R}$, $p_i(0) \in \sqrt{-1}\mathbb{R}$ et $x_1(0) > \cdots > x_n(0)$ l'évolution en temps imaginaire pur $s = \sqrt{-1}y$, $y \in \mathbb{R}$, garde les x_i réels et évite les collisions.)

En 1977, H. Airault, H. McKean et J. Moser, ainsi que les frères D.V. et G.V. Choudnovsky, découvrent la relation étonnante de (1) avec un autre système complètement intégrable (de dimension infinie cette fois): l'équation d'évolution non linéaire KdV (du nom de ses inventeurs, Korteweg et de Vries en 1895):

$$4\frac{\partial u}{\partial t} = 6u\frac{\partial u}{\partial x} + \frac{\partial^3 u}{\partial x^3} \tag{4}$$

où le potentiel $u(x)$ évolue avec le temps t. Toute solution de KdV rationnelle en x, pour toutes les valeurs de t (et nulle à l'infini) est de la forme:

$$u(x,t) = -2\sum_{i=1}^{n}(x - x_i(t))^{-2} \tag{5}$$

où les pôles $x_1(t), \ldots, x_n(t)$ doivent satisfaire aux équations

$$\forall\, i, \quad \sum_{j\neq i}(x_i - x_j)^{-3} = 0 \tag{6}$$

et se déplacent suivant t selon les équations

$$\forall\, i, \quad \dot{x}_i = 3\sum_{j\neq i}(x_i - x_j)^{-2}. \tag{7}$$

Or cela revient à dire que le mouvement des pôles de la solution est exactement celui que réclame le flot hamiltonien de $H_2' = -\frac{3}{4}H_2 = -\frac{1}{4}TrL^3$ en restriction au lieu critique de H_1. (En effet

$$H_2' = -\frac{1}{4}\sum_i p_i^3 + \sum_i \sum_{j\neq i}(2p_i + p_j)(x_i - x_j)^{-2};$$

le lieu critique de H_1 est défini par $\forall i, \quad p_i = 0$ et $\frac{\partial U}{\partial x_i} = 0$; $\dot{x}_i = \frac{\partial H_2'}{\partial p_i} = -\frac{3}{4}p_i^2 + 3\sum_{j\neq i}(x_i - x_j)^{-2}$ donne (7) si $p_i = 0$ et $\dot{p}_i = -\frac{\partial H_2'}{\partial x_i} = -12\sum_{j\neq i}(p_i + p_j)(x_i - x_j)^{-3}$ préserve $\{\forall i,\ p_i = 0\}$.)

Réciproquement, si des fonctions $x_1, \ldots, x_n$ de t évoluent suivant le gradient symplectique de $-\frac{3}{4}H_2$ en restant dans l'ensemble où le gradient symplectique de H_1 s'annule (c'est à dire qu'elles vérifient (6) et (7)), la formule (5) donne une solution (rationnelle en x) de KdV (4).

Airault, McKean et Moser remarquent aussi que l'ensemble défini par (6) est non vide si et seulement si n est un nombre entier triangulaire: $n = \frac{m(m+1)}{2}, m \in \mathbb{N}^\times$.

(Les articles originaux sont:
H. Airault, H. McKean, J. Moser; *Rational and elliptic solutions of the KdV equation*, Comm. on pure and appl. Math., vol 30, pp 95-148 (auquel on se réferera par A.McK.M. dans la suite), et
D.V. Choudnovsky, G.V. Choudnovsky; *Pole expansion of non linear partial differential equations*, Il Nuovo Cimento, vol 40B, pp 339–353 (cité D.V. & G.V.Ch).)

Dès 1975 il avait semblé naturel à nos auteurs (Calogero, Moser, Olshanetsky, Perelomov) de généraliser l'étude à d'autres potentiels. Moser avait déjà remplacé les $(x_i - x_j)^{-2}$ de (1) par $\sin^{-2}(x_i - x_j)$ et Calogero, dans sa Lettere al Nuovo Cimento (vol 13) du 12 Luglio 1975, avait introduit des fonctions elliptiques $\wp(x_i - x_j)$. $\wp$ est la fonction de Weierstrass d'un réseau $\Lambda = 2\omega\mathbb{Z} + 2\omega'\mathbb{Z}$ de $\mathbb{C}$:

$$\wp_\Lambda(x) = x^{-2} + \sum_{w\in\Lambda^\times}((x+w)^{-2} - w^{-2}).$$

C'est une fonction méromorphe et doublement périodique de la variable complexe x; on doit la considérer comme une fonction sur la courbe elliptique $X = \mathbb{C}/\Lambda$. La fonction $\sin^{-2}(x) - \frac{1}{3}$ est une dégénerescence (normalisée) de $\wp$ lorsqu'une des périodes tend vers l'infini, la courbe X devenant un tore multiplicatif $\mathbb{G}_m = \mathbb{C}^\times$, et la fonction rationnelle x^{-2} apparaît lorsque les deux périodes indépendantes sont devenues infinies, la courbe est alors la droite affine $\mathbb{G}_a = \mathbb{C}$.

(Comme il est expliqué dans le livre d'André Weil, *Elliptic functions according to Eisenstein and Kronecker*, en partant de x^{-2} Eisenstein avait su développer avant Weierstrass une théorie élémentaire des fonctions circulaires et des fonctions elliptiques; dans ses notations

$$\begin{aligned} \epsilon_2 &= \sum_{\mu \in \mathbb{Z}} (x+\mu)^{-2} = \pi^2 \sin^{-2} \pi x \\ E_2 &= x^{-2} + \sum\nolimits'_e (x+w)^{-2} = \wp(x) + e_2 \end{aligned}$$

où $e_2 = \sum'_e w^{-2}$ n'est pas un invariant modulaire.)

Avec Moser et Calogero remplaçons le terme $(x_i - x_j)^{-2}$ du potentiel U de (1) par $\sin^{-2}(x_i - x_j)$ ou par $\wp(x_i - x_j)$;

$$H(x_1, \ldots, p_1, \cdots) = \frac{1}{2} \sum_i p_i^2 - 2 \sum_i \sum_{j \neq i} \wp(x_i - x_j) \tag{8}$$

et l'on trouvera encore un système complètement intégrable.

Le cas trigonométrique $U = -2 \sum \sum \sin^{-2}(x_i - x_j)$ correspond à un problème quantique qui avait également été intégré auparavant: l'équation de Sutherland (1972). Dans ce cas Moser écrit une paire de Lax (L, M) (comme en (3), la matrice L a les p_i sur la diagonale et les coefficients $\cot(x_i - x_j)$ hors de la diagonale; l'équation (3) résulte alors du théorème d'addition de la cotangente $\cot(a + b) = (\cot a \cot b - 1)/(\cot a + \cot b)$).

Pour les systèmes (8), Calogero (en 1975) découvre une écriture sous la forme de Lax. Son point de départ: une solution (α, β) de l'équation fonctionnelle

$$\alpha'(x)\alpha(y) - \alpha(x)\alpha'(y) = \alpha(x+y)(\beta(x) - \beta(y)), \tag{9}$$

avec $\beta(-x) = \beta(x)$, donne une solution (L, M) de (3)

$$(L)_{ij} = \delta_{ij} p_i + (1 - \delta_{ij})\alpha(x_i - x_j) \tag{10}$$

$$(M)_{ij} = \delta_{ij} \sum_{k \neq i} \beta(x_i - x_k) + (1 - \delta_{ij})\alpha'(x_i - x_j) \tag{11}$$

qui équivaut aux équations de Hamilton dérivant de l'énergie potentielle

$$U(x_1, \cdots, x_n) = \sum_i \sum_{j > i} \alpha(x_i - x_j)\alpha(x_j - x_i). \tag{12}$$

Donc si $\alpha(x)\alpha(-x)$ ne diffère de $-4\wp(x)$ que par une constante on retrouve les équations de (8); Calogero propose comme α les fonctions elliptiques 2dn/sn et 2cn/sn (alors $\beta = -2\wp$).

(La fonction de Jacobi $v = \mathrm{sn}_k(x)$ est l'inverse de l'intégrale de Legendre $x = \int_0^v \frac{du}{\sqrt{(1-u^2)(1-k^2u^2)}}$ et les fonctions cn_k, dn_k, vérifient $\mathrm{cn}_k^2 + \mathrm{sn}_k^2 = 1$,

$\mathrm{dn}_k^2 + k^2\mathrm{sn}_k^2 = 1$. Soit Λ le réseau engendré par la demi-période $2K = 2\int_0^1 \frac{du}{\sqrt{(1-u^2)(1-k^2u^2)}}$ et la période $2iK' = 2\int_0^{\frac{1}{k}} \frac{du}{\sqrt{(1-u^2)(1-k^2u^2)}}$; notons X le quotient $\mathbb{C}/\Lambda$; on dit que k est le (un) module de X et l'on a

$$\wp_\Lambda = \frac{1}{\mathrm{sn}_k^2} - \frac{1}{3} - \frac{k^2}{3}.$$

L'équation (9) appartient à la théorie des fonctions elliptiques: sa solution la plus simple est $\alpha(x) = a/\mathrm{sn}(bx)$, $\beta(x) = -ab/\mathrm{sn}^2(bx)$ et cela traduit la formule d'addition

$$\mathrm{sn}(x+y) = \frac{\mathrm{sn}x\mathrm{cn}y\mathrm{dn}y + \mathrm{cn}x\mathrm{dn}x\mathrm{sn}y}{1 - k^2\mathrm{sn}^2x\mathrm{sn}^2y},$$

compte tenu de l'équation différentielle $\mathrm{sn}'x = \mathrm{cn}x\ \mathrm{dn}x$. Pour les solutions dn/sn et cn/sn, on utilise les deux autres équations différentielles (d'Euler): $\mathrm{cn}'x = -\mathrm{sn}x\ \mathrm{dn}x$ et $\mathrm{dn}'x = -k^2\mathrm{sn}x\ \mathrm{cn}x$.

Dans la Note sur la théorie des fonctions elliptiques (1894), Ch. Hermite montre que la fonction $\varphi(x)$ qui inverse une intégrale de Jacobi $g(v) = \int_0^v \frac{du}{\sqrt{1-2\delta u^2+\epsilon u^4}}$ satisfait à la relation

$$\varphi(x+y)(\varphi(x)\varphi'(y) - \varphi'(x)\varphi(y)) = \varphi^2(x) - \varphi^2(y);$$

ce qui revient à dire que $\alpha(x) = 1/\varphi(x)$ vérifie l'équation (9) (et $\beta(x) = -\alpha^2(x)$). Dans ce cas $v = \alpha(x)$ inverse l'intégrale $x = \int_v^\infty \frac{du}{\sqrt{1-2\delta u^2+\epsilon u^4}}$. Dans leur article de 1976 aux Inventiones, Olshanetsky et Perelomov démontrent une réciproque: si α, fonction méromorphe et *impaire* de x, vérifie (9) alors $1/\alpha$ est l'inverse d'une intégrale de Jacobi (éventuellement dégénérée).

Ensuite, Olshanetsky et Perelomov ont donné une raison d'algèbre linéaire à tout cela et ont généralisé (8) en bâtissant des potentiels sur des systèmes de racines d'algèbre de Lie semi-simples (ici les $(x_i - x_j)$ forment le système A_{n-1}). Dans les cas trigonométriques et elliptiques (réels) la dynamique se tient dans une chambre du groupe de Weyl affine. (Voir Inventiones Mathematicae, vol. 37, pp. 109–120 (1976).) Le système trigonométrique s'identifie à une partie du flot géodésique d'un espace symétrique et s'intègre explicitement, cf. la Lettere al Nuovo Cimento, vol. 17, 1976 d'Olshanetsky et Perelomov. Enfin, en 1977, Perelomov démontre que dans le cas elliptique aussi les hamiltoniens $H_k = \frac{1}{k+1}TrL^{k+1}$ sont indépendants et en involution (mais il ne donne pas de moyen pour intégrer le système (8)).

Or, l'équation KdV stationnaire $6uu_x + u_{xxx} = 0$ ne possède pas que la solution particulière $-2x^{-2}$, elle en a d'autres aussi remarquables:

$-2\sinh^{-2}(x)-\frac{10}{3}$ (ou $-2\sin^{-2}(x)+\frac{2}{3}$) et $-2\wp_\Lambda(x)$ pour tout réseau Λ de $\mathbb{C}$.

La fonction $v=\wp_\Lambda(x)$ inverse l'intégrale elliptique de Weierstrass $x=\int_v^\infty \frac{du}{\sqrt{4u^3-g_2u-g_3}}$, où $g_2=60\sum_{\Lambda^\times} w^{-4}$ et $g_3=140\sum_{\Lambda^\times} w^{-6}$, donc $\wp'^2=4\wp^3-g_2\wp-g_3$ et en dérivant deux fois $\wp'''=12\wp\wp'$.

(*Remarque:* l'homothétie $x'=\epsilon x$ change le réseau Λ en $\Lambda'=\epsilon\Lambda$ et la fonction $\wp_\Lambda$ en $\wp_{\Lambda'}=\epsilon^{-2}\wp_\Lambda$. Soient u_1,u_2,u_3 les valeurs de $\wp_\Lambda$ aux $\frac{1}{2}$-périodes, i.e. les racines de $4u^3-g_2u-g_3=0$; pour chacune des douze valeurs $\sqrt{u_j-u_k}$ de ϵ on détermine une valeur de k (égale au rapport $\sqrt{u_l-u_k}/\sqrt{u_j-u_k}$) telle que $\Lambda'=2K(k)\mathbb{Z}+2iK'(k)\mathbb{Z}$. Ainsi chaque réseau "possède" une fonction $\wp$ et six triplets de fonctions sn_k, cn_k, dn_k. Voir le cours d'Analyse de Jordan, chapitre VII.)

D'après Airault, McKean et Moser (1977), toute solution de KdV (non nécessairement stationnaire) qui possède deux périodes indépendantes en $x\in\mathbb{C}$ (pour toute valeur de t) s'écrit

$$u(x,t)=-2\sum_1^n \wp(x-x_i(t))+c, \tag{13}$$

où l'entier n, les fonctions $x_i(t)$ et la constante c sont uniquement déterminés par u. Ses pôles $x_i(t)$ sont deux à deux distincts pour au moins une valeur du temps t. De plus on a

$$\forall i,\ \forall t,\quad \sum_{j\neq i}\wp'(x_i-x_j)=0 \tag{14}$$

et la dynamique des pôles est donnée par

$$\forall i,\quad \dot{x}_i=3\sum_{j\neq i}\wp(x_i-x_j)-\frac{3c}{2} \tag{15}$$

ce qui s'interprète encore comme les équations de Hamilton de H_2 sur le lieu critique de H. (Précisément $-\frac{3}{4}H_2$ guide $x_i(t)$ à une fonction affine de t prés.) Et, comme dans le cas rationnel, la réciproque est vraie: si les $x_i(t)$ satisfont à (14) et (15), alors (13) est solution de KdV. Cependant l'ensemble défini par (14) est bien plus difficile à cerner que ne l'était l'ensemble (6) et l'on pénètre dans une forêt de problèmes nouveaux.

Avec A. Treibich-Kohn et J.-L. Verdier, nous appellerons les solutions de la forme (13) telles que $c=0$ des *solitons elliptiques de KdV* (de degré n).

Remarque: si la fonction $u(x,t)$ est solution de KdV, la fonction $v(x,t) = u(x+\frac{3}{2}ct, t) + c$ est également solution de KdV pour toute constante c.

Bien sûr il y avait des exemples; les plus classiques avaient pour conditions initiales les potentiels de Lamé $u(x) = -m(m+1)\wp(x)$ $(m \in \mathbb{N})$. Dans ces exemples, au temps 0 tous les pôles confluent, et $n = \frac{m(m+1)}{2}$. (Plus souvent on considérait seulement $u(x) = -m(m+1)\wp(x+K\tau)$ avec $\Lambda = 2K(\mathbb{Z}+\tau\mathbb{Z})$ et τ imaginaire pur, car u est alors fonction réelle périodique continue de la variable x, ou bien l'écriture équivalente $-m(m+1)k^2\mathrm{sn}_k^2(x)+c$, car $\mathrm{sn}_k(x+iK') = 1/k\mathrm{sn}_k(x)$ et $\wp(x+K\tau) = k^2\mathrm{sn}_k^2(x) - \frac{1+k^2}{3}$ si $\tau = \frac{iK'}{K}$.)

Et puis, en 1974, Dubrovin et Novikov avaient répertorié tous les exemples (réels) de degré n égal à 3; Airault, McKean et Moser montrent que dans ce cas, pour une courbe elliptique $X = \mathbb{C}/\Lambda$ donnée, l'ensemble des solitons elliptiques est constitué d'une variété de dimension 2 contenant le point de Lamé $-6\wp_\Lambda$, et d'un nombre fini de courbes isolées (plus précisément une surface fibrée sur X de fibre une autre courbe elliptique et 9 courbes exceptionnelles isogènes à X).

En 1967, Gardner, Greene, Kruskal, Miura avaient découvert une méthode pour résoudre le problème de Cauchy de KdV (par diffusion inverse). Cette méthode a d'abord été appliquée aux potentiels à décroissance rapide (Lax, Zakharov, Faddeev), mais entre 1974 et 1976, Novikov, Dubrovin, Adler, Lax, Matveev, Its, McKean, van Moerbeke, Kac ont su l'adapter aux potentiels périodiques "à nombre fini de zones d'instabilité". A cette catégorie appartiennent nos exemples elliptiques. (L'algèbre sous jacente à la méthode fut clairement dégagée par Gelfand et Dickey (1975).)

La théorie spectrale de l'équation de Hill

$$\psi'' + u\psi = \lambda\psi$$

entre en jeu. En effet, lorsque u suit l'évolution imposée par l'équation de Korteweg-de Vries (4), le spectre de l'équation de Hill ne change pas.

La recherche des fonctions propres ψ périodiques pour u elliptique (surtout quand $u = -m(m+1)\wp$) semble être un thème assez ancien; par exemple A. McK.M. citent un travail de Guerritore en 1909, et l'analyse de Ince en 1940 sur les fonctions de Lamé. La période moderne fut inaugurée par Akhiezer (1961) et Hochstadt (1965); et puis ce fut l'explosion, en 1974. (Comme références, il y a le recueil de G. Wilson, *Integrable systems*, Cambridge University Press 1981, et le Séminaire de l'Ecole Normale Supérieure en 1977 animé par A. Douady, J. H. Hubbard et J.-L. Verdier.)

Après l'article A. McK.M. cela permettait de calculer effectivement les solutions du système dynamique (14), (15), pour certaines conditions initiales $(x_1, \ldots, x_n)$, à l'aide des fonctions Thêta de courbes hyperelliptiques:

$$\mu^2 = -(\lambda - \lambda_0) \cdots (\lambda - \lambda_{2m}), \quad (n = \frac{m(m+1)}{2}).$$

(On dispose alors de coordonnées actions-angles partielles.)

Les progrès suivants reviennent à I. M. Krichever. En 1978 (Functional Analysis, vol. 12, pp 76-78), il élargit l'étude aux solutions rationnelles en x d'une équation d'évolution non linéaire portant sur les fonctions u de deux variables x, y, l'équation KP (pour Kadomtsev et Petviashvili), et trouve ainsi une interprétation de la dynamique de H_1 lui même (celui de la formule (2) du début).

Puis en 1980 paraît l'article, *Elliptic solutions of the Kadomtsev-Petviashvili equation and integrable system of particle* (Functional Analysis, vol. 14, pp 282–290). D'abord Krichever y construit une famille de matrices (L, M) dépendant d'un paramètre a sur la courbe X, d'où une "courbe spectrale" Γ, revêtement ramifié de X, d'équation $\det(L(a) - \lambda) = 0$. Ensuite il applique la belle théorie qu'il avait développée les années précédentes afin de résoudre les équations KP et KdV pour les potentiels quasi-périodiques. Résultat: ce sont les fonctions Thêta de Γ qui vont permettre d'intégrer explicitement tout le système (8); si bien qu'avec les variables d'actions $H_1, \ldots, H_n$, on disposera de n variables d'angles: ce seront les coordonnées sur la jacobienne de la courbe spectrale. (Toutefois, ces résultats sont subordonnés à des hypothèses de généricité qui assurent la lissité de Γ et qui font, par exemple, que les solitons elliptiques de KdV, où la variable y n'apparaît pas, ne sont pas considérés explicitement dans l'article de 1980.)

Pour comprendre les paires de Lax construites par Krichever, revenons à l'équation fonctionnelle (9) étudiée par Calogero, et posons, quel que soit $a \in X = \mathbb{C}/\Lambda$,

$$\alpha(x, a) = -2\frac{\sigma(x-a)}{\sigma(a)\sigma(x)} e^{x\zeta(a)}, \quad \text{et} \quad \beta(x) = -2\wp(x),$$

où la fonction σ est celle qu'avait définie Weierstrass

$$\sigma_\Lambda(x) = x \prod_{w \in \Lambda^\times} \left(1 - \frac{x}{w}\right) e^{\frac{x}{w} + \frac{1}{2}\frac{x^2}{w^2}},$$

et la fonction ζ égale $\frac{\sigma'}{\sigma}$, si bien que $\wp = -\zeta' = -\frac{d^2}{dx^2} \log \sigma$. Sur le réseau $\Lambda = 2\omega\mathbb{Z} + 2\omega'\mathbb{Z}$ on trouve

$$\sigma(u + 2\omega) = -\sigma(u) e^{2\eta(u+\omega)} \quad \text{et} \quad \sigma(u + 2\omega') = -\sigma(u) e^{2\eta'(u+\omega')}.$$

Krichever constate que (α, β) est solution de (9) et que

$$\alpha(x)\alpha(-x) = 4(\wp(a) - \wp(x)),$$

donc les formules (10) et (11) ramènent la dynamique de Calogero-Moser (8) à une forme de Lax (3) (pour toute valeur de a). Lorsque a vaut ω, ω' ou $(\omega+\omega')$ on obtient des solutions impaires équivalentes aux $2\mathrm{sn}^{-1}, 2\mathrm{cn}\,\mathrm{sn}^{-1}$, $2\mathrm{dn}\,\mathrm{sn}^{-1}$ de Calogero.

(Dans l'ancienne littérature la fonction $\varphi(x,a) = \frac{1}{2}\alpha(x,-a)$ s'appelle une fonction elliptique de deuxième espèce; c'est la plus jolie fonction propre du premier potentiel de Lamé $u = -2\wp$; on a

$$\frac{d^2\varphi}{dx^2} - 2\wp(x)\varphi = \wp(a)\varphi\,.$$

Signalons que dès 1877 Hermite avait exprimé les fonctions de Lamé (généralisées), solutions de l'équation $\frac{d^2\varphi}{dx^2} - m(m+1)\wp(x)\varphi = \lambda\varphi$, comme sommes de produits de $n = \frac{m(m+1)}{2}$ fonctions $\varphi(x, a_i)$ et qu'il avait montré comment les $\wp(a_i)$ s'obtiennent en résolvant une équation polynomiale de degré n. Cf. Hermite, Oeuvres, tome 3, pp. 266 à 418, *Sur quelques applications des fonctions elliptiques*, ou le tome 2 du traité de Halphen.)

Et surtout Krichever en 1980 démontre que le sujet s'inscrit dans le cadre général de ses constructions de 1976 et 1977. Maintenant des fonctions abéliennes de tous les genres fleurissent partout dans le domaine des solitons elliptiques.

C'est le moment de donner un aperçu de la théorie de Krichever. En même temps je préciserai le contenu de son travail de 1980.

L'équation de Korteweg-de Vries avait deux origines.

D'abord elle a été inventée pour engendrer l'onde de translation de Russel (1834), la vague solitaire en eau peu profonde, baptisée soliton: $u(x,t) = 2a^2\cosh^{-2}(ax + 4a^3t)$. Elle a su générer aussi des n-solitons, systèmes de n vagues pointues qui retrouvent leurs formes après l'interaction (ceux ci ont été observés expérimentalement bien avant que Hirota ne découvre leur formule en 1971; les solitons trigonométriques font partie de cette famille).

D'autre part, autour de 1925, l'équation KdV est apparue tout naturellement dans l'examen des invariants d'équations différentielles: plusieurs articles de J. L. Burchnall, T. W. Chaundy et H. E. Baker parurent à Londres entre 1922 et 1931 et puis furent oubliés jusqu'à ce que la théorie soit retrouvée et enrichie (indépendamment) par Krichever en 1976. Ensuite de nombreux auteurs sont intervenus (Drinfeld, Mumford, Gelfand, Dickey,...) Une excellente référence est le texte de J.-L. Verdier, *Equations différentielles algébriques*, Séminaire Bourbaki 1977-78 n° 512, LN

710 pp 105-134. La question est la suivante: étant donné un opérateur d'ordre l, en dimension 1, dont les coefficients sont fonctions de x, $Q_l = a_0(x)\left(\frac{\partial}{\partial x}\right)^l + \cdots + a_l(x)$; quels sont les opérateurs qui commutent avec lui? Plus généralement: déterminer les sous-algèbres commutantes de l'algèbre des opérateurs différentiels! (Suivant les hypothèses précises sur les coefficients, analytiques, méromorphes, formels, différentiels,... le problème est différent; avec des coefficients polynomiaux la question est étudiée par Amitsur (1958) et Dixmier (1968). Ici je parlerai surtout de coefficients méromorphes.)

Dans ce contexte KdV apparait vite: si $Q_2 = \frac{\partial^2}{\partial x^2} + u(x)$ (dit "opérateur de Liouville"), KdV stationnaire est la condition pour qu'il existe un Q_3 tel que $[Q_3, Q_2] = 0$. Et pour avoir KdV avec le temps t (comme en (4)) il suffit de chercher Q_3 tel que $[\frac{\partial}{\partial t} - Q_3, Q_2] = 0$, où les coefficients sont fonctions de x et t. Pour un nombre entier m quelconque, en écrivant

$$[\frac{\partial}{\partial t_{2m+1}} - Q_{2m+1}, Q_2] = 0,$$

on forme les équations de la hierarchie KdV; ce sont d'autres équations d'évolution non linéaires et toutes ces équations sont compatibles: c'est à dire qu'elles définissent des flots permutables dans l'espace des potentiels u. En prenant comme point de départ Q_l au lieu de Q_2, on obtient les hierarchies $\mathrm{KdV}_{(l)}$. (Par exemple, $\mathrm{KdV}_{(3)}$ est la hierarchie de Boussinesq.) Ces flots sont hamiltoniens pour plusieurs structures symplectiques naturelles sur l'espace des u (ou des Q_l) comme l'ont montré Zakharov-Faddeev et Gelfand-Dickey; voir aussi Drinfeld et Sokolov, Doklady, vol. 23 (1981).

Les équations de KP mettent plus de démocratie entre les variables: on s'interesse à des fonctions $u(t_1, t_2, t_3, \ldots)$ et l'on demande

$$[\partial_m - Q_m, \partial_n - Q_n] = 0$$

quels que soient n et m. La première équation de la hierarchie KP est:

$$3\frac{\partial^2 u}{\partial y^2} = \frac{\partial}{\partial x}\left(4\frac{\partial u}{\partial t} - \frac{\partial^3 u}{\partial x^3} - 6\frac{\partial u}{\partial x}\right). \tag{16}$$

On l'obtient en faisant $m = 3$, $n = 2$, $t_1 = x$, $t_2 = y$ et $t_3 = t$. Auparavant (pour les besoins des plasmas?) B. B. Kadomtsev et V. I. Petviashvili (1970) avaient découvert cette équation en imposant une perturbation transverse, dans la direction des y, du soliton de KdV; ce qui donne

$$u(x, y, t) = \frac{(a-b)^2}{2}\cosh^{-2}(\frac{1}{2}((a-b)x + (a^2 - b^2)y + (a^3 - b^3)t + c))).$$

Même si ça n'est pas complètement clair du point de vue physique, le passage de KdV à KP représente un précieux gain de symétrie mathématique (par exemple, en oubliant les variables dont le numéro est divisible par l on retrouve les $\mathrm{KdV}_{(l)}$, qui sont souvent notées KP_l).

En 1978 et 1980, I.M. Krichever considère les solutions de (16) qui sont fonctions méromorphes des trois variables complexes x, y, t et qui peuvent se mettre sous la forme suivante

$$u(x,y,t) = -2\sum_1^n \wp(x - x_i(y,t)). \tag{17}$$

Nous les nommerons *solitons elliptiques de KP* (et l'entier n sera le degré du soliton).

(Dans l'appendice A3 de leur article sur les *"variétés de Krichever"*, A. Treibich et J.-L. Verdier démontrent que toute solution méromorphe de KP doublement périodique sur le réseau Λ de $\mathbb{C}$ se ramène à la forme (17), c'est à dire à un soliton elliptique de KP. Plus précisément, $u(x,y,t)$ doit être de la forme $-2\sum\wp(x - x_i(y,t)) + a(t)y + b(t)$ et l'on peut faire disparaitre la fonction affine de y par un changement de variables de la forme $(x,y,t) \to (x + c(t)y + d(t), y + e(t), t)$.)

Si aux temps $(y,t) = (0,0)$ les x_i sont distincts, la condition nécessaire et suffisante pour que (17) définisse une solution de KP (16) (c'est à dire un soliton elliptique) est que les x_i vérifient

$$\forall i, \quad \frac{\partial^2 x_i}{\partial y^2} = 4\sum_{j\neq i}\wp'(x_i - x_j) \tag{18}$$

$$\forall i, \quad 4\frac{\partial x_i}{\partial t} = -3\left(\frac{\partial x_i}{\partial y}\right)^2 + 12\sum_{j\neq i}\wp(x_i - x_j). \tag{19}$$

(La nécessité se voit facilement en substituant dans (16), en utilisant $\wp''' = 12\wp\wp'$ et en identifiant les termes polaires.)

Ces équations traduisent des évolutions hamiltoniennes dans l'espace de phases des $(x_1, \ldots, x_n, p_1, \ldots, p_n)$: c'est H (cf (8)) qui régit l'évolution suivant y car si l'on pose

$$\frac{\partial x_i}{\partial y} = \frac{\partial H}{\partial p_i} = p_i,$$

on trouve bien

$$\frac{\partial p_i}{\partial y} = \frac{\partial^2 x_i}{\partial y^2} = -\frac{\partial H}{\partial x_i}.$$

D'autre part, considérons l'une des matrices $L(a)$, $a \in X$, de Krichever (page 9) et posons $H_2'(a) = -\frac{1}{4}Tr(L(a)^3)$; on a

$$\begin{aligned} H_2'(a) &= -\frac{1}{4}\sum_i p_i^3 - \frac{3}{4}\sum_i p_i \sum_{j\neq i} \alpha(x_i - x_j, a)\alpha(x_j - x_i, a) \\ &\quad -\frac{1}{4}\sum_i \sum_{j\neq i} \sum_{k\neq i,j} \alpha(x_i - x_j, a)\alpha(x_j - x_k, a)\alpha(x_k - x_i, a). \end{aligned}$$

On sait déja que $\alpha(x,a)\alpha(-x,a) = 4(\wp(a) - \wp(x))$. Par ailleurs, quels que soient $x, y, z \in \mathbb{C}$, tels que $x + y + z = 0$, on a la jolie formule:

$$\begin{aligned} \wp'(a)\sigma^3(a)\sigma(x)\sigma(y)\sigma(z) &= \sigma(a-x)\sigma(a-y)\sigma(a-z) \\ &\quad -\sigma(a+x)\sigma(a+y)\sigma(a+z) \end{aligned}$$

donc

$$\alpha(x,a)\alpha(y,a)\alpha(z,a) + \alpha(-x,a)\alpha(-y,a)\alpha(-z,a) = 8\wp'(a)$$

si bien que

$$\begin{aligned} H_2'(a) &= -\frac{1}{4}\sum_i p_i^3 + 3\sum_i p_i \sum_{j\neq i} \wp(x_i - x_j) \\ &\quad -3(n-1)\wp(a)\sum_i p_i - n(n-1)(n-2)\wp'(a). \end{aligned}$$

Les premières équations de Hamilton s'écrivent, pour i entre 1 et n,

$$\frac{dx_i}{dt} = \frac{\partial H_2'}{\partial p_i} = -\frac{3}{4}p_i^2 + 3\sum_{j\neq i} \wp(x_i - x_j) - 3(n-1)\wp(a).$$

Par conséquent, toujours en posant $\frac{\partial x_i}{\partial y} = p_i$, si $x_i(y,t)$ vérifie (19), la fonction $x_i(t) - 3(n-1)\wp(a)t$ évolue selon H_2'. Pour ce même flot de H_2' le deuxième groupe d'équations de Hamilton donne

$$\frac{dp_i}{dt} = -\frac{\partial H_2'}{\partial x_i} = -3p_i \sum_{j\neq i} \wp'(x_i - x_j) - 3\sum_{j\neq i} p_j \wp'(x_i - x_j);$$

mais, justement, c'est compatible avec (18) car (19) implique

$$\begin{aligned} 4\frac{\partial^2 x_i}{\partial y \partial t} &= -6\frac{\partial^2 x_i}{\partial y^2}\left(\frac{\partial x_i}{\partial y}\right) + 12\sum_{j\neq i} \wp'(x_i - x_j)\left(\frac{\partial x_i}{\partial y} - \frac{\partial x_j}{\partial y}\right) \\ &= -24\frac{\partial x_i}{\partial y}\sum_{j\neq i} \wp'(x_i - x_j) + 12\sum_{j\neq i} \wp'(x_i - x_j)\left(\frac{\partial x_i}{\partial y} - \frac{\partial x_j}{\partial y}\right) \\ &= 4\left(-3p_i \sum_{j\neq i} \wp'(x_i - x_j) - 3\sum_{j\neq i} p_j \wp'(x_i - x_j)\right). \end{aligned}$$

(Notons que l'annulation du crochet de Poisson $\{H, H_2'\}$ équivaut à la forme suivante des formules d'addition de la fonction $\wp$:

$$\sum_i \sum_{j \neq i} \sum_{k \neq i,j} \wp(x_i - x_j)\wp'(x_i - x_k) = 0.)$$

Finalement: le point de coordonnées $(x_i - 3(n-1)\wp(a)t, p_i = \frac{\partial x_i}{\partial y})$ évolue selon H_1 pour y et selon H_2' pour t. Autrement dit, en convenant que $H_0 = \sum_1^n p_i$, le point de coordonnées (x_i, p_i) évolue selon H_1 pour y et selon la fonction $H_2'(a) + 3(n-1)\wp(a)H_0$ pour t.

Une découverte essentielle de l'école russe (Novikov, Dubrovin, Krichever...) dans les années 70 est qu'on peut associer des solutions de KP à toute courbe algébrique sur $\mathbb{C}$ et qu'inversement, il est possible de reconnaître sur les propriétés dynamiques d'une solution si celle ci provient d'une courbe. Dès lors on peut parler de "solutions géométriques" (ou "algébriques") de KP; c'est le sujet de la célèbre "construction de Krichever".

Supposons d'abord qu'on a affaire à une courbe projective lisse Γ; choisissons un point p_0 sur Γ et plongeons Γ dans sa jacobienne via l'application d'Abel: la jacobienne est le quotient du dual des formes holomorphes par le réseau des périodes $(\omega \rightarrow \oint_\gamma \omega)$, $Jac(\Gamma) = (H^{1,0}(\Gamma))^*/H_1(\Gamma, \mathbb{Z})$; l'application d'Abel $A : \Gamma \rightarrow Jac(\Gamma)$ est l'intégrale définie, $A(p)(\omega) = \int_{p_0}^p \omega$. En privilégiant une base canonique $A_1, \cdots, A_g, B_1, \cdots, B_g$ de l'homologie $H_1(\Gamma, \mathbb{Z})$ $(A_i \cdot A_j = 0, A_i \cdot B_j = \delta_{i,j}, B_i \cdot B_j = 0)$, on récupère une base $\omega_1, \cdots, \omega_g$ de l'espace vectoriel $H^{1,0}$ des formes holomorphes (en demandant $\oint_{A_i} \omega_j = \delta_{ij}$), et l'on forme une "matrice des périodes" Ω suivant Riemann: $(\Omega)_{ij} = \oint_{B_i} \omega_j$. Les relations de Riemann disent que Ω est symétrique $({}^t\Omega = \Omega)$ et que sa partie imaginaire est définie positive $(Im(\Omega) >> 0)$. La jacobienne s'identifie au quotient concret $\mathbb{C}^g/(\mathbb{Z}^g + \Omega\mathbb{Z}^g)$ et la fonction Thêta de Riemann est la fonction suivante de $\vec{z} \in \mathbb{C}^g$:

$$\theta(\vec{z}; \Omega) = \sum_{\vec{n} \in \mathbb{Z}^g} \exp(2i\pi\vec{n} \cdot \vec{z} + i\pi\vec{n}\Omega\vec{n}).$$

A présent choisissons une coordonnée analytique z près de p_0, centrée en p_0; considérons le vecteur vitesse $\vec{u}$ de l'application A, son accélération $\vec{v} = \frac{d^2A}{dz^2}$ et son vecteur du troisième ordre $\vec{w} = \frac{1}{2}\frac{d^3A}{dz^3}$, le théorème s'énonce ainsi:

Il existe une constante $c \in \mathbb{C}$ (que nous expliquerons un peu plus loin) telle que, pour tout $\vec{e} \in \mathbb{C}^g$ la fonction de trois variables

$$u(x, y, t) = 2\frac{\partial^2}{\partial x^2} \log \theta(x\vec{u} + y\vec{v} + t\vec{w} + \vec{e}) + c \tag{20}$$

soit solution de KP. De plus, si Γ est hyperelliptique, que p_0 est un point de Weierstrass et que la coordonnée z est antisymétrique (vis à vis de l'involution hyperelliptique), le vecteur $\vec{v}$ s'annule et $u(x,t)$ est solution de KdV.

(La formule (20) porte souvent les noms de Dubrovin et Novikov et/ou de Its et Matveev, qui l'ont écrite entre 1974 et 1975 pour l'équation de Korteweg-de Vries, dans le cas général elle est due à Krichever, 1977.)

Encore plus remarquable est la réciproque conjecturée par S.P. Novikov et démontrée en 1986 par T. Shiota (après des résultats de Mulase); c'est une réponse à une question de Riemann étudiée par Schottky: quelles sont les matrices carrées $g \times g$, Ω, symétriques et de partie imaginaire définie positive qui sont des matrices de périodes de courbes algébriques? Le théorème de Shiota dit que si le diviseur $\Theta = \{\vec{z} \in \mathbb{C}^g \mid \theta(\vec{z}, \Omega) = 0\}$ est irréductible et si l'on peut trouver $\vec{u}, \vec{v}, \vec{w}$ dans $\mathbb{C}^g$ et c dans $\mathbb{C}$ tels que pour tout $\vec{e} \in \mathbb{C}^g$, la formule (20) définisse une solution de (16), alors Ω vient d'une courbe projective lisse Γ de genre g. (D'après Torelli, Γ est déterminée par Ω.)

Toute la théorie des fonctions elliptiques, double périodicité (Painlevé), théorèmes d'addition (transférence), etc, peut se déduire de l'équation de KdV stationnaire $\wp''' = 12\wp\wp'$; de même on peut dire que toute la théorie des fonctions abéliennes est contenue dans KP, il reste à décrypter.

Le meilleur cadre pour comprendre ces résultats et pour les étendre aux courbes singulières, afin de couvrir aussi les solutions rationnelles et les solitons, est celui qu'a présenté M. Sato en hiver 80-81: la "grassmannienne infinie". Elle provient de la troisième source de systèmes intégrables: après la Mécanique classique, et les E.D.P. non linéaires, la Mécanique statistique, et plus précisément le modèle d'Ising. Il va apparaître (entre autres choses) des fonctions spéciales généralisant les fonctions Thêta.

Une référence toute indiquée est un exposé de Jean-Louis au Séminaire Bourbaki: *Les représentations des algèbres de Lie affines, applications à quelques problèmes de physique* (d'après Date, Jimbo, Kashiwara, Miwa); on peut aussi se reporter à l'article original de M. Sato et Y. Sato, *Soliton equations as dynamical systems on Infinite Dimensional Grassmann Manifold*, Lecture Notes in Num. Appl. Anal. 5 (1982), ou l'article de Date, Jimbo, Kashiwara, Miwa, *Transformation group for soliton equations*, World Science Publ., 1983, ou encore à un texte que Jean-Louis affectionait particulièrement: *Loop groups and equations of KdV type* de G. Segal et G. Wilson, publications de l'I. H. E. S, 1985.

Soient E_- l'espace vectoriel (sur $\mathbb{C}$) de base dénombrable $e_0, e_{-1}, e_{-2}, \cdots$ et E_+ celui dont la base est $e_1, e_2, e_3, \ldots$; notons E^- (resp. E^+) la complétion formelle de E_- (resp. E_+), c'est à dire l'espace des suites $(a_0, a_{-1}, a_{-2}, \ldots)$ (resp. $(a_1, a_2, a_3, \ldots)$); E désigne la somme directe $E_- \oplus$

E^+. La grassmannienne de Sato Gr_E est l'ensemble des sous-espaces vectoriels de E dont la projection sur E_- est Fredholm (c'est à dire de noyau et conoyau de dimensions finies; l'indice étant la différence entre la dimension du noyau et celle du conoyau); elle décrit les sous-espaces de E comparables à E_-. Segal et Wilson considèrent une version plus adaptée au travail de la topologie: ils remplacent E_- par l'espace de Hilbert H_- et E^+ par l'espace de Hilbert H_+; un point de la "grassmannienne compacte" Gr_H sera un sous espace de H dont la projection sur H_- est Fredholm et dont la projection sur H_+ est compacte. (*Attention:* dans Segal et Wilson H_+ désigne notre H_- et H_- notre H_+).

Des points spéciaux de Gr_E (ou Gr_H) sont associés à chaque suite décroissante Y d'entiers positifs presque tous nuls $f_1 \geq \cdots \geq f_n \geq \cdots$ et à chaque entier relatif $m \in \mathbb{Z}$: l'espace $E_{Y,m}$ a pour base $e_{i_m}, e_{i_{m-1}}, e_{i_{m-2}}, \ldots$ où $i_{m-l} + l - m = f_{l+1}$; si bien que $i_{-k} = -k$ lorsque k est assez grand et que $E_{Y,m}$ est d'indice m. Notons $E^{Y,m}$ le sous-espace de E constitué par les suites (a_n) $n \in \mathbb{Z}$ telles que $a_n = 0$ si $e_n \in E_{Y,m}$; une partition en "cellules de Schubert" $C_{Y,m}$ (de dimensions et codimensions infinies) de Gr_E s'obtient en rassemblant les sous-espaces de E qui se projettent bijectivement sur $E_{Y,m}$ parallèlement à $E^{Y,m}$.

Chaque élément F de Gr_E (ou de Gr_H) donne lieu à une solution de KP: Soit $F \in Gr_E$ d'indice $m \in \mathbb{Z}$; notons E_m (resp. E^m) l'espace $E_{(0),m}$ (resp. $E^{(0),m}$) et $f = (f_-, f_+)$ un monomorphisme de E_m dans $E = E_m \oplus E^m$ d'image F tel que $f_-(e_{-k}) = e_{-k}$ pour les grandes valeurs de k. Interprétons tout point de E comme une série de Laurent formelle $\sum_{n>>-\infty} a_n z^n$, introduisons une infinité de variables "auxiliaires" $t_1, t_2, t_3, \cdots$ et considérons (avec Sato) "l'opérateur d'évolution universelle" $h(t)$ (sur E) de multiplication par $\exp(\sum t_n z^{-n}) = \sum_{k\geq 0} p_k(t_1, \cdots, t_k) z^{-k}$. (Les $p_k(t)$ sont les polynômes de Schur, $p_1 = t_1$, $p_2 = \frac{1}{2}t_1^2 + t_2$, $p_3 = \frac{1}{6}t_1^3 + t_1 t_2 + t_3, \cdots$)

Dans la décomposition $E = E_m \oplus E^m$, la matrice de $h(t)$ est de la forme $\begin{pmatrix} a & b \\ 0 & d \end{pmatrix}$. Soit u_0 une autre variable auxiliaire; on définit une fonction des variables t et de u_0 par la formule:

$$\tau_F(t_1, t_2, \ldots; u_0) = u_0^m \det(af_- + bf_+). \tag{21}$$

(Les choix arbitraires font que τ_F n'est définie qu'à une constante multiplicative près.)

Remarque: la régularisation du déterminant de (21) dépend du type d'espace F; ça peut être un déterminant de Fredholm (version Gr_H) mais un meilleur choix peut être celui de Von Koch.

Lorsque $F \in Gr_E$ se trouve être le graphe d'une application linéaire

$f_+ : E_- \to E^+$, ce qui est le cas le plus simple d'indice nul, on a aussi:

$$\tau_F(t_1, t_2, \ldots) = \det(1 + a^{-1}bf_-).$$

Et si F appartient à Gr_H, $a^{-1}bf_-$ est nucléaire (i.e. à trace) et on a affaire à un déterminant de Fredholm.

Le résultat est qu'en posant $\check{\tau}(t_1, t_2, \ldots) = \tau(-t_1, -t_2, \ldots)$ on trouve une solution de la hiérarchie KP:

$$u = 2\left(\frac{\partial}{\partial t_1}\right)^2 \log \check{\tau}. \tag{22}$$

(*Attention*: $\check{\tau}$ est la fonction appelée τ par S.W.; les t_n de Sato étant les $-t_n$ de Segal et Wilson. Et le z de S.W. est notre $1/z$. Il est vrai qu'en mettant τ à la place de $\check{\tau}$ dans (22) on obtient aussi une solution de la hiérarchie KP, cette solution n'est autre que $\check{u}$. Cependant la relation des équations avec la géométrie des courbes nous invite à choisir la formule (22).)

Par exemple si F est l'espace $E_Y = E_{Y,0}$ $(Y = (f_1, \cdots, f_n))$, τ_Y est la fonction de Schur (du tableau d'Young Y):

$$\tau_Y(t) = \begin{vmatrix} p_{f_1}(t) & p_{f_1+1}(t) & \cdots & p_{f_1+n-1}(t) \\ p_{f_2-1}(t) & p_{f_2}(t) & \cdots & p_{f_2+n-2}(t) \\ \vdots & & & \\ p_{f_n-n-1}(t) & p_{f_n-n}(t) & \cdots & p_{f_n}(t) \end{vmatrix} \tag{23}$$

et la solution u_Y de KP qui lui correspond est une fonction rationnelle.

D'après H. Weyl τ_Y est le caractère d'une représentation irréductible de $GL_N(\mathbb{C})$; en définissant les variables spectrales z_i par les identités (de Newton) $nt_n = \sum_1^N z_i^n$ et en posant $l_k = n - k + f_{n-k}$: $\tau_Y(t) = \det(z_i^{l_j-1})/\det(z_i^{j-1})$. Quand l'indice de F n'est plus égal à zéro, on doit ajouter une variable u_0; alors avec $F = E_{Y,m}$ on aura $\tau_{Y,m} = u_0^m \tau_Y(t)$ et cela donnera tous les caractères irréductibles des groupes unitaires U_N.

Retenons encore l'élégante formule de Kontsevitch: Si $F \subset E$ a pour base des séries $f_i(z) = z^{-i} + O(z^{-i})$ (et toujours si $t_n = \frac{1}{n}\sum_1^N z_i^n$) on a $\tau_F(t) = \det(f_i(z_j))/\det(z_j^{-i})$.

Remarque: la formule (21) est le sens "normal" d'une expression naturelle en théorie quantique des champs; la formule

$$\det(a + bf_-) = \det\left(\left(h(t)\begin{pmatrix} 1 & 0 \\ f_- & 1 \end{pmatrix}\right)_{--}\right)$$

correspond à un coefficient de la représentation spin(∞) considérée en théorie des fermions libres: $< e_- g(t) e_F >$ où e_- et e_F sont des états de Fock associés à E_- et F (deux vides possibles) et $g(t)$ une quantification de la rotation $h(t)$ (voir l'exposé cité de J.-L. Verdier sur les travaux de Date, Jimbo, Kashiwara, Miwa). C'est la bosonisation, au fort parfum de cohomologie: on peut voir l'algèbre S des polynômes en l'infinité de variables t comme une algèbre de cohomologie (limite) de la grassmannienne et l'application qui associe τ à F plonge (la composante d'indice nul de) Gr_E dans une complétion convenable de S en envoyant les centres des cellules de Schubert E_Y sur les caractères τ_Y. C'est aussi la formule de Giambelli (cf. Griffith et Harris) qui exprime le (co)cycle de Schubert en fonction des classe de Chern (ici les t_i).

Pour retrouver la solution de KP associée à $(\Gamma, p, z, \vec{e})$, cf. (20) on choisit un diviseur (q) de degré g étranger à p_0, disons $(q) = q_1 + q_2 + \cdots + q_g$, dans Γ et on prend comme espace F celui des séries de Laurent $\sum_{n>>-\infty} a_n z^n$ qui convergent dans un voisinage épointé de 0 et qui s'étendent sur Γ en des fonctions méromorphes uniformes avec un diviseur des pôles majoré par (q) (i.e. avec au plus un pôle pour chaque q_i). Le théorème de Riemann-Roch dit que F est d'indice 0.

Afin de relier τ à θ (et de dire le rapport entre $\vec{e}$ et (q)) on développe l'application d'Abel:

$$\forall k, \quad 1 \leq k \leq g, \quad \omega_k(z) = \sum_{n \geq 1} n a_{kn} z^{n-1} dz$$

(ce sont les formes holomorphes de base) et on choisit des formes sans A_i-périodes $(1 \leq i \leq g)$ avec pôles seulement en p_0:

$$\forall n, \quad n \geq 1, \quad \beta_n(z) = -n z^{-n-1} dz - \sum_{m \geq 1} q_{nm} z^{m-1} dz$$

(on a $\oint_{B_k} \beta_n = -2\pi i a_{kn}$ par réciprocité). Notons $Q(t)$ la forme quadratique $\sum_n \sum_m q_{nm} t_n t_m$; choisissons des chemins γ_i de p_0 aux q_i et notons $l(t)$ la forme linéaire

$$\sum_{i=1}^{g} \text{p.f.} \int_{\gamma_i} \sum_n t_n \beta_n - \frac{1}{2} \sum_n \sum_{l+k=n} t_n \frac{q_{lk}}{lk}$$

(ici, pour un chemin γ de p_0 à un point de coordonnée z on considère la partie finie p.f. $\int_\gamma \beta_n = z^{-n} - \sum q_{nm} \frac{z^m}{m}$ et on l'étend analytiquement à $q \in \Gamma$ quelconque). Enfin, introduisons le vecteur $A(q)$ dans $\mathbb{C}^g$ de composantes $A_k(q) = \sum_{i=1}^{g} \int_{\gamma_i} \omega_k$ qui relève l'image d'Abel, $A(q) = \sum_1^g A(q_i)$.

Soient Δ le vecteur de Riemann (un certain vecteur fixe associé à p_0 dans $\mathbb{C}^g$) et A la matrice de format $g \times \infty$ de coefficients $A_{kl} = l a_{kl}$, alors (avec une constante C indéterminée à priori) on a

$$\tau_F(t_1, t_2, \cdots) = Ce^{l(t)+\frac{1}{2}Q(t)}\theta(-\Delta + A(q) - A\cdot t) \tag{24}$$

si bien que le vecteur $\vec{e}$ de la solution géométrique de KP (formule (20)) est égal à $A(q) - \Delta$.

Dans le potentiel u (de (20) ou (22)) le terme linéaire l disparait (ainsi que la constante C) et de Q il ne reste que la constante q_{11} (notée c dans (20)). La forme quadratique Q, également introduite par Riemann, est une version infinie de la matrice des périodes.

Remarque: La même construction marche pour les diviseurs (q) de tout degré et même pour les diviseurs non-effectifs, c'est à dire que (q) peut être n'importe quelle combinaison à coefficients dans $\mathbb{Z}$ de points de Γ distincts de p_0, seulement l'espace F n'est plus d'indice 0; on s'y ramène en jouant avec z en p_0: si le degré de (q) est $(g-m)$, $m \in \mathbb{Z}$, on considère l'espace F' des séries $f(z) = \sum_{n>>-\infty} a_n z^n$ convergentes autour de 0, telles que $z^{-m}f(z)$ s'étende à Γ avec un diviseur des pôles majoré par (q). D'ailleurs la formule (24) garde un sens quel que soit (q) et donne toujours une solution de KP. (Souvent dans (24) on divise par $\theta(A(q) - \Delta)$ pour faire $\tau(0) = 1$, mais cela demande une hypothèse supplémentaire sur (q) et de toute façon, à proprement parler, τ n'a été définie qu'à la constante multiplicative près.) Il faut faire attention que dans Segal-Wilson la donnée géométrique est un peu différente: (q) y est remplacé par un fibré en droite trivialisé près de p_0 et cela influe sur le terme $\exp(l(t))$.

En particulier, pour une courbe elliptique $\mathbb{C}/\Lambda$ (marquée par l'origine 0) et $(q) = \emptyset$, on a

$$\tau(x, 0, \cdots) = \sigma(-x) = C\exp(-\frac{e_2}{2}x^2)\theta_{11}(-x).$$

Si $\Lambda = \mathbb{Z} + 2\omega'\mathbb{Z}$, on pose $q = \exp(4\pi i\omega')$, alors

$$\tau(x) = e^{-\frac{e_2}{2}x^2}\left(2\frac{i\omega'}{\pi}\right)\prod_n(1-q^n)^3\sum_n e^{-2i\pi nx}q^{\frac{n^2+n}{2}}(-1)^n$$

vérifie $\tau(0) = 1$ et donne bien $u(x) = -2\wp(x)$. (Dans ce cas la forme holomorphe ω_1 est dz, donc $a_{11} = 1$ et $a_{1n} = 0$ dès que $n \geq 2$; τ ne dépend des t_n, $n \geq 2$, que par l'intermédiaire de Q et de l; la forme β_1 est égale à $d(\zeta(z) - 2\eta z) = -E_2 dz$ et $q_{11} = -e_2$. Dès qu'on fait intervenir un diviseur $q_1 \in \Gamma$ il apparait un facteur $\exp(x\zeta(q_1))$ dans $\tau(x, 0, \cdots)$ en accord avec la tradition.)

Dans le travail entrepris par Treibich et Verdier il intervient d'autres données géométriques que les courbes lisses; or un avantage de la présentation grassmannienne est la généralisation facile aux courbes singulières

(Mumford, Segal, Wilson).

La donnée géométrique est une courbe Γ complète (i.e. projective) et intègre (i.e. réduite et irréductible), c'est à dire une surface de Riemann compacte connexe avec un nombre fini de points singuliers (cf. le livre de J. P. Serre: *Groupes algébriques et corps de classes*).

En plus on fixe un point p_0 de la partie lisse Γ^0 et une coordonnée analytique z centrée en p_0; ce qui joue le rôle du diviseur (q) est un faisceau algébrique cohérent $\mathcal{L}$ génériquement de rang 1 sans torsion muni d'une trivialisation φ (des sections locales) au voisinage de p_0. L'espace F est alors celui des séries de Laurent $\sum_{n>>-\infty} a_n z^n$, vues comme sections (méromorphes) de $\mathcal{L}$ près de p_0 à l'aide de φ, qui s'étendent en sections globales au dessus de Γ. Si $\chi(\mathcal{L}) = \dim H^0(\Gamma, \mathcal{L}) - \dim H^1(\Gamma, \mathcal{L})$ est la caractéristique d'Euler de $\mathcal{L}$, l'indice de F est $\chi(\mathcal{L}) - 1$. La formule (21) dans le cas générique d'indice 0, ou une formule analogue dans le cas général, définit encore une fonction τ et la formule (22) donne encore une solution de KP; le choix de φ n'influe pas sur le potentiel u.

Les classes d'isomorphismes de $\mathcal{L}$ possibles à χ fixé font une variété projective (donc compacte) $W(\Gamma)$. Les (classes de) fibrés holomorphes de rang 1 appartiennent à $W(\Gamma)$; ils donnent tout lorsque Γ est lisse et presque tout lorsque Γ est tracée sur une surface complexe lisse.

Même quand Γ est singulière on peut définir sa jacobienne (généralisée) $Jac(\Gamma)$ (Rosenlicht, Serre, Grothendieck...): c'est l'ensemble des classes de fibrés de rang 1 de degré 0. Le produit tensoriel en fait un groupe abélien qui agit naturellement sur les modules $W(\Gamma)$; la partie W^0 de W sur laquelle Jac agit librement est l'ensemble des faisceaux qui ne sont pas images directes de faisceaux (sans torsion, etc...) sur une courbe moins singulière, les faisceaux "maximaux". Notons que l'espace F ne change pas par image directe (cf. S.W.).

Dans les cas qu'on verra les singulariés de Γ sont celles d'une courbe plane, alors $W(\Gamma)$ est intègre (en particulier irréductible) et W^0 coincide avec l'ensemble des fibrés en droite (du bon degré). (Réf. Altman, Kleiman et Iarrobino.)

En général $Jac(\Gamma)$ n'est pas compacte: si $\Gamma' \to \Gamma$ est la désingularisation minimale de Γ, une courbe lisse connexe de genre g, on obtient $Jac(\Gamma)$ comme extension de groupes abéliens; c'est l'extension de $Jac(\Gamma')$ (une variété abélienne $\mathbb{C}^g/\Lambda'$) par un groupe $U \times T$ où U est unipotent (analytiquement un $\mathbb{C}^r$) et T un tore (analytiquement $(\mathbb{C}^\times)^s$). Cette extension n'est triviale (i.e. un produit) que si $\Gamma' = \Gamma$ ou $\Gamma' = \mathbb{P}^1$. La dimension de $Jac(\Gamma)$ est le genre arithmétique $\pi = g + \delta$ de Γ, et $Jac(\Gamma)$ peut aussi se voir comme le quotient d'un espace vectoriel, le dual des 1-formes régulières sur Γ (définies par des conditions de résidus aux singularités, cf. le livre de Serre) par le sous-groupe discret $H_1(\Gamma^0; \mathbb{Z})$. Une application d'Abel A plonge la partie lisse Γ^0 dans la jacobienne de Γ.

Par exemple les n-solitons de Hirota proviennent des courbes Γ rationnelles ($g = 0$) avec n points doubles ordinaires ($\delta = n$). Donnons nous $2n$ points distincts de $\mathbb{C}^\times = \mathbb{P}^1 \setminus (\{0\} \cup \{\infty\})$ et répartissons les en couples, soient $(p_1, q_1), \cdots, (p_n, q_n)$, puis choisissons n constantes non nulles $(\lambda_1, \cdots, \lambda_n)$ (par exemple $(1, \cdots, 1)$); un espace F (qui donnera un n-soliton) est celui des polynômes f de z et z^{-1} de degré $\leq n$ en z^{-1}, soumis aux n contraintes $f(p_i) = \lambda_i f(q_i)$. La courbe Γ s'obtient à partir de $\mathbb{P}^1$ en collant p_i à q_i ($\forall i,\ 1 \leq i \leq n$), la coordonnée locale en 0 est z; la jacobienne est $(\mathbb{C}^\times)^n$, elle s'identifie à l'orbite des flots de la hierarchie KP. Pour une solution de KdV il faut imposer $p_i = -q_i, \forall i$ (cf.S.W.).

Toujours avec une courbe Γ rationnelle, mais possédant cette fois une singularité irreductible, on trouve le bosquet des solutions rationnelles de KP. La désingularisation Γ' est la droite projective $\mathbb{P}^1$ et la singularité x_0 est un point cuspidal (le plus simple est le point de rebroussement ordinaire sur la courbe plane $y^2 = x^3$); on choisit une coordonnée rationnelle z sur Γ (une bijection avec $\mathbb{P}^1$) qui vaut ∞ en x_0 et 0 en p_0. L'anneau des fonctions sur Γ régulières hors de p_0 est représenté par une sous algèbre R des polynômes de Laurent en z. On suppose que la trivialisation φ du faisceau $\mathcal{L}$ est donnée sur toute la partie lisse $\Gamma^0 = \mathbb{C}$; comme $\mathcal{L}$ est décrit par ses sections sur $\Gamma \setminus \{p_0\}$ on peut l'identifier par le sous-espace F de l'espace E des séries de Laurent. Cet espace F doit être un module sur l'anneau R. Les points F de la grassmannienne qu'on attrape ainsi sont ceux qui sont coincés entre un $z^{-l}E_-$ et un z^kE_- (i.e. $\exists\, l, k \in \mathbb{N}, z^{-l}E_- \subset F \subset z^kE_-$ où E_- est l'espace des polynômes de z^{-1}); c'est la petite grassmannienne Gr_f de Sato qui paramètre les sous espaces vectoriels de $E_f = E_- \oplus E_+$, Fredholm au dessus de E_-; elle correspond au sous-ensemble Gr_0 de Gr_H chez Segal et Wilson, les espaces $E_{Y,m}$ aux centres des cellules de Schubert sont dedans.

Un cas spécialement intéressant pour nous est celui où $z^{-2}F \subset F$ et où F est d'indice 0, ce cas est traité dans les paragraphes 7 et 8 de S.W.: alors Γ est isomorphe à la courbe plane $y^2 = x^{2m+1}$ complétée par un point lisse p_0 à l'infini; l'équation paramétrique est $x = z^{-2},\ y = z^{-1-2m}$ (le nombre de croisements δ en x_0 est égal à m; c'est un invariant analytique de Γ). L'anneau local (algébrique) R en x_0 est l'algèbre des polynômes en z^{-2} et z^{-1-2m}; le sous-espace F de E, pour être un R-module doit satisfaire à $z^{-2}F \subset F$ et $z^{-1-2m}F \subset F$ et pour l'indice 0 on demande que $z^{-m}E_- \subset F \subset z^mE_-$.

Tous ces points F de Gr_E vont donner des solutions de la hiérarchie KdV. Le plus simple est F_m qui est engendré, comme espace vectoriel sur $\mathbb{C}$, par les monômes

$$z^m, z^{m-2}, z^{m-4}, \ldots, z^{2-m}, z^{-m}, z^{-m-1}, z^{-m-2}, z^{-m-3}, \ldots;$$

c'est un E_Y, correspondant au diagramme d'Young $f_1 = m, f_2 = m -$

$1, \ldots, f_m = 1$. Le potentiel u_m fourni par les formules (23) et (22) n'est autre que $-m(m+1)x^{-2}$ (en faisant $t_1 = x, t_2 = 0, t_3 = 0, \ldots$), c'est la dégénerescence rationnelle du potentiel de Lamé. Soit U l'ensemble des polynômes de degré $2m-1$ en z^{-1} de la forme $1 + a_1 z^{-1} + a_2 z^{-2} + \ldots + a_{2m-1} z^{1-2m}$; c'est un groupe unipotent pour la multiplication usuelle de polynômes tronquée à l'ordre $-2m$ (cf. Serre p. 100). La formule $\exp\left(\sum_1^{2m-1} t_k z^{-k}\right) \equiv \sum a_l z^{-l}$ modulo z^{-2m} établit un isomorphisme de groupes entre $\mathbb{C}^{2m-1}$ et U. La jacobienne de Γ s'identifie au sous-groupe C_m de U, image de l'espace des coordonnées impaires $(t_1, 0, t_3, 0, \cdots, t_{2m-1})$; on a $a_1 = t_1, a_2 = \frac{1}{2}t_1^2, a_3 = \frac{1}{6}t_1^3 + t_3$, etc. Le sous-espace F associé à un polynôme $p(z^{-1})$ dans C_m est engendré par $z^m p(z^{-1}), z^{m-2}p(z^{-1}), \ldots, z^{2-m}p(z^{-1}), z^{-m}, z^{-m-1}, \ldots$ Les m premiers flots de KdV agissent transitivement sur C_m en translatant les variables t_{2k-1}. (La série $z^m \exp(t_1 z^{-1} + \cdots + t_{2m-1} z^{1-2m})$ appartient à la complétion hilbertienne de F, et F est l'unique sous-espace de E d'indice 0 tel que $z^{-2}F \subset F$, $z^{-m}E_- \subset F \subset z^m E_-$ contenant $z^m p(z^{-1})$.)

L'ensemble $P_E = Gr_0^{(2)}$ (cf. S.W.) des F d'indice 0 de Gr_E tels que $z^{-2}F \subset F$ se laisse aussi décrire comme l'orbite de E_- dans Gr_E sous l'action du semi-groupe $GL_2[z^{-1}, z]$ des polynômes de Laurent à valeurs dans $GL_2(\mathbb{C})$: à une série de Laurent $f(z) = f_1(z^2) + z^{-1}f_2(z^2)$, la matrice $M(z) = \begin{pmatrix} a(z) & b(z) \\ c(z) & d(z) \end{pmatrix}$ associe la série $(Mf)(z) = a(z^2)f_1(z^2) + b(z^2)f_2(z^2) + z^{-1}(c(z^2)f_1(z^2) + d(z^2)f_2(z^2))$.

L'espace homogène P_E admet donc une décomposition cellulaire très simple: pour chaque degré $m \in \mathbb{N}$, une seule cellule C_m de dimension m (centrée sur $u_m = -m(m+1)x^{-2}$). Et on obtient comme cela toutes les solutions rationnelles de KdV qui tendent vers 0 (A.McK.M. 77).

Cette décomposition avait été reconnue par Airault, Mc Kean, et Moser en 1977. Posons $n = \frac{1}{2}m(m+1)$. Dans le produit symétrique $S_n = \mathbb{C}^n/\mathbb{S}_n$ considérons le sous-ensemble L_n^0 des n-uples de points distincts $(x_1, \ldots, x_n)$ vérifiant les équations (6) $\forall i, \sum_{j\neq i}(x_i - x_j)^{-3} = 0$ et notons L_n l'adhérence de L_n^0 dans S_n; Airault, McKean, et Moser montraient que les flots de KdV agissent sur L_n via la formule (5): $u(x; t_1, t_3, \cdots) = -2\sum_{i=1}^n (x - x_i(t_1, t_3, \cdots))^{-2}$, que pour $k \geq m$ le champ ∂_{2k+1} est identiquement nul et que l'action des m premiers flots est libre et transitive. Donc L_n est une cellule de dimension m.

Remarque: près de ∞, $u(x) = -2(nx^{-2} + 2s_1 x^{-3} + 3s_2 x^{-4} + \cdots)$ où $s_k = x_1^k + \cdots + x_n^k$; en faisant appel à la relation de récurrence de Gelfand-Dickey $\partial_{2k+1} = P_3 \partial^{-1} \partial_{2k-1}$ où $P_3 = \frac{1}{4}\partial^3 + \frac{1}{2}u\partial + \frac{1}{2}\partial o u$ (et $\partial = \partial/\partial x = \partial_1$), on trouve que le terme dominant à l'infini de $\partial_{2k+1}u$ est égal à $4x^{-3-2k} \cdot \frac{3}{2} \cdot \frac{5}{3} \cdots \frac{2k-1}{k-1} \cdot \frac{2k+1}{k} \cdot n(n-1)(n-3)(n-6)\cdots(n - \frac{1}{2}k(k+1))$. C'est de là que sort la contrainte de rationalité $n = \frac{1}{2}m(m+1)$. Et il faut faire ce détour par KdV pour voir que les L_n sont vides lorsque n n'est pas triangulaire (cf. A. McK.M. pp. 110 et 132).

Nous passons alors près de quelques coins d'ombres. Il semble difficile de décrire directement sur les x_i le lieu L_n, c'est à dire d'éxaminer les confluences permises des pôles de u (elles ne peuvent se faire que par paquets triangulaires); on aimerait également comparer les flots KdV ∂_{2k+1} et les flots hamiltoniens $H_{2k} = \frac{1}{2k+1}Tr(L^{2k+1})$ qui se déduisent de la matrice L de Moser (3) (pour $k = 3$, M. Adler a calculé que ces champs sont proportionnels), on voudrait aussi résoudre les problèmes de Cauchy en t_5, t_7, etc. comme l'ont fait Olshanetsky et Perelomov pour $t = t_3$.

Puis nous nous engageons dans un fourré plus épais: que sait-on de l'espace M_E des solitons trigonométriques de KdV (les n-solitons de Hirota qui seraient des solutions périodiques en x de la hierarchie KdV)? A-t-on une décomposition de M_E en tores dont certains renferment les potentiels $-m(m+1)(\sin^{-2} x - \frac{1}{3})$? (L'ensemble L_n^0 est remplacé par l'ensemble des n-uples de points distincts $(z_1, \cdots, z_n)$ de $\mathbb{C}^\times = \mathbb{C} \setminus \{0\}$ vérifiant

$$\forall i, \quad \sum_{j \neq i} z_i z_j (z_i + z_j)/(z_i - z_j)^3 = 0,$$

A.McK.M. en disent peu de chose.) Pourtant dans ce fourré on aperçoit des fruits alléchants, une déformation trigonométrique du projectif infini (qu'on peut voir cyclique ou torique; il suffit de penser à la manière dont les opérateurs vertex engendrent les solitons par les matrices élémentaires pour respirer l'odeur de la K-théorie et des espaces de lacets).

Les matrices L de Calogero, Moser, et Krichever restent mystérieuses, quel rapport avec les formes de Lax des équations KP et KdV? Nous allons voir comment Krichever a levé un coin du voile et cela va nous permettre d'accéder à la question initiale de Burchnall, Chaundy et Krichever sur les sous-algèbres commutatives d'opérateurs différentiels en une variable:

La théorie KP établit une correspondance entre deux sortes d'objets, d'une part les ensembles $(\Gamma, p_0, z, \mathcal{L}, \varphi)$ constitués par une courbe (complète, intègre), un point lisse dessus, une coordonnée centrée en ce point (à l'ordre fini), un faisceau de rang 1 (cohérent, sans torsion, maximal, tel que $h^0 = h^1 = 0$) et une trivialisation locale, et d'autre part les algèbres abéliennes R possèdant au moins deux opérateurs $\partial^k + \cdots$ et $\partial^l + \cdots$ (où $\partial = \partial/\partial x$) d'ordres k et l premiers entre eux. Les éléments de R sont ceux qui commutent avec un (unique) opérateur pseudodifférentiel infini

$$L' = \partial + \sum_{i \geq 1} u_i(t) \partial^{-i} \tag{25}$$

Comment obtenir L'? Dans l'espace vectoriel F attaché aux données géométriques (et convenablement complété du côté de z^{-1}) on retient l'unique élément $\psi(z;t_1,t_2,\cdots)$ de la forme

$$\psi = \exp\left(\sum_{n\geq 1} t_n z^{-n}\right)\cdot\left(1+\sum_{m\geq 1} a_m(t)z^m\right); \tag{26}$$

c'est la fonction de Baker-Akhiezer. (Dans les cas géométriques lisses, ψ est l'unique fonction uniforme sur Γ avec le développement asymptotique en p_0 donné par l'exponentielle et avec des pôles majorés par le diviseur (q).) Alors on pose

$$S(t) = 1+\sum_{m\geq 1} a_m(t)\partial^{-m} \tag{27}$$

et

$$L'(t) = S(t)\partial S^{-1}(t)$$

On a $L'\psi = z^{-1}\psi$ et si B_n est la partie polynomiale en ∂ de $(L')^n$, on a $\partial_n\psi = B_n\psi$ et $\partial_n L' = [B_n, L']$. La hierarchie KP est équivalente aux équations de Zakharov-Shabat:

$$\partial_n B_m - \partial_m B_n = [B_n, B_m] \tag{28}$$

L'algèbre R est l'ensemble des combinaisons linéaires finies $\sum_{n\geq 0} c_n B_n$ telles que $(\sum c_n\partial_n)L' = 0$. Le potentiel u de $B_2 = \partial^2 + u$ est solution de KP. Lorsque $(L')^2$ est égal à l'opérateur différentiel B_2, l'algèbre R est le commutant de B_2, la fonction ψ ne dépend que des variables impaires $t_1, t_3, \cdots$, et elle est fonction propre de tous les opérateurs B_n. Le potentiel u est solution de KdV. Et dans les cas géométriques la courbe Γ est hyperelliptique et la coordonnée z est impaire.

(Pour les sous-algèbres abéliennes contenant au moins un opérateur $\partial^k+\cdots$, Krichever a montré qu'il faut considérer des faisceaux de rang $r\geq 1$ sur Γ et a trouvé des "solutions de rang r" de KP. Comme le demandait Jean-Louis: que dire des sous algèbres abéliennes qui ne contiennent aucun $\partial^k+\cdots$?)

Les fonctions ψ et τ se déduisent l'une de l'autre par une célèbre formule de Sato et Krichever:

$$\psi(z;t_1,t_2,\cdots) = \frac{e^{\sum t_n z^{-n}}\check{\tau}(t_1 - z, t_2 - \frac{z^2}{2},\cdots)}{\check{\tau}(t_1,t_2,\cdots)} \tag{29}$$

(*Attention*: rappelons que $\check{\tau}(t_1,t_2,\ldots) = \tau(-t_1,-t_2,\ldots)$. Le choix de τ est "imposé" par la théorie quantique des champs, celui de ψ par la théorie des équations différentielles; ce qui explique les signes dans la formule (29). Si l'on change $\check{\tau}$ en τ et t_n en $-t_n$ dans le membre de droite on trouve la "fonction conjuguée" $\psi^*(z;t_1,t_2,\ldots)$ qui n'est pas dans F (en général), mais qui est associée à l'adjoint formel de l'opérateur L'. La fonction $\check{\psi}^*$ engendre une "solution duale" de la hierarchie KP, qui répond à la dualité de Serre sur les courbes algébriques.)

La formule (29) est l'expression différentielle des équations de Plücker de la grassmannienne. Elle a donc une portée très générale, elle concerne toute solution de la hierarchie KP. Quand les données sont géométriques et lisses on la doit à Matveev et Its pour KdV et à Krichever pour KP.

C'est par ce chemin que Krichever arrive aux solitons elliptiques et fait le lien entre les matrices L et M des systèmes hamiltoniens classiques ((3) et (8)) et les opérateurs L' et B_n de KP ((25) et (28)).

Etant donnée une courbe elliptique $X = \mathbb{C}/\Lambda$, pour tout point a de X nous avons les matrices de taille $n \times n$, $L(a)$ et $M(a)$ définies par (10) et (11), avec les fonctions α et β de la page 9; elles dépendent de $(x_1, \ldots, x_n)$ et $(p_1, \ldots, p_n)$, elles sont doublement périodiques en a et se transforment par conjugaison simple $Ad(g(a, w))$ lorsqu'on déplace x_i d'une période $w \in \Lambda$. Soient λ une variable complexe supplémentaire et Γ la courbe d'équation $\det(L(a) - \lambda \text{ Id}) = 0$ dans le plan de coordonnées (a, λ); on complète Γ par n points lisses au dessus de l'origine $a = 0$ de X et on la marque par le point p_0 où $-\frac{\lambda}{2} + \frac{1}{a}$ présente un pôle simple. Lorsque les (x_i, p_i) sont guidés par les hamiltoniens $H_k = \frac{1}{k+1} Tr(L(a))^{k+1}$, elle ne bouge pas; c'est la "courbe spectrale" de L. Les fonctions H_k dépendent de a mais nous avons vu (page 14) que les gradients symplectiques de H_0, H_1 et $H_2'' = -\frac{3}{4}H_2 + 3(n-1)\wp(a)H_0$ n'en dépendent pas. De plus tous les crochets de Poisson $\{H_k(a), H_{k'}(a')\}$ sont nuls. A présent laissons évoluer $u(x, y, t) = -2\sum_1^n \wp(x - x_i(y, t))$ selon les champs de vecteurs, $\partial_2 = \partial_y$, $\partial_3 = \partial_t$ de KP, formules (18) et (19); les points x_i et leurs dérivées $p_i = \frac{\partial x_i}{\partial y}$ évoluent alors suivant H_1 pour y et suivant H_2'' pour t. Pour tout point $p = (a, \lambda)$ de Γ choisissons un vecteur propre $\vec{v}(y, t; p)$ de $L(a; y, t)$ associé à la valeur propre λ et notons $(v_1, \cdots, v_n)$ ses composantes; enfin considérons la fonction suivante sur Γ:

$$\psi(p; x, y, t) = e^{-\frac{\lambda}{2}x + \frac{\lambda^2}{4}y - \frac{\lambda^3}{8}t} \sum_{i=1}^{n} v_i(y, t; p)\alpha(x - x_i(y, t), a);$$

l'observation de Krichever est que ψ est la fonction de Baker-Akhiezer provenant d'une donnée géométrique $(\Gamma, p_0, z; (q))$ (pour une normalisation convenable en (y, t) de $\vec{v}$).

La courbe Γ est de genre n, z est une coordonnée de l'ordre de a/n au voisinage de p_0 et le diviseur (q) est de degré $(n-1)$; le tout (y compris Γ) dépend des conditions initiales $x_i(0, 0), p_i(0, 0)$ et doit être générique. Le développement asymptotique de ψ au voisinage de p_0 s'écrit:

$$\psi(p;x,y,t) = e^{xz^{-1}+yz^{-2}+tz^{-3}}\left(\frac{1}{z} + \sum_{m\geq 0} a_m(x,y,t)z^m\right).$$

Si bien que, par l'intermédiaire des fonctions α (qui sont des fonctions de Baker-Akhiezer pour la première équation de Lamé, $n = 1$), la matrice L représente le générateur L' et M représente $B_2 = \partial^2+u$. (On peut de même identifier des matrices représentant tous les B_n; Treibich, Verdier (89).) La fonction θ de Γ s'exprime comme un produit de fonctions $\sigma(x-x_i)$ de $\mathbb{C}/\Lambda$, tout au moins en restriction aux trois premiers flots $\partial_1, \partial_2, \partial_3$, de KP dans la jacobienne de Γ.

Malgré tout, le tableau des solitons elliptiques restait incomplet au début des années 80 et l'on savait encore trop peu sur la spécialisation à KdV.

Le problème que Jean-Louis Verdier et Armando Treibich-Kohn se sont posé était de trouver *toutes* les solutions elliptiques de KP et de KdV. Et ils ont assez largement rempli leur programme dans les deux articles:

Solitons elliptiques, in Grothendieck Festschrift, volume 3, Progress in Math. 88, Birkhauser, 1990, pp 437–480, et *Variétés de Krichever des solitons elliptiques*, à paraitre dans les proceedings de la conférence Indo-Francaise de Géométrie de Bombay (1989), édités par A. Beauville et S. Ramanan. (Ces textes sont rassemblés, avec des suppléments, dans la thèse de A. Treibich-Kohn soutenue à Rennes le 8 Janvier 1991; à cela il faut ajouter à présent l'article paru en Novembre 1992 au Duke Math. Journal: *Revêtements exceptionnels et sommes de 4 nombres triangulaires*, vol. 68, No.2, pp.217 à 236.)

Afin de se libérer des hypothèses de généricités ils ont placé les idées de Krichever sous un éclairage de géométrie algébrique et en ont tiré une jolie récolte de structure et d'arithmétique.

Tout d'abord ils ont utilisé un peu de dualité pour comprendre la relation entre la courbe elliptique (X) et les courbes spectrales (Γ) qui interviennent dans les constructions de Krichever: soient Γ une courbe algébrique sur $\mathbb{C}$ projective et intègre (c'est à dire une surface de Riemann compacte connexe avec un nombre fini de points singuliers), p_0 un point lisse de Γ et π un morphisme fini de degré n (c'est à dire un revêtement ramifié à n feuillets) de Γ sur une courbe elliptique X qui envoie p_0 sur l'élément neutre $q_0 = 0$ de X.

Définition 1. On dit que π est un *revêtement tangentiel* si l'application d'image réciproque π^* entre fibrés en droites de degré 0 envoie X (identifiée à sa jacobienne) sur une courbe tangente à l'image des points lisses Γ^0 de

Γ par l'application d'Abel A dans $Jac(\Gamma)$.

(Il s'agit de la jacobienne généralisée et $A(p)$ est le fibré associé au diviseur $p - p_0$.) On dira que π est *minimal* s'il ne peut se factoriser par un morphisme birationnel $\Gamma \to \Gamma'$ suivi d'un revêtement tangentiel $\pi' : \Gamma' \to X$, (et primitif s'il ne peut se factoriser par un revêtement tangentiel $\Gamma \to X'$ suivi d'une isogénie $X' \to X$).

Le premier résultat important décrit à isomorphisme près l'ensemble des revêtements tangentiels d'une courbe X; pour le formuler on introduit la surface $S = S(X)$:

Soit $\Delta \to X$ l'espace des modules de fibrés de rang 1 (et de degré 0) sur X munis d'une connexion holomorphe (fibrés plats); Δ est aussi l'unique extension de groupes algébrique non scindable de X par la droite affine $G_a = \mathbb{C}$ (surface de Serre); la *surface* S est la complétion projective fibre à fibre de Δ (Δ se plonge canoniquement comme sous-fibré affine d'un fibré vectoriel de rang 2 sur X et S est le fibré en droites projectives associé). C'est une surface réglée dont les génératrices sont les fibres $S_x, x \in X$ de $\pi_S : S \to X$; elle contient une unique courbe elliptique C_0 d'auto-intersection nulle (la section à l'infini; p_0 désignera le point $C_0 \cap S_{q_0}$. Les automorphismes se S au dessus de X sont les éléments du groupe affine de dimension 1 qui agit naturellement sur S en fixant C_0.

Pour tout entier n on appellera S_n le système linéaire $|nC_0 + S_0|$ (i.e. l'ensemble des diviseurs effectifs de S linéairement équivalents à $nC_0 + S_0$; ce système n'a pas de composante fixe et son unique point fixe est p_0; son élément générique est lisse de genre n.

En passant par une caractérisation cohomologique de revêtements tangentiels, Treibich et Verdier démontrent:

Théorème 1. *La condition nécessaire et suffisante pour qu'un morphisme de degré* n, $\pi : (\Gamma, p) \to (X, q_0)$ *soit tangentiel est qu'il se factorise par un morphisme birationnel sur une courbe de* S : $j : \Gamma \to \Gamma' = j(\Gamma) \subset S(X)$ *tel que* $j(p) = p_0$. *Alors* Γ' *appartient à* S_n, *et* j *est un plongement de* Γ *dans* S *si et seulement si* π *est minimal. Inversement toute courbe réduite et irréductible du système* S_n *passe par* p_0, *est lisse en* p_0 *et sa projection sur* X *est un revêtement tangentiel minimal. Si deux applications* j_1 *et* j_2 *relèvent le même revêtement il existe un unique automorphime* μ *de* S *au dessus de* X *tel que* $j_2 = \mu \circ j_1$.

De là on voit que tout revêtement tangentiel domine un minimal et surtout on met la main sur un véritable espace des modules de revêtements tangentiels minimaux de degré n de X: dans (l'espace projectif) S_n le complémentaire $V_n(X)$ de l'ensemble des diviseurs réductibles possède une structure naturelle d'espace affine de dimension n. L'ensemble des classes d'équivalence de revêtements tangentiels (minimaux) s'identifie à l'espace affine de dimension $n-1$, $V_n(X)/\mathrm{Aut}(S, X)$.

Remarques. 1) Tout morphisme de groupes algébrique $X \to Jac(\Gamma)$ est induit par un revêtement ramifié $\Gamma \to X$, qui n'est pas forcément tangentiel (cf. A. Treibich, CRAS, 1988).

2) En remplaçant X par une courbe Y quelconque on pourrait de même chercher les morphismes plats $\pi : \Gamma \to Y$ tels que $\pi^* : Jac(Y) \to Jac(\Gamma)$ envoie Y^0 tangentiellement à Γ^0 en 0, mais A. Treibich (Duke M. J. 1988) montre que Y doit être de genre arithmétique 1 sauf si deg(π)=2 et que Y et Γ sont des courbes hyperelliptiques.

3) Plus près des arguments de Krichever est la notion de polynôme tangentiel de Treibich (89); la courbe spectrale correspond à $j(\Gamma)$ par équivalence birationnelle entre $\mathbb{P}^1 \times X$ et $S(X)$. De cette façon A. Treibich a développé des algorithmes pour faire des calculs explicites de revêtements tangentiels.

Puisque tout élément Γ de $V_n(X)$ est une courbe à singularités planaires, l'ensemble des fibrés de rang 1 est dense dans la variété projective $W(\Gamma)$; c'est l'ensemble noté tout à l'heure $W^0(\Gamma)$ où $Jac(\Gamma)$ agit librement. Nous noterons $W_n(X)$ le schéma projectif réunion des $W(\Gamma)$ lorsque Γ décrit $V_n(X)$ (et nous nous restreindrons aux faisceaux de caractéristique d'Euler zéro).

On fixera un réseau Λ de $\mathbb{C}$ tel que X soit isomorphe à $\mathbb{C}/\Lambda$ et on notera a la coordonnée de $\mathbb{C}$; sur S il existe alors une unique fonction méromorphe κ, infinie sur $C_0 + S_0$ seulement, anti-invariante (pour l'involution ι qui remonte $a \to -a$) et telle que $\kappa + \frac{1}{a}$ possède un pôle simple sur C_0 en p_0; on choisira comme coordonnée locale z sur Γ en p_0 (quel que soit $\Gamma \in V_n(X)$) la fonction $z = (\kappa + a^{-1})^{-1}$.

Soit $Sol_n(X)$ l'ensemble des solitons elliptiques de KP sur X (cf.(17), i.e. les $u(x,y,t) = -2\sum_1^n \wp(x - x_i(y,t)))$; A. Treibich et J.-L. Verdier démontrent que la construction de Krichever (éventuellement généralisée) via la fonction τ (et la coordonnée z) définit une application sol_n de $W_n(X)$ dans $Sol_n(X)$, et le principal résultat de leur article sur les "variétés de Krichever" s'énonce

Théorème 2. *sol_n est une bijection.*

On peut préciser beaucoup en adoptant le point de vue hamiltonien (cf.(8)) comme l'avaient fait Calogero, Moser et Krichever à l'origine: notons $Sym^n(X)$ le quotient $X^n/\mathbb{S}_n$ (du produit cartésien X^n de X par elle même n fois par le groupe symétrique) et $TSym^n(X)$ son fibré tangent; ci_n désignera l'application de $Sol_n(X)$ dans $TSym^n(X)$ qui à $u(x,y,t)$ associe les conditions initiales

$$(x_1(0,0), \ldots; \frac{\partial x_1}{\partial y}(0,0), \ldots).$$

Par ailleurs, quels que soient $\Gamma \in V_n(X)$ et $\mathcal{L} \in W(\Gamma)$, l'orbite $X \cdot \mathcal{L}$ de $\mathcal{L}$ sous l'action de $X \subset Jac(\Gamma)$ rencontre le diviseur Θ_Γ canonique de $W(\Gamma)$ (l'ensemble des faisceaux de caractéristique 0 tels que $h^0 > 0$) en n points (avec multiplicités) et cela définit une application $i_n : W_n(X) \to Sym^n(X)$. La composée $W_n \stackrel{sol_n}{\to} Sol_n \stackrel{ci_n}{\to} TSym^n \stackrel{\pi_n}{\to} Sym^n$ coincide avec i_n.

Au dessus des n-uples de points de X deux à deux *distincts* l'application ci_n est une bijection (cela caractérise les solutions "en position générale"); mais en général ci_n n'est ni surjective ni injective. (Il est important de remarquer que l'application i_n est partout bien définie sur chaque $W(\Gamma)$, c'est à dire que $X \cdot \mathcal{L}$ n'est contenue dans Θ_Γ pour aucun faisceau $\mathcal{L}$. A ce point intervient la formule de Fay-Segal-Wilson qui dit que $\tau_F(t_1, 0, 0, \cdots)$ n'est jamais identiquement nulle; en fait l'ordre d'annulation de cette fonction en $t_1 = 0$ est égal à la codimension de la strate de la grassmannienne à laquelle F appartient.)

Soient Δ_n la grande diagonale de Sym^n ($\exists\ i, j, x_i = x_j$); au dessus de son complémentaire, sur $T(Sym^n - \Delta_n)$, il y a une forme symplectique naturelle définie par coordonnées de Darboux, $\omega = \sum_1^n dx_i \wedge dp_i$, et cette forme s'étend à $TSym^n X$ en une forme à pôle logarithmique le long de Δ_n. Il résulte d'un théorème de Deligne (sur une variété complète, toute forme à singularité logarithmique est fermée) que ci_n envoit chaque $W(\Gamma)$ sur une sous-variété lagrangienne de $TSym^n(X)$ (c'est l'image qui s'appelle variété de Krichever). Le champ ∂_y de KP sur $W_n(X)$ s'en va ainsi sur le gradient symplectique de H_1 dans $TSym^n$; c'est lui qui relève i_n de W_n à $TSym^n$.

A. Treibich-Kohn et J.-L. Verdier montrent aussi comment des matrices de Calogero-Moser-Krichever arrivent par image directe de la fonction méromorphe $\kappa_{|\Gamma}$ et pourquoi les hamiltoniens qui s'en déduisent sur $TSym^n(X)$ s'identifient aux flots ∂_m de KP (en principe ce sont des quantités calculables).

Venons en au point plus délicat: comment déterminer dans $Sol_n(X)$ les solitons elliptiques de KdV? Il faut d'abord suivre l'effet des involutions:

Définition 2. Disons qu'un revêtement tangentiel $\pi : \Gamma \to X$ est *symétrique* s'il existe une involution ι de Γ fixant p_0 au dessus de l'involution canonique $(a \to -a)$ de X et qu'il est *hyperelliptique* si le quotient de Γ par ι est la droite projective.

Nous dirons *hypertangentiel* en raccourci de tangentiel hyperelliptique; il faut faire attention qu'un revêtement hypertangentiel minimal parmi les hypertangentiels peut ne pas être minimal parmi les tangentiels.

Sur la surface $S(X)$ on a une involution canonique ι qui relève celle de X; elle a huit points fixes. Notons $\omega_0 = q_0, \omega_1, \omega_2, \omega_3$, les 4 points d'ordre 2 de X, $s_0 = p_0, s_1, s_2, s_3$, les 4 points de C_0 qui se trouvent au dessus des ω_i, et encore r_0, r_1, r_2, r_3, les 4 points d'ordre 2 du groupe Δ, avec $\pi_S(r_i) = \omega_i$; les huit points s, r sont les points fixes de ι.

Si $\pi : (\Gamma, p) \to (X, 0)$ est tangentiel symétrique, il existe une unique application $j : \Gamma \to S(X)$ relevant π invariante par ι (envoyant p en p_0); dans $S(X)$ la courbe $\Gamma' = j(\Gamma)$ est lisse en $s_0 = p_0$, évite s_1, s_2, s_3, et a pour multiplicité des nombres μ_i en r_i. On a nécessairement $\mu_0 - n$ impair et $\mu_i - n$ pair si $i \geq 1$; un tel quadruplet $(\mu_0, \mu_1, \mu_2, \mu_3)$ s'appelle un "type adapté" (à n) de revêtement (tangentiel symétrique, de degré n).

Lorsque de plus π est hyperelliptique on doit avoir $\mu_0^2 + \mu_1^2 + \mu_2^2 + \mu_3^2 \leq 2n + 1$, donc le nombre de types adaptés possibles pour un degré donné est fini. Par ailleurs on sait que le genre arithmétique de $\Gamma' \in V_n(X)$ est égal à n, mais si $\pi : \Gamma \to X$ est hypertangentiel de type μ son genre arithmétique m devra satisfaire à l'inégalité $2m < \mu_0 + \mu_1 + \mu_2 + \mu_3$, d'où $\frac{1}{2}m(m+1) \leq n$. Et l'on voit que Γ' peut être singulière; en fait, mis à part des cas triviaux, les courbes Γ' (tangentielles minimales) qui vont intervenir pour KdV sont toujours singulières. Quand Γ est minimale au sens hyperelliptique on a $m = \frac{1}{2}(\mu_0 + \mu_1 + \mu_2 + \mu_3 - 1)$.

Soit $S^\perp$ la surface S après qu'on ait éclaté ses huit points r et s; l'involution ι se relève à $S^\perp$ et le quotient $S^\perp/\iota$ est la désingularisation minimale $\tilde{S}$ de S/ι. Tout revêtement hypertangentiel $\Gamma \to X$ se factorise par un unique morphisme $j^\perp : \Gamma \to S^\perp$, et l'image $j^\perp(\Gamma)/\iota$ dans $\tilde{S}$ est une courbe rationnelle. Les courbes $j^\perp(\Gamma)$ donnent les hypertangentiels minimaux; elles sont lisses en dehors des quatre droites exeptionnelles au dessus des points r. En étudiant de près les courbes rationnelles de certains systèmes linéaires de $\tilde{S}$, Treibich et Verdier établissent:

Théorème 3. *Pour tout $n > 0$ il n'existe qu'un nombre fini de classes d'isomorphismes de revêtements hypertangentiels minimaux de degré n de X, tous de genre arithmétique inférieur ou égal au nombre $\gamma(n) = \sup\{m | n \geq \frac{1}{2}m(m+1)\}$.*

Les revêtements avec $\sum_0^3 \mu_i^2 = 2n + 1$ correspondent à des droites exeptionnelles de $\tilde{S}$ (des droites d'auto-intersection -1); il y en a *exactement un* pour chaque type possible. Un travail arithmétique de J. Oesterlé montre que le nombre de types adaptés possibles est croissant en $O(n \log \log n)$. On peut aussi estimer le nombre des revêtements de genre arithmétique égal à $\gamma(n)$; on trouve qu'il en existe un unique si et seulement si n est triangulaire ($n = \frac{1}{2}m(m+1), m = \gamma(n)$); son type est fixe: $\mu_0 = 3\left[\frac{m}{2}\right] - m + 1, \mu_i = m - \left[\frac{m}{2}\right], i > 0$, et il correspond au potentiel de Lamé $-2n\wp(x)$.

Maintenant on peut dire ce qui se passe pour les solitons elliptiques de KdV: Rappelons que Airault, McKean et Moser ont prouvé que les pôles de $u(x,t) = -2\sum_1^n \wp(x - x_i(t))$, solution de KdV (équation (4)), sont astreints à demeurer dans le sous-ensemble L_n de $Sym^n(X)$ défini par les n équations (14) ($\forall i,\ \sum_{j\neq i}\wp'(x_i - x_j) = 0$), et aussi qu'ils ne passent pas toute leur vie dans la diagonale Δ_n (c'est à dire que deux pôles de u finissent toujours par se séparer).

Notons $H_n(X)$ le sous-ensemble des éléments hypertangentiels de $V_n(X)$; c'est une réunion de composantes de l'ensemble $SV_n(X)$ des points fixes de ι dans V_n. (SV_n correspond aux symétriques.) Soit $WH_n(X)$ la réunion des $W(\Gamma)$ concernés; la fonction τ permet d'envoyer WH_n dans $SolH_n$, ensemble des solitons elliptiques de KdV. Puisque, pour tout i entre 1 et n, on a $p_i = \frac{\partial x_i}{\partial y} = 0$, la restriction de $ci_n sol_n$ de W_n dans $TSym^n$ à WH_n va entièrement dans $L_n \subset Sym^n \subset TSym^n$, partie de la section nulle, et elle coincide avec la restriction de $i_n : W_n \to Sym^n$ à WH_n.

Théorème 4. *De $WH_n(X)$ dans $L_n(X)$, i_n $(= ci_n sol_n)$ est un revêtement ramifié* bijectif. *Il n'y a qu'un nombre fini de composantes connexes dans $L_n(X)$. Si Γ appartient à $H_n(X)$, l'image de $W(\Gamma)$ (compactification de la jacobienne de Γ) est une composante irréductible de $L_n(X)$ et toute composante est ainsi couverte.*

Armando Treibich-Kohn et Jean-Louis Verdier sortent de cette analyse des "nouveaux solitons elliptiques"; leurs conditions initiales sont de la forme

$$u(x) = -2\sum_{i=0}^{3}\frac{1}{2}a_i(a_i+1)\wp(x-\omega_i) \tag{30}$$

où les a_i sont des nombres entiers positifs, et ils ne sont pas tous dans la famille de Lamé. En fait, tous les quadruplets (a_0, a_1, a_2, a_3) fournissent des potentiels de revêtements exceptionnels. Si bien que pour tout n il y a des solitons elliptiques de degré n et pas seulement lorsque n est triangulaire; par exemple

$$u(x) = -6\wp(x) - 2\wp(x-\omega_3)$$

est dans $SolH_4$. Que dire des non-exceptionnels?

(Dans l'article au Duke Math. Journal en 92 ou dans la note au C. R. A. S de 90 également intitulée *Revêtements tangentiels et sommes de 4 nombres triangulaires*, on trouve les résultats détaillés sur les a_i et les μ_i qui leur correspondent.)

C'est la question de l'équilibre des températures à l'intérieur d'un ellipsoïde qui avait amené Lamé (vers 1840) aux équations

$$\psi''(x) - m(m+1)\wp(x)\psi(x) = \lambda\psi(x).$$

(Il les écrivait avec les notations de Jacobi $\psi'' - m(m+1)k^2\mathrm{sn}_k^2(x)\psi = \mu\psi$ après translation en x d'une $\frac{1}{2}$-période et dilatation de x.

En posant
$$y = \mathrm{sn}_k^2(x) \quad \text{et} \quad P = y(y+1)(1-k^2y)$$
on trouve la forme algébrique
$$4P\frac{d^2\psi}{dy^2} + 2P'\frac{d\psi}{dy} - k^2m(m+1)y\psi = \mu\psi,$$
qui provient de l'écriture du laplacien de $\mathbb{R}^3$ en coordonnées elliptiques.)

La question du refroidissement à l'intérieur d'une sphère dans l'espace à trois dimensions donne les cas très particuliers, intégrables avec les fonctions élémentaires, de l'équation de Bessel:
$$\psi''(x) - m(m+1)x^{-2}\psi(x) = \lambda\psi(x); \quad m \in \mathbb{N}.$$
On reconnait les potentiels rationnels des pages 21 à 22, c'est à dire le point de départ de Calogero. Le potentiel $-\frac{m(m+1)}{x^2}$ (avec $x = \frac{\sqrt{2M}}{\hbar}r$) est aussi "l'énergie centrifuge" pour le facteur radial de la fonction d'onde d'une particule de moment cinétique m (et de masse M) dans un champ central symétrique en mécanique quantique.

(Il est amusant de faire apparaitre les dégénerescences circulaires du type soliton $-m(m+1)\sin^{-2}(x)$: soient φ et θ les angles d'Euler, θ la latitude comptée à partir du pôle nord et φ la longitude; le laplacien de la sphère S^2 de $\mathbb{R}^3$ s'écrit
$$\Delta_S V = \frac{\partial^2 V}{\partial\theta^2} + \cot\theta\frac{\partial V}{\partial\theta} + \frac{1}{\sin^2\theta}\frac{\partial^2 V}{\partial\varphi^2}.$$
Si bien que la fonction d'onde d'un spineur de Neveu-Schwarz sur S^2 de "moment" $m+\frac{1}{2}$ autour de l'axe des z est de la forme $V(\theta)\exp(i(m+\frac{1}{2})\varphi)$ où $V(\theta)$ satisfait à une équation
$$V''(\theta) + \cot\theta V'(\theta) - (m+\frac{1}{2})^2\sin^{-2}(\theta)V(\theta) = \lambda V(\theta),$$
et en posant $V(\theta) = \psi(\theta)\cdot(\sin\theta)^{-\frac{1}{2}}$ on retrouve
$$\psi''(\theta) - m(m+1)\sin^{-2}(\theta)\psi(\theta) = (\lambda - \frac{1}{4})\psi(\theta).$$
En coordonnées $z = \rho e^{i\varphi}$, $\rho = \cot(\theta)$, cela donne une équation de Gegenbauer $(1+\rho^2)(V'' - \rho V' + (m+\frac{1}{2})^2V) = \lambda V$.)

Lamé, puis Liouville et Heine, s'intéressaient surtout aux solutions uniformes sur la courbe elliptique (X), alors que la fonction ψ de Baker-Akhieser, formule (26), elle, est uniforme sur la courbe spectrale (Γ). Mais ψ se rattache aussi à de très anciennes formules.

En donnant la solution par les fonctions elliptiques du problème de la rotation d'un corps solide autour d'un point fixe dans le cas où il n'y a point de forces accélératrices, Jacobi (avant 1850) devait résoudre la première équation de Lamé ($m = 1$). Et l'on peut lire dans les leçons de Weierstrass la solution

$$\varphi(x,a) = e^{-x\zeta(a)}\frac{\sigma(x+a)}{\sigma(x)\sigma(a)}$$

qui a des multiplicateurs en x (voir page 9) mais qui est doublement périodique en a; la valeur propre est $\lambda = \wp(a)$ et l'autre solution est $\varphi(x,-a)$. Cette expression de φ est bien le premier cas de la formule (29) de Its, Matveev, Krichever, et Sato, car σ est la fonction τ de X (voir page 19).

Plus tard Hermite a montré que l'intégration du pendule sphérique (mouvement d'un point pesant sur une sphère) dépend de la deuxième équation de Lamé ($m = 2$), et Halphen a écrit les fonctions propres comme produits de deux fonctions φ associées à des paramètres a_1, a_2; on peut y voir la formule (29) d'une fonction ψ associée à un revêtement ramifié à deux feuillets de X. Pour $m \in \mathbb{N}^{\times}$ quelconque Hermite et Halphen ont analysé les fonctions ψ.

Cependant, à ma connaissance, il n'apparait pas dans ces travaux centenaires de fonctions θ (ou τ) de courbes hyperelliptiques. Elles vont être révélées par la théorie de Floquet: Prenons les potentiels de Lamé sous leurs formes réelles $u_m(x) = -m(m+1)k^2\mathrm{sn}_k^2(x)$, autorisons $m \in \mathbb{R}$, supposons k réel entre 0 et 1 et demandons nous pour quelles valeurs de m et de λ l'équation $\psi'' + u_m\psi = -\lambda\psi$ possède une ou plusieurs solutions de période $4K$ (i.e. le double d'une période de $\mathrm{sn}_k^2(x)$, la période réelle de $\mathrm{sn}_k(x)$). Autrement dit, cherchons le spectre joint de l'opérateur de Sturm-Liouville $-B : \psi \to -\psi'' - u\psi$ et de la translation $\psi(x) \to \psi(x+4K)$ (le "spectre périodique"). Et pour cela nous devons considérer tout le spectre L^2 de $-B$ (problème de Hill); les "zones d'instabilité" sont les intervalles du complémentaire du spectre (continu) de $-B$.

Après l'étude partielle de Guerritore (1909) le travail marquant est celui de Ince (Proc.Roy.Soc.Edinburgh; 1940): il y est démontré que pour chaque valeur entière de m on a $m+1$ intervalles d'instabilité $]-\infty, \lambda_0[,]\lambda_1, \lambda_2[, \ldots,]\lambda_{2m-1}, \lambda_{2m}[$ (pour chaque λ_i, $0 \leq i \leq 2m$, il y a une solution périodique unique), et qu'au contraire lorsque m appartient à $\mathbb{R}\backslash\mathbb{N}^{\times}$ le nombre de zones d'instabilité est infini (le spectre périodique est entièrement de multiplicité 1).

(Les fonctions périodiques satisfaisant à $\psi'' + u_m\psi + \lambda\psi = 0$ s'appellent fonctions de Lamé. Lorsque m est entier, on parle de polynômes de Lamé car ce sont des polynômes de degré m en les $\mathrm{sn}_k, \mathrm{cn}_k, dn_k$; ceux qu'étudiait Lamé précisément. Ces fonctions sont analogues aux fonctions de Mathieu, ou "fonctions du cylindre elliptique", qui se présentent à la "limite thermodynamique" $m \to \infty$, $k \to 0$, $m(m+1)k^2 \to l \in \mathbb{R}$, $u(x) = -l\sin^2(x)$; cf. le livre de Whittaker et Watson, *Modern Analysis.*)

Mais pour les courbes hyperelliptiques il faut attendre les années 70 et les jardiniers Novikov, Dubrovin, Adler, Lax, McKean, van Moerbeke, Airault, Moser, Matveev, Its, Krichever,... La courbe Γ est le revêtement de $\mathbb{P}^1(\mathbb{C})$ ramifié en $\lambda_0, \lambda_1, \cdots, \lambda_{2m}$ et ∞.

Ainsi le travail de Krichever sur les solitons elliptiques de KP et celui de Treibich et Verdier sur les solitons elliptiques de KdV apparaissent comme des cas de "réduction des intégrales abéliennes aux fonctions elliptiques" qui auraient ravi les grands amateurs de ce sujet classique, de Jacobi à Poincaré en passant par Hermite et Picard.

Les équations du second ordre de Treibich et Verdier (celles dont la formule (30) donne les potentiels) ont aujourd'hui 111 ans; Darboux les avait découvertes à propos d'équations des ondes en dimension $1+1$ (cf. *Sur une équation linéaire*, C.R.A.S. 1882, T. XCIV no. 25, pp. 1645–1648). Bien sûr il n'y avait alors ni KdV, ni le souci du nombre de zones d'instabilité, ni les revêtements tangentiels.

Je me rappelle la joie de Jean-Louis Verdier quand il a présenté ses nouveaux solitons à la R. C. P. 25. Ce qui les rattachait à la tradition lui plaisait bien, mais ce qui les reliait à la géométrie algébrique lui plaisait encore plus. Son style l'entraînait vers la perspective des structures.

Quel intérêt y a-t-il à décrire l'ensemble de toutes les solutions elliptiques de l'équation de Korteweg-de Vries?

Eh bien! Pour l'entrevoir il suffit de se reporter à l'ensemble des solutions rationnelles et à sa structure en cellules (pp.21 à 22); on s'est déja interrogé sur ce que pouvait être la déformation circulaire M_E (cf. p.23), un éventail infini de cellules toriques où l'on voit des dessins de nombres triangulaires. (On y trouvera sûrement les sources $-m(m+1)\sin^{-2}(x) - m'(m'+1)\cos^{-2}(x)$, est-ce qu'il y en aura d'autres? La lettre M évoque une théorie multiplicative.)

Ici, avec la variété des courbes elliptiques, on s'attend à découvrir une structure bien plus riche encore. L'ensemble *SolEll* de tous les solitons elliptiques de KdV est une réunion infinie de groupes algébriques commutatifs (le théorème 4 de Treibich-Verdier précise comment, si l'on se concentre sur les faisceaux maximaux); il est important de comprendre de quelle façon les blocs s'attachent les uns aux autres dans la grassmannienne infinie. On ne sait presque rien (sauf des finitudes) sur les "cellules" "non-exceptionnelles", mais déjà l'arrangement des exceptionnelles (qui sont "les plus grosses") a des couleurs éblouissantes, puisqu'il dépend de la décomposition des entiers (n) en sommes de 4 nombres triangulaires $(\frac{a_i(a_i+1)}{2})$ et de la décomposition des entiers impairs $(2n+1)$ en sommes de 4 carrés (μ_i^2) (Oesterlé, Treibich, Verdier). A cet endroit on rencontre une autre application (la plus étonnante) des fonctions elliptiques, à la théorie des nombres, car Jacobi a montré que les fonctions Thêta comptent les décompositions des entiers en carrés et en triangles (*Fundamenta Nova*,

1829). On ne pourra pas manquer de voir apparaître à nouveau les formes modulaires quand on s'occupera de la variation du réseau Λ. On devine caché le spectre de la cohomologie elliptique.

Peut-on imaginer des espaces mieux motivés que $P_E = SolRat$, $M_E = SolTrig$ et $SolEll$? Un problème est de décrire sur ces ensembles des structures naturelles d'espace de lacets infinis! Si on y arrive: de quelles cohomologies s'agit-il? Pourquoi les trouve-t-on dans cette région du monde?

Notre promenade s'arrête là. Je garde le souvenir d'allées bien taillées et puis d'un vaste parc avant d'entrer dans les bois. Ensuite j'ai marché plus longtemps que prévu, sans prendre le temps de m'arrêter; entre les feuilles et les ronces j'ai vu des ornements néolithiques (les premières figures de nombres triangulaires) et une lumière platonicienne (le silence du fermion libre), un temple de Kyoto où brille tout l'or du vide parfait et des chateaux d'architecture classique (les statues d'Abel, Jacobi, Hermite, Riemann,...). Je pensais aux excursions de Jean-Louis Verdier (la dualité, les catégories,...), et maintenant j'ai l'impression de respirer l'air des cimes enneigées, des montagnes en Inde où s'adosse le jardin.

Dans ce jardin on peut contempler les arbres vénérables d'une haute futaie, et sentir dans le sol se tordre de futures racines.

Le texte de l'histoire développe un exposé du 19 octobre 1989, à Paris 7, lors de la journée à la mémoire de Jean-Louis Verdier. J'aurais eu du mal à réussir sans les notes d'Alain Chenciner. L'aide la plus précieuse m'est venue de J.-L. Verdier lui-même (exposé à la R. C. P. 25 en 1988) et de A. Treibich-Kohn (sa thèse et puis ses commentaires). Enfin jamais le texte n'aurait vu le jour sans le soutien et les conseils de Yvette Kosmann-Schwarzbach et d'Olivier Babelon.

L'apport de Jean-Louis Verdier aux systèmes intégrables ne s'est pas limité aux travaux que je viens de mentionner: il y eut la description de l'ensemble des applications harmoniques de S^2 dans S^4 en relation avec les twisteurs de Penrose, puis l'étude des solitons elliptiques de l'équation de Boussinesq, avec Emma Previato. Et aussi un effort d'éclaircissement sur bien des sujets; par exemple son exposé sur les travaux de Drinfeld au Séminaire Bourbaki (no. 685, 1986–87) *Groupes quantiques* est une des meilleures références sur le passage des groupes de Lie-Poisson aux groupes quantiques. Dans les discussions avec d'autres chercheurs Jean-Louis a su exercer son infuence et communiquer son enthousiasme; par exemple avec Jimbo, Miwa, Ueno pour leur grand travail sur l'isomonodromie, ou avec les jeunes spécialistes de mécanique statistique Jaekel et Maillard, un rapprochement fécond et une invitation à la géométrie algébrique.

Enfin, Jean-Louis n'était pas avare de questions enrichissantes; l'une de celles qui lui tenaient le plus à cœur était la suivante: comment marier les solutions géométriques, attachées aux courbes algébriques (que nous avons vues dans l'exposé) avec les diffusons qui viennent du scattering-inverse (solutions L^2 de KdV par exemple)? Grâce aux opérateurs vertex qui sont des transformations de Bäcklund de KdV ou KP on peut implanter un n-soliton sur toute solution; comment faire de même avec les solutions quasi-périodiques? Ou avec toute solution sans coefficient de réflexion?

Beaucoup ont été très choqués par la disparition de Jean-Louis et de sa femme Yvonne. Sans doute le dramatique accident, l'arrêt brutal, y sont pour quelque chose. Mais surtout on sentait partout la place à part de Jean-Louis, faite de confiance non-aveugle, une chaleur réconfortante qui tout d'un coup manque.

Université de Strasbourg
IRMA
Laboratoire de Mathématiques
7, rue René Descartes
67084 – Strasbourg Cedex, France

PART I
Algebro-Geometric Methods and tau-functions

Compactified Jacobians of Tangential Covers

Armando Treibich

0. Introduction

0.1. The main purpose of this paper is to complete several geometric constructions, developed in [T-V, II] for the study of elliptic solitons associated with a given elliptic curve E. In fact we show that the compactified Jacobian of any tangential cover of degree n over E covers $E^{(n)}$, the nth symmetric product of E. It then follows that the *theta* divisor of that Jacobian is ample and naturally equipped with a *theta* function. Last but not least we prove a Torelli theorem for tangential covers within the frame of degree $n!$ coverings of $E^{(n)}$.

0.2. Let us recall that the moduli space of tangential covers of arithmetic genus and degree equal to n over E is isomorphic to $\mathbb{C}^{n-1}$. Moreover, its generic point corresponds to a smooth tangential cover whose compactified Jacobian is isomorphic to a principally polarized Jacobian variety. Nevertheless, for any $n \geq 2$, there exist families of singular tangential covers of arithmetic genus n to which our results apply, generalizing the classical properties of the Jacobian variety.

0.3. This paper is organized as follows: We start by stating very briefly the main properties of the Jacobians of a general integral projective curve over $\mathbb{C}$ (Section 1) and, more specifically, of a smooth curve (Section 2). The general background of the Krichever dictionary and the KP hierarchy is explained in Section 3, with special attention to vanishing-order formulas for the *tau* function, τ.

Starting from Section 4 we restrict ourselves to tangential covers π: $\Gamma \longrightarrow E$ as well as to elliptic KP solitons of degree $n \geq 1$. After recalling their basic properties we explicitly relate the compactified Jacobian of Γ, denoted by $W(\Gamma)$, to the family of elliptic KP solitons associated with Γ through the Krichever dictionary. The basic tool is a Calogero–Moser–Krichever-type matrix defined in terms of the initial condition of the elliptic KP solitons. We finally show that $W(\Gamma)$ is a ramified covering of $E^{(n)}$, $I: W(\Gamma) \longrightarrow E^{(n)}$, and we calculate the image of particular subvarieties of $W(\Gamma)$.

A more detailed study of the finite morphism, $I: W(\Gamma) \longrightarrow E^{(n)}$, carried out in Section 5, shows that the *theta* divisor Θ_Γ of $W(\Gamma)$ comes from $E^{(n)}$ and it is easily seen to be ample and admitting of a *theta* function. Furthermore, every tangential cover of genus and degree equal to n, $\pi: \Gamma \longrightarrow E$, defines a ramified covering of degree $n!$, $I: W(\Gamma) \longrightarrow E^{(n)}$, and conversely, given the morphism I, one can recover the curve Γ and the projection $\pi: \Gamma \longrightarrow E$.

1. Integral Projective Curves and Their Jacobians

1.1. Let Γ be an integral projective curve over $\mathbb{C}$, i.e., a compact Riemann surface with a finite number of singularities. Fix a point $p \in \Gamma^0$ of the dense open subset of smooth points of Γ. Canonically associated with the pointed curve (Γ, p) there is a Jacobian variety $\operatorname{Jac}\Gamma$ and the Abel embedding $Ab: \Gamma^0 \longrightarrow \operatorname{Jac}\Gamma$ which maps a point $p' \in \Gamma^0$ onto the divisor class of $p' - p$. The manifold $\operatorname{Jac}\Gamma$ is defined as the moduli space of degree 0 line-bundles over Γ. It is a connected commutative algebraic group over $\mathbb{C}$ whose dimension i s the arithmetic genus $g = h^1(\Gamma, \mathcal{O}_\Gamma)$. Let Γ_h denote the analytical complex space associated to Γ, and let $\mathcal{O}_{\Gamma_h}$ be its structural sheaf. The exponential sequence

$$0 \longrightarrow \mathbb{Z} \longrightarrow \mathcal{O}_{\Gamma_h} \stackrel{\exp}{\longrightarrow} \mathcal{O}^*_{\Gamma_h} \longrightarrow 0$$

gives rise to the following exact cohomology sequence,

$$0 \longrightarrow H^1(\Gamma_h, \mathbb{Z}) \longrightarrow H^1(\Gamma_h, \mathcal{O}_{\Gamma_h}) \stackrel{\exp}{\longrightarrow} H^1(\Gamma_h, \mathcal{O}^*_{\Gamma_h}) \longrightarrow H^2(\Gamma_h, \mathbb{Z}).$$

Moreover, it is known that $H^1(\Gamma_h, \mathbb{Z})$ has a finite number of generators and, by J.-P. Serre's (GAGA) results, that $H^1(\Gamma_h, \mathcal{O}_{\Gamma_h})$ and $H^1(\Gamma_h, \mathcal{O}^*_{\Gamma_h})$ are isomorphic to $H^1(\Gamma, \mathcal{O}_\Gamma)$ and to the Picard group $\operatorname{Pic}(\Gamma)$, respectively. It follows that $\operatorname{Jac}\Gamma$ is isomorphic to the quotient-variety $\frac{H^1(\Gamma, \mathcal{O}_\Gamma)}{H^1(\Gamma_h, \mathbb{Z})}$, and that $H^1(\Gamma, \mathcal{O}_\Gamma)$ is isomorphic to $T_{Jac\,\Gamma, 0}$, the tangent space at the origin of $\operatorname{Jac}\Gamma$. Whenever Γ is a smooth curve of genus $g = h^1(\Gamma, \mathcal{O}_\Gamma)$, Γ_h is topologically homeomorphic to a two-dimensional real sphere with g handles. In that case, $H^1(\Gamma_h, \mathbb{Z})$ ($\simeq \mathbb{Z}^{2g}$) is a lattice of $H^1(\Gamma, \mathcal{O}_\Gamma)$ and their quotient, $\operatorname{Jac}\Gamma$, is an Abelian variety.

1.2. The moduli space of all torsion-free, rank 1, coherent sheaves over Γ of degree $g - 1$, denoted by $W(\Gamma)$, exists and will henceforth be called the *compactified Jacobian* of Γ. It is a projective variety on which $\operatorname{Jac}\Gamma$ acts via the tensor product. Whenever Γ is a smooth curve, $W(\Gamma)$ is isomorphic to $\operatorname{Jac}\Gamma$, but, in general, its structure encodes all the information about the possible desingularizations of Γ and it can be very complicated. Nevertheless, if Γ is integral and can be embedded in a smooth algebraic surface, $W(\Gamma)$ is reduced and irreducible, and $\operatorname{Jac}^{g-1}\Gamma$ is a dense open subset of $W(\Gamma)$. In other words, $W(\Gamma)$ appears in that case as a natural compactification of $\operatorname{Jac}^{g-1}\Gamma \simeq \operatorname{Jac}\Gamma$ ([A-I-K]).

1.3. Let $j: \overline{\Gamma} \longrightarrow \Gamma$ be a birational morphism between two curves, i.e., j is a partial desingularization of Γ, and denote by N_j the quotient-sheaf defined by the canonical injection $\mathcal{O}_{\Gamma}^{*} \longrightarrow j_{*}(\mathcal{O}_{\overline{\Gamma}}^{*})$. It is a sheaf of Abelian groups with finite support over Γ and the cohomology sequence of

$$0 \longrightarrow \mathcal{O}_{\Gamma}^{*} \longrightarrow j_{*}(\mathcal{O}_{\overline{\Gamma}}^{*}) \longrightarrow N_{j} \longrightarrow 0$$

gives rise (by 1.1) to the following exact sequence,

$$(1.3.1) \qquad 0 \longrightarrow H^{0}(\Gamma, N_{j}) \longrightarrow \operatorname{Jac}\Gamma \xrightarrow{j^{*}} \operatorname{Jac}\overline{\Gamma} \longrightarrow 0.$$

In other words, the natural homomorphism $j^{*}: \operatorname{Jac}\Gamma \longrightarrow \operatorname{Jac}\overline{\Gamma}$, which associates with any line-bundle on Γ of degree 0 its inverse image by $j: \overline{\Gamma} \longrightarrow \Gamma$, is surjective and its kernel is a linear algebraic group isomorphic to $H^{0}(\Gamma, N_{j})$. The extension (1.3.1) of $\operatorname{Jac}\overline{\Gamma}$ by $H^{0}(\Gamma, N_{j})$ is trivial if and only if $\operatorname{Jac}\overline{\Gamma} = 0$, i.e. $\overline{\Gamma} \simeq \mathbb{P}^{1}(\mathbb{C})$, or $\operatorname{Jac}\Gamma \simeq \operatorname{Jac}\overline{\Gamma}$, i.e., $\overline{\Gamma} \simeq \Gamma$.

On the other hand for any sheaf $\mathcal{F}$ which belongs to $W(\overline{\Gamma})$, the direct image $j_{*}(\mathcal{F})$ is in $W(\Gamma)$. The corresponding map defines, by the projection formula, an equivariant embedding $j_{*}: W(\overline{\Gamma}) \longrightarrow W(\Gamma)$ with respect to the canonical actions of $\operatorname{Jac}\overline{\Gamma}$ and $\operatorname{Jac}\Gamma$. Furthermore, the *theta* divisors Θ_{Γ} and $\Theta_{\overline{\Gamma}}$ have as supports the subsets $\{\xi \in W(\Gamma),\ h^{0}(\xi) > 0\}$ and $\{\overline{\xi} \in W(\overline{\Gamma}),\ h^{0}(\overline{\xi} > 0\}$, respectively, and satisfy the relation $(j_{*})^{*}(\Theta_{\Gamma}) = \Theta_{\overline{\Gamma}}$.

2. Smooth Projective Curves and Their Jacobians

2.1. Throughout this section let Γ be a smooth projective curve of genus $g \geq 1$. Tensoring $\operatorname{Jac}\Gamma$ by any sheaf in $W(\Gamma)$ defines an isomorphism of both Jacobians, and $(W(\Gamma), \Theta_{\Gamma})$ becomes a principally polarized Abelian variety.

We will now present some of the main classical properties of the polarized variety $(W(\Gamma), \Theta_{\Gamma})$ and its relation with Γ.

As usual, we shall start by recalling the existence of a holomorphic (*theta*) function, θ_{Γ}, over the universal covering of $W(\Gamma)$ which vanishes to order 1 along the ample divisor, $\Theta_{\Gamma} = \{\xi \in W(\Gamma),\ h^{0}(\xi) > 0\}$. A careful study of the complete linear systems $|m\Theta_{\Gamma}|$ $(m \geq 1)$ leads to the following results:

2.1.1. for any $m \geq 1$, $\dim|m\Theta_{\Gamma}| = m^{g} - 1$;

2.1.2. for any $m \geq 2$, the associated map $i_{m\Theta_{\Gamma}}: W(\Gamma) \longrightarrow \mathbb{P}^{m^{g}-1}$ is everywhere well defined;

2.1.3. for any $m \geq 3$, $i_{m\Theta_{\Gamma}}$ is an embedding, i.e., $m\Theta_{\Gamma}$ is a very ample divisor.

Let ω_{Γ} be the canonical sheaf of Γ with $\deg\omega_{\Gamma} = 2g - 2$, and let $\tau: W(\Gamma) \longrightarrow W(\Gamma)$ be the involution $\xi \longmapsto \omega_{\Gamma} \otimes \xi^{-1}$. By the Riemann–Roch theorem, the divisor Θ_{Γ} is τ-invariant, and has 2^{2g} fixed points called θ-characteristics. The group-variety $\operatorname{Jac}\Gamma$ also has a canonical involution,

$\mathcal{L} \longmapsto \mathcal{L}^{-1}$, and tensoring by any θ-characteristic defines an equivariant isomorphism between $\operatorname{Jac}\Gamma$ and $W(\Gamma)$. The quotient of $W(\Gamma)$ by τ, called the *Kummer variety* of $(W(\Gamma), \Theta_\Gamma)$ is isomorphic to the image $i_{2\Theta_\Gamma}(W(\Gamma)) \subset \mathbb{P}^{2^g-1}$. Moreover, the morphism $i_{2\Theta_\Gamma}$ factors into the projection $W(\Gamma) \longrightarrow W(\Gamma)/\sim\tau$ followed by the embedding of $W(\Gamma)/\sim\tau$ in $\mathbb{P}^{2^g-1}$.

2.2. By choosing a point p of Γ we can identify $\operatorname{Jac}\Gamma$ with $W(\Gamma)$, $\mathcal{L} \longmapsto \mathcal{L}((g-1)p)$, and define another *Abel embedding* $A_p\colon \Gamma \longrightarrow W(\Gamma)$, $p' \longmapsto \mathcal{O}_\Gamma((g-2)p + p')$. Furthermore, for any $d < g$ there is a natural extension of A_p to the whole dth symmetric power of Γ,

$$A_p\colon \Gamma^{(d)} \longrightarrow W(\Gamma), \sum_{1\le i\le d} p_i \longmapsto \mathcal{O}_\Gamma((g-d-1)p + \sum_{1\le i\le d} p_i)$$

such that $A_p(\Gamma^{(d)})$ is an integral normal and Cohen–Macaulay subvariety birational to $\Gamma^{(d)}$ (cf., [A-C-G-H]). Remarkably, for $d = g-1$, $A_p\colon \Gamma^{(g-1)} \longrightarrow W(\Gamma)$ does not depend upon the point p chosen and $A_p(\Gamma^{(g-1)}) = \Theta_\Gamma$.

2.3. For any d-codimensional subvariety C of $W(\Gamma)$, where $0 \le d \le g$ we denote by $[C] \in H^{2d}(W(\Gamma), \mathbb{Z})$ the cohomology class associated to C and $[C]^m \in H^{2dm}(W(\Gamma), \mathbb{Z})$ where $m \ge 1$ the mth cup-power of $[C]$. For example, $[\Theta_\Gamma]^m = m![A_p(\Gamma^{(g-m)})]$ if $m < g$, and $[\Theta_\Gamma]^g = g![\text{point}] = g!$. Conversely, the Matsusaka criterion asserts that a principally polarized Abelian variety of dimension g, (W, θ), containing a smooth curve C such that $[\Theta]^{g-1} = (g-1)![C]$, is isomorphic to $(W(C), \Theta_C)$, the polarized Jacobian of C.

2.4. Take another smooth curve Γ' of genus g. The polarized Jacobians $(W(\Gamma), \Theta_\Gamma)$ and $(W(\Gamma'), \Theta_{\Gamma'})$ are isomorphic if and only if $\Gamma' \simeq \Gamma$. In other words, if $\Gamma \not\simeq \Gamma'$ there may exist an isomorphism $f\colon W(\Gamma') \xrightarrow{\sim} W(\Gamma)$, but the divisor $f^*(\Theta_\Gamma)$ will not be equal or cohomologous to $\Theta_{\Gamma'}$. This result, known as the *Torelli theorem*, may be made more precise: the curve Γ can be effectively recovered from the data $(W(\Gamma), \Theta_\Gamma)$ by looking at the image of Θ_Γ in $\mathbb{P}^{g-1}$ under the Gauss map (cf., [A-C-G-H]).

3. The Krichever Dictionary and the Wave (ψ) and Tau (τ) Functions

3.1. For the rest of the section, let Γ be a projective and integral curve and let λ be a local coordinate of Γ at a smooth point p. For any sheaf ξ in the compactified Jacobian of Γ, choosing a trivialization φ of ξ around p enables us to identify the meromorphic sections of ξ which are holomorphic over $\Gamma - \{p\}$ with a Laurent series in the variable λ. The ring $\bigoplus_{1\le m} H^0(\xi(mp))$ corresponds under the latter identification to a subspace of the Hilbert space $L^2(S^1)$, $S^1 = \{|\lambda| = 1\}$, whose closure w belongs to the Grassmannian $Gr = Gr(L^2(S^1))$ (cf., [S-W] §6). The so-called Krichever dictionary or correspondence associates with the algebraic geometry data $\mathcal{D} = (\Gamma, p, \lambda, \xi, \varphi)$ the point $w \in Gr$. On the other hand, any $w \in Gr$ possesses a *wave* (or Baker) function,

$$\psi_w(\lambda, (x, \mathbf{t})) = \exp(x\lambda^{-1} + t_2\lambda^{-2} + t_3\lambda^{-3} + \cdots) \left(1 + \sum_{j\geq 1} a_j(x, \mathbf{t})\lambda^j\right),$$

and a pseudo-differential operator

$$Q_w(x, \mathbf{t}) = \frac{\partial}{\partial x} + \sum_{j\geq 1} a_j(x, \mathbf{t}) \left(\frac{\partial}{\partial x}\right)^{-j}$$

with meromorphic coefficients in the variables $(x, \mathbf{t}) = (x, (t_2, t_3, \ldots)) \in \mathbb{C} \times \mathbb{C}^\infty$, which satisfy the following evolution equations:

$$(3.1.1)_m \qquad \frac{\partial}{\partial t_m}\psi_w = P_m\psi_w, \quad m \geq 1;$$

where P_m is the differential operator part of $(Q_w)^m$, i.e., $P_m = [(Q_w)^m]_+$. We finally obtain the compatibility equations of the system of evolution equations $\{(3.1.1)_m\}$, namely for any integers $m, \ell \geq 2$:

$$(3.1.2)_{m,\ell} \qquad \left[\frac{\partial}{\partial t_m} - P_m, \frac{\partial}{\partial t_\ell} - P_\ell\right] = 0.$$

For example a straightforward calculation shows that

$$P_2 = \frac{\partial^2}{\partial x^2} + u \quad \left(u(x, \mathbf{t}) = -2\frac{\partial}{\partial x}a_1(x, \mathbf{t})\right);$$

$$P_3 = \frac{\partial^3}{\partial x^3} + \frac{3}{2}u\frac{\partial}{\partial x} + v \quad \left(v(x, \mathbf{t}) = -3\frac{\partial}{\partial x}a_1 + 3\frac{\partial^2}{\partial x^2}a_1 + 3\frac{\partial}{\partial x}a_2\right),$$

and from the compatibility equation $(3.1.2)_{2,3}$ we conclude that the function $u(x, \mathbf{t})$ above is a solution of the Kadomtsev–Petviashvili (KP) equation.

3.2. Every line bundle $\mathcal{F} \in \operatorname{Jac}\Gamma$ is isomorphic to the restriction to $\Gamma \times \{\mathcal{F}\}$ of the Poincaré line bundle over $\Gamma \times \operatorname{Jac}\Gamma$. The latter being trivial along $\{p\} \times \operatorname{Jac}\Gamma$, the sheaf $\mathcal{F}$ inherits a natural trivialization $\varphi_{\mathcal{F}}$, around p and acts on every data $\mathcal{D}$ as follows,

$$\mathcal{F} : \mathcal{D} = (\Gamma, p, \lambda, \xi, \varphi) \longmapsto (\Gamma, p, \lambda, \xi \otimes \mathcal{F}, \varphi \otimes \varphi_{\mathcal{F}}).$$

The Krichever correspondence $\mathcal{D} \longmapsto w \in Gr$ extends to the whole $\operatorname{Jac}\Gamma$-orbit of $\mathcal{D}$ and gives a natural embedding in the Grassmannian Gr of $\xi \operatorname{Jac}\Gamma$, the $\operatorname{Jac}\Gamma$-orbit of ξ in $W(\Gamma)$.

For any $n \geq 1$ and $t \in \mathbb{C}$, $\exp(t\lambda^{-n})$ acts on Gr by multiplication, $w \longmapsto \exp(t\lambda^{-n})w$, and generates the so-called nth KP flow. Let us now consider the nth derivative of the Abel map at 0 (see 1.1), $\frac{\partial^n}{\partial^n \lambda} Ab(\lambda)_{|\lambda=0}$, as a tangent vector at the origin of $\operatorname{Jac}\Gamma$, and write

$$U_n = -\frac{1}{n} \frac{\partial^n}{\partial^n \lambda} Ab(\lambda)_{|\lambda=0} \in T_{Jac\,\Gamma,0}.$$

A straightforward verification shows that the restriction of the nth KP flow to the orbit $\xi \operatorname{Jac}\Gamma$, $\xi \in W(\Gamma)$ naturally embedded in Gr (see 3.2) is generated by U_n. In other words, the map $\xi \operatorname{Jac}\Gamma \longrightarrow Gr$ is equivariant with respect to the actions of $\exp(t\lambda^{-n})$ on Gr and $\exp(tU_n) \in \operatorname{Jac}\Gamma$ on $\xi \operatorname{Jac}\Gamma$.

3.3. There exists a third important object attached to any $w \in Gr$, the *tau*-function $\tau_w(x, \mathbf{t})$, which is related to and clarifies the relations between ψ_w and Q_w. We now state its main properties:

3.3.a. $\tau_w(x, \mathbf{t})$ is defined and holomorphic over $\mathbb{C} \times \mathbb{C}^\infty$ viewed as the tangent space at w to the whole KP hierarchy flow.

3.3.b. Whenever w corresponds to a geometrico-algebraic data $\mathcal{D} = (\Gamma, p, \lambda, \xi, \varphi)$, the inverse image of τ_w by the embedding $\xi \operatorname{Jac}\Gamma \longrightarrow Gr$ is a holomorphic $H^1(\Gamma_h, \mathbb{Z})$-multiplicative function over $\xi T_{Jac\,\Gamma,0} = \xi H^1(\Gamma, \mathcal{O}_\Gamma)$ (see 1.1), whose zero divisor is well defined on $\xi \operatorname{Jac}\Gamma$ and equal to $(\xi \operatorname{Jac}\Gamma) \cap \Theta_\Gamma$. The restrictions of τ_w to any orbit $\xi \operatorname{Jac}\Gamma$ where $\xi \in W(\Gamma)$ generalize the usual Riemann *theta* function of the Jacobian variety.

3.3.c. The wave (or Baker) function ψ_w is equal, up to an exponential factor, to a quotient of suitable translates of τ_w. We can then easily deduce that the coefficients of the KP hierarchy differential operators $\{P_m, m \geq 2\}$, relating ψ_w and Q_w (see 3.1.1), can be expressed in terms of τ_w and its derivatives. For example, $P_2 = \frac{\partial^2}{\partial x^2} - 2\frac{\partial^2}{\partial x^2} \log \tau_w$ (see [S-W]), and it follows (3.1) that $-2\frac{\partial^2}{\partial x^2} \log \tau_w$ is a solution of the KP equation.

3.3.d. Putting together 3.3.b and c we get a large family of KP solutions parametrized by all data $\{\mathcal{D} = (\Gamma, p, \lambda, \xi, \varphi)\}$. In fact, we can drop the trivialization φ everywhere, since changing it amounts to multiplying the corresponding point $w \in Gr$ by some constant function, $c_0 + c_1\lambda + c_2\lambda^2 + \cdots$, $c_0 \neq 0$, and τ_w by a simple exponential, whereas the KP solution $u_w = -2\frac{\partial^2}{\partial x^2} \log \tau_w$ does not change.

3.4. The one-parameter subgroup of $\operatorname{Jac}\Gamma$ generated by the tangent vector $U_1 = \frac{\partial}{\partial \lambda} Ab(\lambda)|_{\lambda=0}$, is independent of the local coordinate λ and will be denoted by $G(\Gamma, p)$. A remarkable result of [S-W] §8 asserts that the orbit of any $\xi \in W(\Gamma)$ under the action of the first KP flow is equal to $\xi G(\Gamma,p)$ and is not contained in the *theta* divisor Θ_Γ. Furthermore Segal and Wilson calculate the multiplicity of intersection at ξ of Θ_Γ and $\xi G(\Gamma,p)$, denoted henceforth $\mathrm{mult}_\xi(\Theta_\Gamma, \xi G(\Gamma,p))$, as the vanishing order at $x=0$ of $\tau_w(x,0,0,\ldots)$. They prove in fact that $\mathrm{mult}_\xi(\Theta_\Gamma, \xi G(\Gamma,p))$ is equal to the codimension of the stratum of Gr containing w. There is another formula for that multiplicity, proved only for *smooth* curves (cf., [F]) but very simple to calculate in many cases.

Proposition 3.5 (Fay's multiplicity formula). *Let Γ be a smooth curve of genus $g \geq 1$, ξ a sheaf in $W(\Gamma) = \mathrm{Pic}^{g-1}\Gamma$ and $d = h^0(\Gamma,\xi)$. Taking $\{m_i,\ i=1,\ldots,d\}$ and $\{n_i,\ i=1,\ldots,d\}$ as the gap sequences of integers, defined by*

$$\begin{cases} h^0(\xi(-m_i p)) = d-i+1 = h^1(\xi(n_i p)), \\ h^0(\xi(-(m_i+1)p)) = d-i = h^1(\xi((n_i+1)p)), \quad i=1,\ldots,d, \end{cases}$$

we get the formula

$$\mathrm{mult}_\xi(\Theta_\Gamma, \xi G(\Gamma,p)) = d + \sum_{1\leq i\leq d} (m_i+n_i).$$

3.6. The general Segal and Wilson multiplicity formula is a bit more involved. Let $w \in Gr$ correspond to the data $(\Gamma,p,\lambda,\xi,\varphi)$, $\xi \in W(\Gamma)$, and define the strictly increasing sequence of integers $\mathcal{S} = (s_i)_{i\in\mathbb{N}}$ by the condition $s \in \mathcal{S}$ if and only if $h^0(\xi(sp)) > h^0(\xi((s-1)p))$. The virtual cardinal of $\mathcal{S}$ is equal to $\chi(\xi) - 1 = h^0(\xi) - h^1(\xi) - 1 = -1$, i.e., for any $i >> 1$, $i - s_i = -1$ and [S-W] §8.6 asserts that:

Proposition 3.7 (Segal–Wilson multiplicity formula). *The vanishing order at $x=0$ of $\tau_w(x,0,0,\ldots)$, the restriction of τ_w to the first* KP *flow orbit of w, is equal to*

$$\mathrm{mult}_\xi(\Theta_\Gamma, \xi G(\Gamma,p)) = \sum_{0\leq i}(i - s_i + 1).$$

4. Elliptic Solitons Versus Tangential Covers and Polynomials

4.1. Let us now consider a lattice Λ of $\mathbb{C}$ and denote by E the elliptic curve $\mathbb{C}/\Lambda$, by $q \in E$ its origin and by z the natural local coordinate of E at q. The Weierstrass function $\mathfrak{p}$ associated with (E,z) is the unique section $\mathfrak{p}$ of $\mathcal{O}_E(2q)$ such that $\mathfrak{p}(z) - z^{-2}$ vanishes at q $(z=0)$. Given any meromorphic solution of KP, $u(x,y,t)$, that is Λ-periodic in the variable x, there exist (cf., [T-V, II] A3) an integer $n \geq 0$, functions $a(t)$ and $b(t)$, and an analytic map $(y,t) \longmapsto \sum_{1\le i\le n} x_i(y,t)$ from $\mathbb{C}^2$ to $E^{(n)}$, the nth symmetric power of E such that

$$u(x,y,t) = \sum_{1\le i\le n} \wp(x - x_i(y,t)) + b(t)y + a(t).$$

Furthermore, up to a simple reparametrization of $u(x,y,t)$ in the variables y and t, we can assume that $u(x,y,t) = \sum_{1\le i\le n} \wp(x-x_i(y,t))$ (and $x_i(0,0) \neq x_j(0,0)$ if $i \neq j$). These x-Λ-periodic KP solutions, the so-called elliptic solitons of degree n over E, define a completely integrable Hamiltonian system of n particles in $\mathbb{C}$ with a first Hamiltonian function,

$$H = \frac{1}{2} \sum_{1\le i\le n} p_i^2 + 2\sum_{i\neq j} \wp(x_i - x_j).$$

The set of functions $\{x_i(y,t),\ i = 1,\dots,n\}$ is uniquely determined by the following system of partial differential equations,

$$\begin{cases} \dfrac{\partial^2}{\partial y^2} x_i = 4 \displaystyle\sum_{\substack{1\le j\le n \\ j\neq i}} \wp'(x_i - x_j) & i = 1,\dots,n, \\ \dfrac{\partial}{\partial t} x_i = \dfrac{3}{4}\left(\dfrac{\partial}{\partial y} x_i\right)^2 - 3 \displaystyle\sum_{\substack{1\le j\le n \\ j\neq i}} \wp(x_i - x_j) & i = 1,\dots,n, \end{cases}$$

where $\wp'$ is the derivative of $\wp$.

Finally, it can be proved that the elliptic soliton $u(x,y,t)$ above is simply parametrized by the *initial condition* point $\left(\Sigma x_i, \frac{\partial}{\partial y}\Sigma x_i\right)(0,0)$ of $T_{E^{(n)}}$, the tangent-fiber space of $E^{(n)}$. In other words, for any point $(\Sigma\,\alpha_i, (p_i)) \in T_{E^{(n)}}$ such that $\alpha_i \neq \alpha_j$ if $i \neq j$, there exists a unique elliptic soliton

$$u = 2\sum_{1\le i\le n} \wp(x - x_i(y,t))$$

with initial condition point equal to $(\Sigma\,\alpha_i, (p_i))$.

4.3. Let $\pi\colon (\Gamma, p) \longrightarrow (E,q)$ be a finite pointed morphism of an integral curve Γ onto the elliptic curve E, and let $p \in \Gamma^0$ be a smooth point such that $\pi(p) = q$. Associated to π we have the Abel map, $Ab\colon \Gamma^0 \longrightarrow \operatorname{Jac}\Gamma$, $p' \longmapsto \mathcal{O}_\Gamma(p' - p)$, as well as the non-trivial homomorphism $\pi^*\colon E \longrightarrow \operatorname{Jac}\Gamma$, $\alpha \longmapsto \pi^*(\mathcal{O}_E(\alpha - q))$. The origin of $\operatorname{Jac}\Gamma$ belongs to both images ($Ab(p) = \pi^*(q) = \mathcal{O}_\Gamma$) and it is quite natural to look for tangency (see also (4.5)).

Definition 4.4. The finite pointed morphism $\pi\colon (\Gamma,p) \longrightarrow (E,q)$ is a *tangential cover* if and only if $\pi^*(E)$ and $Ab(\Gamma^0)$ are tangent at the origin of $\operatorname{Jac}\Gamma$.

Tangential covers are relevant to the elliptic soliton theory because "they stand on the other side of the mirror." In fact, their compactified Jacobians represent the algebraic geometry counterpart of elliptic solitons, as shown in (4.5) below:

Theorem 4.5 ([T-V, I & II]). *If (Γ, p) is the source of a tangential cover of degree $n \geq 1$, there exists a local coordinate of Γ at p, λ, such that for any sheaf ξ in $W(\Gamma)$, the* KP *solution associated with the data $(\Gamma, p, \lambda, \xi)$ (see (3.1)) is an elliptic soliton of degree n. Furthermore, the wave function $\psi(x, \mathbf{t})$ and the whole* KP *hierarchy of differential operators $\{P_m(x, \mathbf{t}),\ m \geq 2\}$ attached to the data $(\Gamma, p, \lambda, \xi)$ are Λ-periodic in the variable x. Conversely any elliptic soliton of degree $n \geq 1$ corresponds to some data $(\Gamma, p, \lambda, \xi)$ where (Γ, p) is the source of a tangential cover of degree n.*

4.6. An important feature of this new approach to elliptic solitons can be described in one word, effectiveness. For example, we will show how to construct, on a down-to-earth basis (4.14), all tangential covers, and then how to calculate algebraically the initial conditions of the corresponding elliptic solitons (4.18).

Let us start however with a non-effective tangency criterion.

Theorem 4.7 ([K], [T]). *A finite pointed morphism $\pi: (\Gamma, p) \longrightarrow (E, q)$ (see (4.1.3)) is a tangential cover if and only if there exists a meromorphic function k on Γ, called the tangential function for π, satisfying the following conditions:*

4.7.a. *k is a section of the sheaf $\mathcal{O}_\Gamma(\pi^*(q))$;*

4.7.b. *$k + \pi^*(z^{-1})$ has a simple pole at p;*

4.7.c. *$k + \pi^*(z^{-1})$ is defined at any point of $\pi^{-1}(q) - \{p\}$.*

Definition 4.8. Let

$$P(T) = T^n + \sum_{1 \leq j \leq n} \alpha_j T^{n-j}$$

be a monic polynomial of degree $n \geq 1$ with coefficients in the function field of E. We say that $P(T)$ is a *tangential polynomial* if and only if its coefficients are holomorphic over $E - \{q\}$ and it satisfies the condition that

(4.9) the coefficients of $zP(T - z^{-1})$ are holomorphic at q.

Remark 4.10. The tangency criterion 4.7 is of no help for the construction or for the study of the tangential covers unless coupled with the notion of tangential polynomials (4.11 & 4.14).

Theorem 4.11. *Let $\pi: (\Gamma, p) \longrightarrow (E, q)$ be a tangential cover of degree n. Then the tangential function of π is unique up to an additive constant and its characteristic polynomial, with respect to π, is a tangential polynomial of degree n. Conversely, any tangential polynomial corresponds to a unique tangential cover, equipped with the choice of a tangential function.*

4.12. The main tool in 4.11 is a particular ruled surface $S \longrightarrow E$ which factors any tangential cover $\Gamma \longrightarrow E$. Recall that a ruled surface over E is an algebraic surface R together with a surjective morphism $\pi_R: R \longrightarrow E$ whose fibers are isomorphic to $\mathbb{P}^1$. Let R_q denote the fiber of π_R over the point $q \in E$, and take a point r of R_q. The strict transform of R_q by the blow-up of R at r is an exceptional divisor of the first kind, in other words, a smooth rational curve of self-intersection -1. We can therefore contract it, getting another ruled surface $\text{elm}_r(R) \longrightarrow E$, and a birational map R- - - > $\text{elm}_r(R)$ over E, called the *elementary transformation with center r*.

4.13. Let us consider now the variable T as a rational function on $\mathbb{P}^1 = \mathbb{C} \cup \{\infty\}$ having a simple pole at ∞. We choose $\{T^{-1}, z\}$ as local coordinates of the trivial ruled surface $\mathbb{P}^1 \times E$ at $p_0 = (\infty, q)$, and denote by p_1 the *infinitely near* point corresponding to the tangent direction -1 at p_0. By blowing up p_0, then p_1 and contracting the strict transform of the fibers passing through p_0 and p_1, we construct a rational map from $\mathbb{P}^1 \times E \longrightarrow E$ to a new ruled surface $S \longrightarrow E$. That map, denoted by $\text{elm}_{p_1, p_0}: \mathbb{P}^1 \times E \longrightarrow S$, is an isomorphism outside the fiber $\mathbb{P}^1 \times \{q\}$. Furthermore, the strict transform of $\{\infty\} \times E$, denoted by C_0, is the unique section of $S \longrightarrow E$ having zero self-intersection. The latter property characterizes the couple $(S \longrightarrow E, C_0)$ up to isomorphism.

Let S_q be the fiber of S over q and let $p_s = S_q \cap C_0$. The set of tangential polynomials of degree n over (E, z), denoted by $\mathcal{P}(n, E, z)$, is an n-dimensional affine space constructed by formal integration of the elements of $\mathcal{P}(n-1, E, z)$ ([T]). Theorem 4.14 now enables one to go backwards, from a tangential polynomial to a tangential cover endowed with a tangential function.

Theorem 4.14 ([T]). *For any $P(T) \in \mathcal{P}(n, E, z)$ the strict transform, by elm_{p_1, p_0}, of its divisor of zeroes $\{P = 0\} \subset \mathbb{P}^1 \times E$ is a divisor of S, called $\Gamma(P)$, satisfying the following properties:*

4.14.1. *$\Gamma(P)$ is an integral curve linearly equivalent to $nC_0 + S_q$ passing through the point $p_s \in S$;*

4.14.2. *the natural pointed morphism $\pi_P: (\Gamma(P), p_s) \longrightarrow (E, q)$ is a tangential cover of degree and arithmetic genus equal to n;*

4.14.3. *the strict transform of the projection $\mathbb{P}^1 \times E \longrightarrow \mathbb{P}^1$, restricted to $\Gamma(P)$, is a tangential function of π_P, and its characteristic polynomial is* *equal to $P(T)$.*

Furthermore, the map $P \longmapsto \Gamma(P)$ defines an affine isomorphism between $\mathcal{P}(n,E,z)$ and $I|nC_0+S_q|$, the (dense open) subset of integral divisors in the complete linear system $|nC_0+S_q|$.

Remark 4.15. Start from any tangential cover of degree $n \geq 1$ equipped with a tangential function k and let $P(T) = P_k(T) \in \mathcal{P}(n,E,z)$ be its characteristic polynomial.

4.15.1. Associated with $P(T)$ there is another tangential cover $\pi_P\colon(\Gamma(P), p_s) \longrightarrow (E,q)$ and a birational morphism $j\colon \Gamma \longrightarrow \Gamma(P)$ which sends p to p_s and factors π as $\pi = \pi_P \circ j$. We conclude that the affine space $\mathcal{P}(n,E,z)$ (cf., 4.13) parametrizes all tangential covers of degree and arithmetic genus n, equipped with a tangential function.

4.15.2. Any other tangential function for π is equal to k + cst where cst $\in \mathbb{C}$ and its characteristic polynomial is equal to $P(T$-cst$)$. It follows that we can uniquely normalize the choice of k by requiring that its trace, $\mathrm{Tr}_\pi(k)$, vanishes at q or, equivalently, that $P(T) = T^n + \alpha_2 T^{n-2} + \cdots + \alpha_n$. In other words the affine sub-space

$$\left\{P(T) \in \mathcal{P}(n,E,z),\ \frac{\partial^{n-1}}{\partial T^{n-1}} P_{|T=0} = 0\right\}$$

parametrizes all tangential covers of degree and arithmetic genus n.

4.16. Let

$$u(x,y,t) = 2\sum_{1\leq i\leq n} \mathfrak{p}(x - x_i(y,t))$$

be a KP elliptic soliton of degree n satisfying the generic condition, $x_i(0,0) \neq x_j(0,0)$ if $i \neq j$. Such a soliton clearly corresponds biunivocally to the initial condition point

$$\{(\alpha_i, p_i)\} = \left\{\left(x_i(0,0),\ \frac{\partial}{\partial y} x_i(0,0)\right)\right\},$$

as well as to some spectral data $(\Gamma, p, \lambda, \xi)$ (cf., 4.5). We get a natural map $\{(\alpha_i,p_i)\} \longmapsto (\Gamma,p,\lambda,\xi)$ and its inverse which will be formulated quite explicitly in (4.18) and (4.20).

Let $\sigma(z)$ denote the classical *sigma* function, i.e., Λ-multiplicative in $z \in \mathbb{C}$, such that $\frac{\partial^2}{\partial z^2}\sigma(z) = -\mathfrak{p}(z)$, and for any $\{(\alpha_i,p_i)\} \in (E \times \mathbb{C})^{(n)}$, where $\alpha_i \neq \alpha_j$ if $i \neq j$, define the so-called Calogero–Moser–Krichever matrix $A(\{(\alpha_i,p_i)\}, z)$ as follows,

$$A_{\ell j}(\{(\alpha_i,p_i)\}, z) = \begin{cases} \frac{1}{2}p_\ell & \text{if } \ell = j, \\ \frac{\sigma(z+(\alpha_\ell-\alpha_j))\sigma(z+\alpha_j)\sigma(\alpha_\ell)}{\sigma(z)\sigma(z+\alpha_\ell)\sigma(\alpha_\ell-\alpha_j)\sigma(\alpha_j)} & \text{if } \ell \neq j. \end{cases} \tag{4.16.1}$$

Observe that as a function, $A_{\ell j}$ is meromorphic in $(\{(\alpha_i, p_i)\}, z)$ and Λ-periodic with respect to $z \in \mathbb{C}$. We will consider the matrix A above as a homomorphism of vector bundles $A: \mathcal{E} \longrightarrow \mathcal{E}(q)$ for

$$\mathcal{E} = \bigoplus_{1 \le i \le n} \mathcal{O}_E((-\alpha_i) - q).$$

4.17. Let ξ belong to $W(\Gamma)$, the compactified Jacobian of Γ, and let $k \in H^0(\Gamma, \mathcal{O}_\Gamma(\pi^*(q)))$ be a tangential function for the tangential cover $\pi: (\Gamma, p) \longrightarrow (E, q)$ and denote by λ the local coordinate of Γ at p such that $\lambda^{-1} = k + \pi^*(z^{-1})$. The multiplication by k defines sheaf homomorphisms $k: \xi \longrightarrow \xi(\pi^*(q))$ and $\pi_*(k): \pi_*(\xi) \longrightarrow \pi_*(\xi(\pi^*(q))) \simeq \pi_*(\xi)(q)$ such that

Theorem 4.18. *For every ξ in a dense open subset of $W(\Gamma)$, the initial condition point $\{(\alpha_i, p_i)\}$ of the elliptic soliton associated with $(\Gamma, p, \lambda, \xi)$ satisfies the following conditions:*

4.18.1. $\alpha_i \neq \alpha_j \neq q$ *if* $i \neq j$;

4.18.2. $\pi_*(\xi)$ *is isomorphic to the vector bundle* $\bigoplus_{1 \le i \le n} \mathcal{O}_E((-\alpha_i) - q)$;

4.18.3. $\pi_*(k): \pi_*(\xi) \longrightarrow \pi_*(\xi)(q)$ *is equal to the* C-M-K *matrix* $A(\{(\alpha_i, p_i)\}, z)$.

4.19. Conversely, $(\Gamma, \xi) \in W(n, E)$ is uniquely and effectively determined by the knowledge of the vector bundle $\mathcal{E} = \pi_*(\xi)$ and the homomorphism $A = \pi_*(k): \mathcal{E} \longrightarrow \mathcal{E}(q)$.

Theorem 4.20 ([T-V, II]). *The characteristic polynomial of $A: \mathcal{E} \longrightarrow \mathcal{E}(q)$, $P(T) = \det(TId - A)$, is tangential of degree n and Γ is isomorphic to the integral divisor $\Gamma(P)$ of S defined by* 4.14. *Furthermore, the multiplication by $\pi^*(A)$ and the tangential function k send $\pi^*(\mathcal{E})$ into $\pi^*(\mathcal{E}(q))$ and the sheaf $\xi \in W(\Gamma)$ we are looking for is isomorphic to the cokernel of $k - \pi^*(A)$ modulo torsion.*

4.21. Consider now a general pointed finite morphism $\pi: (C, r) \longrightarrow (E, q)$ such that C is an integral curve and $r \in C$ a smooth point. The one parameter subgroup of $\operatorname{Jac} C$ generated by the tangent to C at r (see 3.4), denoted by $G(C, r)$, acts on $W(C)$ and any $G(C, r)$-orbit $\xi G(C, r)$, where $\xi \in W(C)$, intersects properly the *theta* divisor Θ_C. On the other hand we know that any $\pi^*(E)$-orbit, $\xi\pi^*(E)$, intersects Θ_C with multiplicity equal to $\deg(\pi)$ ([T-V, II; App. 2]). In particular, for any tangential cover $\pi: (\Gamma, p) \longrightarrow (E, q)$ it is clear that $G(\Gamma, p) = \pi^*(E)$ and for any $\xi \in W(\Gamma)$, the inverse image of Θ_Γ by the orbit morphism $\mathrm{Orb}_\xi: E \longrightarrow W(\Gamma)$, $\alpha \longmapsto \xi(\pi^*(\alpha - q))$, is an effective divisor of degree n. In fact we obtain a morphism $I: W(\Gamma) \longrightarrow E^{(n)}$, $\xi \longmapsto I(\xi) = \mathrm{Orb}_\xi^*(\Theta_\Gamma)$

whose basic properties will be developed in Section 5. Let us only recall here that $I: W(\Gamma) \longrightarrow E^{(n)}$ factors through the morphism $AI: W(\Gamma) \longrightarrow T_{E^{(n)}}$, which sends ξ to the *initial condition* of the elliptic soliton associated to $(\Gamma, p, \lambda, \xi)$, followed by the natural projection $T_{E^{(n)}} \longrightarrow E^{(n)}$. It is also known that the morphism $AI: W(\Gamma) \longrightarrow AI(W(\Gamma))$ has degree one, and the projection $AI(W(\Gamma)) \longrightarrow E^{(n)}$ is a finite morphism ([T-V, II]).

Finally we carry out a straightforward calculation of the canonical sheaf ω_Γ, as well as of particular values of I (see 4.23, 25) needed for our Torelli assertion (5.14).

4.22. Let $S \longrightarrow E$ be the particular ruled surface defined earlier, let C_0 be its unique section of self-intersection zero, S_q the fiber over $q \in E$, and ω_S the canonical sheaf of S. Fix a rational function $\underline{k}$ of S, having $C_0 + S_q$ as divisor of poles (see [T]). We know that any tangential cover of degree and arithmetic genus n, $\pi: (\Gamma, p) \longrightarrow (E, q)$, $(\Gamma \in I|nC_0 + S_q|)$, is canonically equipped with an embedding $\iota: \Gamma \longrightarrow S$ and a tangential function k, equal to $\iota^*(\underline{k})$, the restriction of $\underline{k}$ to Γ. Let us denote by $P(T) \in \mathcal{P}(n, E, z)$ its characteristic polynomial, and by $P^{(j)}(T) = \frac{\partial^j}{\partial T^j} P(T)$ $(j = 1, \ldots, n)$ the jth derivative of $P(T)$. The adjunction formula tells us that ω_Γ, the canonical sheaf of Γ is locally free and isomorphic to $\iota^*(\omega_S(\Gamma))$. Moreover

Proposition 4.23. *For every $\Gamma \in I|nC_0 + S_q|$, the canonical sheaf ω_Γ is isomorphic to $\mathcal{O}_\Gamma((n-2)p + \pi^*(q))$ and $\{P^{(j)}(k)P^{(1)}(k)^{-1}dz,\ j = 1, \ldots, n\}$ is a basis of $H^0(\Gamma, \omega_\Gamma)$.*

Proof. The canonical sheaf of S is equal to $\omega_S = \mathcal{O}_S(-2C_0)$ and replacing in the adjunction formula gives $\omega_\Gamma = \mathcal{O}_\Gamma(\pi^*(q) + (n-2)p)$. On the other hand one can easily verify that $P^{(n)}(\underline{k})P^{(1)}(\underline{k})^{-1}d\underline{k} \wedge dz$ is a holomorphic section of $\omega_S(\Gamma - (n-2)C_0 - S_q)$ and that for any $j = 2, \ldots, n-1$, $P^{(j)}(\underline{k})P^{(1)}(\underline{k})^{-1}d\underline{k} \wedge dz$ is a holomorphic section of $\omega_S(\Gamma - (j-2)C_0)$. Taking the Poincaré residue over Γ of the latter $n-1$ meromorphic differential forms leads us to the following set of linearly independent *holomorphic* differentials:

$$w_n = P^{(n)}(k)P^{(1)}(k)^{-1}dz \in H^0(\Gamma, \omega_\Gamma((n-2)p - \pi^*(q))),$$
$$w_j = P^{(j)}(k)P^{(1)}(k)^{-1}dz \in H^0(\Gamma, \omega_\Gamma(-(j-2)p)), \quad j = 2, \ldots, n-1,$$

which we complete into a basis of $H^0(\omega_\Gamma)$ by adding $w_1 = dz$. □

4.24. The morphism $A_p: (\Gamma^0)^{(d)} \longrightarrow W(\Gamma)$,

$$\sum_{1 \le j \le d} p_i \longmapsto \mathcal{O}_\Gamma((n-d-1)p + \sum_{1 \le j \le d} p_i),$$

where $d \in \mathbb{N}^+$, is an embedding for $d = 1, \dots, n-1$, and the closure in $W(\Gamma)$ of each image ($d \leq n$) is an integral subvariety of dimension d. A straightforward application of the Segal–Wilson formula (3.7), plus 4.23 and Serre's duality, enables us to evaluate the morphism $I\colon W(\Gamma) \longrightarrow E^{(n)}$ over the latter subvarieties:

Corollary 4.25. *For every $d = 1, \dots, n-1$, the image $A_p((\Gamma^0)^{(d)})$ is contained in $I^{-1}((n-d)qE^{(d)})$. Furthermore, if $d = 1$ the map A_p can be extended to an embedding of Γ into $W(\Gamma)$ (cf., [A-K]) and $I \circ A_p(p_1) = (n-1)q + (-\pi(p_1))$ for any point $p_1 \in \Gamma$.*

Proof. For any element

$$\sum_{1 \leq j \leq d} p_j \in (\Gamma^0)^{(d)} \quad (1 \leq d \leq n-1)$$

and for $\ell = n - d - 1$, the locally free sheaves $\mathcal{L} = A_p(\Sigma p_j)$ and $\mathcal{L}(-\ell p)$ correspond to effective divisors and $H^0(\mathcal{L}(-\ell p))$ is a non-zero subspace of $H^0(\mathcal{L})$, i.e., $h^0(\mathcal{L}) \geq h^0(\mathcal{L}(-\ell p)) > 0$. It follows that $\text{mult}_{\mathcal{L}}(\Theta_\Gamma, \mathcal{L}\pi^*(E)) \geq n - d$ (see 3.5). Hence the sheaf $\mathcal{L}$ belongs to $I^{-1}((n-d)qE^{(d)})$.

For $d = 1$, on the other hand, $\mathcal{L} = \mathcal{O}_\Gamma((n-2)p + p_1)$, and its dual is isomorphic to $\mathcal{L}^\nu \simeq \omega_\Gamma \otimes \mathcal{L}^{-1} \simeq \omega_\Gamma(-(n-2)p - p_1) \simeq \mathcal{O}_\Gamma(\pi^*(q) - p_1)$ (4.23). Moreover, by the Riemann–Roch theorem and Serre's duality, $H^0(\mathcal{L}(\pi^*(q-\alpha))) \simeq H^0(\mathcal{L}^\nu(\pi^*(\alpha - q))) = H^0(\mathcal{O}_\Gamma(\pi^*(\alpha) - p_1))$, which is non-zero if we choose $\alpha = \pi(p_1)$. It easily follows that $I(\mathcal{O}_\Gamma((n-2)p+p_1)) = (n-1)q + (-\pi(p_1))$. □

5. Compactified Jacobians as Ramified Coverings of $E^{(n)}$

5.1. The moduli space $V(n, E)$ of all tangential covers of degree and arithmetic genus $g = n$ (equipped with a tangential function) is effectively constructed via $\mathcal{P}(n, E, z)$, the affine space of all tangential polynomials of degree n, and isomorphic to it. The same approach leads to a parametrization of $V(n, E)$ by $I|nC_0 + S_q|$, the set of all integral divisors of the ruled surface S linearly equivalent to $nC_0 + S_q$. It is also shown, by Bertini arguments, that the generic tangential cover $\Gamma \in V(n, E)$ is smooth ([T]). There exist however ("big") families of singular curves in $V(n, E)$. For example, choose any point r of S not lying in C_0 and an integer m such that $0 < m(m-1) \leq 2n-2$, then the subset of curves $\Gamma \in V(n, E)$ having multiplicity m at r makes up an affine subspace of positive dimension. As it will turn out later in this section, the corresponding compactified Jacobians are ramified coverings of degree $n!$ of $E^{(n)}$, and their polarized structures become easier to handle. Consequently, we will manage to generalize some classical results about polarized Jacobians of smooth curves to all curves $\Gamma \in V(n, E)$ (see Section 2).

5.2. The family of integral curves over $V(n,E)$, $\Gamma(n,E) = \{\{\Gamma\}, \Gamma \in V(n,E)\}$ is naturally equipped with a point or section $p(n,E)\colon V(n,E) \longrightarrow \Gamma(n,E)$, a projection $\pi(n,E)\colon \Gamma(n,E) \longrightarrow E$, and a meromorphic function $k(n,E)$ whose restrictions to the fiber over any $\Gamma \in V(n,E)$ permit recovering, respectively, the smooth point $p \in \Gamma$, the tangential cover $\pi\colon (\Gamma,p) \longrightarrow (E,q)$, and the tangential function k canonically associated to Γ. Since $V(n,E)$ is parametrized by $I|nC_0 + S_q|$ (5.1), $\Gamma(n,E)$ is known to be a projective and flat variety over $V(n,E)$, and we can apply the results of [A-K] & [A-I-K] to $W(n,E) = \{W(\Gamma), \Gamma \in V(n,E)\}$, the relative compactified Jacobian of $\Gamma(n,E)$. We now collect the most relevant properties, for our purposes, of the general fiber $W(\Gamma)$, $\Gamma \in V(n,E)$:

5.2.1. $W(\Gamma)$ is a locally complete intersection, Cohen–Macaulay, integral and projective variety of dimension n over $\mathbb{C}$;

5.2.2. The $\operatorname{Jac}\Gamma$-orbit of the sheaf $\mathcal{O}_\Gamma((n-1)p) \in W(\Gamma)$ is a dense open subset of $W(\Gamma)$, isomorphic to $\operatorname{Jac}\Gamma$, whose complement is made up of the compactified Jacobians of all partial desingularizations of Γ;

5.2.3. The support of the *theta* divisor Θ_Γ, $\{\xi \in W(\Gamma), h^0(\xi) > 0\}$, does not contain any $\pi^*(E)$-orbits.

5.3. Consider the group homomorphism $\alpha \longmapsto \mathcal{O}_{\Gamma(n,E)}(\pi^*(n,E)(\alpha - q))$ of E into the relative generalized Jacobian of $\Gamma(n,E)$ and the corresponding action, via tensor product, of E on $W(n,E)$. Denote by m (resp., π_2): $E \times W(n,E) \longrightarrow W(n,E)$, the morphism $(\alpha,(\Gamma,\xi)) \longmapsto (\Gamma, \xi(\pi^*(\alpha - q)))$ (resp., the projection $(\alpha,(\Gamma,\xi)) \longmapsto (\Gamma,\xi)$) and by $\Theta(n,E) = \{\Theta_\Gamma, \Gamma \in V(n,E)\}$ the relative flat divisor of $W(n,E)$ over $V(n,E)$. The inverse image $m^*(\Theta(n,E))$ is a relative divisor of $E \times W(n,E)$ with respect to π_2 and the map $I(n,E)\colon W(n,E) \longrightarrow E^{(n)}$, $(\Gamma,\xi) \longmapsto \{\alpha, (\alpha,\xi) \in m^*(\Theta(n,E))\}$, is well defined over all of $W(n,E)$ (cf., [A-C-G-H] ch. IV, p. 165), globalizes the morphism $I\colon W(\Gamma) \longrightarrow E^{(n)}$ defined in Section 4. The seemingly unrelated lemmas (5.4) and (5.5) deal with basic technical results needed for the study of I as well as of the polarized variety $(W(\Gamma), \Theta_\Gamma)$.

Lemma 5.4. *For any tangential cover $\pi\colon (\Gamma,p) \longrightarrow (E,q)$ of degree $n, \Gamma \in V(n,E)$, and any $\xi \in W(\Gamma)$, the direct image sheaf $\pi_*(\xi)$, is isomorphic to a unique direct sum of indecomposable vector bundles, $\pi_*(\xi) \simeq \bigoplus_{j\in J} V_j$, having the following properties:*

5.4.1. $\operatorname{rank}(\pi_*(\xi)) = \Sigma r_j = n$ $(r_j = \operatorname{rank}(V_j))$;

5.4.2. $\deg V_j = 0$ *for any* $j \in J$;

5.4.3. *let*

$$I(\xi) = \sum_{1\leq i\leq n} \alpha_i \in E^{(n)}$$

and, for any V_j, let $\beta_j \in E$ be uniquely defined by the condition $h^0(V_j(\beta_j -$

$q)) > 0$. *Then* $\{\alpha_i\} = \{\beta_j\}$.

Proof. 5.4.1. π is a flat and finite morphism of degree n and therefore $\pi_*(\xi)$ is locally free of rank n.

5.4.2. For any $\alpha \in E$, the Riemann–Roch theorem and the projection formula warrant the following identifies

$$\begin{cases} 0 = \chi(\xi) = \chi(\pi_*(\xi)) = \deg \pi_*(\xi) = \sum_{j\in J} \deg V_j, \\ \pi_*(\xi(\pi^*(\alpha - q))) \simeq \pi_*(\xi)(\alpha - q) \simeq \bigoplus_{j\in J} V_j(\alpha - q), \\ h^0(\xi(\pi^*(\alpha - q))) = \sum_{j\in J} h^0(E, V_j(\alpha - q)). \end{cases}$$

For a generic $\alpha \in E$ the sheaf $\xi(\pi^*(\alpha - q))$ does not belong to Θ_Γ (see 5.2.3), meaning that

$$0 = h^0(\xi(\pi^*(\alpha - q))) = \sum_j h^0(V_j(\alpha - q)) = h^0(V_j(\alpha - q)) \quad \text{for all } j \in J.$$

On the other hand, any indecomposable vector bundle over E without non-zero sections must have degree ≤ 0 ([A]). In other words, we have proved the inequalities $\sum_j \deg V_j = 0$ and $h^0(V_j(\alpha - q)) = 0 \geq \deg V_j$, from which we finally deduce that $\deg V_j = 0$ for any $j \in J$.

5.4.3. Let us prove that $\text{supp}(I(\xi)) = \{\alpha_i\}$ is contained in $\{\beta_j\}$ and vice-versa. An element $\alpha \in E$ belongs to $\{\alpha_i\}$ if and only if $0 < h^0(\xi(\pi^*(\alpha - q))) = \sum_j h^0(V_j(\alpha - q))$, and that inequality is equivalent to $0 < h^0(V_j(\alpha - q))$ for at least one direct term V_j, proving that α should also belong to $\{\beta_i\}$. ☐

Lemma 5.5. *The image of the embedding* $E^{(n-1)} \longrightarrow E^{(n)}$,

$$\sum_{2\leq i\leq n} \alpha_i \longmapsto q + \sum_{2\leq i\leq n} \alpha_i,$$

denoted by $qE^{(n-1)}$, *is an integral ample divisor of* $E^{(n)}$ *whose nth cup-power is equal to* $[qE^{(n-1)}]^n = 1$.

Proof. The natural projection $r\colon E^n \longrightarrow E^{(n)}$ is a finite morphism of degree $n!$ and $(E^n, r^*(qE^{(n-1)}))$ is a principally polarized Abelian variety. It follows that $r^*(qE^{(n-1)})$ is an ample divisor and $[r^*(qE^{(n-1)})]^n = n!$. Analogously, applying Serre's or Nakai's criterion and the projection formula to the finite projection r, we deduce that $qE^{(n-1)}$ is an ample divisor and that

$$n! = [r^*(qE^{(n-1)})]^n = \deg r[qE^{(n-1)}]^n = n![qE^{(n-1)}]^n. \qquad \square$$

Theorem 5.6. *For any $\Gamma \in V(n,E)$, the associated morphism $I: W(\Gamma) \longrightarrow E^{(n)}$ (see 4.21) is flat and finite.*

Proof. Let us fix a point $\sum_{1\leq i\leq n}\alpha_i$ of $E^{(n)}$ and study the fiber $I^{-1}(\sum_i \alpha_i)$. For any $\xi \in I^{-1}(\sum_i \alpha_i)$ the direct image $\pi_*(\xi)$ is isomorphic to a direct sum, $\bigoplus_{j\in J} V_j$, of indecomposable vector bundles, and for any $j \in J$ there exists a unique $\beta_j \in \{\alpha_i\}$ such that $h^0(V_j(\beta_j - q)) > 0$ (5.4.3). Conversely, Atiyah's classification [A] implies that V_j ($j \in J$) is uniquely determined by the knowledge of the data $(\beta_j, rk\, V_j)$, and we conclude, using 5.4, that the set of vector bundles $\{\pi_*(\xi),\ \xi \in I^{-1}(\sum_i \alpha_i)\}$ has a finite number of elements, up to isomorphism. The latter property gives us the final argument in proving the finiteness of I. The spectral theory of ([T-V, II] App. 1 & §4), shows indeed how one can recover the sheaf $\zeta \in W(\Gamma)$ from a knowledge of $\pi_*(\zeta)$ and of the homomorphism $\pi_*(k): \pi_*(\xi) \longrightarrow \pi_*(\xi)(q)$. The latter spectral theory defines an embedding of the complete sub-variety $I^{-1}(\sum_i \alpha_i)$ into the finite-dimensional affine space $\bigoplus_V \mathrm{Hom}(V, V(q))$, where V belongs to the finite set $\{\pi_*(\xi),\ \xi \in I^{-1}(\sum_i \alpha_i)\}$. In particular the fiber $I^{-1}(\sum_i \alpha_i)$ must be finite and the morphism I, being proper and quasi-finite, turns out to be finite.

One can now prove, from general facts, that I or any other finite surjective morphism having a Cohen–Macaulay source (5.2.1) and a smooth image must be flat (cf., [E-G-A] §14.4.4, §15.4.2 or [H] III, Ex. 9.3a, 10.9). □

Remark 5.7.

5.7.1. Let $\Delta^{(n)} \subset E^{(n)}$ denote the *generalized diagonal*, image of the embedding $E \times E^{(n-2)} \longrightarrow E^{(n)}$,

$$\left(\alpha, \sum_{3\leq i\leq n} \alpha_i\right) \longmapsto 2\alpha + \sum_{3\leq i\leq n} \alpha_i,$$

and let $T_{E^{(n)}} \longrightarrow E^{(n)}$ be the tangent bundle of $E^{(n)}$. There exist a birational morphism, $AI: W(n,E) \longrightarrow T_{E^{(n)}}$, and a rational surjective map, $(H_i)_{1\leq i\leq n}: T_{E^{(n)}} \longrightarrow \mathbb{C}^n \simeq V(n,E)$, that are well defined over the dense open subset $T_{E^{(n)}-\Delta^{(n)}}$, such that the morphism $I(n,E): W(n,E) \longrightarrow E^{(n)}$ (resp., $W(n,E) \longrightarrow V(n,E)$) factors through AI followed by the canonical projection $T_{E^{(n)}} \longrightarrow E^{(n)}$ (resp., $(H_i)_{1\leq i\leq n}$: $T_{E^{(n)}} \longrightarrow \mathbb{C}^n \simeq V(n,E)$).

5.7.2. For any $\Gamma \in V(n,E)$, the closure of $(H_i)^{-1}(\Gamma)$ in $T_{E^{(n)}}$, equal to $AI(W(\Gamma))$, is a birational and proper model of $W(\Gamma)$.

5.7.3. Up to compactifying $T_{E^{(n)}}$ and blowing it up along appropriate subvarieties of $T_{\Delta^{(n)}}$, we can suppose that (H_i) is the restriction of a proper morphism $(\overline{H}_i): \overline{T} \longrightarrow \mathbb{P}^n$, while $\overline{T}$ still projects onto $E^{(n)}$. In the latter case, for any $\Gamma \in V(n,E) \simeq \mathbb{C}^n \subset \mathbb{P}^n$ and any $\sum_i \alpha_i$ in the dense open subset $E^{(n)} - \Delta^{(n)}$, the fibers of the corresponding projections over Γ and $\sum_i \alpha_i$ intersect each other in a 0-cycle whose degree is well defined and does not depend upon the Γ that was chosen. On the other hand, the support of this 0-cycle is always contained in $T_{E^{(n)}-\Delta^{(n)}}$, hence its degree is equal to the degree of the finite morphism $I\colon W(\Gamma) \longrightarrow E^{(n)}$.

Theorem 5.8. *For any $\Gamma \in V(n,E)$, the degree of the associated finite morphism $I\colon W(\Gamma) \longrightarrow E^{(n)}$ is equal to $n!$ and the theta divisor Θ_Γ is ample and equal to $I^*(qE^{(n-1)})$.*

Proof. It easily follows from (5.4.3) that a sheaf ξ belongs to Θ_Γ if and only if $I(\xi)$ belongs to $qE^{(n-1)}$, which amounts to saying that the divisors Θ_Γ and $I^*(qE^{(n-1)})$ have same support. On the other hand $I\colon W(\Gamma) \longrightarrow E^{(n)}$ is equivariant with respect to the natural actions of E on $W(\Gamma)$ ($\xi \longmapsto \xi(\pi^*(\alpha - q))$), and on $E^{(n)}$ ($\Sigma\alpha_i \longmapsto \Sigma(\alpha_i + \alpha)$) and its discriminant divisor, disc I, is E-invariant.

We conclude that the ample (5.5) non-E-invariant divisor $qE^{(n-1)}$ must properly intersect disc I, hence $I^*(qE^{(n-1)})$ is an ample reduced divisor equal to Θ_Γ.

We still need to check that $\deg I = n!$. The latter degree is independent of the curve $\Gamma \in V(n,E)$ and equal to $[\Theta_\Gamma]^n = I_*(I^*([qE^{(n-1)}]^n)) = \deg I [qE^{(n-1)}]^n = \deg I$, which we know (Section 2) to be $[\Theta_\Gamma]^n = n!$ whenever Γ is smooth. □

5.9. Let $\Lambda \subset \mathbb{C}$ be a lattice such that $(E,q) \simeq (\mathbb{C}/\Lambda, 0)$ and denote by $\theta_E(z)$ the usual *theta* (holomorphic, Λ-multiplicative, vanishing over Λ) function considered as a section of the line bundle $\mathcal{O}_E(q)$. Analogously, the principally polarized Abelian variety (E^n, Θ_{E^n}) is obtained as the quotient of $\mathbb{C}^n = \bigoplus_{1\le i\le n} e_i\mathbb{C}$ by the lattice $\Lambda^n = \bigoplus_{1\le i\le n} e_i\Lambda$, coupled with the *theta* function $\theta_{E^n}(z_1,\dots,z_n) = \prod_i \theta_E(z_i)$, considered as a section of $\mathcal{O}_{E^n}(\Theta_{E^n})$. Moreover, Θ_{E^n} and θ_{E^n} are invariant under permutations of the coordinates and get identified respectively by descent theory to the divisor $qE^{(n-1)}$ of $E^{(n)}$ and a non-trivial section of $\mathcal{O}_{E^n}(qE^{(n-1)})$. A straightforward application of 5.8 gives

Corollary 5.10. *The inverse image of θ_{E^n} by the morphism $I\colon W(\Gamma) \longrightarrow E^{(n)}$ ($\Gamma \in V(n,E)$) is a theta function for the polarized variety $(W(\Gamma), \Theta_\Gamma)$. In other words, $I^*(\prod_i \theta_E(z_i))$ is a section of $\mathcal{O}_{W(\Gamma)}(\Theta_\Gamma)$ vanishing along $I^*(qE^{(n-1)}) = \Theta_\Gamma$.*

5.11. Associated to $E^{(n)}$ and any point $\sum_{1\le\ell\le j} \beta_\ell$ of $E^{(j)}$ ($j = 1,\dots,n-1$) there are an *addition* map

$$s\colon E^{(n)} \longrightarrow E, \quad \sum_{1\le i\le n} \alpha_i \longmapsto \alpha_1 + \cdots \alpha_n$$

and the sub-variety

$$\left(\sum_{\ell} \beta_\ell\right) E^{(n-j)} = \left\{\Sigma\beta_\ell + \Sigma', \Sigma' \in E^{(n-j)}\right\}$$

of $E^{(n)}$. We also associate to any $\Gamma \in V(n,E)$, besides π and I, an embedding $A_p\colon \Gamma \longrightarrow W(\Gamma)$, defined at each smooth point p_1 by the equality $A_p(p_1) = \mathcal{O}_\Gamma((n-2)p + p_1)$. We shall now state some useful properties of these morphisms.

Lemma 5.12.

5.12.1. *The tangential cover* $\pi\colon \Gamma \longrightarrow E$ *factors as* $\pi = -s \circ I \circ A_p$;

5.12.2. *The* j*th cup-power of* $[qE^{(n-1)}]$ *is equal to* $[jqE^{(n-j)}]$.

Proof. 5.12.1. This is just a rephrasing of the formula, obtained in the proof of Corollary 4.25,

$$I(\mathcal{O}_\Gamma((n-2)p+p_1)) = (n-1)q + (-\pi(p_1)).$$

5.12.2. For all subsets $\{\beta_\ell, \ell = 1,\ldots,j\} \in E$ of j distinct points, the equalities

$$\bigcap_{1\le\ell\le j} (\beta_\ell E^{(n-1)}) = \left(\sum_{1\le\ell\le j} \beta_\ell\right) E^{(n-j)}$$

hold and imply, at the cup-product level, the existence of n positive integers $\{b_j,\ j = 1,\ldots,n\}$ such that $[qE^{(n-1)}]^j = b_1 \ldots b_j [jqE^{(n-j)}]$. But we already knew that $[qE^{(n-1)}]^n = [nq] = 1$ (5.5). Hence $\prod_1^n b_j = 1$ and $[qE^{(n-1)}]^j = [jqE^{(n-j)}]$ for any $j = 1,\ldots,n$. □

We easily deduce from 5.6 and 5.12 the following result:

Proposition 5.13. *For any* $\Gamma \in V(n,E)$ *and* $j = 1,\ldots,n-1$, $\mathcal{W}_j = I^*(jqE^{(n-j)})$ *is a pure* $(n-j)$*-dimensional cycle of* $W(\Gamma)$ *such that*

1) $\mathrm{support}(\mathcal{W}_j) \subset \mathrm{support}(\mathcal{W}_{j-1})$;
2) $j![\mathcal{W}_j] = [\Theta_\Gamma]^j$;
3) $A_p(\Gamma)$ *is an irreducible component of* $\mathcal{W}_{n-1}$.

Corollary 5.14. *For any* $\Gamma \in V(n,E)$ *the associated finite morphism,* $I\colon W(\Gamma) \longrightarrow E^{(n)}$, *equipped with the action of* $\operatorname{Jac}\Gamma$ *on* $W(\Gamma)$, *determines effectively the isomorphism class of the tangential cover* $\pi\colon (\Gamma,p) \longrightarrow (E,q)$.

Proof. The restriction of the finite flat morphism I to $(A_p(\Gamma), A_p(p))$ is a tangential cover of degree n over $((n-1)qE, nq)$, and the E-orbit of

$A_p(p) = \mathcal{O}_\Gamma((n-1)p)$ is tangent to $A_p(\Gamma)$ at $A_p(p)$. Conversely, let C be any irreducible component of $\mathcal{W}_{n-1} = I^*((n-1)qE)$ such that

a) the E-orbit of r is tangent to C at r;

b) the natural projection $\pi_C: (C,r) \longrightarrow (E,q)$ ($\pi_C = s \circ I|_C$) is a tangential cover of degree and arithmetic genus equal to n;

c) there exists an isomorphism $\varphi: W(C) \longrightarrow W(\Gamma)$ over $E^{(n)}$, equivariant with respect to the corresponding actions of $\operatorname{Jac} C$ and $\operatorname{Jac}\Gamma$.

Let us write

$$\pi_{\hat{C}}: (\hat{C}, r) \longrightarrow (C,r) \xrightarrow{\pi_C} (E,q)$$

and

$$\pi_{\hat{\Gamma}}: (\hat{\Gamma}, p) \longrightarrow (\Gamma, p) \xrightarrow{\pi} (E,q),$$

the tangential covers obtained after smoothing π_C and π_Γ ([T-V, I] §2.10). The corresponding polarized compactified Jacobians naturally embed in $(W(C), \Theta_C)$ and $W(\Gamma, \Theta_\Gamma)$, where they are uniquely characterized as the Jac-orbits of minimal dimension. It follows that our Jac-invariant isomorphism φ restricts to an isomorphism between $(W(\hat{C}), \Theta_{\hat{C}})$ and $(W(\hat{\Gamma}, \Theta_{\hat{\Gamma}})$. Hence, by Torelli (2.4) plus the well-known result $\operatorname{Aut}(\hat{\Gamma}) \cong \operatorname{Aut}(W(\hat{\Gamma}, \Theta_{\hat{\Gamma}}))$ mod(± 1), if Γ is nonhyperelliptic, it reduces to an isomorphism between

$$A_r: (\hat{C}, r) \longrightarrow W(\hat{C}) \quad \text{and} \quad A_p: (\hat{\Gamma}, p) \longrightarrow W(\hat{\Gamma}).$$

The identification $A_r \simeq A_p$, coupled with the natural projections onto E (cf., [T] 1.3), finally give us an isomorphism between $\pi_{\hat{C}}$ and $\pi_{\hat{\Gamma}}$. On the other hand it follows from (4.11) that any tangential cover of degree n uniquely factors through a unique tangential cover of degree equal to the arithmetic genus n. Hence π is isomorphic to π_C. □

REFERENCES

[A] M. Atiyah, *Vector bundles over an elliptic curve*, Proc. London Math. Soc. (3) **7** (1957), 414–452.

[A-C-G-H] E. Arbarello, M. Cornalba, P.A. Griffiths and J. Harris, *Geometry of Algebraic Curves I*, (1985), Springer-Verlag, New York.

[A-I-K] A. Altman, A. Iarrobino and S. Kleiman, *Irreducibility of the compactified jacobian*, Real and Complex Singularities, Ed.: P. Holm, Proc. Nordic Summer School NAVF (Oslo) (1977), Sijthoff and Noordhoff, Amsterdam.

[A-K] A. Altman and S. Kleiman, *Compactifying the Picard scheme*, Adv. in Math. **35** (1980), 50–112.

[E-G-A IV] A. Grothendieck and J. Dieudonné, *Eléments de Géométrie algébrique* IV (3), Publ. Math. I.H.E.S. **28** (1966).

[F] J.D. Fay, *On the even-order vanishing of Jacobian theta functions*, Duke Math. J. **51** (1984), 109–132.

[G-H] P. Griffiths and J. Harris, *Principles of Algebraic Geometry* (1978), Wiley Interscience.

[H] R. Hartshorne, *Algebraic Geometry*, Grad. Texts in Math. **52** (1977), Springer-Verlag, New York.

[K] I.M. Krichever, *Elliptic solutions of the K-P equation and integrable systems of particles*, Funct. Anal. **14** (1980), no. 4, 45–54 (Russian), 282–290 (English).

[S-W] G. Segal and G. Wilson, *Loop groups and equations of KdV type*, Publ. Math. I.H.E.S. **61** (1985), 5–65.

[T] A. Treibich, *Tangential Polynomials and Elliptic Solitons*, Duke Math. J. **59** (1989), 611-627.

[T-V, I] A. Treibich and J.-L. Verdier, *Solitons Elliptiques*, Ed.: P. Cartier et al., Grothendieck Festschrift, Progress in Math. **88** (1990), Birkhäuser, Boston.

[T-V, II] A. Treibich and J.-L. Verdier, *Variétés de Kritchever des Solitons Elliptiques de KP*, Eds.: A. Beauville and S. Ramanan, Proceedings of the Franco-Indian Colloquium, Bombay (1989).

URA au CNRS 751
Université de Lille I
59655 Villeneuve d'Ascq
France

Heisenberg Action and Verlinde Formulas

Bert van Geemen and Emma Previato*

In this paper we review some of the recent work on 'nonabelian theta functions'. We discuss various links between abelian and nonabelian theta functions as well as links with the Schottky problem and open questions.

We let $\mathcal{M}_0(C)$ ($\mathcal{M}_p(C)$, resp.) denote the space of S-equivalence classes (cf. [S]) of semistable bundles of rank 2 and determinant equal to $\mathcal{O}_C$ ($\mathcal{O}_C(p)$, resp.) over a fixed Riemann surface C of genus ≥ 2, p a point of C. Both spaces have Picard group isomorphic to $\mathbf{Z}$; if we call $\mathcal{L}_0(\mathcal{L}_p)$ the ample generator, the spaces $H^0(\mathcal{M}_\epsilon, \mathcal{L}_\epsilon^k)$ ($\epsilon = 0$ or p) consist of what is regarded as the kth order nonabelian theta functions and their dimensions $N_{k,\epsilon}$ are predicted by the Verlinde formulas, cf. Section 1 (we call them the Verlinde spaces below, for short); a geometric derivation of the formulas is now available [Sz], [BeSz].

Nonabelian theta functions can be restricted via the natural map j : Jac $C \to \mathcal{M}_0$ to (the image of) the Jacobian. Beauville [B1] proved that $j^* : H^0(\mathcal{M}_0, \mathcal{L}_0) \to H^0(J, 2\Theta) = V$ is an isomorphism (the notation is introduced in (2.2) below) so that forms of degree k in V can be viewed as k^{th} order nonabelian theta functions via the multiplication map $S^kV \to H^0(\mathcal{M}_0, \mathcal{L}_0^{\otimes k})$. Beauville showed [B2] that when $k = 2$ this map is an isomorphism if and only if C has no vanishing (classical) thetanulls, and the present authors showed that if C has no vanishing thetanulls the map is surjective for $k = 4$.

In Sections 2–4 below, we review the geometry of these maps in light of the Heisenberg action; in Sections 5–7 we collect further directions, examples, and questions which stem from our geometric overview. Most results, with the exception of a few remarks, have appeared elsewhere and we give references to the best of our knowledge; nevertheless, we think it worthwhile further to unify the two viewpoints, Schottky and nonabelian thetas: in particular we put the methods of [B2] in the framework of [vGvdG] with changing moduli.

The second author wishes to thank the organizers of the Luminy workshop where the work [vGP] was presented; the workshop, to honor the memory of J.-L. Verdier, was an exposure of great depth to some of his many mathematical interests.

---

* Research partially supported by NSF Grant DMS-9105221

1. The Verlinde formulas

E. and H. Verlinde (cf. [V]) defined a fusion algebra on representations of the Kac Moody algebra $\hat{su}(2)$ in order to get a conformal field theory for any Riemann surface (the fusion rules prescribe how to add a handle). As a result, they obtained the following numbers:

$$N_{0,k} = \sum_{j=1}^{k+1} \left(\frac{k+2}{2\sin^2 \frac{j\pi}{k+2}} \right)^{g-1} \qquad (\text{“even case”})$$

$$N_{1,k} = \sum_{j=1}^{2k+1} (-1)^{j+1} \left(\frac{k+1}{\sin^2 \frac{j\pi}{2k+2}} \right)^{g-1} \qquad (\text{“odd case”}).$$

Note that the terms in $N_{1,k}$ are, up to sign, the same as those in $N_{0,2k}$; this too has a representation–theoretic explanation and for that reason the $N_{1,k}$'s are also called twisted Verlinde numbers. As stated in the introduction:

(1.1) **Theorem** [Sz,BeSz]. $\quad N_{\epsilon,k} = \dim H^0(\mathcal{M}_\epsilon, \mathcal{L}_\epsilon^k)$.

At first sight it may not be clear that the $N_{\epsilon,k}$ are integers; however, as J.–B. Zuber explained to the second author at this workshop, they had arisen as integers in the Verlinde setup. They are made up, using the fusion rules, of the integers N_{jlm}:

$$V_j \text{ “}\otimes\text{” } V_l = \oplus_{m=0}^{k/2} N_{jlm} V_m,$$

the V_j being highest weight representations of level k for $\hat{su}(2)$, and the “$\otimes$” being a truncated tensor product defined by the fusion rules. After further decomposing into eigenspaces for one operator $V_j = \oplus V_{jn}$, and using the Kac-Weyl character formula and the Weyl denominator formula, the numbers

$$S_{jl} = \sqrt{\frac{2}{k+2}} \sin \frac{\pi(2j+1)(2l+1)}{4(k+2)}$$

are obtained as entries of a matrix that represents the action of (a suitable element of order 2 of) the modular group on

$$\chi_j(q) = q^{c_j} \sum_n (\dim\ V_{jn}) q^n$$

(c_j a suitable constant related to the central charge)

and Verlinde's work provides the link between S_{jl} and N_{jlm} (cf. [ABI], [CIZ]).

More directly, D. Zagier [Z] calculated the $N_{1,k}$ in a different manner, suggested by Bott [Bo] and obtained an expression for them that involves the residues of $(z-z^{-1})(z^k-z^{-k})/(z-z^{-1}-2)$ at g points of the Riemann sphere; through this work, A. Szenes succeeded in writing the odd–case Verlinde numbers as an Atiyah–Bott fixed–point formula [Sz]; Zagier also obtained several other expressions for the Verlinde numbers and for various generating functions and gave a different proof of the odd case, based on the topology of $\mathcal{M}_1$. For the even case, a Hecke correspondence was used [BeSz], see (3.5) below.

(1.2) Some examples of Verlinde numbers:

$N_{0,0} = 1$ $\qquad$ $N_{1,0} = 1$

$N_{0,1} = 2^g$ $\qquad$ $N_{1,1} = 2^{g-1}(2^g-1)$

$N_{0,2} = 2^{g-1} + 2^{2g-1} = 2^{g-1}(2^g+1)$ $\qquad$ $N_{1,2} = 3^{g-1}2^{2g-1} - 2^{2g-1} + 3^{g-1}$

$N_{0,3} = 2(5+\sqrt{5})^{g-1} + 2(5-\sqrt{5})^{g-1}$

$$\begin{aligned} N_{0,4} &= 3^{g-1}2^{2g-1} + 2^{2g-1} + 3^{g-1} \\ &= (3^g+1)/2 + (2^{2g}-1)(3^{g-1}+1)/2 \end{aligned}$$

2. Hyperplanes

In this section we study the space $H^0(\mathcal{M}_0, \mathcal{L}_0)$. A nonzero element of this space defines a hyperplane, or a linear section of $\phi_{\mathcal{L}}(\mathcal{M}_0)$, with $\phi_{\mathcal{L}}$ the natural map:

$$\phi_{\mathcal{L}} : \mathcal{M}_0 \longrightarrow \mathbf{P}H^0(\mathcal{M}_0, \mathcal{L}_0).$$

We recall the more general situation of rank n bundles studied in [BNR]. As traditional, $\mathcal{U}(n,d)$ will denote the moduli space of semistable bundles of rank n and degree d, and $\mathcal{SU}(n,L)$ those with fixed determinant $L \in \mathrm{Pic}^d(C)$. Let $\mathcal{L}$ be the ample generator of $\mathrm{Pic}\mathcal{SU}(n,\mathcal{O})$ and let $\Theta_C \subset Pic^{g-1}(C)$ be the theta divisor.

(2.1) **Theorem** [BNR]. *The (rational) map which associates to any point e of $\mathcal{SU}(n,\mathcal{O})$ the divisor $\Delta_E = \{\xi \in \mathrm{Pic}^{g-1}C : \Gamma(E\otimes\xi) \neq 0\}$, where E is a semistable bundle in the class of e, induces an isomorphism of $\Gamma(\mathrm{Pic}^{g-1}C, \mathcal{O}(n\Theta_C))$ with $\Gamma(\mathcal{SU}(n,\mathcal{O}),\mathcal{L})^*$. In particular:*

$$\dim\Gamma(\mathcal{SU}(n,\mathcal{O}),\mathcal{L}) = n^g.$$

This result shows that a ('nonabelian') Verlinde space and an ('abelian') space of theta functions (more precisely, its dual) coincide. Before sketching the proof of the theorem, we recall the natural dualities in the $n=2$ case and a theorem of Beauville clarifying the geometry related to $\mathcal{L}_0$.

(2.2) Let $\kappa \in Pic^{g-1}(C)$ be a theta characteristic, i.e. a line bundle on C with $\kappa^{\otimes 2} \cong \Omega^1_C$. We say κ is even resp. odd if $h^0(C,\kappa)$ is an even resp. odd number. Each theta characteristic defines a symmetric divisor $\Theta_\kappa := \Theta_C - \kappa$ in $J := \operatorname{Jac} C = Pic^0(C)$, and all effective symmetric divisors giving the principal polarization are obtained in this way. For any integer k, the divisors $2k\Theta_\kappa$ on J are linearly equivalent; we simply write $2k\Theta$ for this equivalence class.

(2.3) The Mumford group $\mathcal{G}$ is the group of automorphisms of $\mathcal{O}(2\Theta)$ which lift the action of an element of J_2(= the two–torsion subgroup of J) on $V := H^0(J, \mathcal{O}(2\Theta))$. A similar Heisenberg group, with $\mathbf{Z}/2\mathbf{Z}$ replaced by $\mathbf{R}$ plays a role in quantum mechanics; the analogue of the representation on V is called the Schrödinger representation [C]. We fix a *theta structure*, namely an isomorphism between $\mathcal{G}$ and the Heisenberg group:

$$H := H_g := \mathbf{C}^* \times (\mathbf{Z}/2)^g \times \operatorname{Hom}((\mathbf{Z}/2)^g, \mathbf{C}^*)$$

with multiplication $(s,\alpha,\alpha^*)(t,\beta,\beta^*) = (st\beta^*(\alpha), \alpha+\beta, \alpha^*\beta^*)$. Using the theta structure, the action on V can be described as follows: there is a basis $\{X_\sigma\}$ $(\sigma \in (\mathbf{Z}/2\mathbf{Z})^g)$ for which $(t,\alpha,\alpha^*)X_\sigma = t\alpha^*(\alpha+\sigma)X_{\sigma+\alpha}$.

The choice of a symplectic homology basis for C with corresponding period matrix τ, determines a theta structure and the basis $\{X_\sigma\}$ of V, the space of second-order theta functions, is then given by the $X_\sigma = \vartheta\left[\begin{smallmatrix}\sigma\\0\end{smallmatrix}\right](2z, 2\tau)$, $\sigma \in (\mathbf{Z}/2\mathbf{Z})^g$ (cf. [B1, 2.6]).

(2.4) The action of the Heisenberg group on V induces an action on $V \otimes V$, which will be a direct sum of non-isomorphic 1 dimensional representations, each inducing a duality $V \to V^*$. The representations in $\operatorname{Sym}^2 V$ correspond to even theta characteristics and the ones in $\wedge^2 V$ to odd theta characteristics. We denote the corresponding duality by ξ_κ.

(2.5) A rather direct connection between the abelian and nonabelian theta functions is given by the map:

$$j : J \longrightarrow \mathcal{M}_0, \qquad L \mapsto L \oplus L^{-1},$$

note that j factors over $J/\pm 1$, the Kummer variety of J, which in fact injects into $\mathcal{M}_0$. These facts were put together by Beauville to refine Theorem 2.1 in the $n=2$ case:

(2.6) **Theorem** [B1]. *(i) The isomorphism $\rho : H^0(\mathcal{M}_0, \mathcal{L}_0) \to H^0(J, 2\Theta_C)^*$ of (2.1) is induced by the morphism*

$$\delta : \mathcal{M}_0 \to |2\Theta_C| \qquad E \mapsto \Delta_E := \{\xi \in Pic^{g-1}C : \ h^0(E\otimes\xi) > 0\}.$$

(ii) We have $j^*\mathcal{L}_0 \cong \mathcal{O}(2\Theta)$ *and the map* $j^* : H^0(\mathcal{M}_0, \mathcal{L}_0) \to H^0(J, \mathcal{O}(2\Theta))$ *is an isomorphism.*

(iii) For any theta characteristic $\kappa \in \mathrm{Pic}^{g-1}(C)$ *we have an isomorphism* $|2\Theta_C| \cong_\kappa |2\Theta|$, $D \mapsto D - \kappa$, *and the diagram*

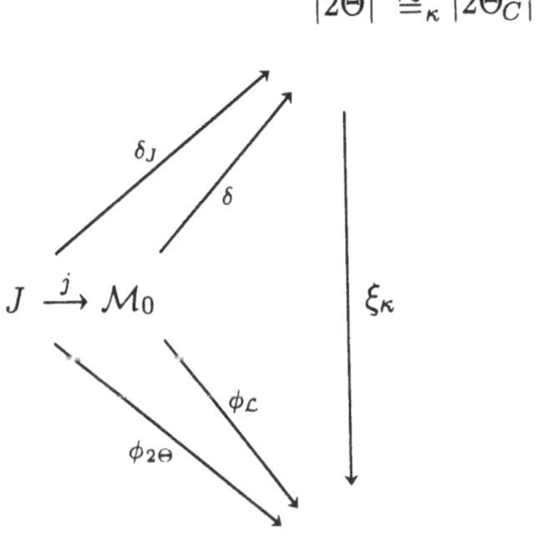

is commutative, where $\delta_J : L \to T_L^*\Theta \oplus T_{L^{-1}}^*\Theta$.

(2.7) The proof of the theorems (2.1), (2.6) and further applications depend on the Prym geometry. We analyze certain covers of a fixed curve; this is best done for the general (possibly ramified) n-sheeted cover $\pi: \tilde{C} \to C$ of Riemann surfaces, as occurs in the spectral-curve situation of [BNR]. Let Nm: Jac $\tilde{C} \to$ Jac C be the norm homomorphism, which can be identified with the transpose of π^*, and suppose that π^*: Jac $C \to$ Jac $\tilde{C}$ is *injective.* We cut some corners and describe the geometric situation: let $\tilde{\Theta}$ be a theta divisor of Jac $\tilde{C}$; Ker $Nm = P$ and π^* Jac $C = N$ can be thought, in a way, as being orthogonal inside Jac $\tilde{C} = A$. There is a canonical isomorphism $|\Theta_P|^* \to |\Theta_N|$ which completes the diagram

$$\begin{array}{ccc} P & \longrightarrow & |\Theta_P|^* \\ \downarrow \phi & & \\ |\Theta_N| & & \end{array}$$

where the rational map $P \to |\Theta_N|$ is defined by $p \mapsto T_p^*(\tilde{\Theta})\Big|_N$. In [BNR], in order to avoid choices of theta divisors, this is applied to $N' = \pi^* \,\mathrm{Pic}^{g-1} C$, $A' = \mathrm{Pic}^{h-1}\tilde{C}$ and $P' = Nm^{-1}(D)$ where $h =$ genus $\tilde{C}$, $g =$ genus C, $Nm : \mathrm{Pic}^{h-g}\tilde{C} \to \mathrm{Pic}^{h-g} C$ and $D = \det(\pi_*\mathcal{O}_{\tilde{C}})^{-1}$. Then there is a natural isogeny $\mu: N' \times P' \to A$ and there exists a natural line bundle τ on P' so that $\mu_{P'}^*\tau \otimes \mu_{N'}^* n\Theta_C = \mu^*\Theta_{\tilde{C}}$ ($\mu_{P'}, \mu_{N'}$ are the projections). Thus we have a natural element $\mu^*\Theta_{\tilde{C}} \in H^0(P', \tau) \otimes H^0(\mathrm{Pic}^{g-1}C, \mathcal{O}(n\Theta_C)) = \mathrm{Hom}(H^0(P', \tau)^*, H^0(\mathrm{Pic}^{g-1}C, \mathcal{O}(n\Theta_C)))$ which is an isomorphism:

(2.8) **Theorem** [BNR]. *The spaces $H^0(\mathrm{Pic}^{g-1}C, \mathcal{O}(n\Theta_C))$ and $H^0(P', \tau)^*$ are naturally isomorphic, and the isomorphism is compatible with the rational maps of P' given by $p \mapsto T_p^*\Theta_{\tilde{C}} \cap \pi^* \mathrm{Pic}^{g-1}C$ and by the linear system of τ, respectively.*

A suitable choice of $\pi: \tilde{C} \to C$ will ensure [BNR] that $\pi_*\mathrm{Pic}^m\tilde{C}$ ($m = d - n(n-1)(g-1)$) (rather, π_* of the bundles whose image is semistable) is dense in $\mathcal{U}(n,d)$. From this it follows that dim $H^0(\mathcal{U}(n, n(g-1)), \mathcal{O}(\Theta_{\mathcal{U}})) = 1$, with $\Theta_{\mathcal{U}} := \{E \in \mathcal{U}(n, n(g-1)) : h^0(E) > 0\}$ the natural divisor on $\mathcal{U}(n, n(g-1))$.

Similarly one can arrange for π_*P' to be dense in $\mathcal{SU}(n, \mathcal{O})$; one more ingredient, namely the irreducibility of the action of Mumford's theta group on $H^0(P', \tau)$ plus the equivariance of $H^0(\mathcal{SU}(n), \mathcal{L}) \to H^0(P', \tau)$ under the action of the n-torsion of Jac C, shows that dim $H^0(\mathcal{SU}(n), \mathcal{L}) = n^g$.

(2.9) From now on we shall only be concerned with the case in which the rank is $n = 2$. Our notation, as set up in the introduction, will simply be

$$\mathcal{M}_0 := \mathcal{SU}(2, \mathcal{O}), \quad \mathcal{M}_1 := \mathcal{M}_p := \mathcal{SU}(2, \mathcal{O}(p)), \quad (p \in C).$$

Now we consider an unramified double cover $\pi_x: \tilde{C} \to C$ (in particular π_x^* is *not* injective); this corresponds to a point of order 2, $x \in J_2$ and the attendant Prym, $P_x \subset \mathrm{Jac}\tilde{C}$, is the identity component of the kernel of the norm map. The Prym has dimension $g-1$ and has a natural principal polarization Ξ_x. Now we have a map

$$\text{(2.10)} \qquad \phi_x : P_x \longrightarrow \mathcal{M}_0, \qquad \eta \mapsto \pi_{x*}(\eta) \otimes \xi$$

(used in both [B2] and [vGP], where $\xi^2 = x$, with the only drawback that the map depends on the choice of ξ). This gives a $(g-1)$ dimensional subvariety of $\mathcal{M}_0$ and (in analogy to Theorem 2.6) an injection: $H^0(P_x, \mathcal{O}(2\Xi_x))^* \hookrightarrow H^0(Pic^{g-1}C, \mathcal{O}(2\Theta_C))$. This configuration is exploited in two somewhat different directions in [B2] and [vGP], cf. Section 3 and Section 4 below, resp.

3. Quadrics and the odd determinant case

(3.1) To study $H^0(\mathcal{M}_0, \mathcal{L}_0^2)$ we use the following diagram which relates a 'nonabelian' multiplication map m_2 with an 'abelian' map n_2:

$$\text{(3.2)} \qquad \begin{array}{ccc} S^2V & \xrightarrow{m_2} & H^0(\mathcal{M}_0, \mathcal{L}_0^{\otimes 2}) \\ & {\scriptstyle n_2}\searrow & \downarrow {\scriptstyle j^*} \\ & & H^0(J, \mathcal{O}(4\Theta))_+ \end{array}$$

(recall $V := H^0(J, \mathcal{O}(2\Theta)) \cong_{j^*} H^0(\mathcal{M}_0, \mathcal{L}_0)$)

It turns out that $\dim S^2V = 2^{g-1}(2^g+1) = \dim H^0(J, \mathcal{O}(4\Theta))_+ = N_2$, the second Verlinde number; here the subscript + stands for the subspace of even theta functions. This might suggest that all maps are isomorphisms, but the situation is actually a little more delicate.

Beauville [B2] exhibited bases for $H^0(\mathcal{M}_0, \mathcal{L}_0^{\otimes 2})$ and $H^0(\mathcal{M}_p, \mathcal{L}_p)$. These spaces have dimension equal to the number of even (resp. odd) theta characteristics, as per (1.2). In both cases, the construction is suggested by the fact that the dualizing sheaf to $\mathcal{M}_\epsilon (\epsilon = 0, 1)$ on one hand has at $E \in \mathcal{M}_\epsilon$ the fiber $\wedge^{max} H^0(\mathcal{E}nd_0 E \otimes K_C)$ where $\mathcal{E}nd_0$ is the sheaf of trace-zero endomorphisms, on the other hand is the square of $\mathcal{L}_0^{\otimes 2}$ (resp. $\mathcal{L}_1$). The theta characteristics give sections as follows:

(3.3) **Theorem** [B2]. *Let κ be an even (resp. odd) theta characteristic and let D_κ be the reduced subvariety of $\mathcal{M}_0$ (resp. $\mathcal{M}_1$) given by*

$$D_\kappa := \{E \in \mathcal{M}_\epsilon : \ h^0(\mathcal{E}nd_0 E \otimes \kappa) > 0\}.$$

(i) There is a section $d_\kappa \in H^0(\mathcal{M}_0, \mathcal{L}_0^{\otimes 2})$ (resp. $H^0(\mathcal{M}_1, \mathcal{L}_1)$) whose divisor is D_κ and these sections give bases of these spaces.
(ii) Let $\vartheta_\kappa \in H^0(J, \mathcal{O}(\Theta_\kappa))$ be a section defining Θ_κ. Then a basis for $H^0(J, \mathcal{O}(4\Theta))_+$ is given by the $[2]^*\vartheta_\kappa$ with κ even, where $[2] : J \to J$, $x \mapsto 2x$ (similarly $H^0(J, \mathcal{O}(4\Theta))_-$ is spanned by the $[2]^*\vartheta_\kappa$ with κ odd).
(iii) For any even κ there is a $c_\kappa \in \mathbf{C}$ such that:

$$j^* d_\kappa = c_\kappa \cdot ([2]^*\vartheta_\kappa) \quad \text{and} \quad c_\kappa = 0 \Leftrightarrow h^0(C, \kappa) > 0.$$

In particular, j^* is an isomorphism iff $h^0(C, \kappa) = 0$ for all κ, i.e. J has no vanishing theta nulls.
(iv) The map m_2 is an isomorphism iff J has no vanishing thetanulls (in fact $m_2^* d_\kappa$ lies in the representation space corresponding to κ, and is zero iff $h^0(C, \kappa) > 0$).

(3.4) The results of (3.3) combined with the diagram (3.2) show that n_2 is an isomorphism iff J has no vanishing thetanulls; this can easily be proven directly by classical theta function theory.

The method of proof involves comparing Ξ_x and the pull-back of $\mathcal{L}_\epsilon$ via the maps $\phi_x : P_x \to \mathcal{M}_\epsilon$ of (2.10), which send a line bundle M over the covering $\pi_x : \tilde{C} \to C$ to the vector bundle $\pi_{x*}(M \otimes \tilde{\epsilon})$, with $\tilde{\epsilon} \in Pic(\tilde{C})$ such that $Nm\, \tilde{\epsilon} = x \otimes \epsilon$; here by abuse of notation $\epsilon = \mathcal{O}_C$, resp. $\mathcal{O}_C(p)$. In other words, J does not give enough theta divisors to calculate with, but without making recourse to the larger Pryms of 2.7, the various P_x do.

(3.5) **The odd determinant case.** For the odd case, the Hecke correspondence is used; it plays a fundamental role in [BeSz] as well, in that it allows one to lift geometric statements on $\mathcal{M}_p := \mathcal{M}_1$ to a $\mathbf{P}^1$ bundle $\mathcal{P}$ over it and deduce corresponding statements for $\mathcal{M}_0$: consider the diagram

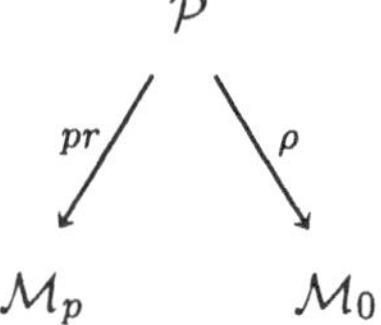

where $p \in C$ is a point, $\mathcal{P} := \mathbf{P}(U_p)$, where $U_p = U\Big|_{\mathcal{M}_1 \times p}$ and U is the universal rank 2 bundle over $\mathcal{M}_p \times C$ such that $\det U_p = \mathcal{L}_1$. A point of $\mathcal{P}$ consists of a bundle E in $\mathcal{M}_p$ and a nonzero homomorphism to the skyscraper sheaf supported at $p, u\colon E \to \mathbf{C}_p$ (up to homothety). The fibre of ρ at a point F of $\mathcal{M}_0$ is the line $\mathbf{P}(Ext^1_{\mathcal{O}_C}(\mathbf{C}_p, F))$.

(3.6) [B2, 3.3] If $l \in J$ does not have order 2 (so $l \not\cong l^{-1}$), then one can define a bundle $F_l \in \mathcal{M}_1$ which fits in an exact sequence $0 \to l \oplus l^{-1} \to F_l \to \mathbf{C}_p \to 0$; the map $l \mapsto F_l$ can be extended to a morphism $j_p\colon \hat{J} \to \mathcal{M}_p$, which factors through the involution to define a morphism of $\hat{K}$ to $\mathcal{M}_p$. The circumflexes indicate blow-up at the points of order 2.

(3.7) [B2, 3.4, 3.5]. If the fibre of *pr* is mapped to $\mathcal{M}_0$ by sending $(E, u) \mapsto \ker u$, the image of the composite $\mathbf{P}(U_p)\Big|_E \to \mathcal{M}_0 \overset{\phi_{\mathcal{L}}}{\to} \mathbf{P}(V)$ is a line, and thus a point in $\wedge^2 V$; let this define $\varphi_p\colon \mathcal{M}_p \to \mathbf{P}(\Lambda^2 V)$; the composite $\varphi_p \circ j_p$ is the Gauss map associated to the tangent vector to C at p. The diagram

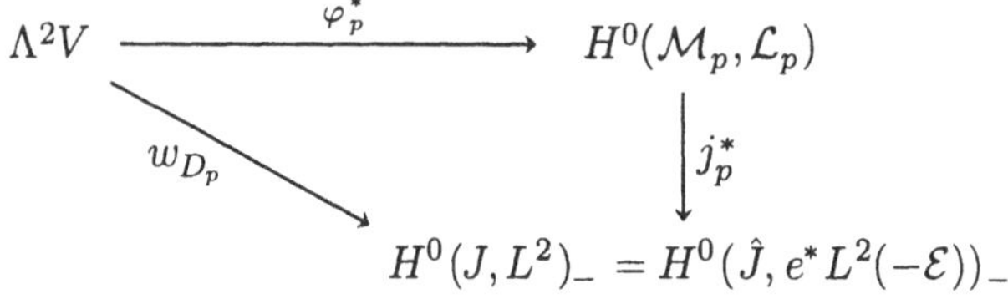

(where $e\colon \hat{J} \to J$ is the blow–up of J at J_2 and $\mathcal{E}$ the exceptional divisor) is commutative; to define w_{D_p}, one applies the vector field D_p on J, gotten from the tangent vector to $C \subset J$ at p, to the Wahl homomorphism $(s, t) \mapsto t^{\otimes 2} d(\frac{s}{t})$

$$w\colon \Lambda^2 H^0(J, L) \to H^0(J, L^2 \otimes \Omega^1_J).$$

Finally, if κ is an odd theta characteristic, $j_p^* d_\kappa = [2]^* \vartheta_\kappa$ if $h^0(\kappa(-p)) = 0$, while $j_p^* d_\kappa = 0$ if $h^0(\kappa(-p)) > 0$. In particular, φ_p^* and w_{D_p} have the same kernel and are isomorphisms iff, for all odd theta characteristics κ of C, $h^0(\kappa(-p)) = 0$.

4. Quartics

The spaces S^kV can be explicitly decomposed into irreducible pieces for the H-action; when k is even the action factors over the abelian quotient $H/H' \cong \mathbf{C}^* \times (\mathbf{Z}/2)^g \times \mathrm{Hom}((\mathbf{Z}/2)^g, \mathbf{C}^*)$; denote by $X(H)$ the group of characters of $(\mathbf{Z}/2)^g \times \mathrm{Hom}((\mathbf{Z}/2)^g, \mathbf{C}^*)$ and by 0 the trivial character; then

$$S^4V = \oplus_{\chi \in X(H)} S^4_\chi V, \qquad \dim S^4_0 V = d(g), \quad \dim S^4_\chi V = d(g-1),$$

with $d(g) := (2^g+1)(2^{g-1}+1)/3$, cf. [vG].

A nonzero $F \in S^4V$ defines a quartic hypersurface $Z(F) \subset \mathbf{P}(V)$, the projective space which contains $\phi_{\mathcal{L}}(\mathcal{M}_0)$ and the images of all the Pryms $\phi_{\mathcal{L}}(\phi_x(P_x)) \subset \phi_{\mathcal{L}}(\mathcal{M}_0)$ (cf. (2.10)). In fact, the map $K := \phi_{\mathcal{L}} \circ \phi_x$ can be identified with the natural map $P_x \to \mathbf{P}H^0(P_x, \mathcal{O}(2\Xi_x))$ and the diagram:

$$(4.1) \qquad \begin{array}{ccc} P_x & \xrightarrow{K} & \mathbf{P}H^0(P_x, \mathcal{O}(2\Xi_x)) \\ \phi_x \downarrow & & \cap \\ \mathcal{M}_0 & \xrightarrow{\phi_{\mathcal{L}}} & \mathbf{P}V \end{array}$$

identifies $\mathbf{P}H^0(P_x, \mathcal{O}(2\Xi_x)) \subset \mathbf{P}V$ with an eigenspace $\mathbf{P}V_x$ of the action of x (more precisely, of a corresponding element in the Heisenberg group). In particular, $\phi_x^* \mathcal{L}_0 = \mathcal{O}(2\Xi_x)$.

Using the ϕ_x and j, we restrict sections of $\mathcal{L}_0^{\otimes 4}$ to the union of all Pryms and J (that is, to their images in $\mathcal{M}_0$). It will be convenient to write $P_0 := J$ and to agree that $0 \in J_2$ corresponds to the trivial character $0 \in X(H)$.

The following diagram exhibits the maps we will be interested in; note that we write $m = \oplus m_\chi$, $n = \oplus_\chi n_\chi$ for the multiplication maps originating from $S^4V = \oplus_\chi S^4_\chi V$.

$$\begin{array}{ccc} S^4_\chi V & \xrightarrow{m_\chi} & H^0(\mathcal{M}_0, \mathcal{L}_0^{\otimes 4}) \\ & \searrow^{n_\chi} & \downarrow res \\ & & \oplus_{x \in J_2} H^0(P_x, \mathcal{O}(8\Xi_x))_+ \end{array}$$

The diagram again relates multiplication maps for nonabelian theta functions (the m_χ) with those of abelian theta functions (the n_χ). Since the Heisenberg group acts on both S^4V and on $H^0(\mathcal{M}_0, \mathcal{L}_0^{\otimes 4})$ and m is equivariant, we have that $\ker m = \oplus_\chi \ker m_\chi$. The diagram implies that $\dim \ker m_\chi \le \dim \ker n_\chi$, and thus we obtain the following lower bound for the fourth Verlinde number

$$\begin{aligned} N_4 &= \dim H^0(\mathcal{M}_0, \mathcal{L}_0^{\otimes 4}) \\ &\ge \dim S^4V - \dim \ker m \\ &\ge \textstyle\sum_\chi (\dim S^4_\chi V - \dim \ker n_\chi) \end{aligned}$$

The main result of [vGP], explained in the remainder of this section, is that for a generic curve one has $\dim S^4_\chi V - \dim\ker n_\chi = e(g)$ if $\chi = 0$ and $= e(g-1)$ if $\chi \neq 0$ with $e(g) := (3^g+1)/2$. The lower bound for N_4 thus obtained actually coincides with the value of N_4 predicted by Verlinde, and again the non-abelian theta functions are 'identified' with certain abelian theta functions:

(4.2) **Theorem.** *Let C be curve with no vanishing thetanulls. Then the following hold:*
(i) The multiplication map $m : S^4V \to H^0(\mathcal{M}_0, \mathcal{L}^{\otimes 4})$ is surjective.
(ii) ker m_χ= ker n_χ for all χ, thus also ker m=ker n.
(iii) The map res : $H^0(\mathcal{M}_0, \mathcal{L}^{\otimes 4}) \to \oplus_{x\in J_2} H^0(P_x, \mathcal{O}(8\Xi_x))$ is injective.

The map n_0 was already studied in [vG], for the other n_χ we need the results of [vGP]. It is a curious phenomenon that quartics in the kernel of the n_χ's must satisfy a certain condition on their singular locus:

(4.3) **Theorem.** (a weaker version of Theorem 1 in [vG], less technical to state). *Let $F \in S^4_0V$. Then F vanishes on all Pryms (i.e. $K(P_x) \subset Z(F)$ for all $x \in J_2$) if and only if $K(J) := \phi_{\mathcal{L}}(j(P_0)) \subset Sing Z(F)$.*

(4.4) **Theorem** (Theorem 1 in [vGP]). *Let $F \in S^4_\chi V$, $\chi \neq 0$, and let $x \in J_2$ correspond to χ. Then F vanishes on all Pryms if and only if $K(P_x) \subset Sing Z(F)$.*

The proofs of these theorems are discussed in (4.6) below; they imply, with χ corresponding to x:

$$\ker(n_\chi) = \{F \in S^4_\chi V : \; K(P_x) \subset Sing Z(F)\}.$$

(4.5) Therefore $F \in \ker(n_\chi)$ iff $\frac{\partial F}{\partial X_\sigma}$ is a (cubic) equation for $K(P_x)$ for all $\sigma \in (Z/2Z)^g$ (in view of the Heisenberg action, it suffices in fact that $\frac{\partial F}{\partial X_0}$ is a cubic equation). There are interesting relations between the cubics, quartics and the action of H. We have an isomorphism

$$\frac{1}{4}\frac{\partial}{\partial X_0} : S^4_0V \longrightarrow S^3_0V, \;\text{ with } S^3_0V := \{G \in S^3V : \; (1,0,\alpha^*)G = G, \;\; \forall \alpha^*\}.$$

and homomorphisms

$$M(\chi) : S^3_0V \to S^4_\chi V, \quad G \mapsto \sum_\sigma \alpha^*(\sigma) X_{\sigma+\alpha}((1,\sigma,0)G),$$

where $\chi = (\alpha, \alpha^*) \in X(H)$, $\sigma \in (\mathbf{Z}^g/2\mathbf{Z})^g$; $M(0)$ is the inverse of $\frac{1}{4}\frac{\partial}{\partial X_0}$. Moreover, if χ corresponds to x then the restrictions of $M(0)F$ and $M(\chi)F$ to V_x, the eigenspace of x in V, differ by a non-zero multiplicative constant.

Using the isomorphism $\frac{1}{4}\frac{\partial}{\partial X_0} : S^4_0V \to S^3_0V$, we see that $\ker n_0 = \ker(S^3_0V \to H^0(J, \mathcal{O}(6\Theta))_+)$, and the fact that the multiplication map

$S^3V \to H^0(J, \mathcal{O}(6\Theta))_+$ is surjective for any C with no vanishing thetanull then implies that dim $\ker n_0 = d(g) - e(g)$, as desired.

In case $\chi \neq 0$ one proceeds in a rather similar way to derive dim $\ker n_\chi = d(g-1) - e(g-1)$, replacing $J = P_0$ by P_x with x corresponding to χ; for the details, see [vGP].

(4.6) The proofs of the theorems (4.3) and (4.4) involve a comparison between the multiplication maps (restricted to subspaces of)

$$S^4V_x \to H^0(P_x, \mathcal{O}(8\Xi_x))$$

for the various x. The main point is that, w.r.t. suitable bases, the entries of the matrices defining these maps are theta constants which become equal in virtue of the Schotty-Jung (SJ) (when comparing $\chi = 0$ with a nonzero x) and the Donagi (D) relations (when comparing two orthogonal x) of (4.7) below. It is interesting to note that these relations can be proven in a natural way using rank 2 bundles.

Let x, y be nonzero in J_2 and x, y be orthogonal with respect to the Weil pairing; we denote by a bar the coset of, say, y in $(x)^\perp / < x > \cong (P_x)_2$. The action of $< x >^\perp / < x >$ on $\mathbf{P}V_x$ coincides with the action of H_{g-1}, defined as in (2.3) and the same holds for the action of $< x >^\perp \cap < y >^\perp / < x, y >$ on $\mathbf{P}V_{x,y}$, an eigenspace of $\bar{y}$ in $\mathbf{P}V_x$.

Finally for a principally polarized abelian variety (ppav) A, and a nonzero $x \in A_2$, if we let $S_x = \{z \in A : \ 2z = x\}$ then the image in $\mathbf{P}V$ of the (A_2 principal homogeneous) space S_x lies in the union of the two eigenspaces of x, and equals the union of the two $K_A \cap \mathbf{P}V_x$ if A is indecomposable. In particular, $K(J)$ and $\mathbf{P}V_x$ meet in a finite number of points; however, (4.8) below permits to compare the vanishing of certain (quartic) polynomials on $K(J)$ and P_x.

(4.7) **Theorem** *The following relations hold (here we use the auxiliary notation $K := \phi_{\mathcal{L}} j$ and $K_x := \phi_{\mathcal{L}}\phi_x$ for the maps from J and the P_x to* $\mathbf{P}V$*):*

(SJ) $$K(J) \cap \mathbf{P}V_x = K_x((P_x)_2)$$

(D) $$K_x(S_{\bar{y}}) \cap \mathbf{P}V_{x,y} = K_y(S_{\bar{x}}) \cap \mathbf{P}V_{x,y}$$

Sketch of Proof: (SJ) is a consequence of (4.1) and of H-equivariance; indeed, if $z_x^{\otimes} \cong x$, on one hand $j(z_x) = z_x^{-1} \oplus z_x \in K \cap \mathbf{P}V_x$, on the other $j(z_x) = (\mathcal{O}_C \oplus x) \otimes z_x^{-1} = \phi_x(\mathcal{O}_{\tilde{C}})$ and $\mathcal{O}_{\tilde{C}} \in (P_x)_2$. As remarked, $K \cap \mathbf{P}V_x$ is a homogeneous space under the action of $H_{g-1} =< x >^\perp / < x >$ and so is $(P_x)_2$, equivariantly with respect to the maps. (D) is proved similarly in [vGP], Proposition 2, by explicitly constructing an irreducible representation of $\pi_1(C)$ in $SU(2)$, namely a stable rank 2 bundle over C, with trivial determinant, and showing that it equals both $\phi_x(p_x)$ and $\phi_y(p_y)$ with $p_x \in P_x$ and $p_x^{\otimes 2} = \overline{y}, p_y^{\otimes 2} = \overline{x}$; again equivariance gives the conclusion.

The advertised comparison between multiplication maps is given by explicit matrices: a choice of theta structure gives a period matrix, hence as in [vG] explicit bases for the spaces involved. For a suitable choice of bases, Riemann's formula gives (cf. [I], IV.1, [vG] Prop. 4–6, [vGP], §2 Lemma):

(4.8) **Corollary.**
(i)(SJ) For any non-zero $x \in J_2$ corresponding to χ, the restriction map gives an isomorphism $S^4_\chi V \cong S^4_0 V_x$, and the multiplication maps $S^4_\chi V \to H^0(J, \mathcal{O}(8\Theta))$ and $S^4_0 V_x \to H^0(P_x, \mathcal{O}(8\Xi_x))$ are defined (when restricted to their image) by the same matrices up to a (nonzero) constant.
(ii)(D) Let x, y be orthogonal elements of $J_2\backslash\{0\}$, corresponding to characters χ, μ, and let $\overline{\chi}, \overline{\mu}$ be the characters of H_{g-1} induced on $(P_x)_2$, $(P_y)_2$. Then under the isomorphism given by the restriction:

$$S^4_{\overline{\chi}} V_x \cong S^4_0 V_{x,y} \cong S^4_{\overline{\chi}} V_y,$$

the multiplication maps $m_{4,x,\overline{\mu}}$ and $m_{4,y,\overline{\chi}}$ differ by a nonzero multiplicative constant.

Sketch of proof of (4.3), (4.4). We indicate the argument used to obtain (4.3). Let $F \in S^4_0 V$ and define $G := M(0)^{-1}F$; $F_\chi := M(\chi)G \in S^4_\chi V$ (note $F_0 = F$).

If $K(J) \subset Sing(Z(F))$, then $G = \frac{1}{4}\frac{\partial}{\partial X_0} F$ is a cubic equation for $K(J)$, and, for all $\alpha \in (\mathbf{Z}/2\mathbf{Z})^g$, $G_\alpha := (1, \alpha, 0)G$ is also an equation for $K(J)$ since $K(J)$ is invariant under the action of H. Therefore each $F_\chi \in S^4_\chi V$ is a quartic equation for $K(J)$. Using (4.8)(ii), we see that F_χ also vanishes on $K(P_x) \subset \mathbf{P}V_x$ (with x corresponding to χ). Since F and F_χ have the same restriction to $\mathbf{P}V_x$ (see (4.5)), F also vanishes on $K(P_x)$. This shows that for all non-zero x F vanishes on $K(P_x)$ and since by assumption $K(J) \subset Z(F)$, F vanishes on all Pryms, i.e. $F \in \ker n_0$.

Conversely, assume that $F = F_0 \in \ker n_0$, i.e. F_0 vanishes on all Pryms, in particular F_0 vanishes on $K(J)$. We will first show that all other F_χ's, $\chi \neq 0$, also vanish on $K(J)$. For this we restrict F_χ to $\mathbf{P}V_x$, with x corresponding to χ. Since F and F_χ coincide, up to scalar multiple, and since F vanishes by assumption on all Pryms, in particular on $P_x \in \mathbf{P}V_x$, we see that F_χ vanishes on P_x. Using (4.8)(ii) again, we see that for any non-trivial χ, F_χ is also an equation for $K(J)$. To finish the argument, we take suitable linear combinations of the various F_χ, and we find that

$K(J) \subset Z(X_\alpha \frac{\partial}{\partial X_\alpha} F)$. Since X_α is not zero on $K(J)$, each $\frac{\partial}{\partial X_\alpha} F$ is an equation for $K(J)$, so we get $K(J) \subset Sing(Z(F))$.

The same principles, with the role of (SJ) being played by (D) give the proof of (4.4); for details see [vGP].

(4.9) **Corollary.** *For a curve with no vanishing thetanulls, a quartic vanishes on $\phi(\mathcal{M}_0)$ iff it vanishes on $\phi_x(P_x)$ for all Pryms of C.*

The Corollary uses the fact that the inequality obtained for N_4 is an equality [Be1].

As a curiosity, we cite other instances which relate quartic hypersurfaces of $\mathbf{P}V$ to the geometry of the curve:

(4.10) The Kummer variety K can be defined by quartics. For $g = 3$, the image of $\mathcal{M}_0$ is a quartic hypersurface (cf. [NR]).

5. Heat Equation

(5.1) Rank 1. For a period matrix τ belonging to the Siegel upper-half space $\mathbf{H}_g$, the Riemann theta function ϑ is a solution to the heat equations [M2, Chapter I]:

$$\left(\nabla_{\frac{\partial}{\partial \tau_{kl}}} \vartheta\right)(z,\tau) = 0, \quad \text{with } \nabla_{\frac{\partial}{\partial \tau_{kl}}} := \frac{\partial}{\partial \tau_{kl}} - 2\pi i(1+\delta_{kl})\frac{\partial^2}{\partial z_k \partial z_l}.$$

The heat equations and the functional equation expressing the fact that $\vartheta(\tau, z)$ is a global section of $H^0(X_\tau, \mathcal{O}(\Theta_\tau))$ determine the function $\vartheta : \mathbf{C}^g \times \mathbf{H}_g \to \mathbf{C}$ up to multiplication by a constant. The line bundle over $\mathbf{H}_g$ whose fibers are the $H^0(X_\tau, \mathcal{O}(\Theta_\tau))$ thus has a natural connection for which ϑ is flat. The covariant differentiation of the connection is given by the $\nabla_{\frac{\partial}{\partial \tau_{kl}}}$'s. Note that a holomorphic section $\tau \mapsto f(\tau)\vartheta(\tau, z)$ of the bundle is flat exactly when $\frac{\partial}{\partial \tau_{kl}} f = 0$ for all k, l, i.e. when f is a constant.

More generally, the theta functions which form the basis $\{\vartheta[{r \atop 0}](nz, n\tau)\}_{r \in (\mathbf{Z}/n\mathbf{Z})^g}$ of $H^0(X_\tau, \mathcal{O}(n\Theta_\tau))$ satisfy a (slightly modified) heat equation. This heat equation thus determines a connection on the bundle over $\mathbf{H}_g$ whose fibers are the $H^0(X_\tau, \mathcal{O}(n\Theta_\tau))$ and the elements of the basis given define a basis of flat sections.

More intrinsically, the heat equation can be interpreted as a calculation of a first order infinitesimal deformation of a pair (A, Θ), a ppav and a divisor giving the principal polarization. In particular, given an abelian scheme over some parameter space B and a relatively ample line bundle $\mathcal{L}$ over it, the family of effective divisors on the fibres which are defined by the sections of the line bundles induced by $\mathcal{L}$ (that is, the projectivization of the bundles considered above) is endowed with a canonical flat connection, the holonomy being the monodromy on the set of theta structures (cf. [W] for this interpretation). In particular, the monodromy is isomorphic to a subgroup of $\Gamma_g/\Gamma_g(2n,4n)$ when $\mathcal{L}_b \cong \mathcal{O}(2n\Theta_b)$ $(b \in B)$, with $\Gamma_g := Sp(2g, \mathbf{Z})$ and $\Gamma(2n,4n)$ Igusa's theta group of level n.

(5.2) Higher rank. The results of (5.1) were generalized by Hitchin [H2], cf. also [ADPW]; he constructs, by a heat equation, a projectively flat connection on the global sections of $\mathcal{L}_1$ over $\mathcal{M}_1$, and more generally one has projective flat connections on the bundle with fibers $H^0(\mathcal{M}_\epsilon, \mathcal{L}_\epsilon^{\otimes k})$ over any parameter space of curves. However, the corresponding holonomy has not been worked out. When working with the universal curve over the moduli space $M_g(n)$ of curves with a level n structure $(n \geq 3)$, the holonomy group $Q_{(k,\epsilon,n)}$ of the bundle over $M_g(n)$ with fibers $\mathbf{P}H^0(\mathcal{M}_\epsilon, \mathcal{L}_\epsilon^{\otimes k})$ will be a quotient of $\pi_1(M_g(n))$, which in turn is a subgroup of the Teichmüller group T_g (= mapping class group). There should be a representation $\rho_{k,\epsilon}$ of T_g on $\mathbf{P}H^0(\mathcal{M}_\epsilon, \mathcal{L}_\epsilon^{\otimes k})$ such that $Q_{(k,\epsilon,n)} = \rho_{k,\epsilon}(\pi_1(M_g(n)))$. There is a natural surjective homomorphism (given by the action on the integral homology of a curve) $T_g \to \Gamma_g$, but for large k it is improbable that $\rho_{k,\epsilon}$ factors over Γ_g.

In case $k = 1,2$ however, there exists a relation between the abelian and nonabelian theta functions, in that the restriction maps j^*:

$$H^0(\mathcal{M}_0, \mathcal{L}_0) \longrightarrow H^0(J, \mathcal{O}(2\Theta)) \quad \text{and} \quad H^0(\mathcal{M}_0, \mathcal{L}_0^{\otimes 2}) \longrightarrow H^0(J, \mathcal{O}(4\Theta))_+$$

are both isomorphisms as recalled in Sections 2, 3, the second one when the curve is generic. Since these maps should be compatible with the flat connections on both sides, that would determine the holonomy on the nonabelian theta functions for $k = 1,2$. For $k = 4$ the situation might be especially interesting: the (generically) injective restriction map (cf. (4.2)):

$$H^0(\mathcal{M}_0, \mathcal{L}_0^{\otimes 4}) \longrightarrow \oplus_{x \in J_2} H^0(P_x, \mathcal{O}(8\Xi_x))$$

and the natural 'abelian' connection on the right–hand side (for both a g dimensional and $g-1$ dimensional abelian varieties!) should determine the connection on the left–hand side; it may be that the holonomy group in this case is related to Brylinski's dihedral levels [Br].

6. Examples and Questions

In this section we discuss in some special cases the geometry of the maps

$$\delta : \mathcal{M}_0 \longrightarrow \mathbf{P}H^0(\mathcal{M}_0, \mathcal{L}_0) \quad \text{and} \quad \varphi_p : \mathcal{M}_p \longrightarrow \mathbf{P}\wedge^2 V \cong \mathbf{P}H^0(\mathcal{M}_p, \mathcal{L}_1),$$

as well as questions on the geometry which arises in $\mathbf{P}V$ via δ.

Hyperelliptic case

(6.1) For all $g \geq 2$, the map δ factors over $\mathcal{M}_0/\iota^*$ with ι the hyperelliptic involution (and only if $g = 2$ does ι^* act trivially). In [DR], $\mathcal{M}_0/\iota$ is given as the subvariety of a homogeneous space, namely the grassmannian Gr of maximal isotropic subspaces of $\mathbf{C}^{2g+2}$ (with the standard quadratic form). It turns out that the maps δ for the various hyperelliptic curves 'patch' together and extend to a map: $\tilde{\delta} : Gr \to \mathbf{P}V$. Moreover, this map is equivariant for the action of the Spin group of $SO(2g+2)$, acting via a half-spin representation on $\mathbf{P}V$ (see [vG]).

The odd case is also treated in [DR]: $\mathcal{M}_1$ can be given as the scheme of zeros of a section of a homogeneous bundle on a grassmannian; set-theoretically, the totality of $(g-2)$-dimensional planes lying in the intersection of two quadrics in $\mathbf{P}^{2g+1}$; both [L1] and [Sz] use this essentially for the calculation of the Verlinde numbers.

(6.2) For $g = 2$ it was shown in [NR1] that $\mathcal{M}_0 \cong Gr \cong \mathbf{P}^3$; in fact $\delta = \tilde{\delta}$ is now an isomorphism; the Kummer surface $K(J)$ is defined by a quartic polynomial and now the $K(P_x) \cong \mathbf{P}V_x \cong \mathbf{P}^1$ are $2 \cdot 15$ lines. Since $\mathcal{L}$ corresponds to $\mathcal{O}(1)$ one has, for $g = 2$: $N_{0,k} = \dim H^0(\mathbf{P}^3, \mathcal{O}(k)) = \binom{k+3}{3}$.

$\mathcal{M}_1$ is not isomorphic to it but it is described in say, [B2, 3.15]: for $p \in C$ not a Weierstrass point, the morphism $\varphi_p: \mathcal{M}_p \to \mathbf{P}(\Lambda^2 V) \cong \mathbf{P}^5$ is an embedding; its image is the intersection of the Grassmannian Gr $(2, V)$ and another quadric; $\hat{K}$ is the trace on $\mathcal{M}_p$ of a third quadric (notation as in Section 3).

(6.3) For $g = 3$, the example [B1, 3.5] continues: the morphism δ has degree 2 onto a smooth quadric $Q \cong Gr$ (this isomorphism is related to the triality for $SO(8)$, which is of type D_4) in $\mathbf{P}V \cong \mathbf{P}^7$, this quadric is in fact an element of $V \otimes V$ which spans the representation of H corresponding to the unique theta characteristic on C with $h^0(C, \kappa) = 2$.

The canonical divisor is $\mathcal{L}_0^{-4} = \delta^*(K_Q(2))$, where K_Q is the canonical divisor of Q; since δ is defined by $\mathcal{L}_0$, its branch locus is the trace on Q of a hypersurface H of degree 4; the Kummer is the singular locus of $Q \cap H$, hence is defined set theoretically by Q, H and the $\binom{8}{2}$ minors of the matrix of partials.

The geometry of the case $g = 3$, C non hyperelliptic

(6.4) In this case δ defines an isomorphism of $\mathcal{M}_0$ to a quartic hypersurface Y of $\mathbf{P}^7$ ([NR2]). The singular locus of Y is the Kummer variety, which is thus defined by 8 cubics. The quartic surfaces $K(P_x)$ are obtained by intersecting Y with $\mathbf{P}V_x \cong \mathbf{P}^3$. The bundle $\mathcal{L}_0$ corresponds to $\mathcal{O}_Y(1)$, thus $H^0(\mathcal{M}_0, \mathcal{L}_0^{\otimes k}) \cong H^0(\mathbf{P}^7, \mathcal{O}(k))/H^0(\mathbf{P}^7, \mathcal{O}(k-4))$ and thus, for $g = 3$, $N_{0,k} = \binom{k+7}{7} - \binom{k+3}{7}$.

Questions

(6.5) By virtue of the Heisenberg group action, there is a natural map

$$Th : \mathbf{H}_g \longrightarrow \mathbf{P}V, \qquad \tau \mapsto (\ldots, \vartheta[{\sigma \atop 0}](\tau, 0), \ldots),$$

which factors over $\mathcal{A}_g(2,4) := \mathbf{H}_g/\Gamma_g(2,4)$. In case a ppav A is the Jacobian of a curve, one knows that the intersection of $Th(\mathbf{H}_g)$ with $K(A)$, the image of A in $\mathbf{P}V$, contains a surface (this is related to Prym varieties of 2:1 covers of C ramified in 2 points, cf. [vGvdG]), but for general A it seems likely the the intersection consists just of points, in fact the set $K(A_2)$ (note that, with 0_A the identity element of A one has $K(0_A) = Th(\tau)$, with τ a suitable period matrix of A).

It would be interesting to know more about the intersection of $Th(\mathbf{H}_g)$ and $\delta(\mathcal{M}_0)$ as well as to have a geometric interpretation for it. In case $g = 3$, both spaces are of codimension 1 in $\mathbf{P}^7$, of degree 16 and 4 respectively, so the intersection will be 5 dimensional. For $g = 4$, they have codimension 5 resp. 6 in $\mathbf{P}^{15}$, so the intersection should be at least 4 dimensional.

(6.6) A related but probably easier question is to find, for a Jacobian J, the intersection of the tangent space $T_{K(0_J)}$ to $Th(\mathbf{H}_g)$ at the point $K(0_J) \in Th(\mathbf{H}_g)$ with $\delta(\mathcal{M}_0)$.

The intersection of $T_{K(0_J)}$ with $K(J)$ is well understood. In fact, identifying $\mathbf{P}V \cong |2\Theta|^*$, the hyperplanes in $\mathbf{P}V$ passing through $K(0_J)$ are those $D \in |2\Theta|$ with $0_J \in D$, and the hyperplanes which contain $T_{K(0_J)}$ correspond to the divisors wich have multiplicity at least 4 in 0_J (here one uses the heat equations, cf. [vGvdG]); we denote that space by:

$$|2\Theta|_{00} := \{D \in |2\Theta| : \; mult_0(D) \geq 4\}.$$

Writing $C - C := \{x - y \in J : \; x, y \in C\}$, which is a surface in J, a well known result of Welters, cf. [BD], is (except for $g = 4$, when there can be two additional points):

$$\cap_{D \in |2\Theta|_{00}} D = C - C, \quad \text{so} \quad T_{K(0_J)} \cap K(J) = K(C - C).$$

It would be nice to have a similar explicit description of $T_{K(0_J)} \cap \delta(\mathcal{M}_0)$. One might first want to consider the intersection of $T_{K(0_J)}$ with the tangent cone to $\delta(\mathcal{M}_0)$ at the (singular) point $\delta(\mathcal{O} \oplus \mathcal{O})$, however we do not know a suitable description of this cone.

(6.7) The geometry of the divisors from $|2\Theta|_{00}$ (and also from $|2\Theta|$ itself) is not yet very well understood. The theory of rank two bundles provides an interesting way to produce elements in these spaces via the map $\delta : E \mapsto \Delta_E \in |2\Theta|$, cf. (2.6)(i). The recent paper of Laszlo [L2] provides a good starting point, in particular he proves an analogue of the Riemann-Kempf vanishing theorem for the divisor $\Theta_{\mathcal{U}}$ (defined after (2.8)) as well as the following result [L2, V.2]:

$$mult_L(\Delta_E) \geq h^0(E \otimes L),$$

(here we change the notation of (2.6) to have $\det E = \Omega^1_C$ and $\Delta_E := \{x \in J : h^0(E \otimes x) > 0\}$; one can get things right again by replacing E by $E \otimes \kappa^{-1}$ for a theta characteristic κ). A nice example is provided by the following 'canonical' rank two bundle E with $\det E = \Omega^1_C$ on a non-hyperelliptic curve of genus 3. Its dual E^* is the rank two bundle which fits in the exact sequence:

$$0 \longrightarrow E^* \longrightarrow H^0(C, \Omega^1_C) \otimes_{\mathbf{C}} \mathcal{O}_C \xrightarrow{\sigma} \Omega^1_C \longrightarrow 0,$$

where σ is the "tautological" multiplication map. The results of Laszlo ([L2, IV.9]) show that

$$\Delta_E = C - C$$

the unique element in $|2\Theta|_{00}$ for $g = 3$.

7. Spectral Curves

The notion of a spectral curve was first introduced, in the late sixties, in the theory of integrable systems. We saw it playing a surprising and crucial role in the proofs of Section 2. It would be interesting to look at the relationship in even greater detail and perhaps find applications to integrable systems. In this section we indicate some 'historical' motivation and questions.

The fibre of the tangent bundle to $\mathcal{U}(n,d)$ at a stable point E is given by $H^1(\mathcal{E}nd E)$, thus the fibre of the cotangent bundle by $\mathrm{Hom}(E, E \otimes K_C)$. Hitchin proved that for an open set of stable bundles the spectral curve of the homomorphism $E \to E \otimes K_C$ has genus $n^2(g-1)+1$ and the spectral invariants are in involution with respect to the natural symplectic structure on the cotangent bundle [H1]. Elements of $H^0(C, \mathcal{E}nd_0 E \otimes \kappa)$ enter the definition of a basis of sections for two of the Verlinde spaces, as we saw in Section 3. The spectral curves that correspond to them in the manner of [H1] should be linked to points of order 4 in J, at least in the case of even κ where $H^0(\mathcal{M}_0, \mathcal{L}_0^{\otimes 2}) \to H^0(J, \mathcal{O}(4\Theta))$ (by restriction). A correspondence between these and Donagi's curves should be found, which he constructs in his proof of (D) as fiber products of two étale double covers of C, cf. [D]. The corresponding rank 4 bundles over C and their image in $|4\Theta|$ according to [BNR] should give an interpretation of (D) in $|4\Theta|$, in the spirit of the Schottky relations, and come from a classical theta formula. The rank 4 bundles that appear in v([B2], 2.3), namely $E \otimes G$ where $E \in \mathcal{M}_0$ is fixed and

$$\Delta_\kappa(E) = \{G \in \mathcal{M}_0 | h^0(C, E \otimes \kappa \otimes G) \geq 1\}$$

will be among the ones looked for.

A geometric description of the images of $\phi_p(\mathcal{M}_1)$ has not been pursued, nor have the images of K in $\mathbf{P}(\Lambda^2 V)$, both for fixed p and their union as p runs on C, or their analog if p is replaced by a degree 1 line bundle; the equations for the image are certainly linkable (explicitly) with equations for the curve in canonical space, in view of the Gauss map interpretation (3.7) for $\varphi_p \circ j_p$. As noticed in [B2], these maps give the trisecants which characterize the Schottky locus. The geometry of these maps should be particularly explicit in the hyperelliptic case in view of possible spin equivariance. To close the circle, in the hyperelliptic case the 'homogeneous' model of (6.1) enters explicitly the description of Neumann's integrable system.

REFERENCES

[ABI] D. Altschüler, M. Bauer and C. Itzykson, The branching rules of conformal embeddings, *Comm. Math. Phys.* **132** (1990), 349–364.

[ADPW] S. Axelrod, S. Della Pietra and E. Witten, Geometric quantization of Chern–Simons gauge theory, *J. Differential Geom.* **33** (1991), 787–902.

[B1] A. Beauville, Fibrés de rang 2 sur une courbe, fibré déterminant et fonctions thêta, *Bull. Soc. Math. France* **116** (1988), 431–448.

[B2] A. Beauville, Fibrés de rang 2 sur une courbe, fibré déterminant et fonctions thêta, II, *Bull. Soc. Math. France* **119** (1991), 259–291.

[BD] A. Beauville and O. Debarre, Sur les fonctions thêta du second ordre, *Arithmetic of complex manifolds*, 27–39, Springer-Verlag, Berlin 1989.

[BNR] A. Beauville, M.S. Narasimhan and S. Ramanan, Spectral curves and the generalized theta divisor, *J. Reine Angew. Math.* **398** (1989), 169–179.

[Be1] A. Bertram, A partial verification of the Verlinde formulae for vector bundles of rank 2, Preprint 1991.

[Be2] A. Bertram, Moduli of rank 2 vector bundles, theta divisors, and the geometry of curves in projective space, Preprint 1991.

[BeSz] A. Bertram and A. Szenes, Hilbert polynomials of moduli spaces of rank 2 vector bundles II, Preprint 1991.

[Bo] R. Bott, Stable bundles revisited, *J. Differential Geom. Supplement* **1** (1991), 1–18.

[Br] J.–L. Brylinski, Propriétés de ramification à l'infini du groupe modulaire de Teichmüller, *Ann. Sci. École Norm. Sup.* **12** (1979) 295–333.

[CIZ] A. Cappelli, C. Itzykson and J.-B. Zuber, The A-D-E classification of minimal and $A_1^{(1)}$ conformal invariant theories, *Comm. Math. Phys.* **113** (1987), 1–26.

[C] P. Cartier, Quantum mechanical commutation relations and theta functions, *Proc. Sympos. Pure Math.* **9**, eds. A. Borel and G. Mostow, pp. 361–383.

[DR] U.V. Desale and S. Ramanan, Classification of vector bundles of rank 2 on hyperelliptic curves, *Invent. Math.* **38** (1976), 161–185.

[D] R. Donagi, Non-Jacobians in the Schottky loci, *Ann. of Math.* **126** (1987), 193–217.

[DN] J.-M. Drezet and M.S. Narasimhan, Groupe de Picard des variétés de modules de fibrés semi-stables sur les courbes algébriques, *Invent. Math.* **97** (1989), 53–94.

[vG] B. van Geemen, Schottky-Jung relations and vector bundles on hyperelliptic curves, *Math. Ann.* **281** (1988), 431–449.

[vGvdG] B. van Geemen and G. van der Geer, Kummer varieties and the moduli spaces of abelian varieties, *Amer. J. Math.* **108** (1986), 615–642.

[vGP] B. van Geemen and E. Previato, Prym varieties and the Verlinde formula, MSRI Preprint 04829-91.

[H1] N. Hitchin, Stable bundles and integrable systems, *Duke Math. J.* **54** (1987), 91–114.

[H2] N. Hitchin, Flat connections and geometric quantization, *Comm. Math. Phys.* **131** (1990), 347–380.

[I] J.-I. Igusa, Theta functions, Springer-Verlag, Berlin 1972.

[L1] Y. Laszlo, Dimension de l'espace des sections du diviseur thêta généralisé, *Bull. Soc. Math. France* **119** (1991), 293–306.

[L2] Y. Laszlo, Un théorème de Riemann pour les diviseurs thêta sur les espaces des modules de fibrés stables sur une courbe, *Duke Math. J.* **64** (1991), 333–347.

[M1] D. Mumford, Prym varieties I, in *Contributions to Analysis*, 325–350, Acad. Pren. New York, 1974.

[M2] D. Mumford, Tata lectures on theta I, Birkhäuser, Boston 1983.

[NR1] M.S. Narasimhan and S. Ramanan, Moduli of vector bundles on a compact Riemann surface, *Ann. of Math.* **89** (1969), 19–51.

[NR2] M.S. Narasimhan and S. Ramanan, 2Θ-linear systems on abelian varieties, in *Vector bundles on algebraic varieties*, p. 415–427, Oxford University Press, 1987.

[S] C.S. Seshadri, Space of unitary vector bundles on a compact Riemann surface, *Ann. of Math.* **85** (1967), 303–336.

[Sz] A. Szenes, Hilbert polynomials of moduli spaces of rank 2 vector bundles I, Preprint 1991.

[V] E. Verlinde, Fusion rules and modular transformations in 2d conformal field theory, *Nuclear Phys. B* **300** (1988), 360–376.

[W] G. Welters, Polarized abelian varieties and the heat equation, *Compositio Math.* **49** (1983), 173–194.

[Z] D. Zagier, The cohomology ring of the moduli space of rank 2 vector bundles, in preparation.

Department of Mathematics
University of Utrecht
3508 TA
Utrecht, The Netherlands

Department of Mathematics
Boston University
Boston, MA 02215, USA

Hyperelliptic Curves that Generate Constant Mean Curvature Tori in $\mathbb{R}^3$

N. M. Ercolani,* H. Knörrer and E. Trubowitz

This paper is dedicated,
with many fond recollections, to Jean-Louis Verdier

Introduction

Let u be a solution of the elliptic-sinh Gordon equation

$$u_{w\bar{w}} + \sinh u = 0 \tag{1}$$

on the simply connected domain $\Omega \subset \mathbb{C}$. There is an algorithm that associates an immersion F of Ω in $\mathbb{R}^3$ to u with constant mean curvature $\frac{1}{2}$ (see e.g. [3]). To implement ite first solves

$$\psi_w = -\frac{1}{2}\begin{pmatrix} u_w & i \\ i & -u_w \end{pmatrix}\psi \tag{2}$$

$$\psi_{\bar{w}} = \frac{1}{2.i}\begin{pmatrix} 0 & e^{-u} \\ e^u & 0 \end{pmatrix}\psi \tag{3}$$

for

$$\psi = \begin{pmatrix} \psi_1(w) \\ \psi_2(w) \end{pmatrix}$$

on Ω. Equation (1) is the consistency condition for (2) and (3). The immersion F is obtained by integrating

$$dF_1 = \frac{1}{d}\left(e^u\bar{\psi}_1^2 + \psi_2^2\right)dw + \frac{1}{d}\left(e^u\psi_1^2 + \bar{\psi}_2^2\right)d\bar{w} \tag{4}$$

$$dF_2 = \frac{2i}{d}e^{u/2}\bar{\psi}_1\psi_2 dw + \frac{2(-i)}{d}e^{u/2}\psi_1\bar{\psi}_2 d\bar{w} \tag{5}$$

$$dF_3 = \frac{(-i)}{d}\left(e^u\bar{\psi}_1^2 - \psi_2^2\right)dw + \frac{i}{d}\left(e^u\psi_1^2 - \bar{\psi}_2^2\right)d\bar{w} \tag{6}$$

where

$$d = \left(|\psi_1|^2e^{u/2} + |\psi_2|^2e^{-u/2}\right)$$

---

* Nick Ercolani wishes to thank the Forschunginstitut für Mathematik at Zürich for its hospitality while this work was in progress. He also acknowledges support from the NSF (DMS-9001897) as well as the Arizona Center for the Mathematical Sciences, sponsored by AFOSR Contract FY8671-900589.

is independent of z. The forms on the right hand side of (4-6) are closed by (2-3). It follows at once from (4-6) that

$$\langle F_w, F_{\bar{w}} \rangle = 2e^u \tag{7}$$

$$\langle F_w, F_w \rangle = \langle F_{\bar{w}}, F_{\bar{w}} \rangle = 0 \tag{8}$$

and in particular that the first fundamental form

$$\langle dF, dF \rangle = 4e^u dw\, d\bar{w}$$

We see that $Re\, w$, $Im\, w$ are isothermal coordinates on the image of F. Here

$$\langle v, w \rangle = v_1 w_1 + v_2 w_2 + v_3 w_3 \,.$$

Let

$$N(w) = \frac{1}{d}\left(i(\psi_1\psi_2 - \bar{\psi}_1\bar{\psi}_2), - \left(e^{u/2}|\psi_1|^2 - e^{-u/2}|\psi_2|^2\right)\right), -(\psi_1\psi_2 + \psi_1\psi_2)\Big)$$

be the unit normal vector to the image of F at $F(z)$. Then, the second fundamental form

$$-\langle dF, dN \rangle = dw\, dw + 2e^u dw\, d\bar{w} + d\bar{w}\, d\bar{w} \tag{10}$$

so that the mean curvature is $\frac{1}{2}$.

There is also an algorithm that associates quasi-periodic solutions of (1) on $\mathbb{R}^2$ to hyperelliptic curves

$$X : y^2 = x \prod_{i=1}^{2g} (x - e_i) \tag{11}$$

where the branch points are distinct and satisfy

$$e_{i+g} = \frac{1}{\bar{e}_i}, \; i = 1, \dots, g \tag{12}$$

Let $A_1, \dots, A_g$ be the cycles on the hyperelliptic curve obtained by lifting the paths in the x-plane

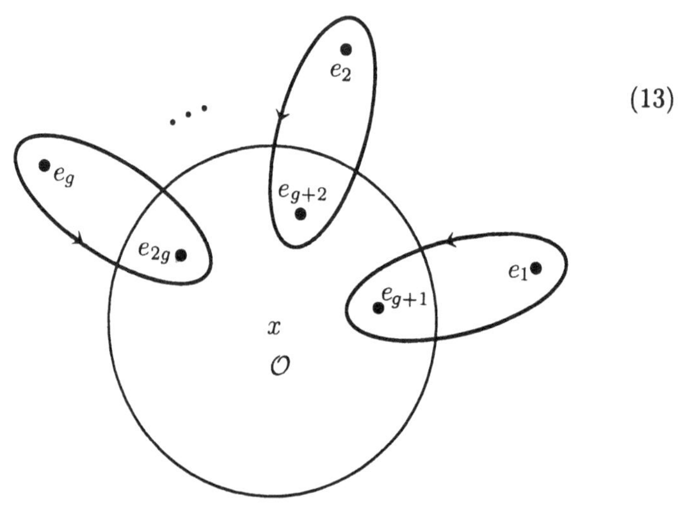

(13)

and let $B_1, \ldots, B_g$ be their duals with respect to the intersection form. Let Ω_0 and Ω_∞ be the unique meromorphic differentials satisfying

$$\int_{A_i} \Omega_0 = \int_{A_i} \Omega_\infty = 0, \quad i = 1, \ldots, g$$

$$\Omega_0 = \frac{dx}{x^{3/2}} + \mathcal{O}\left(\frac{1}{x^{1/2}}\right) dx \quad \text{for } x \text{ near } 0$$

$$\Omega_\infty = -x^{3/2} d\frac{1}{x} + \mathcal{O}\left(x^{1/2}\right) d\frac{1}{x} \quad \text{for } x \text{ near } \infty \tag{15}$$

and holomorphic everywhere else.

The map σ

$$(x, y) \longrightarrow \left(\frac{1}{\bar{x}}, \frac{\left(\prod_{i=1}^{2g} e_i\right)^{1/2} \bar{y}}{\bar{x}^{g+1}}\right)$$

is an antiholomorphic involution of X. Clearly,

$$\sigma^* \Omega_0 = \bar{\Omega}_\infty .$$

It follows that the vectors

$$\nu(0) = \left(\int_{B_i} \Omega_0, i = 1, \ldots, g\right)$$

$$\nu(\infty) = \left(\int_{B_i} \Omega_\infty, \; i = 1, \ldots, g\right) \tag{16}$$

are complex conjugate. For $\zeta \in \mathbb{C}^g$ set

$$u(\zeta) = 2 \log \frac{\theta\left(\zeta + \left(\frac{1}{2}, \ldots, \frac{1}{2}\right)\right)}{\theta(\zeta)} \tag{17}$$

where θ is the Riemann theta function of X for the chosen homology basis. Then, after scaling w,

$$u\left(\zeta + w\,\nu(0) + \bar{w}\,\nu(\infty)\right))$$

is a real, quasi-periodic solution of (1), for every $\zeta \in \mathbb{R}^g$. In particular, every hyperelliptic curve (11) and (12) generates a $(g-2)$ parameter family of constant mean curvature immersions of $\mathbb{C}$ in $\mathbb{R}^3$.

Pinkall-Sterling [6] and then Bobenko [2] showed that every constant mean curvature immersion of $\mathbb{C}$ in $\mathbb{R}^3$ that is periodic with respect to a lattice in $\mathbb{C}$, in other words an immersed torus, is generated by a curve (11) and (12). Observe that non isomorphic curves yield different tori. Bobenko [2] determined necessary and sufficient conditions for a curve (11 and 12) to generate a constant mean curvature torus. They are

(a)] Ω_∞ has a root p, lying over a point p' on the unit circle in the x plane.

(b) Let

$$\gamma' = \{tp' \mid t \geq 1\}$$

and γ its lift to X starting at p. Then, the span of the vectors

$$\left(\int_\gamma \Omega_0, \int_{B_1} \Omega_0, \ldots, \int_{B_g} \Omega_0\right)$$

$$\left(\int_\gamma \Omega_\infty, \int_{B_1} \Omega_\infty, \ldots, \int_{B_g} \Omega_\infty\right)$$

in $\mathbb{C}^{g+1}$ must contain two linearly independent rational vectors.

It is known that there are no curves satisfying (a) and (b) for $g = 1$.

Wente's [7] original example of an immersed constant mean curvature torus corresponds to the case $g = 2$ (see [2§13]) and the examples exhibited in [8] correspond to $g = 3$. It is not known whether there are curves (11) and (12) of every genus larger than three satisfying (a) and (b). We shall show however

Theorem 1. *For each even $g \geq 2$ there are infinitely many curves (11) and (12) satisfying (a) and (b).*

Each such curve generates a $(g-2)$-parameter family of constant mean curvature immersions of a 2-torus in $\mathbb{R}^3$. All the curves constructed in this paper have the additional property that the set of branch points is invariant under $e_i \longrightarrow \frac{1}{e_i}$.

A condition similar to (a) and (b) above arises in Hitchin's investigation of harmonic maps of a two-torus to S^3. In sections 9-12 of [5] the existence of curves of genus ≤ 3 fulfilling Hitchin's conditions is established.

Preliminaries

For each $2g$-tuple $\lambda = (\lambda_1, \ldots, \lambda_{2g})$ of complex numbers different from ± 2 put

$$R_\lambda(z) := \prod_{i=1}^{2g} (z - \lambda_i)$$

and let $C_\lambda^{(\nu)}$ be the hyperelliptic curve associated to the equation

$$y^2 = (z + (-1)^\nu 2)\, R_\lambda(z) \quad \nu = 1, 2\,.$$

Whenever the sets $\{\lambda_1, \lambda_2\}, \{\lambda_3, \lambda_4\}, \ldots, \{\lambda_{2g-1}, \lambda_{2g}\}$ are mutually disjoint one can choose homotopy classes $h_1, \ldots, h_g$ of nonintersecting loops in $\mathbb{C}\backslash\{\lambda_1, \ldots, \lambda_{2g}, +2, -2\}$ such that h_i has winding number one around λ_{2i-1} and λ_{2i} and winding number zero around all the other points λ_j and also around the point 2 (see the figure below). Lifting these loops by the projections $\pi^{(\nu)} : (y, z) \mapsto z$ to the curves $C_\lambda^{(\nu)}$ determines (up to sign) nonintersecting homology classes $a_1^{(\nu)}, \ldots, a_g^{(\nu)} \in H_1(C_\lambda^{(\nu)}, \mathbb{Z})$. This set can be completed in a unique way to a normalized basis $a_1^{(\nu)}, \ldots, a_g^{(\nu)}, b_1^{(\nu)}, \ldots, b_g^{(\nu)}$ of $H_1(C_\lambda^{(\nu)}, \mathbb{Z})$. Then there is a unique differential form $\Omega^{(\nu)}$ of the second kind on $C_\lambda^{(\nu)}$ that is holomorphic outside infinity, fulfills

$$\int_{a_i^{(\nu)}} \Omega^{(\nu)} = 0 \quad \text{for } i = 1, \ldots, g$$

and

$$\Omega^{(\nu)} = -z^{3/2} d\left(\frac{1}{z}\right) + \mathcal{O}(z^{1/2}) d\left(\frac{1}{z}\right) \qquad \text{for } z \to \infty .$$

Here, holomorphic differential means a regular section of the canonical sheaf. If $C_\lambda^{(\nu)}$ is singular at p then $\Omega^{(\nu)}$ is a Rosenlicht differential at p. After we fix a choice of a square root of z near ∞ outside the real axis, $\Omega^{(\nu)}$ is uniquely determined.

Observe that $\Omega^{(\nu)}$ is left fixed by the hyperelliptic involution $(y, z) \mapsto (-y, z)$, so we may write

$$\Omega^{(\nu)} = \frac{dz}{\sqrt{(z + (-1)^\nu 2)\, R_\lambda(z)}} \cdot \prod_{i=1}^{g} (z - \alpha_i^{(\nu)}) .$$

Since each h_i has winding number zero around the point $+2$ there is a homotopy class $\tilde{c}$ of a path in $\mathbb{C} \setminus \{\lambda_1, \ldots, \lambda_{2g}\}$ starting and ending at $+2$ that does not intersect any of the h_i and has winding number 1 around all the points $\lambda_i, i = 1, \ldots, 2g$, and the point -2. Up to orientation $\tilde{c}$ determines a path c in $C_\lambda^{(2)}$ connecting the two points lying over $+2$.

Let M_g be the space of sequences $\lambda = (\lambda_1, \ldots, \lambda_{2g})$ as above, together with all the choices described. We denote points of M_g by s, and the associated data by $\lambda(s) = (\lambda_1(s), \ldots, \lambda_{2g}(s))$, $R_s(z), C_s^{(\nu)}, h_i(s), a_i^{(\nu)}(s), b_i^{(\nu)}(s)$, $\Omega^{(\nu)}(s)$, $\alpha_i^{(\nu)}(s), \tilde{c}(s), c(s)$. At each point s of M_g where the roots $\alpha_1^{(\nu)}(s), \ldots, \alpha_g^{(\nu)}(s)$ of $\Omega^\nu(s)$ are pointwise distinct, $\nu = 1, 2$, the branch points $\lambda_1, \ldots, \lambda_{2g}$ are local coordinates on M_g.

On the open subset of M_g where $\lambda_i(s), i = 1, \ldots, 2g$ are pairwise distinct we define

$$\begin{aligned} Z(s) &:= \alpha_1^{(1)}(s) - 2 \\ I_1(s) &:= \left(\int_{b_1^{(1)}(s)} \Omega^{(1)}(s), \ldots, \int_{b_g^{(1)}(s)} \Omega^{(1)}(s) \right) \\ I_2(s) &:= \left(\int_{c(s)} \Omega^{(2)}(s); \int_{b_1^{(2)}(s)} \Omega^{(2)}(s), \ldots, \int_{b_g^{(2)}(s)} \Omega^{(2)}(s) \right) \end{aligned}$$

To see that I_1 and I_2 extend to analytic maps on all of M_g introduce the holomorphic differentials $\omega_j^{(\nu)}(s)$ on $C_s^{(\nu)}$ characterised by

$$\int_{a_i^{(\nu)}(s)} \omega_j^{(\nu)}(s) = 2\pi i \delta_{ij} \, .$$

By reciprocity ([4, p. 67])

$$\omega_i^{(\nu)}(s) = -\left(\frac{1}{4} \int_{b_i^{(\nu)}(s)} \Omega^{(\nu)}(s) \right) \sqrt{z}\, d\left(\frac{1}{z}\right) + \mathcal{O}\left(\sqrt{\frac{1}{z}}\right) d\left(\frac{1}{z}\right) \quad \text{for } z \to \infty$$

whenever $\lambda_{2i-1}(s) \neq \lambda_{2i}(s)$. The leading term of the expansion of $\omega_i^{(\nu)}(s)$ at infinity can thus be used to define I_ν everywhere.

In M_g we distinguish the real subset $M_{g,\mathbf{R}}$ consisting of all $s \in M_g$ for which

(i) $\lambda_{2i-1}(s) = \bar{\lambda}_{2i}(s)$.

(ii) $h_i(s)$ is invariant under complex conjugation, and meets the real axis transversally in only two points that both lie in the interval $(-2, 2)$. The lift $a_i^{(\nu)}(s)$ is chosen such that over the point where $h_i(s)$ meets the real axis with positive orientation the y-component of $a_i^{(\nu)}(s)$ has positive imaginary part when $\nu = 1$ and is purely real and positive when $\nu = 2$.

(iii) $\tilde{c}(s)$ is invariant under complex conjugation and $c(s)$ starts at the point with $y > 0$.

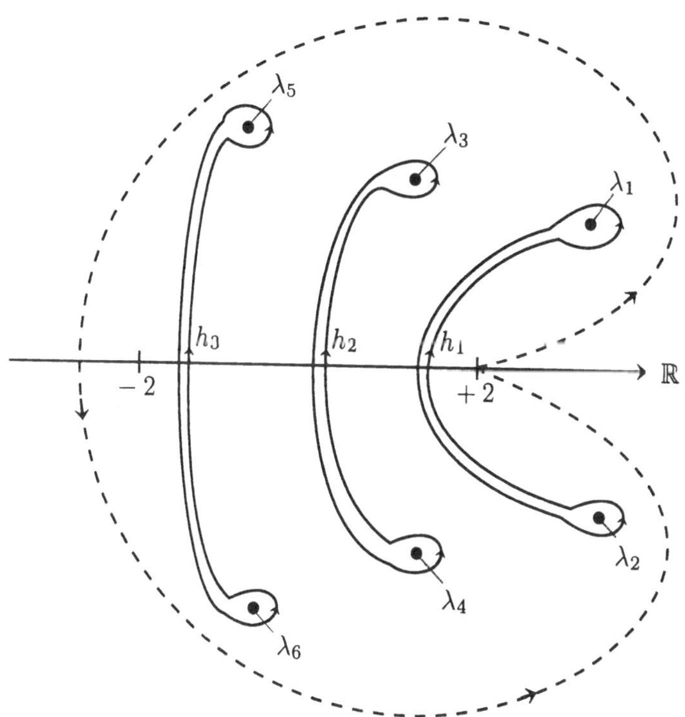

The relation of points of M_g and $M_{g,\mathbb{R}}$ to constant mean curvature tori on $\mathbb{R}^3$ is the following. For $s \in M_g$ let $X(s)$ be the fibered product of $C^{(1)}(s)$ and $C^{(2)}(s)$ with respect to the maps $\pi^{(1)}$ and $\pi^{(2)}$ to $\mathbb{P}^1$. Denote by τ_ν the canonical projections of $X(s)$ to $C^{(\nu)}(s)$.

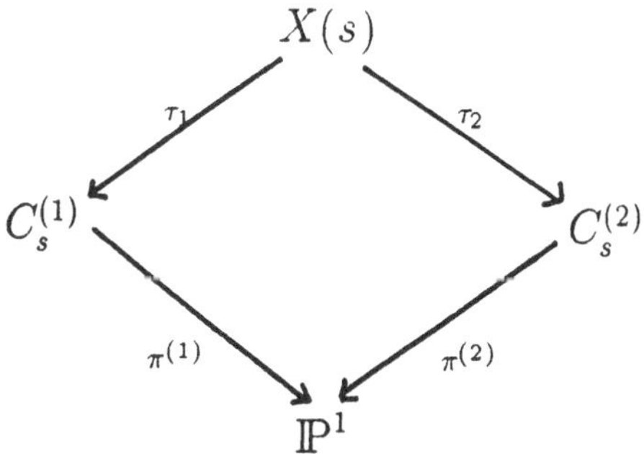

Then, $X(s)$ is the hyperelliptic curve associated to the equation

$$y^2 = x \prod_{\substack{e \in \mathbb{C} \\ e+\frac{1}{e} \in \{\lambda_1, \ldots, \lambda_{2g}\}}} (x-e)$$

and the maps τ_1, τ_2 are given by

$$\tau_\nu : (y,x) \longmapsto \left(\frac{x+(-1)^\nu}{x^{g+1}} y, x + \frac{1}{x} \right).$$

They are the quotient maps by the involutions

$$i_\nu : (y,x) \longmapsto \left((-1)^\nu \frac{y}{x^{2g+1}}, \frac{1}{x} \right)$$

on $X(s)$ and ramify at the points lying over $x = (-1)^\nu$ on $X(s)$. Therefore, $\tau_2^*(\Omega^{(2)})$ always vanishes at the points of $X(s)$ lying above $x = 1$ of $X(s)$, and $\tau_1^*(\Omega^{(1)})$ vanishes at these points if and only if $\Omega^{(1)}$ has $+2$ as a root, so certainly whenever $Z(s) = 0$.

Furthermore

$$\Omega_0 := \frac{1}{2} \left(\tau_1^*(\Omega^{(1)}) - \tau_2^*(\Omega^{(2)}) \right)$$
$$\Omega_\infty := \frac{1}{2} \left(\tau_1^*(\Omega^{(1)}) + \tau_2^*(\Omega^{(2)}) \right)$$

are differentials on $X(s)$ that are holomorphic outside 0 and ∞ and are normalized to look like

$$\Omega_0 = \frac{dx}{x^{3/2}} + O\left(\frac{1}{x^{1/2}}\right) dx \qquad \text{for } x \text{ near } 0$$
$$\Omega_\infty = -x^{3/2} d\left(\frac{1}{x}\right) + O(x^{1/2}) d(\frac{1}{x}) \quad \text{for } x \text{ near } \infty .$$

Clearly Ω_∞ vanishes at $x = 1$ whenever $Z(s) = 0$.

If $s \in M_{g,\mathbf{R}}$, then the set E of all $e \in \mathbb{C}$ for which $e + \frac{1}{e} \in \{\lambda_1, \ldots, \lambda_{2g}\}$ is invariant under the antiholomorphic involution $e \mapsto \bar{e}$ and $e \mapsto \frac{1}{\bar{e}}$. In particular, the hyperelliptic curve $X(s)$, $s \in M_{g,\mathbf{R}}$, satisfies (11) and (12).

In addition, the lift of each of the loops h_i under the map $x \mapsto x + \frac{1}{x}$ consists of two loops h_i', h_i'' each of which is invariant under the involution $x \mapsto \frac{1}{\bar{x}}$ and encircles precisely one pair $e, \frac{1}{\bar{e}}$ of branch points of the hyperelliptic cover $\pi : X(s) \longrightarrow \mathbb{C}$, $(y,x) \mapsto x$. (Observe that the image of the unit circle under the map $x \mapsto x + \frac{1}{x}$ is the interval $[-2, 2]$!)

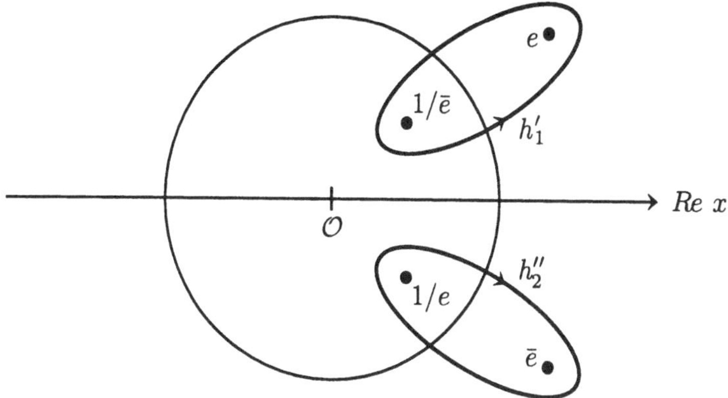

Lifts of these loops to $X(s)$ determine homology classes A_i', A_i'' on $X(s)$ with $(\tau_\nu)_*(A_i') = (-1)^\nu(\tau_\nu)_*(A_i'') = a_i^{(\nu)}$ for $i = 1, \dots, g$. Clearly,

$$\int_{A_i'} \Omega_0 = \int_{A_i''} \Omega_0 = \int_{A_i'} \Omega_\infty = \int_{A_i''} \Omega_\infty = 0 \text{ for } i = 1, \dots, g\,.$$

In particular, Ω_0 and Ω_∞ are differentials of the second kind. We complete the A_i', A_i'' to a canonical homology basis

$$A_1', \dots, A_g', A_1'', \dots, A_g'', B_1', \dots, B_g', B_1'', \dots, B_g'' \text{ of } H_1\left(X(s), \mathbb{Z}\right)\,.$$

Finally, let γ be the path on $X(s)$ joining the two points over $x = 1$ such that $\tau_2(\gamma) = c(s)$ and $\pi(\gamma)$ has winding number one around all the points of E.

As explained in the introduction, Bobenko [2] has shown that the curve $X(s), s \in M_{g,\mathbf{R}}$, corresponds to a $(2g-2)$-parameter family of constant mean curvature tori in $\mathbb{R}^3$ if

(a) Ω_∞ vanishes at the points over $x = 1$.
(b) The two vectors

$$\left(\int_\gamma \Omega_0; \int_{B_1'} \Omega_0, \dots, \int_{B_g'} \Omega_0, \int_{B_1''} \Omega_0, \dots, \int_{B_g''} \Omega_0\right)$$

$$\left(\int_\gamma \Omega_\infty; \int_{B_1'} \Omega_\infty, \dots, \int_{B_g'} \Omega_\infty, \int_{B_g''} \Omega_\infty\right)$$

span a plane in $\mathbb{C}^{2g+1}$ that contains two linearly independent rational vectors.

As was said before, (a) is ensured by $Z(s) = 0$. For (b) we add and subtract the two vectors above to get

$$\left(\int_\gamma \tau_1^*\left(\Omega^{(1)}\right); \int_{B_1'} \tau_1^*\left(\Omega^{(1)}\right), \ldots, \int_{B_g''} \tau_1^*\left(\Omega^{(1)}\right)\right)$$

$$\left(\int_\gamma \tau_2^*\left(\Omega^{(2)}\right); \int_{B_1'} \tau_2^*\left(\Omega^{(2)}\right), \ldots, \int_{B_g''} \tau_2^*\left(\Omega^{(2)}\right)\right).$$

Now observe that $\tau_1(\gamma)$ is homologous to $a_1^{(1)}(s) + \ldots + a_g^{(1)}(s)$; thus

$$\int_\gamma \tau_1^*(\Omega^{(1)}) = 0.$$

On the other hand

$$\int_\gamma \tau_2^*(\Omega^{(2)}) = \int_{c(s)} \Omega^{(2)}(s),$$

$$\int_{B_i'} \tau_\nu^*(\Omega^{(\nu)}) = (-1)^\nu \int_{B_i''} \tau_\nu^*(\Omega^{(\nu)}) = \int_{b_i^{(\nu)}(s)} \Omega^{(\nu)}(s).$$

Therefore, after adding the B_i''-components of the vectors above to the B_i'-components we get the vectors

$$\left(0; 0, \ldots, 0; -\int_{b_1^{(1)}(s)} \Omega^{(1)}(s), \ldots, -\int_{b_g^{(1)}(s)} \Omega^{(1)}(s)\right)$$

$$\Bigg(\int_{c(s)} \Omega^{(2)}(s); 2\int_{b_1^{(2)}} \Omega^{(2)}(s), \ldots, 2\int_{b_g^{(2)}(s)} \Omega^{(2)}(s);$$

$$\int_{b_1^{(2)}(s)} \Omega^{(2)}(s), \ldots, \int_{b_g^{(2)}(s)} \Omega^{(2)}(s)\Bigg).$$

The plane spanned by these two vectors contains two linearly independent rational vectors if and only if $I_1(s)$ and $I_2(s)$ are multiples of rational vectors,i.e., if they represent rational points in the projective space $\mathbb{P}^{g-1}$ resp. $\mathbb{P}^g$.

Thus, the proof of the theorem stated in the introduction and in particular the existence of families of constant mean curvature tori in $\mathbb{R}^3$ follows from

Proposition 2 *For each $g \geq 1$ there exists $s_0 \in M_{g,\mathbf{R}}$ such that $\lambda_i(s_0) \neq \lambda_j(s_0)$ for $i \neq j$ and*
(i)

$$Z(s_0) = 0$$

(ii)

The derivative of the map $F : M_g \longrightarrow \mathbb{C} \times \mathbb{P}^{g-1} \times \mathbb{P}^g$,

$$s \mapsto (Z(s), [I_1(s)], [I_2(s)])$$

is invertible at s_0.

It is clear that (i) and (ii) yield the existence of infinitely many points s with the desired property arbitrarily close to s_0. Since all the maps involved are real analytic, it even shows that the set of such points is dense on the component of $\{s \in M_{g,\mathbb{R}} | Z(s) = 0\}$ containing s_0.

We prove the statement of Proposition 2 by induction on g. In the induction step we will need a technical condition which we formulate now.

If for $\nu = 1, 2$ the numbers $\alpha_j^{(\nu)}(s), j = 1, \ldots, g$ are pairwise different then $\frac{\Omega^{(\nu)}(s)}{z-\alpha_j^{(\nu)}(s)}, j = 1, \ldots, g$ is a basis of holomorphic differentials on $C_s^{(\nu)}$. Therefore the matrix

$$\left(\int_{a_i^{(\nu)}(s)} \frac{\Omega^{(\nu)}(s)}{z - \alpha_j^{(\nu)}(s)} \right)_{i,j=1,\ldots,g}$$

is invertible. In particular the system of equations

$$\frac{3}{2} \int_{a_i^{(\nu)}(s)} z\Omega^{(\nu)}(s) + \sum\nolimits_{j=1}^{g} \gamma_j^{(\nu)}(s) \frac{\Omega^{(\nu)}(s)}{z - \alpha_j^{(\nu)}(s)} = 0 \quad i = 1, \ldots, g$$

has a unique solution $\gamma_1^{(\nu)}(s), \ldots, \gamma_g^{(\nu)}(s)$. We put

$$\tilde{\Omega}^{(\nu)}(s) := \frac{3}{2} z\Omega^{(\nu)}(s) + \sum_{j=1}^{g} \frac{\gamma_j^{(\nu)}(s)}{z - \alpha_j^{(\nu)}(s)} \Omega^{(\nu)}(s) .$$

By construction, $\tilde{\Omega}^{(\nu)}(s)$ is a differential with a pole of order 4 at ∞ and vanishing a-periods. Put

$$J_1(s) := \left(\int_{b_1^{(1)}(s)} \tilde{\Omega}^{(1)}(s), \ldots, \int_{b_g^{(1)}(s)} \tilde{\Omega}^{91)}(s) \right)$$

$$J_2(s) := \left(\int_{c(s)} \tilde{\Omega}^{(2)}(s), \int_{b_1^{(2)}(s)} \tilde{\Omega}^{(2)}(s), \ldots, \int_{b_g^{(2)}(s)} \tilde{\Omega}^{(2)}(s) \right) .$$

Clearly the derivative of F is invertible at s if and only if the vectors

$$(0, I_1(s), 0), (0, 0, I_2(s)), \left(\frac{\partial Z}{\partial \lambda_j}(s), \frac{\partial I_1}{\partial \lambda_j}(s), \frac{\partial I_2}{\partial \lambda_j}(s) \right), j = 1, \ldots, 2g$$

form a basis of $\mathbb{C}\times\mathbb{C}^g\times\mathbb{C}^{g+1}$. In this case there are unique numbers $\eta^{(\nu)}(s)$ such that

$$\left(\gamma_1^{(1)}(s),-J_1(s),-J_2(s)\right)-\eta^{(1)}(s)\,(0,I_1(s),0)-\eta^{(2)}(s)\,(0,0,I_2(s))$$

lies in span $\left\{\left(\frac{\partial Z}{\partial\lambda_j}(s),\frac{\partial I_1}{\partial\lambda_j}(s),\frac{\partial I_2}{\partial\lambda_j}(s)\right),j=1,\dots,2g\right\}$. Finally put

$$D_\nu(s):=-(-1)^\nu+\frac{1}{2}\sum_{j=1}^{2g}\lambda_j(s)-\sum\nolimits_{j=1}^{g}\alpha_j^{(\nu)}(s)\,.$$

The statement we actually prove by induction on g and which is stronger than Proposition 2 is

Proposition 3 *For each $m\geq 1$ and $g\geq 0$ with $g\leq m$ there exists $s_0\in M_{g,\mathbf{R}}$ such that $\lambda_i(s_0)\neq\lambda_j(s_0)$ for $i\neq j$ and*
(i) $Z(s_0)=0$
(ii) The vectors $(0,I_1(s_0),0)\,,(0,0,I_2(s_0))$ and $\left(\frac{\partial Z}{\partial\lambda_j}(s_0),\frac{\partial I_1}{\partial\lambda_j}(s_0),\frac{\partial I_2}{\partial\lambda_j}(s_0)\right)$ form a basis of $\mathbb{C}\times\mathbb{C}^g\times\mathbb{C}^{g+1}$
(iii) For $\nu=1,2$ the numbers $\alpha_i^{(\nu)}(s_0)$ are pairwise different
(iv) If $T(s_0)$ denotes the map

$$x\mapsto-\left(D_1(s_0)-D_2(s_0)\right)\frac{3x+4\left(D_1(s_0)-D_2(s_0)\right)}{4x+5\left(D_1(s_0)-D_2(s_0)\right)}$$

and $T^n(s_0)$ denotes the n-th iterate of this map then

$$5\left(D_1(s_0)-D_2(s_0)\right)+4T^n(s_0)\left(\eta^{(1)}(s_0)-\eta^{(2)}(s_0)\right)\neq 0\quad\text{for } 0\leq n\leq m-g\,.$$

Observe that (i) and (ii) above reformulate Proposition 2. Part (iii) is used in the course of the induction to ensure the existence of $\eta^{(1)}(s_0)$ and $\eta^{(2)}(s_0)$, which in turn, together with (iv), will be used to prove that dF is invertible at some point of $M_{g+1,\mathbf{R}}$.

Also, observe that the fractional linear transformation $T(s_0)$ has $x=-\left(D_1(s_0)-D_2(s_0)\right)$ as a fixed point, and this is the only fixed point of $T(s_0)$. In the group of fractional linear transformations it is therefore conjugate to a translation $x\mapsto x+$ const. In particular, there is at most one $n>0$ such that

$$5\left(D_1(s_0)-D_2(s_0)\right)+4T^n\left(\eta^{(1)}(s_0)-\eta^{(2)}(s_0)\right)=0.$$

For the proof of Proposition 3 we fix a number m and perform induction on g. In Section 3 we carry out the induction step, and in Section 4 we treat the case $g=1$.

Induction Step

For any point $s \in M_{g,\mathbf{R}}$ with $\lambda_i(s) \neq \lambda_j(s)$ for $i \neq j$, any $\mu \in (-2,2)$ and any $t \in \mathbb{R}$ denote by $s'(s,\mu,t)$ the point of $M_{g+1,\mathbf{R}}$ characterized by

$$\lambda_i(s') = \lambda_i(s) \qquad \text{for } i = 1,\ldots,2g$$
$$\lambda_{2g+1}(s') = \mu + it,$$
$$\lambda_{2g+2}(s') = \mu - it$$

for $i = 1,\ldots,g$ the loop $h_i(s')$ is homotopic to $h_i(s)$ in $\mathbb{C}\setminus\{\lambda_1(s),\ldots,\lambda_{2g}(s), +2,-2\}$, and it can be represented by a conjugation-invariant path that meets the real axis only along the interval $(-2,\mu)$ and $h_{g+1}(s')$ is close to the segment joining $\mu+it$ and $\mu-it$.

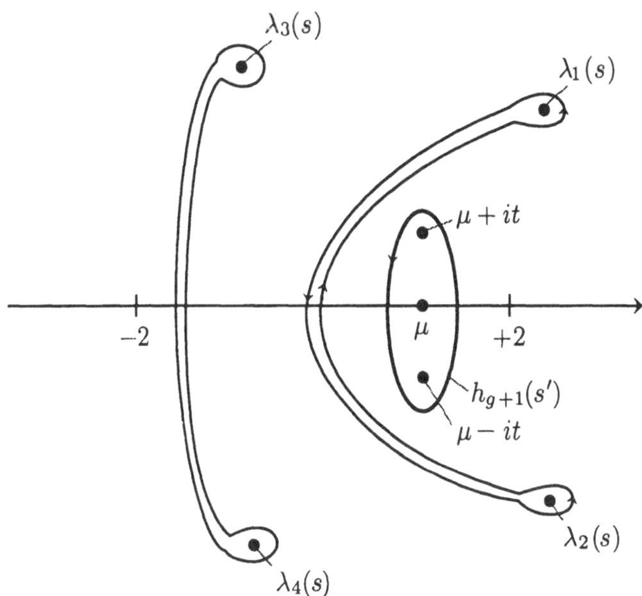

Now fix a point $s_0 \in M_{g,\mathbf{R}}$ that fulfills all the conditions of Proposition 2. We are going to show that for generic $\mu \in (-2,2)$ there is a point in $M_{g+1,\mathbf{R}}$ arbitrarily close to $s'(s_0,\mu,0)$ that also satisfies the conditions of Proposition 2.

To make the notation more transparent, we write $R_0(z)$ for $R_{s_0}(z)$, s_0' for $s'(s_0,\mu,0)$, and denote the maps I_ν, J_ν from M_g to $\mathbb{C}^{g-1+\nu}$ resp. from M_{g+1} to $\mathbb{C}^{g+\nu}$ by $I_\nu^{(g)}, J_\nu^{(g)}$ resp. $I_\nu^{(g+1)}, J_\nu^{(g+1)}$. Similarly we attach a superscript g to the map $Z : M_g \longrightarrow \mathbb{C}$.

Lemma 4

(i) For all $\mu \in (-2,2)$ one has (with suitable ordering) $\alpha_j^{(\nu)}(s_0') = \alpha_j^{(\nu)}(s_0)$ for $j = 1,\ldots,2g$, $\alpha_{g+1}^{(\nu)}(s_9') = \mu$ and therefore $Z^{(g+1)}(s_0') = Z^{(g)}(s_0)$,

$D_\nu(s_0') = D_\nu(s_0)$. *Furthermore,*

$$\frac{\partial Z^{(g+1)}}{\partial \lambda_j}(s')\Big|_{s'=s_0'} \neq 0 \quad \textit{for some} j = 1, \ldots, 2g$$

$$\frac{\partial Z^{(g+1)}}{\partial t}(s')\Big|_{s'=s_0'}, \quad \frac{\partial I_\nu^{(g+1)}}{\partial t}(s')\Big|_{s'=s_0'} = 0 \qquad \text{for } \nu = 1, 2 .$$

(ii) For generic $\mu \in (-2,2)$ (here, "generic" means "for all $\mu \in (-2,2)$ outside the zero set of an analytic function") the vectors

$$\left(0; I^{(g+1)}(s_0'), 0\right), \left(0; 0; I_2^{(g+1)}(s_0')\right),$$

$$\frac{\partial}{\partial \lambda_j}\left(Z^{(g+1)}(s'), I_1^{(g+1)}(s'), I_2^{(g+1)}(s')\right)\Big|_{s'=s_0'}, \; j = 1, \ldots, 2g$$

$$\frac{\partial}{\partial \mu}\left(Z^{(g+1)}(s'), I_1^{(g+1)}(s'), I_2^{(g+1)}(s')\right)\Big|_{s'=s_0'}$$

$$\frac{\partial^2}{\partial t^2}\left(Z^{(g+1)}(s'), I_1^{(g+1)}(s'), I_2^{(g+1)}(s')\right)\Big|_{s'=s_0'}$$

form a basis of $\mathbb{C} \times \mathbb{C}^{g+1} \times \mathbb{C}^{g+2}$.

(iii) If $\left(\gamma_1^{(1)}(s_0'); -J_1^{(g+1)}(s_0'); -J_2^{(g+1)}(s_0')\right) =$

$$\eta_1^{(1)}(s_0')\left(0, I_1^{(g+1)}(s_0'); 0\right) + \eta^{(2)}(s_0')\left(0; 0; I_2^{(g+1)}(s_0')\right)$$

modulo the space spanned by $\frac{\partial}{\partial \lambda_j}(Z^{(g+1)}, I_1^{(g+1)}, I_2^{(g+1)})\Big|_{s'=s_0'}$
$j = 1, \ldots, 2g,$

$\frac{\partial}{\partial \mu}(Z^{(g+1)}, I_1^{(g+1)}, I_2^{(g+1)})\Big|_{s'=s_0'}$,

$\frac{\partial^2}{\partial t^2}(Z^{(g+1)}, I_1^{(g+1)}, I_2^{(g+1)})\Big|_{s'=s_0'}$, *then for generic* μ

$$5\left(D_1(s_0') - D_2(s_0')\right) + 4T^n(s_0')\left(\eta_1(s_0') - \eta_2(s_0')\right) \neq 0$$

for $0 \leq n \leq m - g - 1$.

Before we prove Lemma 4, we show how it can be used to perform the induction step.

Choose $\mu \in (-2,2)$ such that (ii) and (iii) hold. By part (i) of Lemma 4 the point s_0'n lies in $N := \{s' \in M_{g+1,\mathbf{R}} \mid Z^{(g+1)}(s') = 0\}$, N is smooth at s_0' and the tangent hyperplane of N at s_0' contains the t-direction. Therefore, there exists a smooth curve

$$\mathbb{R} \ni \tau \mapsto s'(\tau) = (s(\tau), \mu(\tau), \tau) \in M_{g+1,\mathbf{R}}$$

lying in N and beginning at s_0' with tangent at s_0' in the t-direction, that is,

$$s'(0) = s_0', \quad s'(\tau) \in N \text{ for all } \tau,$$
$$\frac{d}{d\tau} s(\tau)\Big|_{\tau=0} = 0, \quad \frac{d}{d\tau}\mu(\tau)\Big|_{\tau=0} = 0.$$

Clearly, for small τ, $s'(\tau)$ fulfills conditions (iii) of Proposition 3.

Since

$$\frac{\partial}{\partial t}\left(Z^{(g+1)}(s'(\tau)), I_1^{(g+1)}(s'(\tau)), I_2^{(g}(s'(\tau))\right)$$
$$= \tau \cdot \frac{\partial^2}{\partial t^2}\left(Z^{(g+1)}(s'), I_1^{(g+1)}(s'), I_2^{(g+1)}(s')\right)\Big|_{s'=s_0'} + 0(\tau^2)$$

for sufficiently small $\tau \neq 0$ the vectors

$$\left(0; I_1^{(g+1)}(s'(\tau)); 0\right), \left(0; 0; I_2^{(g+1)}(s'(\tau))\right)$$
$$\frac{\partial}{\partial \lambda_i}\left(Z^{(g+1)}(s'(\tau)), I_1^{(g+1)}(s'(\tau)), I_2^{(g+1)}(s'(\tau))\right) \quad i = 1, \ldots, 2g$$
$$\frac{\partial}{\partial \mu}\left(Z^{(g+1)}(s'(\tau)), I_1^{(g+1)}(s'(\tau)), I_2^{(g+1)}(s'(\tau))\right)$$
$$\frac{\partial}{\partial t}\left(Z^{(g+1)}(s'(\tau)), I_1^{(g+1)}(s'(\tau)), I_2^{(g+1)}(s'(\tau))\right)$$

are a basis of $\mathbb{C} \times \mathbb{C}^{g+1} \times \mathbb{C}^{g+2}$, so that part (ii) of Proposition 2 holds. Finally, $T(s'(\tau))$ is close to $T(s'0)$, and $D_\nu(s'(\tau))$ (resp. $\eta^{(\nu)}(s'(\tau))$) is close to $D_\nu(s_0')$ (resp. $\eta^{(\nu)}(s_0')$), so part (iv) of the Proposition is also fulfilled for all sufficiently small τ. Therefore the induction step follows from Lemma 4.

Proof of Lemma 4. Since the differentials $\Omega^{(\nu)}(s')$ are characterized by

$$\int_{a_i^{(\nu)}(s')} \Omega^{(\nu)}(s') = 0 \quad \text{for } i = 1, \ldots, g+1 \tag{19}$$

and their behaviour at infinity, we can, for s' near s_0', write

$$\Omega^{(\nu)}(s')$$
$$= \prod_{j=1}^{g+1}\left(z - \alpha_j^{(\nu)}(s')\right) \frac{dz}{\sqrt{(z+(-1)^\nu 2)(z-(\mu+it))(z-(\mu-it))R_s(z)}}$$

with analytic functions $\alpha_j^{(\nu)}(s')$ satisfying

$$\begin{cases} \alpha_j^{(\nu)}(s'(s,\mu,0)) = \alpha_j^{(\nu)}(s) & \text{for } j = 1, \ldots, g \\ \alpha_{g+1}^{(\nu)}(s'(s,\mu,0)) = \mu. \end{cases} \tag{20}$$

This yields the first half of part (i) of Lemma 4.

To complete the proof of part (i) we have to consider the t-derivatives. For convenience of notation we define for any function $f(s'(s,\mu,t))$.

$$\dot{f} = \frac{\partial}{\partial t} f(s')\Big|_{s'=s_0'} \quad \ddot{f} = \frac{\partial}{\partial t^2} f(s')\Big|_{s'=s_0'} .$$

Observe that

$$\dot{\Omega}^{(\nu)} = \left(-\sum_{j=1}^{g} \frac{\dot{\alpha}_j^{(\nu)}}{z-\alpha_j^{(\nu)}(s_0)} - \frac{\dot{\alpha}_{g+1}}{z-\mu} \right) \cdot \prod_{j=1}^{g} \left(-\alpha_j^{(\nu)}(s_0) \right) \frac{dz}{\sqrt{(z+(-1)^\nu 2)\, R_0(z)}} \tag{21}$$

Taking the t-derivative of (19) for $i = g+1$, we get

$$res_{z=\mu} \dot{\Omega}^{(\nu)} = 0 .$$

This implies that $\dot{\alpha}_{g+1} = 0$, unless $\mu = \alpha_j^{(\nu)}(s_0)$ for some $j = 1, \ldots, g$. In either case (21) shows that $\dot{\Omega}^{(\nu)}$ lifts to a holomorphic differential on the normalization $C_{s_0}^{(\nu)}$ of $C_{s_0'}^{(\nu)}$. From (21) we see that

$$\int_{\alpha_j^{(\nu)}(s_0')} \dot{\Omega}^{(\nu)} = 0 \quad \text{for}\, i = 1, \ldots, g ,$$

so this holomorphic differential on $C_{s_0}^{(\nu)}$ has vanishing a-periods. This shows that

$$\dot{\Omega}^{(\nu)} = 0 , \tag{22}$$

Since $b_1^{(\nu)}(s'), \ldots, b_g^{(\nu)}(s'), c(s')$ can, for s' close to s_0' be represented by loops in $\mathbb{P}^1$ that are independent of s', this implies tht

$$\frac{\partial}{\partial t} \left(\int_{b_i^{(\nu)}(s')} \Omega^{\nu}(s') \right) \Bigg|_{s'=s_0'} = 0 \qquad \text{for}\, i = 1, \ldots, g$$

$$\frac{\partial}{\partial t} \left(\int_{C(s')} \Omega^{(2)}(s') \right) \Bigg|_{s'=s_0'} 0$$

Thus, all but the last components of $\dot{I}_{\nu}^{(g+1)}$ are zero.

To deal with the last two components of these maps we use the holomorphic differentials $\omega^{(\nu)}(s')$ on $C_{s'}^{(\nu)}$ characterized by

$$\begin{aligned} &\int_{\alpha_i^{(\nu)}(s')} \omega^{(\nu)}(s') = 0 \qquad \text{for}\, i = 1, \ldots, g \\ &\int_{\alpha_{g+1}^{(\nu)}(s')} \omega^{(\nu)}(s') = 2\pi i \end{aligned} \tag{23}$$

Write

$$\omega^{(\nu)}(s') = L^{(\nu)}(s') \cdot \prod_{j=1}^{g} \left(z - \beta_j^{(\nu)}(s')\right) \cdot \frac{dz}{\left((z + (-1)^{\nu} 2)\, R_{s'}(z)\right)^{1/2}}.$$

By the reciprocity formula

$$\int_{b_{g+1}^{(\nu)}(s')} \Omega^{(\nu)}(s') = 4L^{(\nu)}(s'). \tag{24}$$

As before one sees that

$$\dot{\omega}^{(\nu)} = 0 \tag{25}$$

and so one concludes from (24) that also the last components of the t-derivatives of $I_1^{(g+1)}$ and $I_2^{(g+1)}$ vanish at s_0'. This finishes proof of part (i) of Lemma 4.

To prove parts (ii) and (iii) of Lemma 4 we have to show that the determinant of the matrix formed by the vectors in (ii) (resp. the quantities $5\,(D_1(s_0') - D_2(s_0')) + 4T^n(s_0')\left(\eta^{(1)}(s_0') - \eta^{(2)}(s_0')\right),\ 0 \le n \le m - g - 1$), are not identically zero as functions of μ. For this purpose, we consider the analytic continuations of these functions as μ moves in the complex plane in a little half-circle with non-negative imaginary part around the point $+2$ and then to $+\infty$ along the real axis.

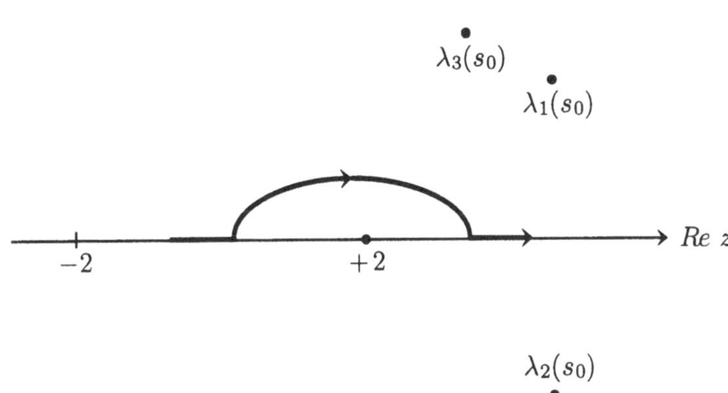

Observe that for s near s_0, μ in the region described above and all sufficiently small t, the construction of $s'(s,\mu,t)$ still makes sense and defines an analytic map to M_{g+1}. We now determine the asymptotics of the relevant quantities as $\mu \longrightarrow \infty$ along the path described above. To complete the proof of Lemma 4 we require.

Lemma 5

(a) $I_\nu^{(g+1)}(s_0') = \left(I_\nu^{(g)}(s_0), 4\mu^{1/2}\left(1 - \frac{D_\nu(s_0)}{\mu}\right) + O(\mu^{-3/2})\right)$

(b) For $j = 1, \ldots, 2g$

$$\frac{\partial Z^{(g+1)}}{\partial \lambda_j}(s_0') = \frac{\partial Z^{(g)}}{\partial \lambda_j}(s_0)$$

and $\frac{\partial I_\nu^{(g+1)}}{\partial \lambda_j}(s_0') = \left(\frac{\partial I_\nu^{(g)}}{\partial \lambda_j}(s_0); O(\mu^{-1/2})\right).$

(c) $\frac{\partial Z^{(g+1)}}{\partial \mu}(s_0') = 0,$

$$\frac{\partial I_\nu^{(g+1)}}{\partial \mu}(s_0') = \left(0, \ldots, 0; 2\mu^{-1/2}\left(1 + \frac{D_\nu(s_0)}{\mu}\right) + O(\mu^{-5/2})\right)$$

(d) $\ddot{Z} = \frac{\gamma_1^{(1)}(s_0)}{\mu^3} + O\left(\frac{1}{\mu^4}\right)$

$$\ddot{I}_\nu^{(g+1)} = \left(\frac{1}{\mu^2}\left(-\frac{1}{2} + \frac{D_\nu(s_0)}{\mu}\right) I_\nu^{(g)}(s_0) - \frac{1}{\mu^3} J_\nu^{(g)}(s_0) + O\left(\frac{1}{\mu^4}\right)\right);$$

$$\frac{3}{2\mu^{3/2}}\left(1 + \frac{3D_\nu(s_0)}{\mu}\right) O(\mu^{-7/2})$$

(e) $\gamma_1^{(1)}(s_0') = \gamma_1^{(1)}(s_0)$

$$J_\nu^{(g+1)}(s_0') = \left(J_\nu^{(g)}(s_0); 2\mu^{3/2}\left(1 + 3\frac{D_\nu(s_0)}{\mu}\right) + O(\mu^{-1/2})\right)$$

We first prove Lemma 5 and then continue the proof of Lemma 4.

Proof of Lemma 5. To simplify notation we suppress the sub- or superscript ν whenever convenient. Also, we write $a_i^{(\nu)}$ (resp. $b_i^{(\nu)}$) for $a_i^{(\nu)}$ (resp. $b_i^{(\nu)}(s_0)$)

(a) From (20) and the construction of $s'(s,\mu,t)$ it is obvious that

$$\int_{b_i^{(\nu)}(s'(s,\mu,0))} \Omega^{(\nu)}\left(s'(s,\mu,0)\right) = \int_{b_i^{(\nu)}(s)} \Omega^{(\nu)}(s) \qquad \text{for } i = 1, \ldots, g$$

$$\int_{c(s'(s,\mu,0))} \Omega^{(2)}\left(s'(s,\mu,0)\right) = \int_{c(s)} \Omega^{(2)}(s) \tag{26}$$

This proves (a) for all but the last components of the vectors involved. Observe that for $t \neq 0$ the last components of $I^{(g+1)}$ are $\int_{b_{g+1}(s'(s,\mu,t))} \Omega\left(s'(s,\mu,t)\right)$ where the integration contour $b_{g+1}\left(s'(s,\mu,t)\right)$ is as in the figure that follows.

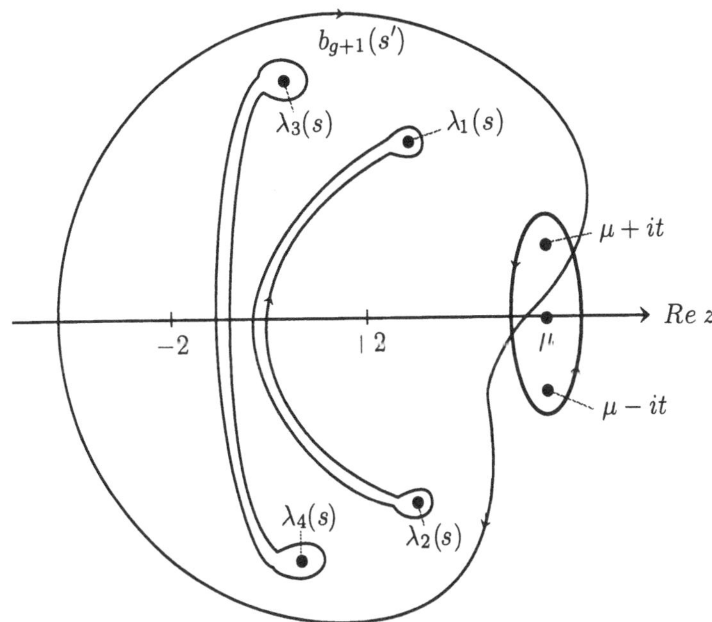

This function extends continuously to $t = 0$, so the last component of $I^{(g+1)}(s'(s,\mu,0))$ is

$$-\int_{|z|=\mu} \Omega(s)\,. \tag{27}$$

Since

$$\frac{1}{\sqrt{(z+(-1)^\nu 2)\,R_s(z)}}\prod_{j=1}^{g}\left(z-\alpha_j^{(\nu)}(s)\right) = \frac{1}{z^{1/2}} + \frac{D_\nu(s)}{z^{3/2}} + O\left(\frac{1}{z^{5/2}}\right) \tag{28}$$

this immediately gives the desired estimate.

(b) By definition $Z^{(g+1)}(s') = \alpha_1^{(1)}(s') - 2$, so the first statement is immediate from (20). The statement about all but the last component of $\frac{\partial I^{(g+1)}}{\partial \lambda_j}(s_0')$ follows directly from (26). As $\frac{\partial \Omega}{\partial \lambda_j}(s,z) = O\left(\frac{1}{z^{3/2}}\right) dz$, the estimate for the last component is obtained from (27).

(c) All statements but the one about the last component of $\frac{\partial I}{\partial \mu}(s_0')$ follow again from (20) resp. (26). The result about the last component is a consequence of (a).

(d) A direct computation using the fact (see (22)) that $\dot{\Omega} = 0$ gives

$$\ddot{\Omega} = \left(-\sum_{j=1}^{g}\frac{\ddot{\alpha}_j}{z-\alpha_j} - \frac{\ddot{\alpha}_{g+1}}{z-\mu} - \frac{1}{(z-\mu)^2}\right)\Omega(s_0')\,. \tag{29}$$

By (19), $res_{z=\mu}\ddot{\Omega} = 0$, so

$$\ddot{\alpha}_{g+1}\left(\frac{\Omega(s_0)}{dz}\right)\Big|_{z=\mu} = -\left(\frac{d}{dz}\left(\frac{\Omega(s_0)}{dz}\right)\right)\Big|_{z=\mu}.$$

Using (28) this gives

$$\ddot{\alpha}_{g+1} = \frac{1}{2\mu}\left(1+\frac{2D}{\mu}\right)+O\left(\frac{1}{\mu^3}\right). \tag{30}$$

The homology classes $a_i(s_0'), i = 1,\ldots,g$, can be represented by loops whose π_ν-images lie in a compact, μ-independent region K of the z-plane. In K we have the estimates

$$\begin{aligned}\frac{1}{z-\mu} &= -\frac{1}{\mu}-\frac{z}{\mu^2}+O\left(\frac{1}{\mu^3}\right)\\ \frac{1}{(z-\mu)^2} &= \frac{1}{\mu^2}+2\frac{z}{\mu^3}+O\left(\frac{1}{\mu^4}\right).\end{aligned}$$

If we insert this and (30) into (29) we get that in K

$$\ddot{\Omega} = -\left(\frac{3}{2}\frac{z}{\mu^3}+\sum_{j=1}^{g}\frac{\ddot{\alpha}_j}{z-\alpha_j}\right)\Omega(s_0)-\frac{1}{\mu^2}\left(\frac{1}{2}-\frac{D}{\mu}\right)\Omega(s_0) \tag{31}$$

$$+O\left(\frac{1}{\mu^4}\right)\Omega(s_0). \tag{32}$$

From (19) we know that $\int_{a_i(s_0')}\ddot{\Omega} = 0$ for $i = 1,\ldots,g$. If we insert (31) into this and use the fact that $\int_{a_i}\Omega(s_0) = 0$, we get

$$\frac{3}{2}\int_{a_i} z\Omega(s_0)+\mu^3\sum_{j=1}^{g}\ddot{\alpha}_j\int_{a_i}\frac{\Omega(s_0)}{z-\alpha_j} = O\left(\frac{1}{\mu}\right) \quad \text{for } i = 1,\ldots,g.$$

If we compare the last expression with the definition of γ_j and $\tilde{\Omega}$ in Section 2 we get

$$\ddot{\alpha}_j = \frac{1}{\mu^3}\gamma_j+O\left(\frac{1}{\mu^4}\right) \tag{33}$$

$$\ddot{\Omega} = -\frac{1}{\mu^3}\tilde{\Omega}(s_0)-\frac{1}{\mu^2}\left(\frac{1}{2}-\frac{D}{\mu}\right)\Omega(s_0)+O\left(\frac{1}{\mu^4}\right). \tag{34}$$

Since, by definition, $\ddot{Z} = \ddot{\alpha}_1^{(1)}$ we immediately get the statemet about $\ddot{Z}$. Furthermore, observe that $c(s')+a_{g+1}^{(2)}(s')$, $b_i^{(\nu)}(s')+a_{g+1}^{(\nu)}(s')$, $i = 1,\ldots,g$, are homologous to paths whose projections lie in K (see the following figure) so we also get the statement about all but the last component of $\ddot{I}^{(g+1)}$.

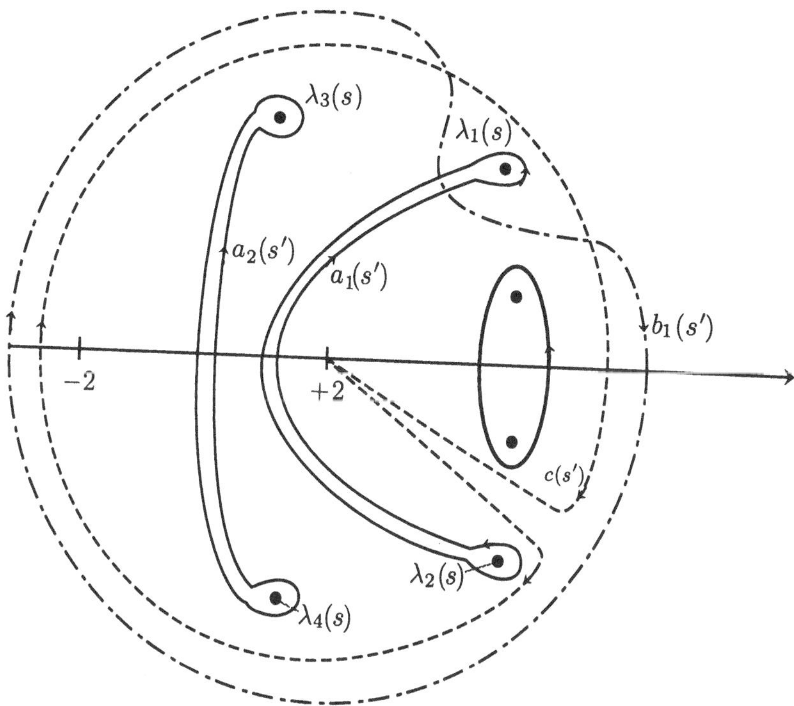

To deal with the last component of $\ddot{I}^{(g+1)}$ we again use the reciprocity formula (24). Observe that for $z \in K$ and t bounded

$$\omega^{(\nu)}\left(s'(s,\mu,t)\right) = L^{(\nu)}\left(s'(s,\mu,t)\right)\left(\frac{1}{\sqrt{\mu^2+t^2}} + O\left(\frac{1}{\mu^2}\right)\right)$$
$$\left(\frac{dz}{\sqrt{(z+(-1)^{\nu}2)\,R_s(z)}}\prod_{j=1}^{g}\left(z-\beta_j\left(s'(s,\mu,t)\right)\right)\right) \tag{35}$$

where the O-estimate is uniform in t and its derivatives. Since by definition $\int_{a_i^{(\nu)}(s')}\omega^{(\nu)}(s') = 0$ for $i = 1,\ldots,g$, we get

$$\int_{a_i^{(\nu)}(s')}\frac{dz}{\sqrt{(z+(-1)^{\nu}2)\,R_s(z)}}\prod_{j=1}^{g}\left(z-\beta_j^{(\nu)}(s')\right) = O\left(\frac{1}{\mu}\right).$$

The integrand above defines a differential form on $C_s^{(\nu)}$ which is holomorphic outside ∞, looks like $\frac{dz}{\sqrt{z}} + O\left(\frac{1}{z^{3/2}}\right)dz$ at infinity and whose

a-periods are $O\left(\frac{1}{\mu}\right)$. Therefore, subtracting a suitable holomorphic differential on $C_s^{(\nu)}$

$$\frac{dz}{\sqrt{(z+(-1)^\nu 2)\,R_s(z)}}\prod_{j=1}^{g}(z-\beta_j(s')) = \Omega^{(\nu)}(s) + O\left(\frac{1}{\mu}\right),$$

on K. In particular

$$\beta_j(s_0') = \alpha_j(s_0) + O\left(\frac{1}{\mu}\right). \tag{36}$$

Furthermore, using $res_{z=\mu}\omega(s_0') = 1$, we get

$$L\cdot\prod_{j=1}^{g}\frac{\mu-\beta_j}{\sqrt{(\mu+(-1)^\nu 2)\,R_0(\mu)}} = 1,$$

hence by (36) and (28)

$$L\cdot\left(\frac{1}{\mu^{1/2}}+\frac{D}{\mu^{3/2}}+O\left(\frac{1}{\mu^{5/2}}\right)\right) = 1$$

(Note that this, together with (24) once again yields the last part of (a)).
Therefore by (35)

$$\omega(s_0') = \frac{1}{\sqrt{\mu}}\Omega(s_0) + O\left(\frac{1}{\mu^{3/2}}\right) \qquad \text{on } K. \tag{37}$$

Next, using $\dot\omega = 0$ one has

$$\ddot\omega = \left(\frac{\ddot L}{L} - \sum_{j=1}^{g}\frac{\ddot\beta_j}{z-\beta_j(s_0')}\right)\omega(s_0') - \frac{\omega(s_0')}{(z-\mu)^2}. \tag{38}$$

As $\int_{a_i(s_0')}\omega = \int_{a_i(s_0')}\ddot\omega = 0$ for $i = 1,\dots,g$ we get from (38)

$$\sum_{j=1}^{g}\ddot\beta_j\int_{a_i(s_0')}\frac{\omega(s_0')}{z-\beta_j(s_o')} = -\int_{a_i(s_0')}\frac{\omega(s_0')}{(z-\mu)^2}.$$

Using (37) and the expansion of $(z-\mu)^{-2}$ in K one obtains

$$\begin{aligned}\int_{a_i(s_0')}\frac{\omega(s_0')}{(z-\mu)^2} - \frac{2}{\mu^3}\int_{a_i(s_0')}\left(z+O\left(\frac{1}{\mu}\right)\right)\omega(s_0')\\ = \frac{2}{\mu^{7/2}}\int_{a_i(s_0')} z\Omega(s_0) + O\left(\frac{1}{\mu^{9/2}}\right).\end{aligned}$$

Clearly

$$\sum_{j=1}^{g} \ddot{\beta}_j \sqrt{\mu} \int_{a_i(s_0')} \frac{\omega(s_0')}{z-\beta_j(s_0')} = 0\left(\frac{1}{\mu^3}\right) \tag{39}$$

since $\int_{a_i(s_0')} z\Omega(s_0)$ is independent of μ.

By (36) and (37) the matrix $\left(\sqrt{\mu}\int_{a_i(s_0')} \frac{\omega(s_0')}{z-\beta_j(s_0')}\right)_{i,j=1,\dots,g}$ differs from the invertible, μ-independent matrix $\left(\int_{a_i} \frac{\Omega}{z-\alpha_j}\right)_{i,j}$ by $O\left(\frac{1}{\mu}\right)$. It now follows from (39) that

$$\ddot{\beta}_j = O(\mu^{-3}). \tag{40}$$

Applying the fact that $res_{z=\mu}\ddot{\omega} = 0$, and $res_{z=\mu}\omega(s_0') = 1$ to (38) we get

$$\begin{aligned}
\frac{\ddot{L}}{L(s_0')} - \sum_{j=1}^{g} \frac{\ddot{\beta}_j}{\mu - \beta_j(s_0')} &= res_{z=\mu} \frac{\omega(s_0')}{(z-\mu)^2} \\
&= \frac{1}{2}\frac{d^2}{dz^2}\left(\frac{L(s_0')}{\sqrt{z+(-1)^\nu R_0(z)}} \prod_{j=1}^{g}(z-\beta_j(s_0'))\right)\Bigg|_{z=\mu} \\
&= \frac{L(s_0')}{2}\left(\frac{3}{4}\frac{1}{\mu^{5/2}} + \frac{15}{4}\frac{D(s_0)}{\mu^{7/2}} + O\left(\frac{1}{\mu^{9/2}}\right)\right)
\end{aligned}$$

by (36) and (28). We know that (see the expression preceding (37))

$$L(s_0') = \mu^{1/2}\left(1 - D(s_0)\mu^{-1}\right) + O(\mu^{-3/2}).$$

Putting this together with (36) we get

$$\begin{aligned}
\ddot{L} &= \frac{3}{8}\mu^{-3/2}\left(1 - D(s_0)\mu^{-1}\right)^2\left(1 + 5D(s_0)\mu^{-1}\right) + O(\mu^{-7/2}) \\
&= \frac{3}{8\mu^{3/2}}\left(1 + \frac{3D(s_0)}{\mu}\right) + O(\mu^{-7/2}) \quad .
\end{aligned}$$

With reciprocity (24) this gives the desired result

(e) is proven the same way as (a).

We now continue the proof of Lemma 4

To show (ii) it is enough to prove that the determinant of the matrix whose rows are the vectors

$$\begin{aligned}
u_1(\mu) &:= \left(0, I_1^{(g+1)}(s_0'), 0\right) \\
u_2(\mu) &:= \left(0, 0, I_2^{(g+1)}(s_0')\right) \\
v_j(\mu) &:= \left(\frac{\partial Z^{(g+1)}}{\partial \lambda_j}(s_0'), \frac{\partial I_1^{(g+1)}}{\partial \lambda_j}(s_0'), \frac{\partial I_2^{(g+1)}}{\partial \lambda_j}(s_0')\right), j = 1, \ldots, 2g \\
w_1(\mu) &:= \left(0, \frac{\partial I_1^{(g+1)}}{\partial \mu}(s_0'), \frac{\partial I_2^{(g+1)}}{\partial \mu}(s_0')\right) \\
w_2(\mu) &:= \left(\ddot{Z}^{(g+1)}, \ddot{I}_1^{(g+1)}, \ddot{I}_2^{(g+1)}\right)
\end{aligned}$$

is not identically zero as function of $\mu \in (-2, 2)$. This function is analytic, so it suffices to prove this for its analytic continuation as $\mu \longrightarrow +\infty$ in the manner described above.

Observe that by Lemma 5

$$\begin{aligned}
&w_2(\mu) = \\
&\frac{1}{\mu^3}\left(\gamma_1^{(1)}(s_0) + O\left(\frac{1}{\mu}\right); -J_1^{(g)}(s_0) + O\left(\frac{1}{\mu}\right), 0; -J_2^{(g)}(s_0) + O\left(\frac{1}{\mu}\right), 0\right) \\
&+\frac{1}{\mu^2}\left(0; \left(-\frac{1}{2} + \frac{D_1(s_0)}{\mu}\right) I_1^{(g)}(s_0), 0; \left(-\frac{1}{2} + \frac{D_2(s_0)}{\mu}\right) I_2^{(g)}(s_0), 0\right) \\
&+\frac{3}{2\mu^{3/2}}\left(0; 0, 1 + \frac{3D_1(s_0)}{\mu} + O(\mu^{-2}); 0, 1 + \frac{3D_2(s_0)}{\mu} + O(\mu^{-2})\right) .
\end{aligned}$$

By the induction hypothesis the vectors $\left(0, I_1^{(g)}(s_0), 0\right)$, $\left(0, 0, I_2^{(g)}(s_0)\right)$, $\left(\frac{\partial Z^{(g)}}{\partial \lambda_j}(s_0), \frac{\partial I_1^{(g)}}{\partial \lambda_j}(s_0), \frac{\partial I_2^{(g)}}{\partial \lambda_j}(s_0)\right)$ form a basis of $\mathbb{C} \times \mathbb{C}^g \times \mathbb{C}^{g+1}$ and by definition of $\eta^{(\nu)}(s_0)$ there exists $\zeta_j \in \mathbb{C}$ such that

$$\begin{aligned}
\left(\gamma_1^{(1)}(s_0), -J_1^{(g)}(s_0), -J_2^{(g)}(s_0)\right) &= \eta^{(1)}(s_0)\left(0, I_1^{(g)}(s_0), 0\right) \\
&+ \eta^{(2)}(s_0)\,(0, 0, I_2(g)(s_0)) \qquad (41) \\
&+ \sum_{j=1}^{2g} \zeta_j \left(\frac{\partial Z^{(g)}}{\partial \lambda_j}(s_0), \frac{\partial I_1^{(g)}}{\partial \lambda_j}(s_0), \frac{\partial I_2^{(g)}}{\partial \lambda_j}(s_0)\right) .
\end{aligned}$$

Therefore, there are $\tilde{\zeta}_1, \ldots, \tilde{\zeta}_{2g}, \tilde{\eta}_1, \tilde{\eta}_2$ with

$$\tilde{\zeta}_j = \zeta_j + O\left(\frac{1}{\mu}\right), \tilde{\eta}_\nu = \eta^{(\nu)}(s_0) + O\left(\frac{1}{\mu}\right)$$

such that

$$\left(\gamma_1^{(1)}(s_0) + O\left(\frac{1}{\mu}\right); -J_1^{(g)}(s_0) + O\left(\frac{1}{\mu}\right), 0; -J_2^{(g)}(s_0) + O\left(\frac{1}{\mu}\right), 0\right)$$

$$- \tilde{\eta}_1 u_1(\mu) - \tilde{\eta}_2 u_2(\mu) - \sum_{j=1}^{2g} \tilde{\zeta}_j v_j(\mu)$$

$$= \left(0; 0, -4\eta^{(1)}(s_0)\mu^{1/2} + O(\mu^{-1/2}); 0, -4\eta^{(2)}(s_0)\mu^1/2 + O(\mu^{-1/2})\right).$$

Similarly

$$\left(0; \left(-\frac{1}{2} + \frac{D_1(s_0)}{\mu}\right) I_1^{(g)}(s_0), 0; \left(-\frac{1}{2} + \frac{D_2(s_0)}{\mu}\right) I_2^{(g)}(s_0), 0\right)$$

$$- \left(-\frac{1}{2} + \frac{D_1(s_0)}{\mu}\right) u_1(\mu) - \left(-\frac{1}{2} + \frac{D_2(s_0)}{\mu}\right) u_2(\mu)$$

$$= \left(0; 0, \mu^{1/2}\left(2 - \frac{6D_1(s_0)}{\mu}\right) + O\left(\mu^{-3/2}\right); 0, \mu^{1/2}\left(2 - \frac{6D_2(s_0)}{\mu}\right) + O(\mu^{-3/2})\right).$$

Therefore,

$$\tilde{w}_2(\mu) := w_2(\mu) - \frac{7}{4\mu} w_1(\mu) - \frac{1}{\mu^3} \sum_{j=1}^{2g} \tilde{\zeta}_j \nu_j(\mu)$$

$$- \sum_{\nu=1}^{2} \left(\frac{1}{\mu^3}\tilde{\eta}_\nu + \frac{1}{\mu^2}\left(-\frac{1}{2} + \frac{D_\nu(s_0)}{\mu}\right)\right) u_\nu(\mu) \tag{42}$$

equals

$$\left(0; 0, -\left(5D_1(s_0) + 4\eta_1^{(1)}(s_0)\right)\mu^{-5/2} + O(\mu^{-7/2});\right.$$

$$\left. 0, -\left(5D_2(s_0) + 4\eta^{(2)}(s_0)\right)\mu^{-5/2} + O(\mu^{-7/2}\right).$$

It follows from part (ii) in the induction hypothesis that the determinant above is non-zero whenever $w_1(\mu)$ and $\tilde{w}_2(\mu)$ are linearly independent. For $\mu \longrightarrow \infty$ this is certainly the case whenever

$$5D_1(s_0) + 4\eta^{(1)}(s_0) \neq 5D_2(s_0) + 4\eta^{(2)}(s_0).$$

This is a consequence of part (iv) of the induction hypothesis.

Finally to prove part (iii) of Lemma 4 we compute the asymptotics of $\eta^{(\nu)}(s_0')$. Since $\gamma_1^{(1)}(s_0') = \gamma^{(1)}(s_0)$ by part (e) of Lemma 5, (41) and part (e) of Lemma 5 imply that

$$\Big(\gamma_1^{(1)}(s_0'), -J_1^{(g+1)}(s_0'), -J_2^{(g+1)}(s_0')\Big) - \sum^{2} \zeta_j v_j(\mu) - \eta^{(1)}(s_0)u_1(\mu) - \eta^{(2)}(s_0)u_2(\mu)$$
$$= \Big(0; 0, -2\mu^{3/2} - \Big(6D_1(s_0) + 4\eta^{(1)}(s_0)\Big)\mu^{1/2} + O(\mu^{-1/2}); 0, -2\mu^{3/2} - \Big(6D_2(s_0) + 4\eta^{(2)}(s_0)\Big)\mu^{1/2} + O(\mu^{-1/2})\Big) = A(\mu)w_1(\mu) + B(\mu)\tilde{w}_2(\mu)$$

with

$$A(\mu) = -\mu^2 + O(\mu)$$
$$B(\mu) = \frac{4\,(D_1(s_0) - D_2(s_0)) + 4\left(\eta^{(1)}(s_0) - \eta^{(2)}(s_0)\right)}{5\,(D_1(s_0) - D_2(s_0)) + 4\left(\eta^{(1)}(s_0) - \eta^{(2)}(s_0)\right)}\mu^3 + O(\mu^2)\,.$$

By definition of $\eta^{(\nu)}(s_0')$ we get, using (42)

$$\eta^{(\nu)}(s_0') = \eta^{(\nu)}(s_0) + \frac{1}{2}\frac{B(\mu)}{\mu^2} - \frac{1}{\mu^3}B(\mu)\left(\eta^{(\nu)}(s_0) + D_\nu(s_0)\right) + O\left(\frac{1}{\mu}\right)$$

hence

$$\eta^{(1)}(s_0') - \eta^{(2)}(s_0') = T(s_0)\left(\eta^{(1)}(s_0) - \eta^{(2)}(s_0)\right) + O\left(\frac{1}{\mu}\right)$$

where, as we have defined in Proposition 3

$$T(s_0): x \longmapsto x - \frac{4\,(D_1(s_0) - D_2(s_0)) + 4x}{5\,(D_1(s_0) - D_2(s_0)) + 4x}\left((D_1(s_0) - D_2(s_0)) + x\right)$$
$$= -\left(D_1(s_0) - D_2(s_0)\right)\frac{3x + 4\,(D_1(s_0) - D_2(s_0))}{4x + 5\,(D_1(s_0) - D_2(s_0))}$$

Since $T(s_0') = T(s_0)$ by part (i) of Lemma 4 this shows that

$$5\,(D_1(s_0') - D_2(s_0')) + 4T^n(s_0')\left(\eta^{(1)}(s_0') - \eta^{(2)}(s_0')\right) \neq 0 \qquad \text{for } n \leq m - g - 1\,.$$

This concludes the proof of Lemma 4 and thus the induction step in the proof of Proposition 3.

It may be helpful to observe that $T(s_0)$ has to be a fractional linear transformation. After all, $A(\mu)$ and $B(\mu)$ are determined by the matrix equation

$$\begin{pmatrix} 2\mu^{-1/2}\left(1 + \frac{D_1(s_0)}{\mu}\right) & -\mu^{-5/2}\left(5D_1(s_0) + 4\eta^(1)(s_0)\right) \\ 2\mu^{-1/2}\left(1 + \frac{D_2(s_0)}{\mu}\right) & \mu^{-5/2}\left(5D_2(s_0) + 4\eta^(2)(s_0)\right) \end{pmatrix}\begin{pmatrix} A \\ B \end{pmatrix} = \begin{pmatrix} -2\mu^{3/2} - \left(6D_1(s_0) + 4\eta^{(1)}(s_0)\right)\mu^{1/2} \\ -2\mu^{3/2} - \left(6D_2(s_0) + \eta^{(2)}(s_0)\right)\mu^{1/2} \end{pmatrix}.$$

Considering the case $D_1(s_0) = D_2(s_0) = 0$ one sees that the coefficient of $\eta^{(1)}(s_0) - \eta^{(2)}(s_0)$ in the numerator and denominator must be the same, and hence $T(s_0)$ is a fractional linear transformation. Also it is obvious that $x = -(D_1(s_0) - D_2(s_0))$ is a fixed point. Putting $\eta^{(\nu)} = -D_\nu$ in the matrix equation above one sees directly that the highest order term of B is zero; therefore $x = -(D_1(s_0) - D_2(s_0))$ is even a fixed point of multiplicity 2.

Beginning the Induction; the case $g = 1$

In the case $g = 1$ the curves $C_s^{(1)}$ and $C_s^{(2)}$ are of course elliptic. The tori they generate are those first discovered by Wente 7, the connection to elliptic functions was discovered by Abresch [1], and written in the present form by Bobenko [2]. We now show that there is $s_0 \in M_{1,\mathbf{R}}$ satisfying Proposition 3.

To simplify the notation we delete the subscript 1 from $a_1^{(\nu)}(s), b_1^{(\nu)}(s)$, $\alpha_1^{(r)}(s), \gamma_1^{(r)}(s)$, and we make the change of variables $\zeta = z - 2$.

For $r > 0, \theta \in (0, \pi)$ we define the point $s = s(r,\theta) \in M_{1,\mathbf{R}}$ by

$$\lambda_1(s) = 2 + r\,e^{i\theta}\,,\; \lambda_2(s) = 2 + r\,e^{-i\theta}\,.$$

If $f(s)$ is a function of s we often write $f(r,\theta)$ for $f(s(r,\theta))$.

The hyperelliptic curve $C_{s(r,\theta)}^{(1)}$ is

$$y^2 = \zeta(\zeta^2 - 2r\zeta\cos\theta + r^2)$$

and

$$\Omega^{(1)}(r,\theta) = \frac{\zeta - Z(r,\theta)}{y}d\zeta\,.$$

As in [2] Section 13 one sees that

$$\int_{a^{(1)}(r,\theta)} \frac{\zeta d\zeta}{y} = 2\sqrt{2r}\int_\theta^\pi \frac{\cos t\,dt}{\sqrt{\cos\theta - \cos t.}}$$

and that there is a unique $\theta_0 \in \left(0, \frac{\pi}{2}\right)$ for which the latter integral vanishes. Thus

$$Z(r,\theta) = 0 \Leftrightarrow \theta = \theta_0\,.$$

To further simplify notation write $a^{(1)}$ for $a^{(1)}(1,\theta_0)$ and similarly with $b^{(1)}, \gamma^{(1)}, \Omega^{(1)}$. Because the curves $C_{s(r,\theta_0)}^{(1)}, r > 0$ are all isomorphic, the quantities in Proposition 3 that are defined using the curves $C_s^{(1)}$ can be computed in terms of θ_0 and the elliptic integral

$$P := \frac{1}{2\pi i}\int_{a^{(1)}} \frac{d\zeta}{y}\quad .$$

Observe that this number is a period of the holomorphic one form on $C^{(1)}_{s(1,\theta_0)}$, so different from zero.

Lemma 6

(i) $\frac{\partial Z}{\partial r}(r,\theta_0) = 0,$

$\frac{\partial Z}{\partial \theta}(r,\theta)\Big|_{\theta=\theta_0} = \frac{-r}{2\sin\theta_0},$

$\gamma^{(1)}(r,\theta_0) = \frac{r^2}{2}$

(ii) $\int_{b^{(1)}(r,\theta_0)} \Omega^{(1)}(r,\theta_0) = \frac{4}{P}\sqrt{r}$

$\frac{\partial}{\partial\theta}\int_{b^{(1)}(r,\theta)} \Omega^{(1)}(r,\theta)\Big|_{\theta=\theta_0} = \frac{2}{P}\sqrt{r}\frac{\cos\theta_0}{\sin\theta_0}$

$\int_{b^{(1)}(r,\theta_0)} \tilde{\Omega}^{(1)}(r,\theta_0) = \frac{4}{P}(3 + 2r\cos\theta_0)\sqrt{r}.$

Proof. Since $Z(r,\theta_0)$ vanishes identically the first statement of (i) is obvious. For the first statement of (ii) observe that

$$\int_{b^{(1)}(r,\theta_0)} \Omega^{(1)}(r,\theta_0) = \sqrt{r}\int_{b^{(1)}} \Omega^{(1)}$$

and that by reciprocity ([4, p. 67])

$$\int_{b^{(1)}} \Omega^{(1)} = \frac{4}{P} \quad .$$

Next

$$\frac{\partial}{\partial\theta}\Omega^{(1)}(1,\theta)\Big|_{\theta=\theta_0} = \left(\frac{-\partial Z}{\partial\theta}(1,\theta)\right)\Big|_{\theta=\theta_0} \cdot \frac{d\zeta}{y} - \sin\theta_0\frac{\zeta^3 d\zeta}{y^3} \tag{43}$$

and

$$d\left(\frac{-\zeta^2\cos\theta_0 + \zeta}{y}\right) = -\sin^2\theta_0\frac{\zeta^3 d\theta}{y^3} - \frac{1}{2}\cos\theta_0\frac{\zeta d\zeta}{y} + \frac{1}{2}\frac{d\zeta}{y} \quad . \tag{44}$$

Since $\int_{a^{(1)}}\frac{\partial}{\partial\theta}\Omega^{(1)}(1,\theta)\Big|_{\theta=\theta_0}$ identity (43) yields

$$\begin{aligned}\frac{\partial Z}{\partial\theta}(1,\theta)\Big|_{\theta=\theta_0} \cdot \int_{a^{(1)}}\frac{d\zeta}{y} &= -\sin\theta_0\int_{a^{(1)}}\frac{\zeta^3 d\zeta}{y^3} \\ &= \frac{1}{2}\frac{\cos\theta_0}{\sin\theta_0}\int_{a^{(1)}}\Omega^{(1)} - \frac{1}{2\sin\theta_0}\int_{a^{(1)}}\frac{d\zeta}{y} .\end{aligned}$$

Therefore

$$\frac{\partial Z}{\partial\theta}(1,\theta)\Big|_{\theta=\theta_0} = -\frac{1}{2\sin\theta_0} \quad .$$

As $Z(r,\theta) = rZ(1,\theta)$ we get the second part of (i).

Next by (43) and (44)

$$\int_{b^{(1)}} \frac{\partial}{\partial\theta}\Omega^{(1)}(1,\theta)\Big|_{\theta=\theta_0}$$
$$= \frac{1}{2\sin\theta_0}\int_{b^{(1)}} \frac{d\zeta}{y} - \sin\theta_0 \int_{b^{(1)}} \frac{\zeta^3 d\zeta}{y^3} = \frac{1}{2}\frac{\cos\theta_0}{\sin\theta_0}\int_{b^{(1)}} \Omega^{(1)}.$$

This gives the second statement of (ii).

By definition

$$\begin{aligned}\tilde{\Omega}^{(1)}(r,\theta_0) &= \frac{3}{2}(\zeta+2)\Omega^{(1)}(r,\theta_0) + \gamma^{(1)}(r,\theta_0)\frac{\Omega^{(1)}(r,\theta_0)}{\zeta - Z(r,\theta_0)} \\ &= \frac{3}{2}(\zeta+2)\frac{\zeta d\zeta}{y} + \gamma^{(1)}(r,\theta_0)\frac{d\zeta}{y} \quad ,\end{aligned}$$

so

$$\tilde{\Omega}^{(1)}(r,\theta_0) - dy = (3 + 2r\cos\theta_0)\frac{\zeta d\zeta}{y} + \left(\gamma^{(1)}(r,\theta_0) - \frac{r^2}{2}\right)\frac{d\zeta}{y} \qquad (45)$$

Also by definition $\int_{a^{(1)}(r,\theta_0)}\tilde{\Omega}^{(1)}(r,\theta_0) = 0$. Therefore, $\gamma^{(1)}(r,\theta_0) = \frac{r^2}{2}$ and the last statement of (ii) also follows immediately.

Next we compute the asymptotics as $r \to 0$ of the quantities in Proposition 3 associated to the curves

$$C^{(2)}_{s(r,\theta)} : y^2 4V_S G + 4)(\zeta^2 - 2r\zeta\cos\theta + r^2)\,.$$

Lemma 7

(i) $\int_{b^{(2)}(r,\theta)}\Omega^{(2)}(r,\theta) = 8 + r\cos\theta + O(r^2)$

(ii) $\alpha^{(2)}(r,\theta) = 2 + r\cos\theta + O(r^2)$

(iii) Denote by $\tilde{c}(r,\theta)$ the lift of a path starting at $\zeta = 0$, going straight to $re^{i\theta}$, in a circle with positive orientation around $\zeta = re^{i\theta}$ and straight back to $\zeta = O$ such that $y > O$ at the starting point of $\tilde{c}(r,\theta)$. Then

$$\int_{\tilde{c}(r,\theta)}\Omega^{(2)}(r,\theta) = -r + O(r^2)$$

(iv) $\int_{b^{(2)}(r,\theta)}\tilde{\Omega}^{(2)}(r,\theta) = -8 + O(r)$

(v) $\int_{\tilde{c}(r,\theta)}\tilde{\Omega}^{(2)}(r,\theta) = -3r + O(r^2)$

Proof. (i) Put

$$Q(r,\theta) := \frac{1}{2\pi i}\int_{a^{(2)}(r,\theta)} \frac{d\zeta}{y} \quad .$$

This is an analytic function of r and θ. Clearly

$$Q(0,\theta) = res_{\zeta=0}\frac{d\zeta}{\zeta\sqrt{\zeta+4}} = \frac{1}{2}$$

$$\frac{\partial}{\partial r}Q(r,\theta) = res_{\zeta=0}\left(\frac{\partial}{\partial \tau}\frac{d\zeta}{y}\Big|_{r=0}\right) = res_{\zeta=0}\frac{\cos\theta d\zeta}{\zeta^2\sqrt{\zeta+4}} = -\frac{1}{16}\cos\theta\,.$$

Therefore,

$$Q(r,\theta) = \frac{1}{2}\left(1-\frac{r}{8}\cos\theta\right) + O(r^2) \tag{46}$$

Using the reciprocity formula

$$\int_{b^{(2)}(r,\theta)} \Omega^{(2)}(r,\theta) = \frac{4}{Q(r,\theta)}$$

part (i) of the Lemma immediately follows from (46).

(ii) in a similar way as (46) one shows that

$$\frac{1}{2\pi i}\int_{a^{(2)}(r,\theta)} \frac{\zeta d\zeta}{y} = \frac{r}{2}\cos\theta + O(r^2) \tag{47}$$

Since the integral of

$$\Omega^{(2)}(r,\theta) = \frac{\zeta d\zeta}{y} - \left(\alpha^{(2)}(r,\theta)-2\right)\frac{d\zeta}{y}$$

over $a^{(2)}(r,\theta)$ is identically zero, the claim follows from (46) and (47).

(iii) The integral under consideration is

$$2\int_0^{re^{i\theta}} \frac{\zeta-\alpha}{\sqrt{(\zeta+4)}\cdot\sqrt{\zeta^2-2r\zeta\cos\theta+r^2}}d\zeta \tag{48}$$

where we write

$$\alpha := \alpha^{(2)}(r,\theta) - 2\,.$$

We expand

$$\frac{2}{\sqrt{\zeta+4}} = 1 + O(\zeta)\,.$$

Since by scaling

$$\int_0^{re^{i\theta}} \frac{\zeta^k d\zeta}{\sqrt{\zeta^2-2r\zeta\cos\theta+r^2}} = r^k\int_0^{e^{i\theta}} \frac{\zeta^k d\zeta}{\sqrt{\zeta^2-2\zeta\cos\theta+1}} \tag{49}$$

the integral (48) is

$$\int_0^{re^{i\theta}} \frac{(\zeta-\alpha)d\zeta}{\sqrt{\zeta^2-2r\zeta\cos\theta+r^2}} + O(r^2).$$

Using the expansion of α from part (ii) of the Lemma we get the desired result.

(iv) By construction the integral of the differential form

$$\tilde{\Omega}^{(2)}(r,\theta) = \frac{3}{2}\frac{\zeta(\zeta-\alpha)}{y}d\zeta + 3\Omega^{(}(r,\theta) + \gamma^{(2)}(r,\theta)\frac{d\zeta}{y}$$

over $a^{(2)}(r,\theta)$ vanishes identically. Using (46), (47) the fact that

$$\int_{a^{(2)}(r,\theta)} \zeta^2\frac{d\zeta}{y} = O(r^2)$$

and the expansion of α from part (ii) of the Lemma, one deduces that

$$\gamma^{(2)}(r,\theta) = O(r^2) \tag{50}$$

The cycle $b^{(2)}(r,\theta)$ can be represented by the lift under $\pi^{(2)}$ of a path as indicated in the figure below

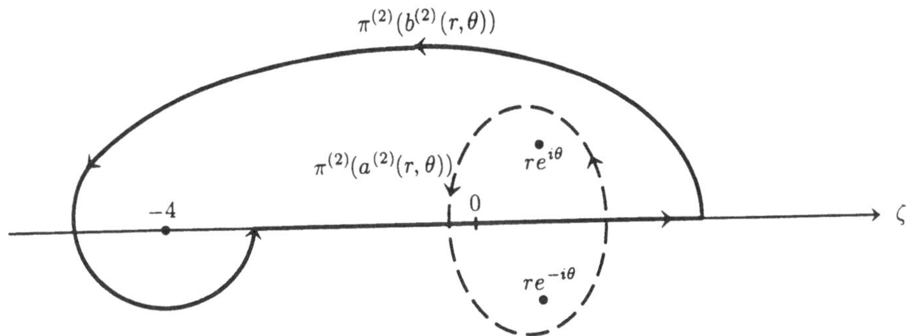

Sincc $a^{(2)}(r,\theta)$ and $b^{(2)}(r,\theta)$ have intersection number one, the lift is such that $y<0$ on the piece of curve lying over the interval $(-4,0)$. Therefore by (49) and the expansion of α stated in part (ii) of the Lemma

$$\lim_{r\to 0}\int_{b^{(2)}(r,\theta)} \left(\tilde{\Omega}^{(2)}(r,\theta) - 3\Omega^{(2)}(r,\theta)\right) = 2\int_{-4}^{0}\frac{3}{2}\zeta^2\frac{d\zeta}{\zeta\sqrt{\zeta+4}} = -32 \quad .$$

This, together with (i), gives part (iv) of Lemma 7.

(v) As in the proof of part (iii) one sees that

$$\int_{\tilde{c}(r,\theta)} \left(\tilde{\Omega}^{(2)}(r,\theta) - 3\Omega^{(2)}(r,\theta)\right)$$
$$= \int_0^{re^{i\theta)}} \left(1 - \frac{\zeta}{8}\right) \frac{\frac{3}{2}(\zeta^2 - \alpha\zeta) + \gamma^{(2)}(r,\theta)}{\sqrt{\zeta^2 - 2r\zeta\cos\theta + r^2}} d\zeta + O(r^3).$$

Using (49), (50) and the expansion of α we see that this integral is $O(r^2)$. Together with (i) this gives the desired result.

We are now ready to prove Proposition 3 in the case $g = 1$.

As observed above $Z(r,\theta) = 0$ if and only if $\theta = \theta_0$. So part (i) of the Proposition is fulfilled whenever we choose $\theta = \theta_0$. Part (iii) of the Proposition is trivial in the case $g = 1$. To prove part (ii) we have to show that for some $r > 0$ the vectors $(0; I_1(r,\theta_0); 0)$, $(0; 0; I_2(r,\theta_0))$, $\frac{\partial}{\partial r}(Z(r,\theta_0), I_1(r,\theta_0), I_2(r,\theta_0))$, $\frac{\partial}{\partial \theta}(Z(r,\theta), I_1(r,\theta), I_2(\mu,\theta)))\big|_{\theta=\theta_0}$ are linearly independent. For part (iv) we have to determine $\eta^{(1)}(r,\theta_0), \eta^{(2)}(r,\theta_0)$ by writing $\left(\gamma_1^{(1)}(r,\theta_0), -J_1(r,\theta_0), -J_2(r,\theta_0)\right)$ as a linear combination of these vectors and study the images of $\eta^{(1)}(r,\theta_0) - \eta^{(2)}(r,\theta_0)$ under iterates of the map $T(r,\theta_0)$.

Since $\tilde{c}(r,\theta)$ is homologuous to $c(r,\theta) + b^{(2)}(r,\theta) + a^{(2)}(r,\theta)$ (see figure)

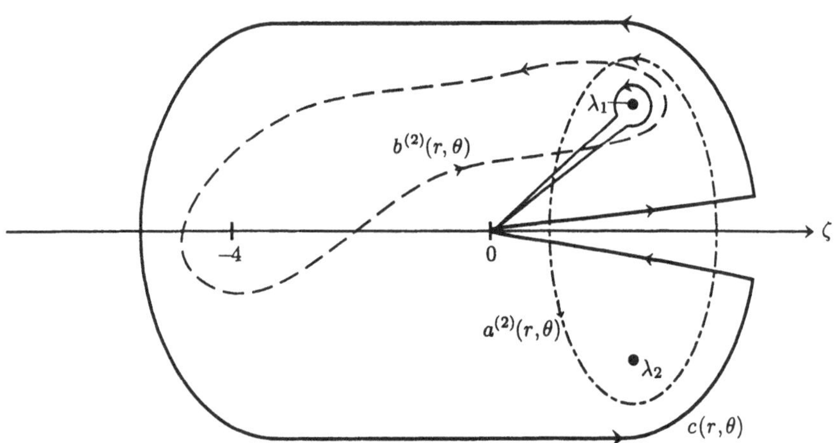

we may replace I_2 (resp. J_2) in the vectors above by

$$\hat{I}_2(r,\theta) := \left(\int_{b^{(2)}(r,\theta)} \Omega^{(2)}(r,\theta), \int_{\tilde{c}(r,\theta)} \Omega^{(2)}(r,\theta)\right) \quad \text{resp.}$$

$$\hat{J}_2(r,\theta) := \left(\int_{b^{(2)}(r,\theta)} \tilde{\Omega}^{(2)}(r,\theta), \int_{\tilde{c}(r,\theta)} \tilde{\Omega}^{(2)}(r,\theta)\right).$$

We put

$$\begin{aligned}
R_1(r) &:= \Big(0 \;;\; I_1(r,\theta_0) \;;\; 0\Big)\\
R_2(r) &:= \Big(0 \;;\; 0 \;;\; \hat{I}_2(r,\theta_0)\Big)\\
R_3(r) &:= \tfrac{\partial}{\partial r}\Big(Z(r,\theta_0) \;;\; I_1(r,\theta_0) \;;\; I_2(r,\theta_0)\Big)\\
R_4(r) &:= \tfrac{\partial}{\partial \theta}\Big(Z(r,\theta) \;;\; I_1(r,\theta) \;;\; I_2(r,\theta)\Big)\Big|_{\theta=\theta_0}\\
R_5(r) &:= \Big(\gamma^{(1)}(r,\theta_0) \;;\; -J_1(r,\theta_0) \;;\; -\hat{J}_2(r,\theta_0)\Big).
\end{aligned}$$

By Lemma 6 and 7

$$\begin{aligned}
R_1(r) &:= \Big(0 \;;\; \tfrac{4}{P}r^{1/2} \;;\; 0 \;;\; 0\Big)\\
R_2(r) &:= \Big(0 \;;\; 0 \;;\; 8+O(r) \;;\; -r+O(r^2)\Big)\\
R_3(r) &:= \Big(0 \;;\; \tfrac{2}{P}r^{-1/2} \;;\; O(1) \;;\; -1+O(r)\Big)\\
R_4(r) &:= \Big(\tfrac{-r}{2\sin\theta_0} \;;\; O(r^{1/2}) \;;\; O(r) \;;\; O(r)\Big)\\
R_5(r) &:= \Big(\tfrac{r^2}{2} \;;\; -\tfrac{12}{P}r^{1/2}+O(r^{3/2}) \;;\; 8+O(r) \;;\; 3r+O(r^2)\Big) .
\end{aligned}$$

Consider the 5×4 matrix whose rows are $R_1(r),\dots,R_5(r)$. If we multiply the third row of this matrix r, the fourth row $r\sin\theta_0$, the first column by $2/r^2$, the second by $\frac{1}{2}Pr^{-1/2}$ and the last column by r^{-1} one obtains the matrix

$$\begin{pmatrix} 0 & 2 & 0 & 0\\ 0 & 0 & 8 & -1\\ 0 & 1 & 0 & -1\\ -1 & 0 & 0 & 0\\ 1 & -6 & 8 & 3 \end{pmatrix} + O(r) \tag{51}$$

One immediately sees that the first four rows of the leading term of the matrix (51) are linearly independent and that

$$(-1,1,-4,-1,-1)\begin{pmatrix} 0 & 2 & 0 & 0\\ 0 & 0 & 8 & -1\\ 0 & 1 & 0 & -1\\ -1 & 0 & 0 & 0\\ 1 & -6 & 8 & 3 \end{pmatrix} = 0 .$$

Therefore for sufficiently small $r>0$ the vectors $R_1(r),\dots,R_4(r)$ are linearly independent, and $\lim_{r\to 0}\eta^{(1)}(r,\theta_0) = -1$, $\lim_{r\to 0}\eta^{(2)}(r,\theta_0) = 1$. Thus part (ii) of Proposition (ii) is proven, for all sufficiently small $r > 0$ and for part (iv) it suffices to show that for $0 \leq n \leq m-1$

$$\lim_{r \to 0} 5\left(D_1(r,\theta_0) - D_2(r,\theta_0)\right) + 4T^n(r,\theta_0)\left(\eta^{(1)}r,\theta_0) - \eta^{(2)}(r,\theta_0)\right) \neq 0\,.$$

But

$$\lim_{r \to 0} \left(D_1(r,\theta_0) - D_2(r,\theta_0)\right) = 2\,,$$

so $T := \lim_{r \to 0} T(r,\theta_0)$ is the map

$$x \longmapsto -2\frac{3x+8}{4x+10} \quad ,$$

which has $-2 = \lim_{r \to 0}\left(\eta^{(1)}(r,\theta_0) - \eta^{(2)}(r,\theta_0)\right)$ as a fixed point.

With this the proof of Proposition 3 for the case $g = 1$ is complete.

REFERENCES

[1] U. Abresch, "Constant mean curvature tori in terms of elliptic functions", *J. reine u. angew. Math.*, **394** (1987), 169–192 .

[2] A. Bobenko, "All constant mean curvature tori in $\mathbb{R}^3, S^3, \mathbb{H}^3$ in terms of theta-functions", *Math. Ann.*,**290** (1991), 209–245.

[3] A. Bobenko, "Constant mean curvature surfaces and integrable equations", *Russ. Math. Surveys*, **46** (1991), 1–45.

[4] H. Farkas, I. Kra, "Riemann Surfaces". Graduate Texts in Mathematics, **71**, Springer Verlag, 1980.

[5] N. Hitchin, "Harmonic maps from a 2-torus to the 3-sphere", *J. Diff. Geom.*, **31** (1990), 627–710.

[6] U. Pinkall, I. Sterling, "On the classification of constant mean curvature tori", *Ann. Math.*, **130** (1989), 407–451.

[7] H. Wente, "Counterexample to a conjecture of Hopf", *Pacific J. Math.*, **121** (1986), 193–246.

[8] H. Wente, "Constant Mean Curvature Immersions of Enneper Type", *Mem. AMS* **100** (1992).

N.M. Ercolani
The University of Arizona
Tucson, AZ 85721
USA

H. Knörrer
ETH-Zentrum
CH 8092 Zürich
Switzerland

E. Trubowitz
ETH-Zentrum
CH 8092 Zürich
Switzerland

Modular Forms as τ-Functions for Certain Integrable Reductions of the Yang-Mills Equations

Leon A. Takhtajan

Abstract

We study properties of integrable reductions of the Self-Dual Yang-Mills Equations discovered by S. Chakravarty, M. Ablowitz and P. Clarkson [Phys. Rev. Lett., **65**, 1085–1087, 1990]. We show how classical modular forms and functions appear as their general solutions. We discuss possible consequences of this novel phenomenon in integrable systems which indicates deep connections between integrable equations, group representations, modular forms and moduli spaces.

1. Introduction

The famous self-dual Yang-Mills (SDYM) equations, first discovered in particle physics, play a significant role in mathematics, with applications from mathematical physics to geometry (see, e.g., lectures [1]). They are equations for the self-dual unitary connection A in a Hermitian vector bundle E associated with the principal G-bundle over a Riemannian four-manifold M. In terms of the curvature form $F = dA + A \wedge A$, the SDYM equations are written as

$$F = *F, \tag{1}$$

where $*$ denotes the Hodge star-operator.

System (1) is an elliptic system of non-linear first-order PDE's. Namely (leaving aside the global properties), assume that E is a trivial vector bundle over the Euclidean space $\mathbb{R}^4$ (with fibers isomorphic as linear spaces to Lie algebra g of a gauge Lie group G) so that in standard coordinates x_μ, $\mu = 0, 1, 2, 3$, on $M = \mathbb{R}^4$ the connection A and curvature F are given by $A = \sum_{\mu=0}^{3} A_\mu dx_\mu$, $F = \sum_{\mu,\nu=0}^{3} F_{\mu\nu} dx_\mu \wedge dx_\nu$. Then equations (1) can be written as the system

$$F_{01} = F_{23},\ F_{02} = F_{31},\ F_{03} = F_{12}, \tag{2}$$

which has the following remarkable properties.

1. The system (2) is an infinite dimensional covariant gradient flow with

respect to the famous Chern-Simons action, i.e.

$$D_0 A_i = \frac{\delta S_{CS}}{\delta A_i}(A), \quad i = 1, 2, 3. \tag{3}$$

Here D_0 is a covariant derivative in the time direction ($t = x_0$), the Chern-Simons functional is defined by the following integral

$$S_{CS}(A) = \int_Y \operatorname{Tr}(A \wedge dA + \frac{2}{3} A \wedge A \wedge A),$$

over the time slice $Y \subset M$ (in our case $Y = \mathbb{R}^3$) and Tr denotes the invariant bilinear form on g.

2. The SDYM equations, as was discovered by R.Ward [2] and A.Belavin and V.Zakharov [3], can be written as a compatibility condition for an auxiliary linear system. In the null-coordinates (complex coordinates on $\mathbb{R}^4$) $u = t + \sqrt{-1}x_3$, $\bar{u} = t - \sqrt{-1}x_3$, $v = x_1 + \sqrt{-1}x_2$, $\bar{v} = x_1 - \sqrt{-1}x_2$; $A = A_u du + A_{\bar{u}} d\bar{u} + A_v dv + A_{\bar{v}} d\bar{v}$, this system has the form

$$\begin{aligned} (\partial_u + \zeta \partial_{\bar{v}})\Psi &= (A_u + \zeta A_{\bar{v}})\Psi, \\ (\partial_v - \zeta \partial_{\bar{u}})\Psi &= (A_v - \zeta A_{\bar{u}})\Psi. \end{aligned}$$

Its compatibility condition (for all values of spectral parameter ζ) yields the equations

$$F_{uv} = F_{\bar{u}\bar{v}} = 0, \ F_{u\bar{u}} + F_{v\bar{v}} = 0,$$

which are equivalent to the SDYM system (2) in null-coordinates.

3. The SDYM system is a "universal system" for classical integrable "solitonic" equations in the sense that all these equations are its reductions (it was conjectured by R. Ward [4] and established by many researchers; see important papers by L. Mason and G. Sparling [5] and by M.bAblowitz, S. Chakravarty and P. Clarkson [6], as well as references there). Such reductions can be achieved by utilizing the choice of the gauge Lie algebra g, the gauge freedom of SDYM equations and by reducing the dependence on space-time variables. Lax pairs for these equations can be obtained in the same way from the "master Lax pair" – a compatibility condition for the SDYM system. and provide a powerful tool for their solution. In addition, Hamiltonian, or gradient flow properties of these equations follow from the "universal" property (3) of the SDYM equations.

Particular examples of such reductions include all classical tops from Euler to Kovalevskaya (0 + 1-dimensions), the famous KdV, Nonlinear Schrödinger, Sine-Gordon, Toda lattice and N-wave equations (1 + 1-dimensions), KP and D-S equations (2 + 1-dimensions) (see, e.g., [7]). These systems were studied extensively by different methods: complex analysis – Riemann-Hilbert and $\bar{\partial}$-problems; algebraic geometry – formalism of Baker-Akhiezer functions; algebraic analysis – universal Grassmannians and τ-functions (see, i.e., [7, 8] and references there). For typical boundary conditions, like rapidly decreasing, periodic or self-similar cases, τ-functions, which provide universal formulas for general solutions, are expressed in terms of Fredholm determinants, Riemann theta functions or Painlevé transcendents (and their generalizations) respectively. For instance, the KdV solution can be written as a second derivative of the logarithm of the corresponding τ-function.

The examples above by no means exhaust all SDYM reductions (if this was the case there will be no need in this lecture!) and even the simplest $0+1$ case yields a system of ODE's with unusual properties of solutions and a new type of τ-function. The first example of such a reduction was discovered by M. Ablowitz, S. Chakravarty and P. Clarkson [6] and will be described in the next section.

Analysing this example, we can formulate the paradigm of our approach to SDYM reductions developed in [9, 10]. It states that SDYM systems with finite-dimensional gauge groups (say, a simple Lie group G) lead to "standard" integrable reductions described above, whereas reductions with infinite dimensional gauge groups (say, Diff(G)) lead to novel integrable equations with new τ-functions and analytic properties of solutions. Here we illustrate this paradigm with the simplest case $G = SU(2)$.

2. Basic Example: from Lagrange to Halphen

The simplest SDYM reduction (see, e.g., [6]) can be described as follows. Fix the gauge by setting $A_t = 0$ and require that remaining Yang-Mills potentials depend only on the variable t, i.e. $A_i = A_i(t)$, $i = 1,2,3$. Then (2) reduces to the following system of ODE's

$$
\begin{aligned}
\frac{dA_1}{dt} &= [A_2, A_3], \\
\frac{dA_2}{dt} &= [A_3, A_1], \\
\frac{dA_3}{dt} &= [A_1, A_2],
\end{aligned}
$$

which appears in the theory of static non-abelian monopoles and is called Nahm's system [11].

After the choice $G = SU(2)$ and the assumption that

$$A_i = \omega_i(t) t_i \in su(2), \; i = 1,2,3,$$

where t_1, t_2, t_3 are $su(2)$-generators (i.e. they satisfy commutation relations $[t_i, t_j] = \epsilon_{ijk} t_k$), Nahm's system can be reduced to:

$$\frac{d\omega_1}{dt} = \omega_2 \omega_3,$$

$$\begin{aligned}\frac{d\omega_2}{dt} &= \omega_1\omega_3,\\ \frac{d\omega_3}{dt} &= \omega_1\omega_2.\end{aligned}$$

This system of equations goes back to Lagrange and we will call it the Lagrange system.

Now, following [6], let us present another SDYM reduction. Consider the Nahm system and choose the (infinite dimensional) group $SDiff(G)$ of volume preserving diffeomorphisms of $G = SU(2)$ to be a gauge group instead of $SU(2)$. In other words, assume that Yang-Mills potentials $A_i(t)$ belong to a Lie algebra $sdiff(G)$ of all "divergence-free" vector fields on $SU(2)$. To specialize this choice further, denote by X_i, $i = 1,2,3$, the standard basis of the left-invariant vector fields on G (i.e. X_i are $su(2)$-generators in the regular representation of G). Let $O : SU(2) \mapsto SO(3)$ be the covering defined by $O(g) = (O_{ij}(g))_{i,j=1}^{3} \in SO(3)$, $g\sigma_i g^{-1} = \sum_{j=1}^{3} O_{ij}(g)\sigma_j$, $g \in SU(2)$, where σ_i are standard Pauli matrices. Now assume the special form for the Yang-Mills potentials, proposed in [6]:

$$A_i(t) = \sum_{j=1}^{3} \omega_j(t) O_{ji}(g) X_j \in sdiff(G).$$

Using the basic properties of the operators X_i: $X_i(g) = gt_i$, $X_i(g^{-1}) = -t_i g^{-1}$ (where $t_i = \sigma_i/2\sqrt{-1}$), Nahm's system can be reduced to the following system for ω_i's

$$\begin{aligned}\frac{d\omega_1}{dt} &= \omega_2\omega_3 - \omega_1(\omega_2 + \omega_3),\\ \frac{d\omega_2}{dt} &= \omega_1\omega_3 - \omega_2(\omega_1 + \omega_3),\\ \frac{d\omega_3}{dt} &= \omega_1\omega_2 - \omega_3(\omega_1 + \omega_2).\end{aligned}$$

This system arises in general relativity as a self-dual reduction of the Bianchi IX cosmological model [12]. (Recall that the theory of gravity can be considered as the Yang-Mills theory with a diffeomorphism's group as a gauge group). Actually, the origin of this system of ODE's goes back more than 100 years ago: it was solved by Halphen in 1881 [13, 14] (see next section) and we call it the Halphen system.

Lagrange's and Halphen's systems have the following properties which are the consequence of the "master" properties **1.** - **2.** of the SDYM system.

1. They are gradient flows with the same gradient function $f = \omega_1\omega_2\omega_3$ but with respect to the different metrics:

$$\frac{d\omega_i}{dt} = \frac{\partial f}{\partial \omega_i},$$

for the Lagrange system (standard metric on $\mathbb{R}^3$) and

$$\frac{d\omega_i}{dt} = \sum_{j=1}^{3} h_{ij}\frac{\partial f}{\partial \omega_j}, \quad i = 1, 2, 3,$$

for the Halphen system, where $h_{ij} = 2\delta_{ij} - 1$ is another (pseudo-) Riemannian metric on $\mathbb{R}^3$.

2. They admit Lax representation, i.e. they are equivalent to the Lax equation

$$\frac{dL}{dt} = [L, M],$$

where "Lax operators" L and M have the following form:

$$\begin{aligned} L(\zeta) &= \omega_1 t_1 - \sqrt{-1}\omega_2 t_2 - 2\sqrt{-1}\zeta\omega_3 t_3 + \zeta^2(\omega_1 t_1 + \sqrt{-1}\omega_2 t_2), \\ M(\zeta) &= \zeta^{-1}(\omega_1 t_1 - \sqrt{-1}\omega_2 t_2) - \zeta(\omega_1 t_1 + \sqrt{-1}\omega_2 t_2), \end{aligned}$$

for the Lagrange system and

$$\begin{aligned} L(g,\zeta) &= \frac{d\zeta}{d\tilde{\zeta}}(\omega_1 X_1 - \sqrt{-1}\omega_2 X_2 - 2\sqrt{-1}\tilde{\zeta}\omega_3 X_3 \\ &\quad + \tilde{\zeta}^2(\omega_1 X_1 + \sqrt{-1}\omega_2 X_2)), \\ M(g,\zeta) &= \frac{1}{\zeta}\frac{d\zeta}{d\tilde{\zeta}}((\omega_1 X_1 - \sqrt{-1}\omega_2 X_2) - \tilde{\zeta}^2(\omega_1 X_1 + \sqrt{-1}\omega_2 X_2)) \end{aligned}$$

for the Halphen system. Here

$$\tilde{\zeta} = g^t(\zeta) = \frac{\alpha\zeta - \bar{\beta}}{\beta\zeta + \bar{\alpha}}, \quad g = \begin{pmatrix} \alpha & \beta \\ -\bar{\beta} & \bar{\alpha} \end{pmatrix} \in SU(2),$$

is a fractional linear action of $SU(2)$ on $\mathbf{P}^1 = \mathbf{C} \cup \{\infty\}$ and

$$\frac{d\zeta}{d\tilde{\zeta}} = \left(\frac{d\tilde{\zeta}}{d\zeta}\right)^{-1} = \left(\frac{dg^t(\zeta)}{d\zeta}\right)^{-1}.$$

Remark 1. The Lax pair for the Lagrange system is of a standard form (for $t_i = \sigma_i/2\sqrt{-1}$ Lax operators L and M are 2×2 matrices) and algebro-geometrical methods can be used for its solution. The Lax pair for the Halphen system is of a different nature. Although we are still dealing with a system of ODE's, the Lax operators L and M are now first-order differential operators with respect to the "auxiliary" variable g taking values in the $SU(2)$ group manifold. Lax pairs of this type seem to be new in the theory of integrable systems. It would be extremely interesting to develop a theory of such Lax pairs which, for the Halphen case, will yield the solution presented below.

Remark 2. It is possible to obtain Halphen's Lax pair from that for Lagrange system. Namely, let T be a three-dimensional representation of $SU(2)$ realized in the vector space of polynomials $f(\zeta)$ of degree ≤ 2:

$$T(g)f(\zeta) = \frac{d\zeta}{dg^t(\zeta)} f(g^t(\zeta)).$$

Replacing generators t_i in Lagrange's $L(\zeta)$ by left-invariant differential operators X_i (i.e. replacing two-dimensional representation of $su(2)$ by the regular representation) we obtain

$$L_{Halphen}(g, \zeta) = T(g) L_{Lagrange}(\zeta),$$

where $T(g)$ acts on Lagrange's $L(\zeta)$ considered as a polynomial of degree 2 in ζ. Analogously

$$M_{Halphen}(g, \zeta) = \frac{1}{\zeta} T(g)(\zeta M_{Lagrange}(\zeta)).$$

3. Elliptic Functions and Modular Forms

Case A. Lagrange system and elliptic functions

Lagrange system has two obvious quadratic integrals $I_1 = \omega_1^2 - \omega_2^2$, $I_2 = \omega_1^2 - \omega_3^2$, that confine the flow to the intersection of two quadrics – the locus of elliptic curve C. It also arises, via algebraic equation $\det(L(\zeta) - \mu) = 4\mu^2 + I_1\zeta^4 - 2(I_1 - 2I_2)\zeta^2 + I_1 = 0$, as a genus 1 spectral curve with the modulus τ defined by $\kappa(\tau) = (\sqrt{I_2} - \sqrt{I_2 - I_1})/\sqrt{I_1}$. Either solving Lagrange system directly "à la Jacobi" (using differential equations for elliptic functions) or specializing general formalism of Baker-Akhiezer functions, it is easy to show that

$$\begin{aligned} \omega_1(t) = \sqrt{I_1}\,\mathrm{sn}(\sqrt{I_2}t;\ \frac{\tau}{2}),\ \omega_2(t) &= \sqrt{-I_1}\,\mathrm{cn}(\sqrt{I_2}t;\ \frac{\tau}{2}), \\ \omega_3(t) &= -\sqrt{-I_2}\,\mathrm{dn}(\sqrt{I_2}t;\ \frac{\tau}{2}), \end{aligned} \tag{4}$$

where we have used standard notations for Jacobi elliptic functions.

The Lagrange system has all the properties of integrable top-like ODE's: its solutions are single-valued meromorphic functions of a complex "time" t with simple poles as movable singularities. In addition (genus 1 case), they are doubly periodic in the complex t-plane. We say (using Adler-van Moerbeke terminology [15]) that Lagrange system is algebraically integrable and, therefore, satisfies the classical Painlevé property.

Case B. Halphen system and modular functions and forms

The Halphen system has the following remarkable properties which differ dramatically from those for the Lagrange system.

i) It has no quadratic, or, more generally, polynomial integrals, so that it is not algebraically integrable! (However, it was shown by S. Chakravarty [16] that it possesses "multi-valued integrals").

ii) Transformation property: if the set $\omega_i(t)$ is Halphen's solution, then a new set

$$\tilde{\omega}_i(t) = \frac{1}{(ct+d)^2}\omega_i\left(\frac{at+b}{ct+d}\right) + \frac{c}{ct+d}, \quad \begin{pmatrix} a & b \\ c & d \end{pmatrix} \in PSL(2,\mathbf{C}),$$

is also a solution [13].

iii) Elementary symmetric functions of ω_i's satisfy a system of ODE's which reduces to a third-order nonlinear ODE

$$y''' = 2y'y'' - 3(y')^2 \tag{5}$$

for $y = -2(\omega_1 + \omega_2 + \omega_3)$, where prime stands for d/dt. This particular ODE was studied by Chazy [17, 18] in 1910 and we will call (5) the Chazy equation.

iiii) The Halphen system can be integrated in terms of elliptic integrals of "variable" modulus t [13, 14, 17, 18, 19] which are related to the elliptic modular function $\kappa(t)$. The latter serves as a classical example in the general theory of modular functions and forms.

Recall (see, e.g., [20, 21]) that a modular form of the integer weight k for the Fuchsian group Γ is a meromorphic function f on the upper half-plane $H = \{t \in \mathbf{C} \mid \text{Im } t > 0\}$ (it is meromorphic near the cusps of Γ with respect to the local uniformizer) with the property

$$f\left(\frac{at+b}{ct+d}\right) = (ct+d)^k f(t), \text{ for all } \gamma = \begin{pmatrix} a & b \\ c & d \end{pmatrix} \in \Gamma.$$

Let $\Gamma = PSL(2,\mathbf{Z})$ be the modular group and $\Gamma(2)$ be its principal congruence subgroup of level 2 defined by $\gamma \equiv I \pmod 2$, where I is 2×2 unit matrix. Corresponding Riemann surfaces H/Γ and $H/\Gamma(2)$ have genus 0, a cusp at ∞, and (after a suitable normalization) elliptic fixed points of orders $2, 3$ at $\sqrt{-1}$ and $\sqrt[3]{-1}$ for the former case and two more cusps at $0, 1$ for the latter case. Denote by J and λ holomorphic mappings which establish isomorphisms $H/\Gamma \cong \mathbf{P}^1$ and $H/\Gamma(2) \cong \mathbf{P}^1$. These "Hauptmodules" (in the classical terminology of Felix Klein), are modular functions for Γ and $\Gamma(2)$ respectively, have a single simple pole at ∞ and are normalized by $J(\sqrt{-1}) = \lambda(1) = 1$.

Theorem 1. *Transformation property* **ii)** *and the formulas*

$$\omega_1 = -\frac{1}{2}\frac{d}{dt}\log\frac{\lambda'}{\lambda}, \quad \omega_2 = -\frac{1}{2}\frac{d}{dt}\log\frac{\lambda'}{\lambda-1}, \quad \omega_3 = -\frac{1}{2}\frac{d}{dt}\log\frac{\lambda'}{\lambda(\lambda-1)} \tag{6}$$

provide the general solution of the Halphen system.

Proof. Using (6) it is easy to see that the Halphen system is equivalent to the following third-order nonlinear ODE

$$\frac{\lambda'''}{\lambda'} - \frac{3}{2}(\frac{\lambda''}{\lambda'})^2 = -\frac{1}{2}(\frac{1}{\lambda^2} + \frac{1}{(\lambda-1)^2} - \frac{1}{\lambda(\lambda-1)})(\lambda')^2.$$

This ODE is nothing but the famous Schwartz equation for the elliptic modular function $\kappa = 1 - 1/\lambda$ (see, e.g., [22])!

Therefore Halphen's solutions possess the property of a natural movable boundary, i.e. they exist, are holomorphic and single-valued inside a certain circle D on the complex t-plane. Its boundary ∂D is movable in the sense that it depends on initial conditions (because of **ii**) and contains a dense set of essential singularities.

This property could be interpreted as a "non-Euclidean" (or hyperbolic) version of the Painlevé property; the latter should be considered as inherent in Euclidean geometry.

The meromorphic function λ' is a modular form of weight 2 for $\Gamma(2)$ and can be used for constructing the basis of the three-dimensional linear space of regular (i.e. without poles) forms of weight 2:

$$E_1 = \frac{\lambda'}{\lambda},\ E_2 = \frac{\lambda'}{\lambda-1}, E_3 = \frac{\lambda'}{\lambda(\lambda-1)}$$

Up to a normalization these are holomorphic Eisenstein series of weight 2 for $\Gamma(2)$ and Theorem 1 reads

$$\omega_i = -\frac{1}{2}\frac{d}{dt}\log E_i,$$

$i = 1,2,3$; so that modular forms E_i play the role of τ-functions for the Halphen system!

Next, consider the Chazy equation.

Theorem 2. *Transformation property*

$$y(t) \mapsto \tilde{y}(t) = \frac{1}{(ct+d)^2}y(\frac{at+b}{ct+d}) - \frac{6c}{ct+d}, \begin{pmatrix} a & b \\ c & d \end{pmatrix} \in PSL(2,\mathbb{C}),$$

and the formula

$$y = \frac{1}{2}\frac{d}{dt}\log\frac{(J')^6}{J^4(J-1)^3} \tag{7}$$

provide the general solution for the Chazy equation.

We will discuss its proof later.

Remark 3. Comparing Theorems 1 and 2, we can see that the Chazy solution y can be represented by two "Hauptmodules": λ for the congruence subgroup $\Gamma(2)$ and J for the modular group Γ, which suggests a differential relation between these two functions. Indeed, we have the following

Lemma 1.

$$\frac{(J')^6}{J^4(J-1)^3} = 432\frac{(\lambda')^6}{\lambda^4(\lambda-1)^4}. \tag{8}$$

Proof. Use the classical relation between the Hauptmodules J and λ (see, e.g., [22]):

$$J = \frac{4}{27}\frac{(\lambda^2-\lambda+1)^3}{\lambda^2(\lambda-1)^2}.$$

The function $(J')^6$, which appears in Lemma 1, is a modular form of weight 12 for Γ and has a pole of order 6 at the cusp ∞. Recall that 12 is a minimal weight (for the modular group Γ) admitting cusp forms (i.e. modular forms that vanish at ∞). There is only one (up to a scalar factor) cusp form of weight 12 given by the classical discriminant function

$$(2\pi)^{-12}\Delta = q\prod_{n=1}^{\infty}(1-q^n)^{24},$$

where $q = \exp(2\pi\sqrt{-1}t)$ is the local uniformizer at ∞.

We have the following.

Lemma 2.

$$(2\pi)^{-12}\Delta = 1728\frac{(J')^6}{J^4(J-1)^3}. \tag{9}$$

Proof. Inside the fundamental domain of H/Γ function J takes every value once (with proper count at the elliptic fixed points) so that the right hand side of (9) is a regular modular form of weight 12 for Γ. Since J has a simple pole at ∞ (with a residue $1/1728$) the right hand side of (9) vanishes at ∞, i.e. is a cusp form and hence is proportional to Δ.

Using (9), we can rewrite the Chazy solution as

$$y = \frac{1}{2}\frac{d}{dt}\log\Delta, \tag{10}$$

so that modular discriminant Δ plays the role of τ-function for the Chazy equation!

Remark 4. Using elementary facts from classical theory of modular forms (see, e.g., [21]) formula (10) can be rewritten as

$$y = \pi\sqrt{-1}E_2,$$

where now E_2 is a normalized Eisenstein series of weight 2 for the modular group Γ (not a modular form due to a "correction term" in its transformation property).

The proof of Theorem 2 is based on another simple result – a certain specialization of that of Rankin [23].

Lemma 3. *Let f be a modular form of weight 2 for a Fuchsian group Γ with a multiplier system χ, i.e.*

$$\frac{d\gamma(t)}{dt} f(\gamma(t)) = \chi(\gamma) f(t) \quad \text{for all} \quad \gamma \in \Gamma.$$

Set $y = 3f'/f$, $Y_1 = y' - y^2/6$ and define, for $n > 1$,

$$Y_n = Y'_{n-1} - \frac{n}{3} y Y_{n-1}.$$

Then the functions Y_n, $n \geq 1$, are modular forms of weight $2n+2$ for the group Γ with trivial multiplier system.

Proof. Induction.

Remark 5. Functions Y_n from the lemma also appeared in P.Clarson's approach [24] for generalizing Chazy's original method using hypergeometric equations.

Lemma 3 provides a very simple proof of Theorem 2. Namely, consider the function $f = J'/J^{2/3}(J-1)^{1/2}$. It is a regular (use arguments of Lemma 2) modular form of weight 2 for Γ with a certain multiplier system χ (because of fractional powers). By Lemma 3 the function

$$Y_3 = y''' - 2y'y'' + 3(y')^2 - 4(y' - \frac{1}{6}y^2)^2$$

is a holomorphic modular form of weight 8 for Γ. Since $y(t) \to c$ as $t \to \sqrt{-1}\infty$, $Y_1 \to -c^2/6$, $Y_3 \to -c^4/9$, we have $Y_3 + 4Y_1^2 = O(q)$ as $q \to 0$, so that $Y_3 + 4Y_1^2$ is a cusp form of weight 8 for the modular group Γ. But there are no cusp forms of this weight which implies $Y_3 + 4Y_1^2 = 0$ – a Chazy equation!

Remark 6. One can generalize this approach for triangular Fuchsian groups of the type $(\pi/m, \pi/n, 0)$ (recall that Γ has the type $(\pi/2, \pi/3, 0)$ and $\Gamma(2)$ – $(0,0,0)$) by applying Lemma 3 to the appropriate function f of the form

$$f = \frac{J'}{J^{\alpha_1}(J-1)^{\alpha_2}},$$

where J is the corresponding Hauptmodule and exponents α_1 and α_2 are determined by the condition that f is regular whenever $J = 0$ or $J = 1$. Then, using the Riemann-Roch theorem (in a manner similar to the proof of Theorem 2) it is possible to represent the Chazy solution in terms of certain other Hauptmodules. This explains the origin of two representations for y discussed earlier and provides new ones. For instance, the group $(\pi/3, \pi/3, 0)$ yields a representation

$$y = \frac{1}{2} \frac{d}{dt} \log \frac{(J')^6}{J^4(J-1)^4},$$

whereas for $\Gamma(2)$ one gets another one:

$$y = \frac{1}{2}\frac{d}{dt}\log\frac{(\lambda')^6}{\lambda^5(\lambda-1)^5}.$$

Viewed as a representations of the same Chazy solution these formulas should be considered as "infinitesimal versions" of algebraic relations between different Hauptmodules (c.f. Lemma 1); for instance, the latter representation is related to the modular equation in its simplest form – an algebraic equation for $J(t)$ and $J(2t)$.

Remark 7. Let Γ_n be a triangular group of the type $(\pi/2, \pi/3, \pi/n)$, $n > 6$, and let J_n be the corresponding Hauptmodule. Specializing Lemma 3 for the following modular form of weight 8: $Y_3 + 4n^2Y_1^2/(n^2 - 36)$ and using the arguments of Theorem 2, we conclude that

$$y = \frac{1}{2}\frac{d}{dt}\log\frac{(J_n')^6}{J_n^4(J_n-1)^3}$$

satisfies the generalized Chazy equation

$$y''' - 2y'y'' + 3(y')^2 + \frac{144}{n^2-36}(y' - \frac{1}{6}y^2)^2 = 0.$$

This equation also has the property of a movable natural boundary, i.e. its solutions are single-valued, meromorphic (with one pole in the fundamental domain of Γ_n) inside a certain circle in the complex t-plane depending on inital conditions.

Remark 8. The present approach can be generalized to other higher order non-linear ODE's and can be described as follows. Consider the infinitely generated graded polynomial ring $R = \mathbf{C}[Y_1, Y_2, ...]$ with generators Y_n having degree $2n+2$. Using a suitable Fuchsian group Γ, function f from Lemma 3 and Riemann-Roch type arguments from the proof of Theorem 2 we can get explicit solutions for a certain ODE's of the form $P(Y_1, Y_2, ...) = 0$, where $P \in R$ is a homogeneous polynomial (in other words, $P(Y_1, Y_2, ...)$ is a modular form for Γ of a weight equals to the total degree of P). The polynomial $Y_3 + 4Y_1^2$, which yields the Chazy equation, provides the simplest example.

Remark 9. Generalized Chazy equation makes sense for values $n \leq 6$ as well. Case $n < 6$ corresponds to finite subgroups of $SU(2)$ (groups of regular solids) with Hauptmodules (and solutions) given by elementary functions [25]. For the case $n = 6$ the generalized Chazy equation reduces to $y' - 1/6y^2 = 0$ and also has an elementary solution. We can say that the case $n < 6$ corresponds to the Riemann geometry of $\mathbf{P}^1$ (positive constant curvature), case $n = 6$ – to the Euclidean geometry on $\mathbf{C}$ (zero curvature) and case $n > 6$ – to the non-Euclidean (hyperbolic) geometry on H (constant negative curvature).

Remark 10. Signatures $(2, 3, n)$ also appear in Dynkin diagrams for Lie algebras E_{n+3}, $n = 3, 4, 5$. It is tempting to speculate that there exists a deep connection between generalized Chazy equations and such Lie algebras for $n < 6$, affine Lie algebra $\hat{E}_8$ for $n = 6$, and general Kac-Moody algebras for $n > 6$. In particular, limiting case $n = \infty$ yields the Kac-Moody algebra E_∞ which should, somehow, be related with the Chazy equation! The Kac-Moody algebra A_∞ plays an important role in integrable systems (see e.g., [26]), so once again one can speculate that Lie algebra E_∞ (whatever it means) presumably plays an important role as well.

4. Conclusion

Here I will briefly indicate important though not yet completely understood and solved problems (some of them are currently under investigation).

1. The fact that modular forms in general, and Δ in particular, could appear as a τ-function is not so suprising as it may seem. Indeed, recall that hyperbolic plane H can be considered as the Teichmüller space of Riemann surfaces of genus 1 (elliptic curves), modular group Γ – as the Teichmüller modular group and the quotient H/Γ – as the moduli space, so that the modular form Δ can be interpreted as a holomorphic cross-section of a certain line bundle over this moduli space. Since τ-function appears as a cross-section of a certain line bundle over the universal Grassmannian and moduli spaces of Riemann surfaces and vector bundles can be imbedded into this Grassmannian via the Krichever map, modular forms can be treated as τ-functions.

The quotient $H/\Gamma(2)$ is also a moduli space of elliptic curves with additional restrictions on the 2-division points, so that modular forms E_i are also subjects of this interpretation. To make this picture clear, one should understand how these modular forms arise from the corresponding Lax pair, i.e. develop the analog of Baker-Akhiezer functions formalism for such Lax pairs.

2. The moduli parameter τ, which was the integral of motion for the Lagrange system, plays the role of "physical time" t for Halphen and Chazy equations. The latter situation is typical for models of Topological Conformal Field Theory, where two-point correlation functions are related to dynamical systems on moduli spaces (see [27]). These systems can be considered as a far-reaching geometrical generalization of Whitham's modulation theory (see, e.g. [28]). It would be instructive to relate Halphen and Chazy equations with that from [27].

3. It is possible to obtain multi-dimensional generalizations (i.e. to include spatial variables x_μ) of the Halphen system by another SDYM reductions – this was done in [9]. The most important open problem here is to develop the analog of the Inverse Scattering Transform for the corresponding Lax operator. It should be extremely interesting, since even in the Halphen's "stationary in x" case, corresponding τ-function is given by modular forms.

4. In principle, it is possible to generalize the Lagrange (and Halphen) system for an arbitrary simple Lie group. These generalizations could lead to new τ-functions given by certain holomorphic sections of line bundles over moduli spaces (say, Siegel modular forms).

However, we are at the very beginning of our understanding of the exciting properties of this new class of integrable systems obtained by SDYM reductions with infinite dimensional gauge groups of which the Halphen system is the simplest example.

Acknowledgments. This paper represents an extended version of the lecture given at the memorial *Colloque Verdier*, Luminy, Summer 1991 and it is my pleasure to thank the organizers for their hospitality.

I am grateful to Mark Ablowitz and Sarbarish Chakravarty, who introduced me to the fascinating field of SDYM reductions and explained their beautiful result; to Alexander Its for extremely fruitful discussions of differential equations for modular forms and to Willy Hereman for computer calculations of certain relevant hypergeometric equations.

REFERENCES

[1] M.F. Atiyah, *Classical Geometry of Yang-Mills Fields*, Fermi Lectures, Scuola Normale Pisa, 1980.

[2] R. Ward, *On self-dual gauge fields*, Phys. Lett., **61A**, 81-82, 1977.

[3] A.A. Belavin, V.E. Zakharov, *Yang-Mills equations as inverse scattering problem*, Phys. Lett., **73B**, 53-57, 1978.

[4] R. Ward, *Integrable and solvable systems, and relations among them*, Phil. Trans. Roy. Soc. London A, **315**, 451-457, 1985.

[5] J. Mason, G. Sparling, *Nonlinear Schrödinger and Korteweg -de Vries equations are reductions of self-dual Yang-Mills equations*, Phys. Lett., **137 A**, 29-33, 1989.

[6] S. Chakravarty, M.J. Ablowitz and P.A. Clarkson, *Reductions of self-dual Yang-Mills equations and classical systems*, Phys. Rev. Lett., **65**, 1085-1087, 1990.

[7] M.J. Ablowitz, P.A. Clarkson, *Solitons, Nonlinear Evolution Equations and Inverse Scattering*, London Math. Soc. Lecture Notes Series **149**, Cambridge Univ. Press, 1991.

[8] G. Segal, G. Wilson, *Loop groups and equations of KdV type*, Inst. Hautes Études Sci. Publ. Math., **61** 5-65, 1985.

[9] S. Chakravarty, M.J. Ablowitz and L. Takhtajan, *Self-dual Yang-Mills equation and new special functions in integrable systems*, PAM preprint **108**, University of Colorado, Boulder, 1991.

[10] M.J. Ablowitz, S. Chakravarty and L. Takhtajan, *Integrable systems, self-dual Yang-Mills equations and modular forms*, PAM preprint **113**, University of Colorado, Boulder, 1991.

[11] W. Nahm, *The algebraic geometry of multi-monopoles*, in *"Group Theoretical Methods in Physics"*, Eds. M. Serdagorlu, E.Inonu, Lect. Notes in Physics, **180**, 456-466, 1982, Springer Verlag.

[12] G.W. Gibbons, C.N. Pope, *The positive action conjecture and asymptotically Euclidean metrics in quantum gravity*, Commun. Math. Phys., **66**, 267-290, 1979.

[13] G.-H. Halphen, *Sur un système d'équations différentielles*, C.R. Acad. Sc. Paris, **92**, 1001-1003, 1881.

[14] G.-H. Halphen, *Sur certains systèmes d'équations différentielles*, C.R. Acad. Sc. Paris, **92**, 1004-1007, 1881.

[15] M. Adler, P. van Moerbeke, *The algebraic integrability of geodesic flow on $SO(4)$*, Invent. Math., **67**, 297-326, 1982.

[16] S. Chakravarty, *private communication.*

[17] J. Chazy, *Sur les équations différentielles dont l'intégrale générale possède une coupure essentielle mobile*, C.R. Acad. Sc. Paris, **150**, 456-458, 1910.

[18] J. Chazy, *Sur les équations différentielles du trousième et d'ordre supeérieur dont l'intégrale générale à ses points critiques fixés*, Acta Math., **34**, 317-385, 1911.

[19] F.J. Bureau, *Sur des systèmes différentiels non linéaires du troisième ordre et les équations différentielles non linéaires associées*, Acad. Roy. Belg. Bull. Cl. Sc. (5), **73**, 335-353, 1987.

[20] S. Lang, *Elliptic Functions*, Addison-Wesley, 1973.

[21] N. Koblitz, *Introduction to Elliptic Curves and Modular Forms*, Springer-Verlag, 1984.

[22] L. Ford, *Automorphic functions*, Chelsea Pub. Co., 1951.

[23] R.A. Rankin, *The construction of automorphic forms from the derivatives of a given form*, J. Indian Math. Soc., **20**, 103-116, 1956.

[24] P.A. Clarkson, *SERC postdoctoral fellowship report* B/RF/6935, 1986.

[25] F. Klein, *Vorlesungen über das ikosaeder und die auflösung der gleichungen vom fünften grade*, Leipzig, 1884.

[26] J.-L. Verdier, *Algèbres de Lie, systèmes Hamiltoniens, courbes algébriques*, Séminaire Bourbaki, 33-e année, **566**, 1-10, 1980/1981.

[27] B. Dubrovin, *Differential geometry of moduli spaces and its applications to soliton equations and to topological conformal field theory*, Preprints di Matematica **117**, Scuola Normale, Pisa, 1991.

[28] B. Dubrovin, S. Novikov, *Hydrodynamics of weakly deformed soliton lattices, differential geometry and Hamiltonian theory*, Russian Math. Surveys, **44**:6, 35-101, 1989.

Department of Mathematics
State University of New York at Stony Brook
Stony Brook, NY 11794-3651
USA

The τ-Functions of the $\mathfrak{g}$AKNS Equations

George Wilson

1. Introduction

The AKNS equations (see [1])

$$\left.\begin{aligned} iq_t &= -\tfrac{1}{2}q_{xx} + q^2r \\ ir_t &= \tfrac{1}{2}r_{xx} - qr^2 \end{aligned}\right\} \tag{1.1}$$

are generally agreed to be one of the most basic examples of an integrable evolutionary system. They may be regarded as a complexified version of the physically important nonlinear Schrödinger equation(s)

$$iq_t = -\frac{1}{2}q_{xx} \pm q^2\bar{q} \tag{1.2}$$

to which they reduce if we impose one of the conditions $q = \pm\bar{r}$. The equations (1.1) are the simplest (in some sense) integrable system associated with the Lie algebra $\mathfrak{sl}(2,\mathbb{C})$; as such they have natural generalizations in which $\mathfrak{sl}(2,\mathbb{C})$ is replaced by some other simple Lie algebra $\mathfrak{g}$. I shall refer to these as the $\mathfrak{g}$AKNS equations. In the case when $\mathfrak{g}$ is $\mathfrak{sl}(n,\mathbb{C})$ the $\mathfrak{g}$AKNS equations are exactly the equations referred to as the AKNS-D equations in [3]; for a general simple Lie algebra $\mathfrak{g}$ it seems that they were first introduced in [9]. The equations (1.2), in which x and t must be considered to be real, are associated with the real subalgebras $\mathfrak{su}(2)$ and $\mathfrak{su}(1,1)$ of $\mathfrak{sl}(2,\mathbb{C})$, and will not be discussed explicitly here.

The main purpose of this paper is to understand the formulae

$$q = 2i(\tau_+/\tau), \quad r = -2i(\tau_-/\tau) \tag{1.3}$$

expressing solutions of (1.1) in terms of three τ-functions. This substitution would be the starting point for the study of (1.1) by "Hirota's direct method" (cf. [6], where (1.2) is treated by that method); but it is encountered by most authors who try to solve these equations. In the theory of the algebro-geometric solutions of (1.1), for example, the τ-functions in (1.3) are expressed in terms of the theta function of a Riemann surface (cf. [8]). We shall place ourselves in a slightly wider context, namely, the class of solutions obtained from the trivial one $q = r \equiv 0$ by the so-called "dressing" action of the loop group $\mathrm{LSL}(2,\mathbb{C})$. In that context too the τ-functions have an independent group-theoretical definition and have no *a priori* connexion with the system (1.1). In the spirit of my papers [10,11] (which discussed a different example, the modified KdV equation), I want to show how the formulae (1.3) arise naturally out of the definition of the dressing action. I also want to analyse, from as elementary a point of view as possible, why it is that these formulae have a natural generalization to the $\mathfrak{g}$AKNS equations only in the case when $\mathfrak{g}$ is simply laced (that is, of type A, D or E). Perhaps the most interesting feature of the paper is that much of the proof of (1.3) is rather different from the proof in [10,11] of a similar looking formula for the very closely related mKdV equation. I think this illustrates the general principle that one should not expect a uniform explanation of all the details of soliton theory.

The paper is set out as follows. In §2 I review the definition of the $\mathfrak{g}$AKNS equations and of the special class of solutions obtained by the action of the loop group L on the trivial solution. In §3 I introduce the basic holomorphic function σ on the universal central extension of L, and formulate a trivial looking lemma about it (Lemma 3.7). Then in §4 I define (in terms of σ) the appropriate τ-functions, and show (modulo Lemma 3.7) that if $\mathfrak{g}$ is simply laced then a formula generalizing (1.3) gives solutions of the $\mathfrak{g}$AKNS equations. Finally, §5 gives a proof of the fundamental lemma (3.7).

The article makes very little claim to originality: all the ideas explained here are standard, or at least implicit, in the literature. The formula (1.3) itself is proved, in a context similar to ours, in [2]. The main difference between the proof in [2] and the one given here is that the authors of [2] emphasize the role played by the homogeneous realization of the basic representation of the loop algebra $L\mathfrak{sl}(2)$; indeed, as V. Kac has pointed out to me, it is easy to prove our basic lemma (3.7) (in the simply laced case) if one assumes the representation theory known, and that is essentially what is done in [2]. Here I have tried to prove (1.3) using as little machinery as possible, in particular, I have made no use of representation theory. Also, although there are fundamental reasons (cf. [10,11]) why there cannot be a formula like (1.3) for the solutions of the $\mathfrak{g}$AKNS equations if $\mathfrak{g}$ is not simply laced, I have tried to avoid using that hypothesis for as long as possible. The result of this effort is the most curious thing in the paper: it is as follows. The dependent variables in the $\mathfrak{g}$AKNS equations are naturally indexed by the roots of $\mathfrak{g}$; recall that in general the roots are of two lengths, called *long* and *short*. It turns out that a formula of type (1.3) always holds for the $\mathfrak{g}$AKNS variables indexed by the long roots. The simply laced algebras $\mathfrak{g}$ are exactly those for which the roots all have the same length (we may consider them all to be long); so it is only in that case that we get a formula for all the unknown functions in our equations.

Notation. Here is some notation that will be used throughout the paper. We denote by $\mathfrak{g}$ a (finite dimensional) simple complex Lie algebra; $L\mathfrak{g} \equiv C^\infty(S^1; \mathfrak{g})$ will be the corresponding loop algebra, consisting of all smooth $\mathfrak{g}$-valued functions on the unit circle $S^1 \subset \mathbb{C}$. Where necessary we fix also a Cartan subalgebra $\mathfrak{h} \subset \mathfrak{g}$. We shall denote by $L_+\mathfrak{g}$ (resp. $L_-\mathfrak{g}$) the subalgebras of $L\mathfrak{g}$ consisting of all loops with a Fourier expansion of the form $\sum_i X_i z^i$ with $i \geq 0$ (resp. with $i \leq 0$); and by $M_+\mathfrak{g}$ (resp. $M_-\mathfrak{g}$) the smaller subalgebras consisting of all loops $\sum_i X_i z^i$ with $i > 0$ (resp. with $i < 0$). We therefore have (as linear spaces)

$$L\mathfrak{g} = M_-\mathfrak{g} \oplus L_+\mathfrak{g} = M_-\mathfrak{g} \oplus \mathfrak{g} \oplus M_+\mathfrak{g} = L_-\mathfrak{g} \oplus M_+\mathfrak{g},$$

where $\mathfrak{g}$ is identified with the subalgebra of $L\mathfrak{g}$ consisting of the constant loops. If G is the simply connected Lie group with Lie algebra $\mathfrak{g}$, we shall denote by L the loop group $C^\infty(S^1; G)$; the subgroups of L corresponding to the above subalgebras of $L\mathfrak{g}$ will be denoted by L_+, L_-, M_+ and M_-. The above decompositions of $L\mathfrak{g}$ do not correspond to global decompositions of the group L, but we have a dense open subset

$$M_-L_+ = M_-GM_+ = L_-M_+ \subset L$$

consisting of all loops γ that can be factorized in the form $\gamma = \gamma_-\gamma_+$ with $\gamma_- \in M_-$, $\gamma_+ \in L_+$. We shall refer to this subset of L as the *big cell.*

2. The $\mathfrak{g}$AKNS Equations

As above, we let $\mathfrak{g}$ be any simple (complex) Lie algebra and $\mathfrak{h} \subset \mathfrak{g}$ a Cartan subalgebra. We fix also a regular element $\Lambda \in \mathfrak{h}$. The equations of the AKNS hierarchy associated with $(\mathfrak{g}, \Lambda)$ are indexed by pairs (M, r), where $M \in \mathfrak{h}$ and r is a non-negative integer. We fix such a pair (M, r); then, by definition, the solutions of the corresponding AKNS equation will be in one-to-one correspondence with one-parameter families of flat connexions

$$\mathcal{A} = \{\partial/\partial x - U(x,t;z),\ \partial/\partial t - V(x,t;z)\}$$

(over some region of (x,t)-space) such that the potentials U and V depend in a certain way on the "spectral" parameter z. The certain way amounts to requiring that $\mathcal{A}$ should be obtained by "dressing" the bare (that is, independent of x and t) connexion

$$\mathcal{A}_0 = \{\partial/\partial x - \Lambda z,\ \partial/\partial t - M z^r\}.$$

Note that $\mathcal{A}_0$ is indeed flat, since Λ and M commute. In general, dressing a connexion means acting on it by a gauge transformation that does not change the form of its singularities as a function of the spectral parameter; thus in our case, the potentials U and V in $\mathcal{A}$ will be required to be polynomials in z, with leading terms Λz and Mz^r, respectively.

To describe the equations, we consider first gauge transformations of $\mathcal{A}_0$ by elements of the group of *formal* expressions of the form

$$\phi_-(x,t;z) = \exp\left(\sum_1^\infty \chi_i(x,t)z^{-i}\right).$$

Clearly, such a ϕ_- transforms $\mathcal{A}_0$ into a family of formal connexions $\mathcal{A}$ with components $\partial/\partial x - U$ and $\partial/\partial t - V$, where U and V have the form

$$U = \Lambda z + \sum_{-\infty}^{0} u_i(x,t)z^i, \quad V = Mz^r + \sum_{-\infty}^{r-1} v_i(x,t)z^i$$

for some $\mathfrak{g}$-valued functions u_i and v_i. Of course, $\mathcal{A}$ is still flat, so we have the zero-curvature equation

$$[\partial/\partial x - U,\ \partial/\partial t - V] = 0, \tag{2.1}$$

or, equivalently,

$$U_t = V_x - [U,V].$$

As explained above, we want to consider only ϕ_- such that the terms in $\mathcal{A}$ involving negative powers of z are absent, so that U and V are polynomials in z; they therefore take the form

$$U = \Lambda z + u(x,t), \quad V = Mz^r + \sum_{i=0}^{r-1} v_i(x,t)z^i. \tag{2.2}$$

From the equation $\partial/\partial x - U = \phi_-^{-1}(\partial/\partial x - \Lambda z)\phi_-$ we find that

$$u(x,t) = [\Lambda, \chi_1(x,t)] \tag{2.3}$$

so that u is a function with values in the subspace Im ad$(\Lambda) \subset \mathfrak{g}$. Thus if we choose for each root α of $(\mathfrak{g},\mathfrak{h})$ a non-zero vector e_α in the corresponding root space, so that $\mathfrak{g}$ decomposes

$$\mathfrak{g} = \bigoplus_\alpha \mathbb{C}e_\alpha \oplus \mathfrak{h},$$

then u can be written in the form $u(x,t) = \sum_\alpha u_\alpha(x,t)e_\alpha$ where the u_α are scalar-valued functions. It is characteristic of soliton theory that the functions v_i in (2.2) are given by universal (that is, independent of ϕ_-) local expressions in the u_α, so that (2.1) reduces to an evolutionary system for the functions $u_\alpha(x,t)$. More precisely, we have the following.

Proposition 2.4. *Let $\mathcal{A} = \{\partial/\partial x - U,\ \partial/\partial t - V\}$ be obtained as above by formally dressing the bare connexion $\mathcal{A}_0$, and suppose the potentials U and V have the polynomial form (2.2). Then the zero-curvature equation (2.1) is equivalent to a system of evolution equations*

$$\partial u_\alpha/\partial t = f_\alpha(u_\beta)$$

where the f_α are certain universal (that is, depending only on M and r) polynomials in the u_β and their x-derivatives $u_\beta^{(j)}$. Furthermore, the f_α are homogeneous of degree $r+1$ if we give $u_\beta^{(j)}$ degree $j+1$.

We call this system the $\mathfrak{g}$AKNS equation associated with the data $(\mathfrak{g}, \Lambda; M, r)$. I omit the proof of (2.4), since it has been given many times in the literature (perhaps the best treatment would be obtained by extracting the relevant material from [4]). The basic system (1.1) is the special case when $\mathfrak{g}$ is $\mathfrak{sl}(2,\mathbb{C})$, $\Lambda = M = \operatorname{diag}(i,-i)$ and $r = 2$, so that the potential U has the form

$$U = \begin{bmatrix} i & 0 \\ 0 & -i \end{bmatrix} z + \begin{bmatrix} 0 & q \\ r & 0 \end{bmatrix},$$

and the right-hand side of (1.1) is homogeneous of degree 3.

We now restrict our attention to the special class of solutions of the $\mathfrak{g}$AKNS equation obtained by choosing the formal group element ϕ_- above to be a genuine function of z, defined for sufficiently large values of z. For definiteness we shall suppose that $\phi_-(x,t;z)$ is a function of x and t with values in the group M_- defined at the end of §1. The problem of finding such ϕ_- so that the transformed connexion $\mathcal{A} = \phi_-^{-1}\mathcal{A}_0\phi_-$ has the polynomial form (2.2) is solved as follows (see [12]). Consider also the group L_+ introduced in §1; and suppose that in addition to ϕ_- we can find a function $\phi_+(x,t;z)$ with values in L_+ such that

$$\mathcal{A} = \phi_-^{-1}\mathcal{A}_0\phi_- = \phi_+\mathcal{A}_0\phi_+^{-1}. \tag{2.5}$$

We may think of L_+ as the group of all smooth functions from the unit circle S^1 to G that extend to holomorphic G-valued functions on the disk $\{z : |z| < 1\}$; similarly M_- is the group of all smooth functions $S^1 \to G$ that extend holomorphically to the disk $\{z : |z| > 1\}$ and take the value

1 at infinity. Thus the first expression for $\mathcal{A}$ in (2.5) shows that it has no singularities outside S^1, except for the poles at infinity; and the second expression shows that it has no singularities inside S^1. Hence the potentials U and V have the desired form (2.2). If now we set $\phi = \phi_-\phi_+$, then we have $\phi^{-1}\mathcal{A}_0\phi = \mathcal{A}_0$, so that ϕ must have the form

$$\phi(x,t;z) = \exp(x\Lambda z + tMz^r)g(z)\exp(-x\Lambda z - tMz^r) \tag{2.6}$$

where g belongs to the loop group $L \equiv C^\infty(S^1;G)$. Conversely, if g belongs to the big cell $M_-L_+ \subset L$, and we define ϕ by (2.6), then (at least for a dense open set of values of x and t) ϕ can be factorized $\phi = \phi_-\phi_+$ as above, and we can define a connexion $\mathcal{A}$ by (2.5). Combining these observations with (2.4) and (2.3), we obtain the following.

Proposition 2.7. *Let g belong to the big cell of the loop group L, let $\phi(x,t;z)$ be defined by (2.6), and let $\phi = \phi_-\phi_+$ be its factorization with $\phi_- \in M_-$, $\phi_+ \in L_+$. Suppose*

$$\phi_-(x,t;z) = \exp\left(\sum_1^\infty \chi_i(x,t)z^{-i}\right).$$

Then the $\mathfrak{g}$-valued function $u(x,t) = [\Lambda, \chi_1(x,t)]$ satisfies the $\mathfrak{g}$AKNS equation indexed by the pair (M,r) occurring in (2.6).

Some explanation is needed, since unfortunately (see [5]) an element of M_- does not necessarily have the form $\exp\left(\sum_1^\infty \chi_i z^{-i}\right)$ for any *convergent* series $\sum_1^\infty \chi_i z^{-i}$. Probably the simplest point of view is the following: choose any matrix representation of G, so that $\phi_- \in M_-$ can be expanded in a Fourier series $\phi_- = 1 + \sum_1^\infty \phi_i z^{-i}$ with the ϕ_i matrices; then the χ_i are the coefficients of the formal series $\log \phi_-$. They belong canonically to the Lie algebra $\mathfrak{g}$, because they can also be described in terms of the successive derivatives at infinity of ϕ_- with respect to z^{-1}.

3. The Central Extension $\hat{L}$ and the Function σ

The function σ that forms the subject of this section can be thought of in several ways: one of them is as follows. Consider the Grassmannian-like homogeneous space L/L_+. The image in L/L_+ of the complement of the big cell in L is a divisor in L/L_+; it therefore corresponds to a holomorphic line bundle $\mathcal{L}$ over L/L_+ together with a section of this bundle. If $\hat{L}$ denotes the group of automorphisms of $\mathcal{L}$, then the pullback of $\mathcal{L}$ to $\hat{L}$ is canonically trivial, and the section therefore becomes a function on $\hat{L}$. The group $\hat{L}$ turns out to be a central extension of L by $\mathbb{C}^\times$. I refer to [7] for a rigorous discussion along these lines. Here we shall merely give a simple characterization of σ, assuming certain properties of the group $\hat{L}$ which we make plausible by considering the corresponding Lie algebra $\hat{L}\mathfrak{g}$.

Let $\langle\ ,\ \rangle$ denote the (unique) invariant symmetric bilinear form on $\mathfrak{g}$ such that if α is a *long* root and h_α the corresponding coroot, then $\langle h_\alpha, h_\alpha\rangle = 2$. Then $\hat{L}\mathfrak{g}$ is the central extension of $L\mathfrak{g}$ by $\mathbb{C}$ defined by the cocycle

$$\omega(X(z), Y(z)) = \operatorname{res}_{z=0}\langle dX(z)/dz, Y(z)\rangle. \tag{3.1}$$

Thus as a linear space, we have $\hat{L}\mathfrak{g} = L\mathfrak{g} \oplus \mathbb{C}$, and the bracket is given by

$$[(X,\lambda),(Y,\mu)] = ([X,Y],\omega(X,Y)).$$

Corresponding to the extension $0 \to \mathbb{C} \to \hat{L}\mathfrak{g} \to L\mathfrak{g} \to 0$ of Lie algebras there is a central extension

$$1 \to \mathbb{C}^\times \to \hat{L} \to L \to 1 \tag{3.2}$$

of groups, with $\hat{L}$ simply connected (that depends on the form $\langle\ ,\ \rangle$ being normalized in the above way: cf. [7], ch. 4 and 6). We denote by

$$s : L\mathfrak{g} \to \hat{L}\mathfrak{g} \equiv L\mathfrak{g} \oplus \mathbb{C}$$

the splitting $s(X) = (X, 0)$ of the above exact sequence of Lie algebras. Of course, s is not a Lie algebra homomorphism, so does not induce a splitting of (3.2); indeed, the fibration (3.2) is not even topologically trivial, which is the main reason why it is not easy to construct $\hat{L}$. However, let us consider the subalgebra $L_+\mathfrak{g}$ of $L\mathfrak{g}$. The cocycle (3.1) vanishes on $L_+\mathfrak{g}$, so the restriction of s to $L_+\mathfrak{g}$ is a Lie algebra homomorphism. Since the group L_+ is simply connected, we expect there to be a corresponding splitting $s : L_+ \to \hat{L}$ of groups, giving a canonical holomorphic trivialization of the part of the fibration (3.2) lying over L_+. We admit this fact, which, strictly speaking, would need to be proved using some explicit construction of $\hat{L}$. Similar remarks apply to the subgroup L_- of L, and, *a fortiori*, to the smaller subgroups M_- and M_+. More generally, suppose γ belongs to the big cell in L, that is, that $\gamma = \gamma_-\gamma_+$ with $\gamma_- \in M_-$, $\gamma_+ \in L_+$. Then if we set

$$s(\gamma) = s(\gamma_-)s(\gamma_+)$$

we get a canonical trivialization of the fibration (3.2) over the big cell in L. We shall call the dense open subset of $\hat{L}$ that lies over the big cell of L

the big cell of $\hat{L}$. Thus any element $\hat{\gamma}$ in the big cell of $\hat{L}$ can be written uniquely in the form $\hat{\gamma} = \lambda s(\gamma)$, where $\lambda \in \mathbb{C}^\times$ belongs to the centre of $\hat{L}$ and $\gamma \in L$. We shall call λ the *central component* of $\hat{\gamma}$. The function σ can now be characterized as follows: *σ is the unique holomorphic function on $\hat{L}$ that assigns to an element of the big cell of $\hat{L}$ its central component.* This characterization of σ will suffice for our purposes: but we should note that it is unsatisfactory because it is not clear from what we have said that σ is a holomorphic function on the whole of $\hat{L}$, rather than just on the big cell. To see that we should have to define it in a different way, for example in the way sketched at the beginning of this section, or as a matrix coefficient in the basic representation of $\hat{L}$ (cf. [7], ch. 11).

We record a few simple properties of the function σ. The first two follow immediately from the definition above.

Lemma 3.3. *If $\lambda \in \mathbb{C}^\times$ belongs to the centre of $\hat{L}$, then*

$$\sigma(\lambda\hat{\gamma}) = \lambda\sigma(\hat{\gamma}) \quad \textit{for any } \hat{\gamma} \in \hat{L}.$$

Lemma 3.4. *The function σ is invariant with respect to left multiplication by elements of the subgroup $s(L_-)$ of $\hat{L}$, and with respect to right multiplication by elements of $s(L_+)$.*

The next lemma is the origin of the formula (1.3) that we are studying.

Lemma 3.5. *Let $\phi = \phi_-\phi_+$ belong to the big cell of L, and let $\hat{\phi}$ be any element of $\hat{L}$ lying over ϕ. Then for any $\hat{\psi} \in \hat{L}$ we have*

$$\sigma(\hat{\psi}s(\phi_-)) = \sigma(\hat{\psi}\hat{\phi})/\sigma(\hat{\phi}).$$

Proof. By (3.3), the right-hand side does not depend on the choice of $\hat{\phi}$, since the possible choices differ only by a factor in the centre of $\hat{L}$. Thus we may choose $\hat{\phi} = s(\phi)$, so that $\sigma(\hat{\phi}) = 1$. But then, using (3.4), we have

$$\sigma(\hat{\psi}\hat{\phi}) = \sigma(\hat{\psi}s(\phi_-)s(\phi_+)) = \sigma(\hat{\psi}s(\phi_-)),$$

as stated.

To end this section, we formulate the main lemma of the paper. Let $\gamma \in M_-$, so that (at least formally, see the end of §2) we can write

$$\gamma(z) = \exp\left(\sum_1^\infty \gamma_i z^{-i}\right), \quad \gamma_i \in \mathfrak{g}. \tag{3.6}$$

We decompose γ_1 in the form $\gamma_1 = X + \sum_\alpha \gamma_1^\alpha e_\alpha$, where $X \in \mathfrak{h}$, and e_α is our chosen basis for the root space of α. Thus for each root α we have a map $A_\alpha : M_- \to \mathbb{C}$ defined by

$$A_\alpha(\gamma) = \gamma_1^\alpha.$$

On the other hand, if $h_\alpha \in \mathfrak{h}$ is the coroot corresponding to α, then we have a homomorphism ψ_α from $\mathbb{C}^\times$ to H defined by $\psi_\alpha(z) = \exp((\log z)h_\alpha)$. Here of course H denotes the Cartan subgroup of G corresponding to $\mathfrak{h}$. Restricting to $S^1 \subset \mathbb{C}^\times$, we may regard ψ_α as a loop in H, hence as an element of L. Then there is a one-dimensional space of elements $\hat{\psi}_\alpha$ of $\hat{L}$ lying over ψ_α. Fixing one of them, we define a map $B_\alpha : M_- \to \mathbb{C}$ by

$$B_\alpha(\gamma) = \sigma(\hat{\psi}_\alpha s(\gamma)).$$

Lemma 3.7. *Suppose that α is a long root (in particular, if $\mathfrak{g}$ is simply laced, then α can be any root). Then for a suitable choice of $\hat{\psi}_\alpha$ we have $A_\alpha(\gamma) = B_\alpha(\gamma)$ for all $\gamma \in M_-$.*

4. τ-Functions and the $\mathfrak{g}$AKNS Equations

It is probably not wise to attempt to define the notion of a τ-function; in practice it means a function obtained by restricting one of the functions like σ to a suitable many-parameter subspace of $\hat{L}$, usually some coset of part of a Heisenberg subgroup of $\hat{L}$. Here we define just the τ-functions required to solve the $\mathfrak{g}$AKNS equation defined in §2, corresponding to the choices $\Lambda \in \mathfrak{h}$, $(M, r) \in \mathfrak{h} \times \mathbb{N}$. We fix from now on an element g in the big cell of L, and an element $\hat{g}$ of $\hat{L}$ lying over it. Then we define a function τ of two variables by

$$\tau(x,t) = \sigma(s[\exp(x\Lambda z + tMz^r)]\hat{g}). \tag{4.1}$$

Note that the expression $\exp(x\Lambda z + tMz^r)$ belongs to the subgroup L_+ of L, hence to the big cell, over which the splitting s is defined. We shall need also a τ-function corresponding to each root α of $\mathfrak{g}$. As in §3, let $\psi_\alpha \in LH \subset L$ be the homomorphism defined by α, and $\hat{\psi}_\alpha$ the lifting of it to $\hat{L}$ to be specified in §5 below. Then we define

$$\tau_\alpha(x,t) = \sigma(\hat{\psi}_\alpha s[\exp(x\Lambda z + tMz^r)]\hat{g}). \tag{4.2}$$

The following is the main result of this paper.

Theorem 4.3. *Fix (as above) any g in the big cell of L, and let τ and τ_α be defined by (4.1) and (4.2). For each root α, set*

$$u_\alpha(x,t) = \alpha(\Lambda)\tau_\alpha(x,t)/\tau(x,t).$$

Suppose that the Lie algebra $\mathfrak{g}$ is simply laced. Then the $\mathfrak{g}$-valued function $u(x,t) = \sum_\alpha u_\alpha(x,t)e_\alpha$ coincides with the solution to the $\mathfrak{g}AKNS$ equation described in Proposition 2.7.

In the case when $\mathfrak{g}$ is $\mathfrak{sl}(2,\mathbb{C})$ and $\Lambda = \mathrm{diag}(i,-i)$, this gives the formula (1.3); there τ_+ and τ_- denote the τ-functions (4.2) corresponding to the (unique) positive and negative roots of $\mathfrak{g}$.

Returning to Theorem 4.3 in the general case, notice that u does not depend on the choice of lifting $\hat{g}$ of g, because, by (3.3), a different choice would simply multiply all the τ-functions by the same constant, which would cancel out in the formula for u_α. On the other hand, u does depend on the choice of root vectors e_α, and τ_α depends on the choice of lifting $\hat{\psi}_\alpha$ of ψ_α. In §5 we shall see how to make these choices compatibly, so as to obtain the Theorem.

To prove (4.3) (modulo Lemma 3.7) we have only to combine some of the statements of Sections 2 and 3. In the notation of §3, the solution to the $\mathfrak{g}$AKNS equation in Proposition 2.7 is given by

$$u_\alpha = \alpha(\Lambda)A_\alpha(\phi_-).$$

Using (3.7) and (3.5), we get

$$A_\alpha(\phi_-) = B_\alpha(\phi_-) = \sigma(\hat{\psi}_\alpha s(\phi_-)) = \sigma(\hat{\psi}_\alpha\hat{\phi})/\sigma(\hat{\phi}); \tag{4.4}$$

and as the element $\hat{\phi}$ of $\hat{L}$ lying over ϕ we may choose

$$\hat{\phi} = s[\exp(x\Lambda z + tMz^r)]\hat{g}s[\exp(-x\Lambda z - tMz^r)].$$

The right-hand factor $s[\exp(-x\Lambda z - tMz^r)]$ belongs to $s(L_+)$, hence by (3.4) it can be omitted without changing the last expression in (4.4). That proves the Theorem.

5. Proof of Lemma 3.7

There are two steps in the proof of (3.7): the first is to reduce the problem to the case when γ has the form $\gamma(z) = \exp(\lambda z^{-1}e_\alpha)$, the second is to prove the lemma in that case. Both steps use the hypothesis that α is a long root. We observe first:

Lemma 5.1. *The map $A_\alpha : M_- \to \mathbb{C}$ is a homomorphism.*

Proof. This follows from the fact that the map $\gamma \mapsto \gamma_1$ is a homomorphism from M_- to $\mathfrak{g}$ (where γ_1 is as in (3.6)). Indeed, set $k = z^{-1}$, so that

$$\gamma_1 = \left(\frac{d\gamma}{dk}\gamma^{-1}\right)\Big|_{k=0}.$$

Then we have

$$\frac{d(\gamma\eta)}{dk}(\gamma\eta)^{-1} = \frac{d\gamma}{dk}\gamma^{-1} + \gamma\left(\frac{d\eta}{dk}\eta^{-1}\right)\gamma^{-1},$$

and $\gamma(k)$ is the identity when $k = 0$; hence $(\gamma\eta)_1 = \gamma_1 + \eta_1$, as stated.

Now let M_0 be the kernel of the homomorphism A_α, and let M_α be the one dimensional subgroup $\{\exp(\lambda z^{-1} e_\alpha)\colon \lambda \in \mathbb{C}\}$ of M_-.

Lemma 5.2. *Each $\gamma \in M_-$ has a unique decomposition $\gamma = \gamma_0\gamma_\alpha$ with $\gamma_0 \in M_0$, $\gamma_\alpha \in M_\alpha$.*

Proof. It is obvious that $M_0 \cap M_\alpha = \{1\}$, hence the uniqueness. Given $\gamma \in M_-$, let $\lambda = A_\alpha(\gamma)$; then we have

$$\gamma = [\gamma \exp(-\lambda z^{-1} e_\alpha)] \exp(\lambda z^{-1} e_\alpha).$$

By (5.1), the factor inside the square brackets belongs to M_0.

It follows from (5.1) and (5.2) that $A_\alpha(\gamma) = A_\alpha(\gamma_\alpha)$. We now show that the same is true for the map B_α. We have

$$B_\alpha(\gamma) = \sigma(\hat{\psi}_\alpha s(\gamma)) = \sigma(\hat{\psi}_\alpha s(\gamma_0)s(\gamma_\alpha)) = \sigma(\hat{\psi}_\alpha s(\gamma_0)\hat{\psi}_\alpha^{-1}\hat{\psi}_\alpha s(\gamma_\alpha)).$$

Because of (3.4), the desired result $B_\alpha(\gamma) = B_\alpha(\gamma_\alpha)$ follows from the next lemma.

Lemma 5.3. *For any $\gamma_0 \in M_0$, we have $\hat{\psi}_\alpha s(\gamma_0)\hat{\psi}_\alpha^{-1} \in s(L_-)$.*

Proof. Note first that since the centre of $\hat{L}$ acts trivially by conjugation, $\hat{\psi}_\alpha s(\gamma_0)\hat{\psi}_\alpha^{-1}$ does not depend on the choice of $\hat{\psi}_\alpha$ lying over $\psi_\alpha \in L$; we shall denote it loosely by $\mathrm{Ad}\,\psi_\alpha(s(\gamma_0))$. Although the exponential map from $M_-\mathfrak{g}$ to M_- is not in general surjective, it is certainly true that the image of $M_-\mathfrak{g}$ contains a neighbourhood of the identity in M_-, hence generates M_-. So it is enough to prove the lemma in the case when γ_0 has the form $\gamma_0 = \exp q(z)$, where $q(z) = \sum_1^\infty q_i z^{-i} \in M_-\mathfrak{g}$, and the coefficient of

e_α in the root space decomposition of q_1 is zero. Since the adjoint action of a group commutes with the exponential map, it is enough to show that $\operatorname{Ad}\psi_\alpha s(q)$ belongs to the subalgebra $s(L_-\mathfrak{g}) \equiv L_-\mathfrak{g} \oplus 0$ of $\hat{L}\mathfrak{g} = L\mathfrak{g} \oplus \mathbb{C}$. But we have the formula (see [7], p. 44)

$$\operatorname{Ad}\psi_\alpha(q,0) = (\psi_\alpha q \psi_\alpha^{-1}, \operatorname{res}_{z=0}\langle \psi_\alpha^{-1}\psi_\alpha', q\rangle),$$

where $\psi_\alpha' \equiv d\psi_\alpha/dz$. Since $\psi_\alpha^{-1}\psi_\alpha' = z^{-1}h_\alpha$ and q involves only negative powers of z, the central term in this expression is indeed zero. It remains to see that the Fourier expansion of $\operatorname{Ad}\psi_\alpha(q) \in L\mathfrak{g}$ involves no positive powers of z. Now, $\operatorname{Ad}\psi_\alpha$ acts trivially on $\mathfrak{h}$, and if β is any root of $\mathfrak{g}$, the action of $\operatorname{Ad}\psi_\alpha$ on the corresponding root space is given by

$$\begin{aligned}\operatorname{Ad}\psi_\alpha(e_\beta) &= \operatorname{Ad}\exp((\log z)h_\alpha)e_\beta \\ &= \exp\operatorname{ad}((\log z)h_\alpha)e_\beta \\ &= \exp((\log z)\beta(h_\alpha))e_\beta \\ &= z^{\beta(h_\alpha)}e_\beta.\end{aligned}$$

Hence the lemma will be true provided that $\beta(h_\alpha) < 2$ for all roots $\beta \neq \alpha$. But from the elementary theory of root systems, we have

$$\beta(h_\alpha) = 2(\alpha,\beta)/(\alpha,\alpha)$$

where $(\ ,\ )$ is a Weyl group invariant inner product on $\mathfrak{h}^*$. So the condition we want holds exactly when α is a long root.

Obviously, $A_\alpha(\exp(\lambda z^{-1}e_\alpha)) = \lambda$; so we have reduced the proof of (3.7) to the following lemma.

Lemma 5.4. *For a suitable choice of $\hat{\psi}_\alpha \in \hat{L}$ covering ψ_α, we have*

$$\sigma(\hat{\psi}_\alpha s(\exp(\lambda z^{-1}e_\alpha))) = \lambda \quad \textit{for any } \lambda \in \mathbb{C}.$$

The main step in the proof of (5.4) is to describe the "suitable choice" of $\hat{\psi}_\alpha$. For that we shall use the two embeddings i_α and j_α of $\mathfrak{sl}(2)$ into $L\mathfrak{g}$ defined as follows. Let $f_\alpha \in \mathfrak{g}$ be the root vector for $-\alpha$ such that $[e_\alpha, f_\alpha] = h_\alpha$ is the coroot corresponding to α; and let

$$e = \begin{bmatrix} 0 & 1 \\ 0 & 0 \end{bmatrix}, \quad h = \begin{bmatrix} 1 & 0 \\ 0 & -1 \end{bmatrix}, \quad f = \begin{bmatrix} 0 & 0 \\ 1 & 0 \end{bmatrix}$$

be the standard basis for $\mathfrak{sl}(2)$. Then $i_\alpha : \mathfrak{sl}(2) \to \mathfrak{g} \subset L\mathfrak{g}$ is the usual embedding associated with the root α, defined by

$$i_\alpha(e) = e_\alpha, \quad i_\alpha(f) = f_\alpha, \quad i_\alpha(h) = h_\alpha;$$

and $j_\alpha : \mathfrak{sl}(2) \to L\mathfrak{g}$ is defined by

$$j_\alpha(e) = zf_\alpha, \quad j_\alpha(f) = z^{-1}e_\alpha, \quad j_\alpha(h) = -h_\alpha.$$

We denote the induced maps of groups from SL(2) to L by the same symbols i_α and j_α. Let

$$w = \begin{bmatrix} 0 & 1 \\ -1 & 0 \end{bmatrix}$$

be the usual representative for the non-trivial element of the Weyl group of SL(2).

Lemma 5.5. *In L we have $\psi_\alpha = i_\alpha(w) j_\alpha(w)$.*

The proof comes down to a calculation in LSL(2), and is based on the formula

$$w = \begin{bmatrix} 1 & 0 \\ -1 & 1 \end{bmatrix} \begin{bmatrix} 1 & 1 \\ 0 & 1 \end{bmatrix} \begin{bmatrix} 1 & 0 \\ -1 & 1 \end{bmatrix} = \exp(-f)\exp(e)\exp(-f).$$

So if j is the embedding of $\mathfrak{sl}(2)$ in $L\mathfrak{sl}(2)$ defined by

$$j(e) = zf, \quad j(f) = z^{-1}e, \quad j(h) = -h,$$

then we have

$$j(w) = \begin{bmatrix} 1 & -z^{-1} \\ 0 & 1 \end{bmatrix} \begin{bmatrix} 1 & 0 \\ z & 1 \end{bmatrix} \begin{bmatrix} 1 & -z^{-1} \\ 0 & 1 \end{bmatrix} = \begin{bmatrix} 0 & -z^{-1} \\ z & 0 \end{bmatrix}$$

so that

$$wj(w) = \begin{bmatrix} z & 0 \\ 0 & z^{-1} \end{bmatrix} = \exp((\log z)h).$$

Applying the map i_α to this, we obtain the lemma.

We can now define liftings $\hat{i}_\alpha$ and $\hat{j}_\alpha$ of i_α and j_α to embeddings of $\mathfrak{sl}(2)$ into $\hat{L}\mathfrak{g}$, as follows. First, $\hat{i}_\alpha$ is just the composition si_α of i_α with the splitting $s : L\mathfrak{g} \to \hat{L}\mathfrak{g}$. This is indeed a homomorphism, since i_α takes values in $\mathfrak{g} \subset L\mathfrak{g}$, and the cocycle (3.1) vanishes on $\mathfrak{g}$. To obtain $\hat{j}_\alpha$ we lift the images of e and f using s; that then determines $\hat{j}_\alpha(h)$. For simplicity, for the rest of the paper we shall use the same notation for an element X of $L\mathfrak{g}$ and for the corresponding element $s(X) = X \oplus 0$ of $\hat{L}\mathfrak{g}$; then we have $\hat{j}_\alpha(e) = zf_\alpha$, $\hat{j}_\alpha(f) = z^{-1}e_\alpha$, and

$$\hat{j}_\alpha(h) = -h_\alpha + \langle e_\alpha, f_\alpha \rangle. \tag{5.6}$$

We denote the maps of groups from SL(2) to $\hat{L}$ determined by $\hat{\imath}_\alpha$ and $\hat{\jmath}_\alpha$ by the same symbols; then the choice of lifting $\hat{\psi}_\alpha$ to be used in (5.4) is

$$\hat{\psi}_\alpha = \hat{\imath}_\alpha(w)\hat{\jmath}_\alpha(w).$$

Now, $\hat{\imath}_\alpha(w)$ belongs to the subgroup $s(G) \subset s(L_-)$ of $\hat{L}$; hence by (3.4), Lemma 5.4 reduces to the assertion that

$$\sigma(\hat{\jmath}_\alpha(w)\exp(\lambda z^{-1}e_\alpha)) = \lambda \quad \text{for any } \lambda \in \mathbb{C}. \tag{5.7}$$

But since $\exp(\lambda z^{-1}e_\alpha) = \hat{\jmath}_\alpha \exp(\lambda f)$, the proof of this is just a calculation in the group $\hat{\jmath}_\alpha\mathrm{SL}(2)$. In SL(2) we have (for $\lambda \neq 0$)

$$w\exp(\lambda f) = \exp(-\lambda^{-1}f)\exp((\log\lambda)h)\exp(\lambda^{-1}e),$$

so applying the map $\hat{\jmath}_\alpha$, we find

$$\hat{\jmath}_\alpha(w)\exp(\lambda z^{-1}e_\alpha) = \exp(-\lambda^{-1}z^{-1}e_\alpha)\exp((\log\lambda)\hat{\jmath}_\alpha(h))\exp(\lambda^{-1}zf_\alpha).$$

Since the first and last factors here belong to $s(L_-)$ and $s(L_+)$ (respectively), we get

$$\sigma(\hat{\jmath}_\alpha(w)\exp(\lambda z^{-1}e_\alpha)) = \sigma(\exp((\log\lambda)\hat{\jmath}_\alpha(h))). \tag{5.8}$$

But since α is a long root, we have

$$2 = \langle h_\alpha, h_\alpha\rangle = \langle h_\alpha, [e_\alpha, f_\alpha]\rangle = \langle f_\alpha, [h_\alpha, e_\alpha]\rangle = \langle f_\alpha, 2e_\alpha\rangle,$$

so that $\langle e_\alpha, f_\alpha\rangle = 1$. Hence from (5.6) we get

$$\exp((\log\lambda)\hat{\jmath}_\alpha(h)) = \exp(-(\log\lambda)h_\alpha) \times \exp(\log\lambda) \in H \times \mathbb{C}^\times.$$

The central component of this is $\exp(\log\lambda) = \lambda$. In view of (5.7) and (5.8), that completes the proof.

REFERENCES

1. M.J. Ablowitz, D.J. Kaup, A.C. Newell and H. Segur, *The inverse scattering transform: Fourier analysis for nonlinear problems*, Studies in Appl. Math. **53** (1974), 249–315.
2. M.J. Bergveld and A.P.E. ten Kroode, *τ-functions and zero curvature equations of Toda-AKNS type*, J. Math. Phys. **29** (1988), 1308–1320.

3. L.A. Dickey, *On Segal–Wilson's definition of the τ-function and hierarchies AKNS-D and mcKP*, this volume.
4. V.G. Drinfel'd and V.V. Sokolov, *Lie algebras and equations of Korteweg–de Vries type*, Itogi Nauki i Tekhniki, ser. Sovremennye Problemy Matematiki, **24** (1984), 81–180; J. Sov. Math. **30** (1985), 1975–2036.
5. R. Goodman and N.R. Wallach, Erratum to the paper *Structure and ... of the circle*, J. Reine Angew. Math. **347** (1984), 220.
6. R. Hirota, *Exact envelope-soliton solutions of a nonlinear wave equation*, J. Math. Phys. **14** (1973), 805–809.
7. A. Pressley and G. Segal, *Loop Groups*, Clarendon Press, Oxford, 1986.
8. E. Previato, *Hyperelliptic quasi-periodic and soliton solutions of the nonlinear Schrödinger equation*, Duke Math. J. **52** (1985), 329–377.
9. G. Wilson, *The modified Lax and two-dimensional Toda lattice equations associated with simple Lie algebras*, Ergod. Th. and Dynam. Sys. **1** (1981), 361–380.
10. G. Wilson, *Habillage et fonctions τ*, C.R. Acad. Sc. Paris, t. 299, Série I (1984), 587–590.
11. G. Wilson, *Infinite-dimensional Lie groups and algebraic geometry in soliton theory*, Phil. Trans. R. Soc. London A **315** (1985), 393–404.
12. V.E. Zakharov and A.B. Shabat, *Integration of the nonlinear equations of mathematical physics by the inverse scattering method*, II, Funct. Anal. Appl. **13**:3 (1979), 13–22 (Russian), 166–174 (English).

Mathematics Department
Imperial College
London SW7 2BZ
England

On Segal-Wilson's Definition of the τ-Function and Hierarchies AKNS-D and mcKP

L.A. Dickey

1. Segal and Wilson in their well-known article [1] developed Sato's ideas (see e.g. [8]) and devised a construction for solutions to KP hierarchy of integrable equations based on Grassmannians in Hilbert spaces. To any element of a Grassmannian a Baker function of a solution can be assigned which, in turn, enables one to find the solution itself. Segal and Wilson also suggested a construction of τ-functions based on Grassmannians, and a τ-function is connected with the Baker function by the famous Sato formula

$$\hat{w}(t_1, t_2, ...) = \frac{\tau(t_1 - 1/z, t_2 - 1/2z^2, t_3 - 1/3z^3, ...)}{\tau(t_1, t_2, t_3, ...)}. \tag{1.1}$$

This formula determines the significance of τ-functions in the theory of integrable systems.

We present here, first of all, another form of a definition of the τ-function; although it is equivalent to the original Segal-Wilson definition, it is, we believe, easier to handle. However, our main goal is to define the τ-function for hierarchies generated by matrix first order differential operators (AKNS-D hierarchies) and closely connected with them multi-component KP hierarchies (mcKP). The problem of how to define the τ-function for these hierarhies in Segal-Wilson's terms was posed in our paper [2]. We have managed to solve it only after we modified the definition of the τ-function since the new definition fits very well the construction of known examples of solutions (soliton solutions). For these examples it is easy to find a function that can be called a τ-function, and this leads to a general definition.

2. KP hierarchy, soliton solutions and Grassmannians

2.1. Recall a few well-known facts about the KP hierarchy. It is generated by a pseudo-differential operator

$$L = \partial + u_1\partial^{-1} + u_2\partial^{-2} + ..., \quad \partial = d/dx.$$

Let $B_m = (L^m)_+$ where $+$ symbolizes retaining only positive powers of ∂. Let t_k be parameters (time variables). Then the KP hierarchy is the set of equations

$$\partial_k L = [B_m, L], \quad \partial_k = \partial/\partial t_k. \tag{2.1.1}$$

All the equations commute. The variable t_1 can be identified with x.

If we represent L as

$$L = \hat{w}\partial\hat{w}^{-1}$$

where $\hat{w}(\partial) = \sum_0^\infty w_i\partial^{-i}$, $w_0 = 1$ then the *Baker function* is

$$w(t,z) = \hat{w}(\partial)\exp(\sum_1^\infty t_s z^s) = \hat{w}(z)\exp(\sum_1^\infty t_s z^s).$$

We shall also use the notations $\xi(t,z) = \sum_1^\infty t_s z^s, g(t,z) = \exp\xi(t,z)$. This function satisfies the equations

$$Lw = zw, \text{ and } \partial_k w = B_k w.$$

2.2. Recall the notion of infinite-dimensional Grassmannians used by Segal and Wilson. They considered both a very general and abstract notion and a more concrete one; here we shall use the latter.

Let H be the Hilbert space of functions on the unit circle $|z| = 1$: $H = \{\sum_{\infty}^{\infty} v_i z^i\}$ (we do not discuss convergence etc). Let $H_+ = \{\sum_0^\infty v_i z^i\}$ and $H_- = \{\sum_{-\infty}^{-1} v_i z^i\}$, p_+ and p_- denoting projections on H_+ and H_-.

An element of the Grassmannian $W \in \mathrm{Gr}$ is a subspace $W \subset H$ such that when p_+ is restricted to W, $p_+|_W$ is a Fredholm operator, i.e. has a finite-dimensional kernel and cokernel, and $p_-|_W$ is a compact operator or, better, a trace class operator (in our example it will be even finite-dimensional). We take a narrower class of W, namely, we assume that ind $p_+|_W$ = dim ker $p_+|_W -$dim coker $p_+|_W = 0$. Furthermore, we confine ourselves to a generic (the so-called "transversal") case where $p_+|_W$ is a one-to-one correspondence.

Example. Let W consist of series $v(z) = \sum_{-N}^\infty v_i z^i$ satisfying equations

$$v(\alpha_i) - \tilde{a}_i v(\beta_i) = 0,\ i = 1, ..., N,\ \tilde{a}_i = a_i(\beta_i/a_i)^N$$

where α_i, β_i and a_i are some complex numbers. Comparing W with H_+ we see that there are N extra terms and N additional equations allowing us to recover $v(z)$ uniquely if p_+v is known (in a generic case).

Let an element $W \in \mathrm{Gr}$ be given. Then there is a unique element of W having the form $w(t,z) = \sum_0^\infty w_s(t)z^{-s}\exp\xi(t,z) \in W$, $w_0 = 1$, where t is a parameter. It can be proven (see [1] or [3]) that this is a Baker function of the KP hierarchy. To emphasize its dependence on the choice of W it can be denoted by $w_W(t,z)$.

Let us turn to our example. According to definitions, the Baker function is a function $w(t,z) = \sum_0^N w_s z^{-s} \exp\xi(t,z)$ satisfying the equations

$$\sum_0^N w_s[\alpha_i^{(N-s)} \exp\xi(t,\alpha_i) - a_i\beta_i^{(N-s)} \exp\xi(t,\beta_i)] = 0$$

or $\sum_0^N w_s\partial^{N-s}y_i(t) = 0,\ i = 1,...,N,\ w_0 = 1$, where $y_i(t) = \exp\xi(t,\alpha_i) - a_i \exp\xi(t,\beta_i)$. Let us write this equation in matrix form:

$$(w_N,...,w_0)\cdot\begin{pmatrix} y_1 & \dots & y_N \\ \dots & \dots & \dots \\ y_1^{(N-1)} & \dots & y_N^{(N-1)} \\ y_1^{(N)} & \dots & y_N^{(N)} \end{pmatrix} = 0.$$

Then $w_N,...,w_0$ must be proportional to signed minors of this $(n+1)\times n$ matrix. Therefore, $\sum_0^N w_s z^{N-s} = z^N\hat{w}(t,z)$ is the determinant

$$\begin{vmatrix} y_1 & \dots & y_N & 1 \\ \dots & \dots & \dots & \dots \\ y_1^{(N)} & \dots & y_N^{(N)} & z^N \end{vmatrix}$$

which must be divided by $w_0 = \Delta$. Thus,

$$\hat{w}(t,z) = \frac{z^{-N}}{\Delta}\begin{vmatrix} y_1 & \dots & y_N & 1 \\ \dots & \dots & \dots & \dots \\ y_1^{(N)} & \dots & y_N^{(N)} & z^N \end{vmatrix}. \tag{2.2.1}$$

2.3. Let us transform Eq.(2.2.1) by making zeros appear in the last column.

$$\hat{w}(t,z) = \frac{z^{-N}}{\Delta}\begin{vmatrix} y_1 - z^{-1}y_1' & \dots & y_N - z^{-1}y_N' & 0 \\ .. & .. & .. & .. \\ y_1^{(N-1)} - z^{-1}y_1^{(N)} & \dots & y_N^{(N-1)} - z^{-1}y_N^{(N)} & 0 \\ y_1^{(N)} & \dots & y_N^{(N)} & z^N \end{vmatrix}.$$

We have

$$y_i^{(j)} - z^{-1}y_i^{(j+1)} = (1-\frac{\alpha_i}{z})\alpha_i^j \exp\xi(t,\alpha_i) - a_i(1-\frac{\beta_i}{z})\beta_i^j \exp\xi(t,\beta_i).$$

Using $(1-\alpha_i/z) = \exp\ln(1-\alpha_i/z) = \exp(-\sum_1^\infty \alpha_i^s/sz^s)$ we can write this difference as $y_i^{(j)}(t_1 - 1/z, t_2 - 1/2z^2, t_3 - 1/3z^3, ...)$. Now

$$\hat{w}(t,z) = \frac{\Delta(t_1 - 1/z, t_2 - 1/2z^2, t_3 - 1/3z^3, ...)}{\Delta(t_1,t_2,t_3,...)}.$$

If we set $\tau(t) = \Delta(t)$ we will get precisely Eq(1.1).

2.4. We have seen that the τ-function in our example is the determinant of the matrix

$$Y = \begin{pmatrix} y_1 & \cdots & y_N \\ \cdots & \cdots & \cdots \\ y_1^{(N-1)} & \cdots & y_N^{(N-1)} \end{pmatrix}. \qquad (2.4.1)$$

The general idea of Segal and Wilson is that a τ-function is the determinant of some mapping in the Grassmannian. They suggest the following mapping. If $W \in \mathrm{Gr}$ is an element determining the Baker function $w_W(t,z)$, then they consider the combined mapping

$$H_+ \overset{(p_+|_W)^{-1}}{\longrightarrow} W \overset{\beta g^{-1}}{\longrightarrow} Wg^{-1} \overset{p_+}{\longrightarrow} H_+ \overset{\mathbf{g}}{\longrightarrow} H_+$$

where $\mathbf{g}$ is the transformation in H multiplying any element $v(z)$ by g, i.e.

$$\tau_W(t) \equiv \tau_W(g) = \det[\mathbf{g} \circ p_+ \circ \mathbf{g}^{-1} \circ (p_+|_W)^{-1}]. \qquad (2.4.2)$$

It can be proven (see [1] or [3]) that this $\tau_W(t)$ and the above defined $w_W(t,z)$ are connected by Eq(1.1).

2.5. We have seen in our example that the τ-function is the determinant of some matrix Y. The same idea that a τ-function must be a determinant of some important mapping in the Grassmannian inspired us to look for a mapping with the matrix Y which can be formulated in terms of the Grassmannian. This resulted in the following:

Definition. Let W be a generic element of the Grassmannian (in the above sense). Let $A : H_+ \to H_-$ be a mapping with the graph W, i.e. $A = p_-(p_+|_W)^{-1}$. Let $l_W : H \to H_-$ denote projection parallel to W, i.e. $l_W = p_- - Ap_+$. Consider the mapping $l_W \circ \mathbf{g} : H_- \to H_-$. Then

$$\tau_W(t) \equiv \tau_W(g) = \det(l_W \circ \mathbf{g}). \qquad (2.5.1)$$

Remark. If we consider the same mapping on the H_- extended by constants: $\bar{H}_- = \{\sum_{-\infty}^{0} v_i z^i\}$, then the Baker function $\hat{w}_W$ can be defined as an element of the (one-dimensional) kernel of the mapping $l_W \circ \mathbf{g} : \bar{H}_- \to H_-$ (this element must be normalized). And the definition of the τ-function means that this is in a sense a measure of deviation of this mapping from the projector $\bar{H}_- \to H_-$. Both functions have closely connected definitions.

2.6. Proposition. *Definitions (2.4.2) and (2.5.1) of the τ-function are equivalent.*

Proof. The main difficulty in this proof is in the fact that we must compare two mappings in different spaces, H_+ in the first case and H_- in the second. Let $g^{-1}(t,z) = \sum_0^\infty Q_s z^s$, $Q_0 = 1$ be the expansion in z (the coefficients Q_s are the so-called Schur polynomials in $-t$).

We start with the second mapping. It sends the base elements to

$$z^{-k} \mapsto (gz^{-k})_- - A(gz^{-k})_+, \; k = 1, 2, ...$$

The addition to any line of a linear combination of the previous lines does not affect the determinant. Therefore, the following mapping must have the same determinant:

$$z^{-k} \mapsto (gz^{-k}\sum_0^{k-1} Q_s z^s)_- - A(gz^{-k}\sum_0^{k-1} Q_s z^s)_+$$

$$= (gz^{-k}(\sum_0^{k-1} Q_s z^s - g^{-1}))_- + z^{-k} - A(gz^{-k}\sum_0^{k-1} Q_s z^s)_+$$

$$= z^{-k} - A(g\sum_0^{k-1} Q_s z^{-k+s})_+. \tag{2.6.1}$$

The definition (2.4.2) is connected with the mapping

$$x \in H_+ \mapsto g((x + Ax)\cdot g^{-1})_+ = x + g(Ax \cdot g^{-1})_+ \in H_+. \tag{2.6.2}$$

The mapping is a sum of the identity mapping and a contracting (more precisely, trace class) operator: $Tx = g(Ax\cdot g^{-1})_+$. If Ax is expanded in the basis of H_-, i.e. in z^{-k}, then the image of T will be contained in the span of

$$f_k = g(z^{-k}g^{-1})_+ \in H_+.$$

For example, in the case of soliton solutions it is enough to take a finite number of f_k, $k = 1, ..., N$, and T is a finite dimensional mapping.

Now it is clear that $\det(I + T)$ can be calculated by restricting $I + T$ to the span of f_k. We have

$$f_k \mapsto g(Af_k \cdot g^{-1})_+ + f_k.$$

If $Af_k \in H_-$ is expanded in the basis $Af_k = \sum_{j=1}^\infty a_{kj} z^{-j}$, then the above mapping is $f_k \mapsto f_k + \sum_{j=1}^\infty a_{kj} f_j$, i.e. the determinant we are looking for is $\det(a_{ij} + \delta_{ij})$. Now, the following mapping has the same determinant,

$$H_- \to H_- : \; z^{-k} \mapsto z^{-k} + Af_k = z^{-k} + Ag(z^{-k}g^{-1})_+$$

(observe that here we have passed to mappings in H_-). It remains to transform:

$$z^{-k} + Ag(z^{-k}g^{-1})_+ = z^{-k} + Ag(g^{-1} - \sum_0^{k-1} Q_s z^s)z^{-k}$$

$$= z^{-k} + A(1 - \sum_0^{k-1} Q_s z^s g)z^{-k} = z^{-k} - A\sum_0^{k-1}(Q_s z^{-k+s} g)_+$$

which coincides with (2.6.1). □

2.7. As an example of how easy is it to work with this new definition, let us prove

Proposition. *The Baker function $\hat{w}_W(t,z)$ and the τ-function are connected by Eq.(1.1).*

Proof. The plan of the proof will be the same as in [1]; first we prove

Lemma. *For two different transformation* $\mathbf{g}$ *and* $\mathbf{g}_1$ *we have*

$$\tau_W(gg_1) = \tau_W(g)\tau_{Wg^{-1}}(g_1).$$

Then we apply this formula for $g_1(t,z) = 1 - z/\zeta$ where ζ is a parameter.

Proof of the lemma. $\mathrm{T}_W(g)$ will denote the restriction of the operator $l_W \circ g$ to H_-; thus $\tau_W(g) = \det \mathrm{T}_W(g)$. Let $y \in H_-$. Then we can decompose yg_1 (in accordance with $H = H_- \oplus \mathbf{g}^{-1}W$) as $yg_1 = wg^{-1} + y_1$ where $w \in W$ and $y_1 \in H_-$. This means that $y_1 = \mathrm{T}_{Wg^{-1}}$. Multiply the equality just obtained by g; we have $yg_1g = w + y_1g$. Again we decompose $y_1g = w_1 + y_2$ where $w_1 \in W$ and $y_2 \in H_-$ which means $y_2 = \mathrm{T}_W(g)y_1$. Now $yg_1g = w + w_1 + \mathrm{T}_W(g)\mathrm{T}_{Wg^{-1}}(g_1)$ which means that

$$\mathrm{T}_W(g_1g) = T_W(g)T_{Wg^{-1}}(g_1).$$

Thus we have obtained the required formula not only for the determinants but even for the mappings themselves, which also implies the correctness for determinants. And this formula follows directly from the definitions. □

Now let $g_1 = 1 - z/\zeta$, $|\zeta| > 1$. Then $gg_1 = \exp\sum_1^\infty t_s z^s \exp\ln(1 - z/\zeta) = \exp\sum_1^\infty (t_s - 1/s\zeta^s)z^s$, i.e. multiplication of g by g_1 corresponds to the translation of arguments $(t_1, t_2, ...) \mapsto (t_1 - 1/\zeta, t_2 - 1/2\zeta^2, ...)$. It remains for us to prove that $\tau_{Wg^{-1}}(g_1)$ is equal to $\hat{w}_W(t,\zeta)$.

To this end we calculate the mapping $\mathrm{T}_{Wg^{-1}}(g_1)$ on the basis. For z^{-k}, $k \geq 2$ we have that $z^{-k}(1 - z/\zeta) \in H_-$. Thus

$$\mathrm{T}_{Wg^{-1}}(g_1)z^{-k} = z^{-k} - \frac{z^{-k+1}}{\zeta}, \quad k \geq 2.$$

For $k = 1$ we have $z^{-1}(1 - z/\zeta) = z^{-1} - 1/\zeta$. In order to obtain the projection to H_- parallel to Wg^{-1}, recall that $\hat{w}_W(t,z) \in Wg^{-1}$ and

$\hat{w}_W - 1 \in H_-$. We write:

$$z^{-1}g_1 = z^{-1} - \frac{1}{\zeta}\hat{w}_W(z) + \frac{1}{\zeta}(\hat{w}_W(z) - 1)$$

and $\mathrm{T}_{W_{g^{-1}}}(g_1)z^{-1} = z^{-1} + (1/\zeta)\sum_1^\infty w_i z^{-i}$ where w_i are the coefficients of the expansion of the Baker function $\hat{w}$.

The matrix of this mapping is

$$\begin{pmatrix} 1+w_1/\zeta & w_2/\zeta & w_3/\zeta & \dots \\ -1/\zeta & 1 & 0 & \dots \\ 0 & -1/\zeta & 1 & \dots \\ \dots & \dots & \dots & \dots \end{pmatrix}$$

The determinant can easily be calculated and it is equal to $1 + w_1/\zeta + w_2/\zeta^2 + w_3/\zeta^3 + \dots = \hat{w}_W(t,\zeta)$, as required. □

3. AKNS-D hierarchies

3.1. Let

$$L = \partial + U - zA, \quad A = diag(a_1, \dots, a_n) = const, \ U = (u_{\alpha\beta}), \ u_{\alpha\alpha} = 0$$

with distinct a_α. *Resolvents* are series $R = \sum_{i_0}^\infty R_j z^{-j}$ that commute with L, i.e. $[L, R] = 0$. Their elements are differential polynomials in elements $u_{\alpha\beta}$ of the matrix U. Resolvents form an n-dimensional commutative algebra over the field of constant diagonal series $C(z) = \sum_{i_1}^\infty C_i z^{-1}$. A basis is formed of n resolvents, $R_\alpha = \sum_0^\infty R_{j\alpha} z^{-j}$, where $R_{0\alpha} = E_\alpha$, and E_α is the matrix with the only non-vanishing element 1, at the $\alpha\alpha$ place, and all elements of matrices R_j, $j > 0$, are differential polynomials without constants. (For the proof of existence and uniqueness, see [3], Ch.9). The basic resolvents satisfy the relation $R_\alpha R_\beta = \delta_{\alpha\beta} R_\alpha$. Let

$$B_{k\alpha} = (z^k R_\alpha)_+ = \sum_{j=0}^k R_{j\alpha} z^{k-j}.$$

The subscript + means taking non-negative powers of z. The hierarchy is the set of equations

$$\partial_{k\alpha} L = [B_{k\alpha}, L]$$

where $\partial_{k\alpha}$ means $\partial/\partial t_{k\alpha}$, and $t_{k\alpha}$, $k = 0, 1, 2, \dots$, $\alpha = 1, \dots, n$, is a set of variables, called the "times".

Remark (see [3] or [5]). Variables x and $t_{k\alpha}$ are not independent, in fact

$$\partial = \sum_\alpha a_\alpha \partial_{1\alpha}.$$

3.2. *Formal Baker function.* Let us represent L in a "dressing" form

$$L = w\partial w^{-1}, \quad R_\alpha = wE_\alpha w^{-1},$$

where

$$w = \hat{w}(z)\exp(\sum_{k=0}^{\infty}\sum_{\alpha=1}^{n} z^k E_\alpha t_{k\alpha}), \ \hat{w}(z) = \sum_0^{\infty} w_j z^{-j}, \ w_0 = I.$$

The equations of the hierarchy are equivalent to

$$\partial_{k\alpha} w = B_{k\alpha} w, \text{ or } \partial_{k\alpha}\hat{w} = -(z^k R_\alpha)_-\hat{w}.$$

The equation of the dressing can also be written as $L(w) = 0$ where $L(w)$ means the action of the operator L on the function w in contrast to the notation Lw which means the product of two operators, of the first and of the zero-order, respectively.

The function w is called the wave Baker function.

3.3. *Definition of the Grassmannian.* Let H be $L^2(S, \mathbf{C}^n)$, a space of series $v(z) = \sum_{-\infty}^{\infty} v_k z^k$ where $v_k \in \mathbf{C}^n$, $|z| = 1$; let H_+ and H_- be the spaces of truncated series $H_+ = \{\sum_0^{\infty}\}$, $H_- = \{\sum_{-\infty}^{-1}\}$; $H = H_+ \oplus H_-$. Let $p_\pm$ be the natural projections of H onto these subspaces. We shall think of vectors as vector-rows.

The Grassmannian Gr is the set of all subspaces $W \subset H$ possessing properties i) $p_+|_W$ is a one-to-one correspondence (in the generic case), and ii) $zW \subset W$.

(Following Wilson [4] we can prove that this Grassmannian is isomorphic to the Grassmannian $\mathrm{Gr}^{(n)}$ of scalar functions; we shall not use this fact now.)

We say that a matrix function belongs to W if all its rows do. Let $g(t, z) = \exp\xi = \exp\sum_{k=0}^{\infty}\sum_{\alpha=1}^{n} z^k E_\alpha t_{k\alpha}$. We consider a transformation $\mathbf{g}^{-1}$ of the space H

$$\mathbf{g}^{-1} : H \to H, \ v \mapsto vg^{-1}.$$

If $W \in \mathrm{Gr}$ then for almost all t the subspace $Wg^{-1} \in \mathrm{Gr}$.

3.4. *Baker function.* For a $W \in \mathrm{Gr}$, $w_W(t, z)$ is a Baker function if i) for any $t = (t_1, t_2, \ldots)$, $w_W \in W$ as a function of z, ii) $p_+(w_W g^{-1}) = 1$. Together the conditions mean that $w_W(t, z)$ is the only element of W of the form

$$w_W(t, z) = (1 + \sum_1^{\infty} w_i z^{-i})g(t, z) \equiv \hat{w}_W(t, z)g(t, z).$$

3.5. Proposition. *The Segal-Wilson (S-W) Baker function $w_W(t,z)$ is a Baker function in the e sense of Section 3.2.*

Proof. Let $\partial = \sum_1^n a_\alpha \partial_{1\alpha}$. It must be proved that i) $L(w) = 0$ for some $L = \partial + U - zA$, where $w = w_W(t,z)$ and ii) $\partial_{k\alpha} w = B_{k\alpha} w$, $B_{k\alpha} = (z^k R_\alpha)_+$, and $R_\alpha = wE_\alpha w^{-1}$. From the definition of w_W it follows that $w'w^{-1} = Az - U + (w'w^{-1})_-$ where $U = -(w'w^{-1})_0$. Let $(w'w^{-1})_- = Q$. One must prove that $Q = 0$. We have

$$w' + (U - zA)w = Qw.$$

The left-hand side is an element of W. Then $(w' + (U - zA)w)g^{-1} = Qwg^{-1}$ is an element of Wg^{-1}. The right-hand side is $O(z^{-1})$. This means that $p_+(Qwg^{-1}) = 0$. We recall that p_+ is one-to-one mapping of Wg^{-1} onto H_+. Therefore $w' + (U - zA)w = 0$, i.e. $w'w^{-1} = zA - U$, so i) is proven. Further, for R_α and $B_{k\alpha}$ defined as above, we have

$$(\partial_{k\alpha} - B_{k\alpha})w = (\partial_{k\alpha}\hat{w} + (z^k R_\alpha)_- \hat{w}) \cdot g, \quad (\hat{w} = wg^{-1}).$$

The left-hand side belongs to W. Hence $(\partial_{k\alpha}\hat{w} + (z^k R_\alpha)_-\hat{w})$ is an element of Wg^{-1} whose p_+- projection vanishes (since this is $O(z^{-1})$). Thus

$$\partial_{k\alpha}\hat{w} + (z^k R_\alpha)_-\hat{w} = 0$$

which is equivalent to ii. □

3.6. *An example of elements of the Grassmannian.* Let $m_i, i = 1, \ldots, Nn$, be points inside the unit circle, $|m_i| < 1$. Here N is a natural number ("the soliton number"). Let η_i be Nn vector-columns in $\mathbb{C}^n$ which span this space. Let W be the set of all elements of H (vector-rows) of the form $v(z) = \sum_{-N}^\infty v_k z^k$ satisfying the relations $v(m_i) \cdot \eta_i = 0$. This W is for almost all sets $\{m_i, \eta_i\}$ an element of the Grassmannian. The corresponding solutions are solitons.

3.7. We can find an explicit expression for the Baker function in exactly the same way that we did for the KP hierarchy. The result will be the following.

Let $\xi_\beta(t,z) = \sum_{s=1}^\infty t_{s\beta} z^s$ and $y_{\beta i} = \exp \xi_\beta(t, m_i) \cdot \eta_{i\beta}$. The $\alpha\beta$th element of the matrix $\hat{w}(z)$ is given by the determinant of the $(Nn+1)$th order,

$$
\hat{w}_{\alpha\beta} = \frac{z^{-N}}{\Delta}
\left|
\begin{array}{ccccc|c}
y_{11} & \dots & \dots & \dots & y_{1,Nn} & 0 \\
\dots & \dots & \dots & \dots & \dots & 1 \\
y_{n1} & \dots & \dots & \dots & y_{n,Nn} & 0 \\
\hline
\partial_{11} y_{11} & \dots & \dots & \dots & \partial_{11} y_{1,Nn} & 0 \\
\dots & \dots & \dots & \dots & \dots & z \\
\partial_{1n} y_{n1} & \dots & \dots & \dots & \partial_{1n} y_{n,Nn} & 0 \\
\hline
\dots & \dots & \dots & \dots & \dots & \dots \\
\hline
\partial_{11}^{N-1} y_{11} & \dots & \dots & \dots & \partial_{11}^{N-1} y_{1,Nn} & 0 \\
\dots & \dots & \dots & \dots & \dots & z^{N-1} \\
\partial_{1n}^{N-1} y_{n1} & \dots & \dots & \dots & \partial_{1n}^{N-1} y_{n,Nn} & 0 \\
\hline
\partial_{1\alpha}^{N} y_{\alpha 1} & \dots & \dots & \dots & \partial_{1\alpha}^{N} y_{\alpha,Nn} & z^N \delta_{\alpha\beta}
\end{array}
\right| .
$$

We have here N blocks of rows containing n rows each, and one separate (the last) row. Non-zero elements of the last column are at the βth place in each block, and also the last element (when $\alpha \neq \beta$). Δ is the minor of the first Nn rows and columns.

3.8. *The τ-function for this example.* We proceed in the same way as for the KP hierarchy, i.e. making zeros appear in the last column. If $\alpha = \beta$ then we can annul all elements of this column except the last one. If $\alpha \neq \beta$ then the last element of the last column is zero, and it is possible to annul all elements of the last column except that of the order z^{N-1}.

An easy calculation shows that

$$\partial_{1\beta}^{j} y_{\beta i} - \frac{1}{z} \partial_{1\beta}^{j+1} y_{\beta i} = \partial_{1\beta}^{j} \exp \sum_{s=1}^{\infty} (t_{s\beta} - \frac{1}{sz^s}) m_i^s \cdot \eta_{i\beta}.$$

Therefore, for diagonal elements we obtain

$$\hat{w}_{\alpha\alpha}(t,z) = \frac{\Delta(\dots, t_{s\alpha} - 1/sz^s, \dots)}{\Delta(t)}; \tag{3.8.1}$$

the term $1/sz^s$ being only subtracted from the time variables with the second subscript α.

For non-diagonal elements we have

$$\hat{w}_{\alpha\beta}(t,z) = z^{-1} \frac{\Delta_{\alpha\beta}(\dots, t_{s\beta} - 1/sz^s, \dots)}{\Delta(t)}, \tag{3.8.2}$$

where $\Delta_{\alpha\beta}$ is the algebraic adjunct of the element z^{N-1} of the last column. This can also be described as the minor Δ where the βth row of the last block is replaced by the αth row of the next block (which is not involved in Δ), and the sign must be changed.

Now it is quite natural to consider as the τ-function the following matrix

$$\tau_{\alpha\beta}(t) = \begin{cases} \Delta_{\alpha\beta}(t), & \text{if } \alpha \neq \beta \\ \Delta(t), & \text{if } \alpha = \beta \end{cases} .$$

3.9. *The general definition of the τ-function for the AKNS-D hierarchy.* Just as in the case of KP, the general definition can be obtained from the analysis of the above example.

Let W be an element of the Grassmannian. We introduce the same operator l as before, the projection $H \to H_-$ parallel to W. Then

$$\tau_W(t) \equiv \tau_W(g) = \det \mathrm{T}_w(g), \text{ where } \mathrm{T}_W(g) = l \circ \mathbf{g} : H_- \to H_-. \quad (3.9.1)$$

Let $R_{\alpha\beta} : H_- \to H$ be an operator given by its action on basic elements

$$R_{\alpha\beta} z^{-k} \mathbf{e}_p = \begin{cases} -\mathbf{e}_\alpha, & \text{if } k = 1, p = \beta \\ z^{-k}\mathbf{e}_p & \text{otherwise} \end{cases} .$$

Set

$$\tau_{W\alpha\beta}(t) \equiv \tau_{W\alpha\beta}(g) = \det \mathrm{T}_{W\alpha\beta}(g), \quad (3.9.2)$$

where $\mathrm{T}_{W\alpha\beta}(g) = l \circ \mathbf{g} \circ R_{\alpha\beta} : H_- \to H_-$.

3.10. Proposition. *Elements of the Baker function can be expressed in terms of the τ-function as*

$$\hat{w}_{W\alpha\alpha}(t,z) = \frac{\tau_W(\ldots, t_{s\alpha} - 1/sz^s, \ldots)}{\tau_W(t)}, \quad (3.10.1)$$

and

$$\hat{w}_{W\alpha\beta}(t,z) = z^{-1}\frac{\tau_{W\alpha\beta}(\ldots, t_{s\beta} - 1/sz^s, \ldots)}{\tau_W(t)}, \ \alpha \neq \beta. \quad (3.10.2)$$

Proof. First we prove a lemma which follows directly from the definitions:

Lemma.

$$\mathrm{T}_W^{-1}(g)\mathrm{T}_W(gg_1) = \mathrm{T}_{Wg^{-1}}(g_1). \quad (3.10.3)$$

(The proof does not differ from that in the case of KP, see Section 2.7).

Now, let $g_1 = \mathrm{diag}\ (1, \ldots, 1 - z/\zeta, 1, \ldots, 1)$ where $1 - z/\zeta$ is at the αth place. Then gg_1 is the same as g where $t_{s\alpha}$ are replaced by $t_{s\alpha} - 1/s\zeta^s$ but

$t_{s\beta}$ where $\beta \neq \alpha$ remain unchanged. If we take the determinant of both sides of Eq.(3.10.3) then the left-hand side will coincide with the right-hand side of Eq.(3.10.1). The mapping in the right-hand side of Eq.(3.10.3) preserves all basic elements $z_k \mathbf{e}_p$ with $p \neq \alpha$, sends elements $z^{-k}\mathbf{e}_\alpha$ with $k \geq 2$ to $z^{-k}\mathbf{e}_\alpha - z^{-k+1}/\zeta \mathbf{e}_\alpha \in H_-$, and it remains to find its action on $z^{-1}\mathbf{e}_\alpha$. We have

$$\mathbf{g}_1 z^{-1}\mathbf{e}_\alpha = z^{-1}\mathbf{e}_\alpha - \frac{1}{\zeta}\mathbf{e}_\alpha = z^{-1}\mathbf{e}_\alpha - \frac{1}{\zeta}(\mathbf{e}_\alpha - \hat{w}_{W\alpha}) - \frac{1}{\zeta}\hat{w}_{W\alpha},$$

where $w_{W\alpha}$ is the αth row of the Baker function. The operator l annihilates the last term belonging to W and does not change the rest of the terms belonging to H_-.

Now, the determinant of the mapping $\mathrm{T}_{Wg^{-1}}(g_1)$ can be calculated in the space H_- modulo the subspace spanned by the basic elements $z^{-k}\mathbf{e}_\beta$, with $\beta \neq \alpha$, and is equal to

$$\begin{vmatrix} 1 + w_{(W\alpha\alpha)1}/\zeta & w_{(W\alpha\alpha)2}/\zeta & w_{(W\alpha\alpha)3}/\zeta & \cdots \\ -1/\zeta & 1 & 0 & \cdots \\ 0 & -1/\zeta & 1 & \cdots \\ \cdots & \cdots & \cdots & \cdots \end{vmatrix} = \hat{w}_{W\alpha\alpha}(t,\zeta),$$

which proves Eq.(3.10.1).

In order to calculate the non-diagonal elements, let us multiply Eq.(3.10.3) to the right by the operator $R_{\alpha\beta}$. The determinant of the left-hand side is equal to the right-hand side of Eq.(3.10.2). The mapping in the right-hand side preserves all the basic elements $z_k \mathbf{e}_p$, with $p \neq \beta$, sends $z^{-k}\mathbf{e}_\beta$ with $k \geq 2$ to $z^{-k}\mathbf{e}_\beta - z^{-k+1}/\zeta \mathbf{e}_\beta \in H_-$ and it remains to find its action on $z^{-1}\mathbf{e}_\beta$. The operator $R_{\alpha\beta}$ sends this element to $-\mathbf{e}_\alpha$, the operator $\mathbf{g}_1$ does not do anything. We have $-\mathbf{e}_\alpha = (-\mathbf{e}_\alpha + \hat{w}_{W\alpha}) - \hat{w}_{W\alpha}$. The projector l annihilates the last term belonging to W and does not change the other terms. The proof is completed by the calculation of the determinant:

$$\begin{vmatrix} w_{(W\alpha\beta)1} & w_{(W\alpha\beta)2} & w_{(W\alpha\beta)3} & \cdots \\ -1/\zeta & 1 & 0 & \cdots \\ 0 & -1/\zeta & 1 & \cdots \\ \cdots & \cdots & \cdots & \cdots \end{vmatrix} = \hat{w}_{W\alpha\beta}(t,\zeta) \cdot \zeta$$

as required. □

3.11. In [5] we dealt with another, algebraic-geometrical, example of elements of the Grassmannian, found the corresponding Baker and τ-functions (in terms of θ-functions) and proved formulas (3.10.1) and (3.10.2).

4. Multi-component KP

4.1. Very small modifications are needed to transfer this theory to the multi-component KP hierarchy.

Let

$$L = A\partial + u_0 + u_1\partial^{-1} + \cdots$$

where u_i are $n \times n$ matrices, $A = \text{diag}(a_1, ..., a_n)$, and a_i are distinct non-zero constants. Diagonal elements of u_0 are assumed to be zero. Let $R_\alpha = \sum_{j=0}^{\infty} R_{j\alpha}\partial^{-j}$, $\alpha = 1, ..., n$, where $R_{0\alpha} = E_\alpha$ such that

$$[L, R_\alpha] = 0.$$

It can be shown that such matrices exist and their elements are differential polynomials in elements of u_i, and

$$R_\alpha R_\beta = \delta_{\alpha\beta} R_\alpha, \quad \sum R_\alpha = I.$$

Let $B_{k\alpha} = (L^k R_\alpha)_+$. The mcKP hierarchy (multicomponent KP) is

$$\partial_{k\alpha} L = [B_{k\alpha}, L],$$

which implies $\partial_{k\alpha} R_\beta = [B_{k\alpha}, R_\beta]$.

Variables x and $t_{k\alpha}$ are not independent,

$$\partial = \sum_\alpha a_\alpha^{-1} \partial_{1\alpha}.$$

4.2. *Baker function.* Let

$$L = \hat{w} A \partial \hat{w}^{-1}, \; \hat{w} = \sum_0^\infty w_i \partial^{-i}, w_0 = I.$$

Then $R_\alpha = \hat{w} E_\alpha \hat{w}^{-1}$. Set

$$w = \hat{w} \exp\Big(\sum_{k=1}^{\infty} \sum_{\alpha=1}^{n} z^k E_\alpha t_{k\alpha}\Big).$$

This Baker function satisfies the equations

$$Lw = zw, \quad \text{and} \quad \partial_{k\alpha} w = B_{k\alpha} w.$$

The latter equation is equivalent to

$$\partial_{k\alpha} \hat{w} = -(L^k R_\alpha)_- \hat{w}.$$

4.3. *Grassmannian.* The same definition of the Grassmannian as in the case of AKNS-D (Sect. 3.3) is retained here with a single distinction: we drop the requirement ii, $zW \subset W$. Thus, the AKNS-D Grassmannian is a subset of the mcKP Grassmannian.

Example. Let W be the set of all elements of H of the form $v(z) = \sum_{-N}^{\infty} v_k z^k$ satisfying the relations

$$v(m_i^{(1)}) \cdot \eta_i^{(1)} + v(m_i^{(2)}) \cdot \eta_i^{(2)} = 0, \; i = 1, ..., Nn,$$

i.e. we have here, compared to AKNS-D, a doubled set of points and vectors.

4.4. *The Baker function of an element of the Grassmannian.* The definition is the same as for the AKNS-D hierarchy, Sect. 3.4.

Proposition. *The Baker function of an element W of the Grassmannian, $w_W(t,z)$, is a Baker function in the sense of Sect. 4.2 of some operator L.*

Proof. Let $\partial = \sum_1^n a_\alpha^{-1} \partial_{1\alpha}$. First we prove that w_W satisfies a differential equation of the form $\partial_{k\alpha} w = B_{k\alpha} w$ where $B_{k\alpha}$ is a polynomial in ∂ with matrix coefficients. Evidently,

$$\partial_{k\alpha} w = (E_\alpha z^k + O(z^{k-1})) \exp \xi(t,z),$$

$$\partial^q w = (A^{-q} z^q + O(z^{q-1})) \exp \xi(t,z).$$

Therefore,

$$\partial_{k\alpha} w - A^k E_\alpha \partial^k = O(z^{k-1}) \exp \xi(t,z).$$

We can proceed by subtracting terms of the form $a_k \partial^q$ and reducing the order of the remainder. At the end we get $\partial_{k\alpha} w - B_{k\alpha} w = O(z^{-1}) \exp \xi(t,z)$. Now, $(\partial_{k\alpha} w - B_{k\alpha} w) \cdot g^{-1} = O(z^{-1})$. This implies that the p_+-projection of this expression vanishes. On the other hand, it belongs to Wg^{-1}. We assumed that $Wg^{-1} \in \mathrm{Gr}$. This, in particular, means that $p_+|_W$ is a one-to-one correspondence, and the vanishing of the projection yields the vanishing of the expression itself. Thus,

$$\partial_{k\alpha} w - B_{k\alpha} w = 0.$$

Put $L = \hat{w} A \partial \hat{w}^{-1} = A\partial + u_0 + u_1 \partial^{-1} + ...$, $R_\alpha = \hat{w} E_\alpha \hat{w}^{-1}$. Then for the above constructed $B_{k\alpha}$ we have $B_{k\alpha} w = \partial_{k\alpha} w = (\partial_{k\alpha} \hat{w}) g + \hat{w} E_\alpha z^k g$, i.e. $[B_{k\alpha} \circ \hat{w} - (\partial_{k\alpha} \hat{w}) - \hat{w} E_\alpha z^k] g = 0$ which implies $B_{k\alpha} - (\partial_{k\alpha} \hat{w}) \circ \hat{w}^{-1} - L^k R_\alpha = 0$. Taking the positive part, we obtain $B_{k\alpha} = (L^k R_\alpha)_+$. Taking the negative part we have $\partial_{k\alpha} \hat{w} = -(L^k R_\alpha)_- \hat{w}$. This is an equation which is equivalent to the mcKP hierarchy. □

4.5. *Definition of the τ-function.* We retain the same definition of the τ-function, Eqs.(3.9.1) and (3.9.2), as for the AKNS-D hierarchy.

Proposition. *The Baker and the τ-function are connected by the same relations (3.10.1) and (3.10.2) as those of the AKNS-D hierarchy.*

Proof. All the considerations in Sect. 3.10 hold since we never used there the invariance of W under multiplication by z. □

Relations (3.10.1) and (3.10.2) were written without proof by Takasaki and Ueno [6]. There is an apparent misprint in their formulas: they omitted z^{-1} in (3.10.2).

We have already observed (see [2]) that a Baker function for AKNS-D is, at the same time, a Baker function for mcKP (not vice versa). However, if a solution for mcKP is constructed with the help of this function, then L reduces to $L = A\partial + u_0$.

A τ-function for the AKNS hierarchy ($n = 2$) from the point of view of the theory of representations was defined by Bergvelt and ten Kroode [7], who did not consider equalities of the type (3.10.1)-(3.10.2).

REFERENCES

[1] G. Segal and G. Wilson, *Loop groups and equations of KdV-type*, Publ. Math. I.H.E.S, **63** (1985), 1–64.

[2] L.A. Dickey, *Another example of the τ-function*, Proceedings of the CRM Workshop on Hamiltonian Systems, Transformation Groups and Spectral Transform Methods, 39–44, Montréal, October 1989.

[3] L.A. Dickey, *Soliton equations and Hamiltonian systems*, World Scientific, 1991.

[4] G. Wilson, *Infinite-dimensional Lie groups and algebraic geometry in soliton theory*, Phil. Trans. Royal Soc. London A315, 1985, 393–404.

[5] L.A. Dickey, *On the τ-function of matrix hierarchies of integrable equations*, Journal Math. Physics, bf 32 (1991), 2996–3002.

[6] K. Ueno and K. Takasaki, "Toda lattice hierarchy", in: *Advanced Studies in Pure Mathematics* **4** (1984), 1–95.

[7] M.J. Bergvelt, and A.P.E. ten Kroode, *τ functions and zero curvature equations of Toda-AKNS type*, J.Math.Phys., **29**:6 (1988), 1308–1320.

[8] E. Date, M. Jimbo, M. Kashiwara, and T. Miwa, in Jimbo and Miwa (ed), *Non-linear Integrable Systems — Classical Theory and Quantum Theory*, Proc. R.I.M.S. Symposium, Singapore, 1983.

Department of Mathematics
University of Oklahoma
Norman, OK 73019
USA

The Boundary of Isospectral Manifolds, Bäcklund Transforms and Regularization

Pierre van Moerbeke*

A la mémoire de Jean-Louis Verdier

Let the potential

$$q(t_1, t_3, t_5, \ldots) = 2\frac{d^2}{dx^2}\log\tau(t_1, t_3, \ldots), \qquad t = (t_1, t_3, t_5, \ldots) \in \mathbb{C}^\infty$$

satisfy the Korteweg-de Vries hierarchy, and in particular the KdV equation

$$\frac{\partial q}{\partial t} + 3q\frac{\partial q}{\partial x} + \frac{1}{2}\frac{\partial^3 q}{\partial x^3} = 0, \qquad (x = t_1, t = t_3).$$

Then if q blows up at a time $t^* \in \mathbb{C}^\infty$, it behaves as

(0.1)

$$q(t_1^* + x, t_3^*, \ldots) = -\frac{j(j-1)}{x^2} + \text{ higher order terms } (x \sim 0), j = 2, 3, \ldots;$$

this can be verified by direct calculation. Apply now the Bäcklund-Darboux transformation to the second-order differential operator P, with wave function Ψ (eigenfunction behaving as $\exp\sum_1^\infty t_i z^i$ for large values $z \in \mathbb{C}$ of the spectral parameter)

$$P\Psi \equiv (\frac{d^2}{dx^2} + q)\Psi = z\Psi;$$

define, for large but fixed $z_1 \in \mathbb{C}$ and corresponding Ψ_1, the operator A and A^T

$$A = \Psi_1\frac{d}{dx}\Psi_1^{-1} = \frac{d}{dx} - v \text{ and } A^T = -\frac{d}{dx} - v$$

with $v = \Psi_1'/\Psi_1$. Then $P - z_1$ admits the following decomposition

$$P = \frac{d^2}{dx^2} + q = \frac{d^2}{dx^2} - \frac{\Psi_1''}{\Psi_1} + z_1 = -A^T A + z_1$$

with $q = -\Psi_1''/\Psi_1 + z_1 = -v' - v^2 + z_1$. The new linear operator $\tilde{P}$ is now defined by conjugation

$$\tilde{P} = APA^{-1} = -AA^T + z_1 = \frac{d^2}{dx^2} + v' - v^2 + z_1 = \frac{d^2}{dx^2} + \tilde{q}.$$

*The support of a National Science Foundation grant DMS - 9203246 is gratefully acknowledged.

It induces the following transformation on q

$$q \mapsto \tilde{q} = q + 2v' = 2\frac{d^2}{dx^2}\log\tau + 2\frac{d^2}{dx^2}\log\Psi_1 = 2\frac{d^2}{dx^2}\log\tau\Psi_1,$$

and thus a transformation on τ

$$\tau \mapsto \tilde{\tau} \equiv \tau\Psi_1; \tag{0.2}$$

since $\tilde{P}(A\Psi) = APA^{-1}A\Psi = AP\Psi = Az\Psi = zA\Psi$, we also have the map

$$\Psi \mapsto \tilde{\Psi} \equiv A\Psi = -\frac{\Psi_1'}{\Psi_1}\Psi + \Psi'. \tag{0.3}$$

That is to say *the new function* $\tilde{\tau}$ *is obtained by multiplying* τ *with* Ψ_1 and the *new wave function* $\tilde{\Psi}$ *is a linear combination of the old* Ψ *and* Ψ'.

Moreover if q behaves as (0.1), then since the function v is a solution of the Ricatti equation $v^2 + v' + q - z_1 = 0$, it behaves as

$$v = \frac{\alpha}{x} + \dots \qquad \text{with } \alpha^2 - \alpha - j(j-1) = 0. \tag{0.4}$$

Choosing the *positive root* $\alpha = j$, we see that

$$\begin{aligned} \tilde{q} = q + 2v' &= -\frac{j(j-1)}{x^2} - 2\frac{j}{x^2} + \text{ higher order terms} \\ &= \frac{-j(j+1)}{x^2} + \dots; \end{aligned} \tag{0.5}$$

that is the (integer) leading term $j(j-1)$ of $-q$ is increased to $(j+1)j$. Picking the *negative root* $\alpha = -j+1$ yields

$$\begin{aligned} \tilde{q} = q + 2v' &= -\frac{j(j-1)}{x^2} - \frac{2(-j+1)}{x^2} + \dots \\ &= -\frac{(j-1)(j-2)}{x^2} + \dots, \end{aligned} \tag{0.6}$$

thus decreasing the leading term of $-q$ to $(j-1)(j-2)$. That is to say, in the latter case, the Bäcklund transformation has the effect of lowering the leading term of $-q$. In particular, if $q = -2/x^2 + \dots$, then the Bäcklund transformed potential $\tilde{q}$ is finite. It is now this simple idea which extends to general differential operators.

Let differential operators

$$P \equiv D^p + q_2(x, t_2, \dots)D^{p-2} + \dots + q_p(x, t_2, \dots), \ D \equiv \frac{d}{dx} \tag{0.7}$$

flow according to the isospectral equations[1]

$$\frac{\partial P}{\partial t_k} = [P_+^{k/p}, P], \qquad k = 1, 2, \dots \qquad (t_1 \equiv x); \tag{0.8}$$

[1] $(\sum_{i:-\infty}^{\infty} b_i D^i)_\pm = \sum_{\substack{i \geq 0 \\ i < 0}} b_i D^i$

such P's form a (generically infinite-dimensional) isospectral manifold $\mathcal{M}$ of differential operators. I now adress the following questions [A-vM2]:

(i) What is the behavior of P near its blow up locus $t = t^*$; that is, how do the functions $q_i(t)$ blow up near t^*, and what does it depend on ?

(ii) How does one regularize P near t^* ? In geometrical language, how does one compactify the isospectral manifold $\mathcal{M}$?

The blowing-up of the solution of the KdV equation is a phenomenon, which is usually not seen in real time, but which occurs in complex time $t \in \mathbb{C}^\infty$. For instance the scattering or periodic solutions of KdV (among them the finite band potentials) remain finite for real time, but blow up *in the complex* (see for instance [B]). This should be compared to the Euler top (expressed in body coordinates), whose solution is given by an elliptic function of time which is finite in the real, but which blows up for a certain complex time.

These results, to some extent, also put the Painlevé analysis for integrable partial differential equations, initiated by the applied community, chiefly Tabor, Weiss and co-workers, on a mathematical footing. The point of this lecture is to show that a special class of Bäcklund-Darboux transformations provides precisely the tools necessary to study limits of isospectral differential operators; a special class, because general Bäcklund transforms turn out to be more complicated (see § 3 in [vM2]).

Questions similar to (i) and (ii) can now be posed for isospectral difference operators and in particular for the isospectral family of periodic Jacobi matrices [A-H-vM]. According to [vM-Mu] and [vM1], for each fixed values of the spectrum, the manifold of isospectral periodic Jacobi matrices parametrizes the affine part of a hyperelliptic Jacobian; this affine part is the whole Jacobian, but a number of specific translates of the theta-divisor, where some entries of the matrices cease to be finite. In this situation, the questions above take on a particularly nice form: can the whole Jacobian be parametrized by matrices or more precisely can the Jacobi matrices be expressed in a new basis such that their limits exist near the theta-translates mentioned above ? ([A-H-vM]).

1. Deformations of pseudo-differential operators and the Grassmannian

It is more convenient to pose questions (i) and (ii) for a family of pseudo-differential operators

$$L = D + \sum_{j:-1}^{-\infty} a_j(t) D^j \qquad t = (x, t_2, t_3, \ldots) \tag{1.1}$$

with holomorphic coefficients in x, depending on $t_2, t_3, \ldots$ and flowing according to

$$\frac{\partial L}{\partial t_k} = [(L^k)_+, L] \qquad k = 1, 2, \ldots. \tag{1.2}$$

A precise answer to questions (i) and (ii) can be given, thanks to Sato's celebrated discovery [S] that[2]

$$L = SDS^{-1} \text{ with } S = \sum_{n=0}^{\infty} \frac{p_n(-\tilde{\partial})\tau(t)}{\tau(t)} D^{-n}; \tag{1.3}$$

that is the solution L of (1.2) is expressible in terms of a single function $\tau(t_1, t_2, \ldots)$, solution of the KP hierarchy. It is also well-known [DJKM] that the wave functions $\Psi(t,z)$ and $\Psi^*(t,z)$, solution of

$$L\Psi = z\Psi \text{ and } \frac{\partial \Psi}{\partial t_n} = (L^n)_+ \Psi, \tag{1.4}$$

and

$$L^\top \Psi^* = z\Psi^* \text{ and } \frac{\partial \Psi^*}{\partial t_n} = -(L^\top)_+^n \Psi^*,$$

can be represented in terms of τ (for large $z \in \mathbb{C}$) as follows

$$\Psi(t,z) = Se^{\sum_1^\infty t_j z^j} = e^{\sum_1^\infty t_j z^j} \frac{\tau(t - [z^{-1}])}{\tau(t)} \equiv e^{\sum t_j z^j} \psi(t,z), \tag{1.5}$$

and

$$\Psi^*(t,z) = (S^\top)^{-1} e^{-\sum_1^\infty t_i z^i} = e^{-\sum_1^\infty t_i z^i} \frac{\tau(t + [z^{-1}])}{\tau(t)}$$

$$\text{with } [s] \equiv (s, \frac{s^2}{2}, \frac{s^3}{3}, \ldots).$$

To the wave function Ψ one associates a plane, generated by all its partial derivatives with regard to $t_1, t_2, \ldots$ at $t = 0$, viewed as functions of z (see [S], [S-W]), which in view of (1.4) can always be expressed in terms of partial derivatives with regard to $x = t_1$:

$$W^0 = \text{span}\{\Psi(t,z)\mid_{t=0}, \frac{\partial}{\partial x}\Psi(t,z)\mid_{t=0}, \frac{\partial^2}{\partial x^2}\Psi(t,z)\mid_{t=0}, \ldots\};$$

at a generic time $t \in \mathbb{C}^\infty$, one shows

$$W^t \equiv e^{-\sum_1^\infty t_i z^i} W^0 = \text{span}\{\psi(t,z), \nabla\psi(t,z), \nabla^2\psi(t,z), \ldots\} \tag{1.6}$$

where $\nabla = \frac{\partial}{\partial x} + z$. Let Gr be the infinite-dimensional Grassmannian consisting of such planes and their limits.

[2] $e^{\sum_1^\infty t_i z^i} = \sum_0^\infty p_n(t) z^n$, $p_n(-\hat{\partial}) = p_n(-\frac{\partial}{\partial t_1}, -\frac{1}{2}\frac{\partial}{\partial t_2}, -\frac{1}{3}\frac{\partial}{\partial t_3}, \ldots)$, where $p_n(t)$ are the Schur polynomials.

For generic $t \in \mathbb{C}^\infty$ (as above), it is readily seen from (1.6) and the form of ∇ that W^t contains functions

$$\nabla^k \psi(t,z) = z^k\left(1+O(z^{-1})\right)$$

of all orders $k = 0,1,2,3,\ldots$, whereas for special t's, the plane W^t may have a basis $\varphi_0, \varphi_1, \ldots$ of finite order, that is

$$\varphi_i(z) = z^{s_i}\left(1+O(z^{-1})\right)$$

$$s_0 < s_1 < s_2 < \ldots \text{ and } s_i = i \text{ for large } i.$$

Thus to each W^t one associates a finite sequence (see [S], [S-W], and [P-S])

$$\nu(W^t) \equiv (\nu_0, \nu_1, \nu_2, \ldots) \text{ where } \nu_i = i - s_i,$$

which in turn defines a Young diagram. Statement (1.6) shows that $\nu(W^t) = 0$ for generic t, and the manifold Gr has a cellular decomposition into Birkhoff strata, all parametrized by Young diagrams.

2. Bäcklund transformations acting on the Grassmannian

For W^t and $W_1^t \in Gr$, let Ψ and Ψ_1 be the corresponding wave functions and τ and τ_1 the corresponding τ-functions. Then if $\tau(t), \tau_1(t) \neq 0$, the *following three statements are equivalent*[3] [A-vM2]:

(2.1) (i) $zW_1^t \subset W^t$
(ii) $z\Psi_1(t,z) = \frac{\partial}{\partial x}\Psi(t,z) - \alpha\Psi(t,z)$ for some function $\alpha = \alpha(t)$
(iii) $\{\tau(t-[z^{-1}]), \tau_1(t)\} + z(\tau(t-[z^{-1}])\tau_1(t) - \tau_1(t-[z^{-1}])\tau(t)) = 0.$

If any of these statements hold, then $\alpha = (\log(\tau_1/\tau))' = \tau_1'/\tau_1 - \tau'/\tau$. If τ corresponds to the plane W in Gr, then the new τ-functions (vertex operators)

$$\tau_1(t) \equiv X(t,z_1)\tau(t) \equiv e^{\Sigma t_i z_1^i}\tau(t-[z_1^{-1}]) = \Psi(t,z_1)\tau(t) \tag{2.2}$$

and

$$\tilde{\tau}_1(t) \equiv \tilde{X}(t,z_1)\tau(t) \equiv e^{-\Sigma t_i z_1^i}\tau(t+[z_1^{-1}]) = \Psi^*(t,z_1)\tau(t)$$

correspond respectively to linear spaces W_1 and $\tilde{W}_1 \in$ Gr satisfying

$$zW_1^t \subset W^t \text{ and } zW^t \subset \tilde{W}_1. \tag{2.3}$$

The associated wave functions

(2.4)

$$\begin{aligned} \Psi_1(t,z) &= -\frac{z_1}{z}\Psi(t-[z_1^{-1}],z) = z^{-1}A_{\Psi(t,z_1)}\Psi(t,z) \\ \tilde{\Psi}_1(t,z) &= -\frac{z}{z_1}\Psi(t+[z_1^{-1}],z) \equiv zA^{-1}_{\tilde{\Psi}(t,z_1)}\Psi(t,z), \end{aligned}$$

[3] $\{f,g\} = f'g - fg'$, where $' = \partial/\partial x$.

are expressed in terms of the Bäcklund-Darboux transformation

$$A_{\Psi(t,z_1)}\Psi(t,z)=\frac{\{\Psi(t,z),\Psi(t,z_1)\}}{\Psi(t,z_1)} \tag{2.5}$$

and its "inverse" $A^{-1}_{\Psi(t,z_1)}$; although the latter does not really exist, it is defined by means of formula (2.4).

Then compounding Bäcklund transformations

$$\Psi_k(t,z)\equiv z^{-1}A_{\Psi_{k-1}(t,z_k)}\Psi_{k-1}(t,z)$$

for fixed but arbitrary $z_1,\ldots,z_k$ near $z=\infty$, we have that

$$\begin{aligned}\Psi_k(t,z) &= z^{-k}A_{\Psi_{k-1}(t,z_k)}\cdots A_{\Psi_1(t,z_2)}A_{\Psi(t,z_1)}\Psi(t,z)\\ &= z^{-k}\frac{\text{Wronskian}[\Psi(t,z_1),\ldots,\Psi(t,z_k),\Psi(t,z)]}{\text{Wronskian}[\Psi(t,z_1),\ldots,\Psi(t,z_k)]}\end{aligned}$$

is a wave function associated to a plane W_k related to the original plane W by the inclusion

$$z^kW_k^t\subset W^t.$$

Similarly, compounding inverse Bäcklund transformations

$$\tilde{\Psi}_k(t,z)\equiv zA^{-1}_{\tilde{\Psi}_{k-1}(t,z_k)}\tilde{\Psi}_{k-1}(t,z),\qquad \tilde{\Psi}_0\equiv\Psi$$

leads to the wave function

$$\tilde{\Psi}_k(t,z)=z^{-k}A^{-1}_{\tilde{\Psi}_{k-1}(t,z_k)}\cdots A^{-1}_{\tilde{\Psi}_0(t,z_1)}\Psi(t,z) \tag{2.6}$$

associated to the plane $\tilde{W}_k$ related to the original plane W by the inclusion

$$z^kW^t\subset\tilde{W}_k^t. \tag{2.7}$$

The main point in verifying these statements is to check that the functions τ and τ_1 (respectively τ and $\tilde{\tau}_1$) satisfy the bilinear differential equation (2.1(iii)); this amounts to the (differential) Fay identity which in terms of Ψ and Ψ^* assumes the form

$$\Psi^*(t,\lambda)\Psi(t,\mu)=\frac{1}{\mu-\lambda}\frac{\partial}{\partial x}\left(e^{\sum_1^\infty t_i(\mu^i-\lambda^i)}\frac{\tau(t+[\lambda^{-1}]-[\mu^{-1}])}{\tau(t)}\right).$$

The details of the proof can be found in [A-vM2] and [vM2].

3. Young diagrams, order of vanishing of τ and regularization

Given a Young diagram $\nu=(\nu_0\geq\nu_1\geq\ldots\geq\nu_n\geq 0)$, the corresponding Schur polynomial is defined as (see footnote 2 for definition of p_k)

$$F_\nu(t)\equiv\det(p_{\nu_i-i+j})_{0\leq i\leq j\leq n},\qquad (t=(t_1,t_2,\ldots)).$$

A *first ingredient* due to Sato [S] is that a τ-function admits a Fourier expansion in terms of Schur polynomials

$$\tau(t^* + t) = \sum_{\nu} \xi_\nu(W^{t^*})F_\nu(t), \text{ over all Young diagrams } \nu$$

where W^{t^*} is the plane associated with t^* and[4] with Fourier coefficients

$$(3.1) \qquad \xi_\nu(W^{t^*}) = \det \operatorname{proj}(W^{t^*} \to H_\nu),$$

satisfying Plücker relations. The latter implies that near a point t^*, where the Young diagram $\nu^* \equiv \nu(W^{t^*}) \neq 0$, we have $\xi_\nu(W^{t^*}) = 0$ for all ν such that $\nu \not\geq \nu^*$; therefore near the point t^*, $\tau(t^* + t)$ has the following Fourier series:

$$\tau(t^* + t) = \xi_{\nu^*}(W^{t^*})F_{\nu^*}(t) + \sum_{\substack{\nu \geq \nu^* \\ |\nu| > |\nu^*|}} \xi_\nu(W^{t^*})F_\nu(t), \text{ with } \xi_{\nu^*}(W^{t^*}) \neq 0.$$

A *second ingredient* is that the polynomial $F(t - [s])$ admits the following Taylor series in s about[5] $s = 0$

$$\begin{aligned} F_\nu(t - [s]) &= F_\nu(t) + \ldots + s^k p_k(-\tilde{\partial})F_\nu(t) + \ldots + s^{\nu_0} p_{\nu_0}(-\tilde{\partial})F_\nu(t) \\ &= F_\nu(t) + \ldots + s^k F_{\nu\backslash(k)}(t) + \ldots + s^{\nu_0} F_{\nu\backslash \text{first row}}(t), \end{aligned}$$

where $F_{\nu\backslash(k)}$ is the skew-Schur polynomial associated with the Young diagram $\nu\backslash(k)$ (i.e. Young diagram ν with a row of k boxes removed in the upper left hand corner; see MacDonald):

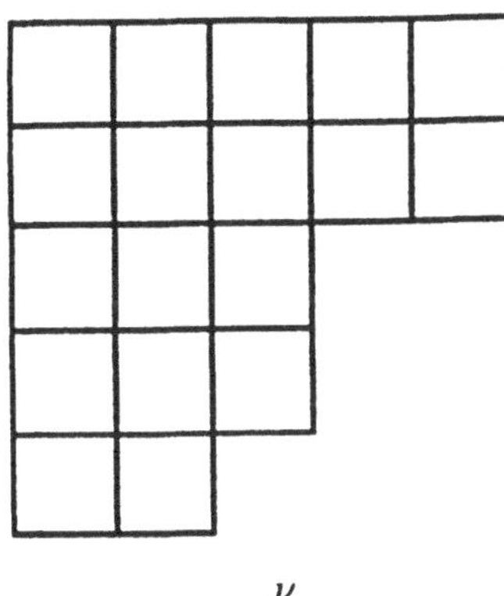

ν

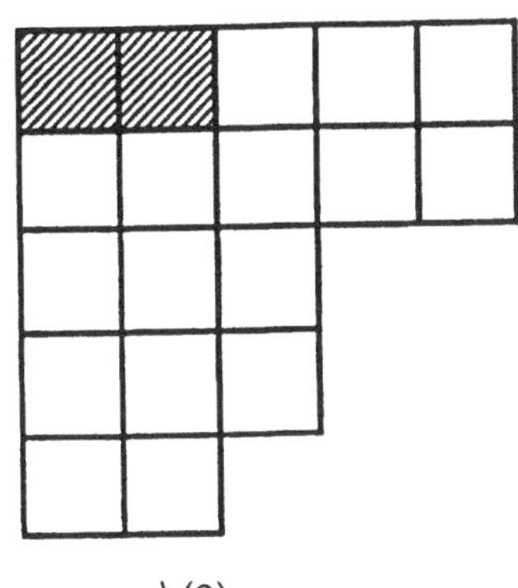

$\nu\backslash(2)$

These two facts now lead to the following three theorems.

[4] H_ν is the plane

$$H_\nu = \{z^{i-\nu_i}, i = 0, 1, 2, \ldots\}$$

[5] Given a Young diagram μ_i st. $\nu_i \geq \mu_i$, define the skew-Schur polynomial

$$F_{\nu\backslash\mu}(t) = \det(p_{\nu_i - \mu_j - i + j})_{0 \leq i,j \leq n}$$

Theorem 1. *[A-vM2] At a point t^* where $\tau(t^*) = 0$, let the plane $W^{t^*} \in$ (Stratum $\nu_0 \geq \nu_1 \geq \ldots$). Let $W_1, W_2, \ldots$ be planes obtained by inverse Bäcklund transformations (2.4) such that*

$$z^{\nu_0} W^t \subset z^{\nu_0 - 1} W_1^t \subset z^{\nu_0 - 2} W_2^t \subset \ldots \subset W_{\nu_0}^t,$$

and $\tau_1, \tau_2, \ldots$ the corresponding τ-functions; then

$$\text{Young diagram } (W_k^{t^*}) = \text{Young diagram } W^{t^*} \setminus (\text{first } k \text{ columns}),$$

and

$$\tau(t^*) = \tau_1(t^*) = \ldots = \tau_{\nu_0 - 1}(t^*) = 0, \text{ and } \tau_{\nu_0}(t^*) \neq 0.$$

More specifically, for $\bar{x} = (x, 0, 0, \ldots)$ small [6]*,*

$$\tau_k(t^* + \bar{x}) = a_k x^{|\nu| - \sum_1^k \hat{\nu}_i} + \ldots \text{ (this is the KP-analogue of (0.5))}$$

The successive Bäcklund transformations constitute a ladder enabling one to "climb" out of the singularity by knocking off each time the left most column of the Young diagram. Bäcklund transforming repeatedly gives the τ-function a softer and softer zero, according to a well-defined pattern, until it ultimately does not vanish any more.

In the next theorem we indicate how certain differential polynomials $p_k(-\tilde{\partial})$, applied to τ behave in the t_1-direction near the stratum [A-vM2]. The exact exponent in the estimate below was announced by Laumon [La] in a footnote of [S-W].

Theorem 2. *At a point t^* where $\tau(t^*) = 0$, let the plane $W^{t^*} \in$ (Stratum $\nu_0 \geq \nu_1 \geq \ldots$). Then we have the following estimates ($\bar{x} = (x, 0, 0, \ldots)$) :*

$$\begin{aligned} p_k(-\tilde{\partial})\tau(t^* + \bar{x}) &= c_k^\nu x^{|\nu| - k} + \ldots \quad \text{for } 0 \leq k \leq \nu_0, \text{ with } c_k^\nu \neq 0, \\ &= c_k^\nu x^{|\nu| - \nu_0} + \ldots \quad \text{for } k \geq \nu_0, \end{aligned}$$

where the c_k^ν ($0 \leq k \leq \nu_0$) are numbers determined by the partition ν by means of the following polynomial identity

$$P(z) = \sum_{k=0}^{\nu_0} \frac{c_k^\nu}{c_0^\nu} z(z-1)\ldots(z - \nu_0 + k + 1) = \prod_{i=0}^{\nu_0 - 1} (z - (\nu_0 + \hat{\nu}_i - i - 1))$$

or, more explicitly[7]

$$c_k^\nu = (-1)^k \det\left(\frac{1}{(\nu_i - k\delta_{j0} - i + j)!}\right)_{0 \leq i,j \leq \hat{\nu}_0} = (-1)^k \frac{f^{\nu/(k)}}{(|\nu| - k)!} \neq 0.$$

---

[6] the dual Young diagram $\hat{\nu}$ of ν is the Young diagram obtained by flipping the Young diagram around its diagonal; define

$$|\nu| \equiv \sum_1^{\hat{\nu}_0} \nu_i = \sum_1^{\nu_0} \hat{\nu}_i.$$

[7] $f^{\nu|\mu}$ denotes the number of standard tableaux of the skew Young diagram $\nu - \mu$.

Theorem 1 and 2 describe how the function $\tau(t)$, its derivatives and Bäcklund transforms behave near its point t^* of vanishing; of course this depends on the (stratum $\nu_0 \geq \nu_1 \geq \dots$) containing W^{t^*}. The next theorem tells us then that $\Psi(t,z)$ multiplied with an appropriate factor (independent of z) tends to a finite limit, when $t \to t^*$ in the t_1-direction and that this limit is - up to a multiplicative factor - a *new wave function* evaluated at $t = t^*$. In fact this new wave function yields a new frame with regard to which all the constituents of the limiting plane W^{t^*} can be expressed. Theorem 3 tells us how to express the element of W^{t^*} which blows up maximally (i.e., behaving as z^{ν_0} for $z \nearrow \infty$) as a limit (for $t \to t^*$) of elements in W^t; for a full statement and theorem 3, see [A-vM2]. The reader is reminded (1.3) that ψ is defined as $\Psi = e^{\Sigma t_j z^j}\psi$.

Theorem 3. *Consider a point t^* where $\tau(t^*) = 0$, with $W^{t^*} \in$ (stratum $\nu_0 \geq \nu_1 \geq \dots$); then the following limit exists and equals*

$$\lim_{x\to 0} \psi(t^* + \bar{x}, z)\frac{\tau(t^*+\bar{x})}{p_{\nu_0}(-\tilde{\partial})\tau(t^*+\bar{x})} = z^{-\nu_0}\tilde{\psi}_{\nu_0}(t^*, z) \in W^{t^*} \tag{3.2}$$

where $\tilde{\Psi}_{\nu_0}(t,z)$ is obtained by ν_0 "inverse" Bäcklund transforms associated with arbitrary parameters $z_1, \dots, z_{\nu_0}$ near $z = \infty$; therefore the associated plane $\tilde{W}^t_{\nu_0}$ satisfies (see (2.6) and (2.7))

$$z^{\nu_0}W^t \subset \tilde{W}^t_{\nu_0}.$$

Corollary. *$\tilde{\Psi}_{\nu_0}(t,z)$ evaluated at $t = t^*$ is independent of the parameters $z_1, \dots, z_{\nu_0}$ figuring in the Bäcklund transformations.*

This paradox follows at once from Theorem 3, because the right hand side of (3.2), which seemingly depends on the parameters $z_1, \dots, z_{\nu_0}$, equals the left hand side of (3.2) which does not. For instance, in the case of a simple zero t^* of $\tau(t)$, the independence, mentioned in the corollary follows from the Fay identity, expressed in the following form

$$\begin{aligned} &\frac{z}{z-z_1}\frac{\tau(t-[z^{-1}]+[z_1^{-1}])}{\tau(t+[z_1^{-1}])} - \frac{z}{z-z_2}\frac{\tau(t-[z^{-1}]+[z_2^{-1}])}{\tau(t+[z_2^{-1}])} \\ &= \frac{z(z_1-z_2)}{(z-z_1)(z-z_2)}\frac{\tau(t)\ \tau(t+[z_1^{-1}]+[z_2^{-1}]-[z^{-1}])}{\tau(t+[z_1^{-1}])\tau(t+[z_2^{-1}])}. \end{aligned} \tag{3.3}$$

Up to a multiplicative factor, the left hand side of (3.3) equals

$$A^{-1}_{\Psi(t,z_1)}\Psi(t,z) - A^{-1}_{\Psi(t,z_2)}\Psi(t,z)$$

which, in view of its right hand side, vanishes along the locus $\{\tau(t^*) = 0\}$.

4. Compactifying isospectral manifolds of Jacobi matrices

If N-periodic Jacobi matrices ($a_N \equiv a_0$, $b_N \equiv b_0$)

$$(4.1) \qquad L(z) = \begin{pmatrix} b_1 & a_1 & & & z \\ 1 & b_2 & a_2 & & \\ & & & & \\ & & & & a_{N-1} \\ a_N z^{-1} & & & 1 & b_N \end{pmatrix}, \sum_1^N b_i = 0, \prod_1^N a_i \neq 0,$$

flow according to the Toda hierarchy[8]

$$(4.2) \qquad \frac{\partial L}{\partial t_j} = [L, (L^j)_+], \qquad j = 1, 2, \ldots, N-1,$$

then the hyperelliptic curve (of genus $g = N - 1$)

$$X : \left\{ \begin{array}{ll} (z, \lambda) | 0 = \det(\lambda I - L(z)) & \equiv R(\lambda) - (z + Az^{-1}) = 0 \\ & \equiv \lambda^N + I_2 \lambda^{N-2} + \ldots + (-1)^N I_N - (z + Az^{-1}) \end{array} \right\}$$

is isospectral, i.e. the I_j and $A \equiv \prod_1^N a_i$ are constants of motion of (4.2); the eigenvector f of L (see [vM-Mu] and [vM])

$$f(z, \lambda) L(z) = \lambda f(z, \lambda) \qquad f = (f_0 = 1, f_1, \ldots, f_{N-1})$$

yields meromorphic functions f_k on the isospectral curve X (with two points P and Q covering ∞) such that for some divisor $D \geq 0$ of order g (common to all f_k):[9]

$$(4.4) \qquad (f_k) \geq -kP + kQ - D \text{ and } (z) = -NP + NQ.$$

The set of matrices $L(z)$ with fixed spectral curve X or what is the same, the set obtained by letting $L(z)$ flow according to the vector fields (4.2), parametrizes an affine part $\mathcal{A}_X$ of the hyperelliptic Jacobian J_X (complex torus), obtained by removing from J_X a number of divisors, one for each dot in the (extended) Dynkin diagram going with the Toda equations; the case discussed here is the Kac-Moody Lie algebra $a_N^{(1)}$. In precise terms, if $\Theta_0 \equiv \{P + \sum_1^{g-1} x_i,\ x_i \text{ generic} \in X\} \subset J_X$ denotes the theta-divisor, and $\Theta_r = \Theta_0 + r(Q - P)$ translates of Θ_0 on J_X (by means of $Q - P \equiv \int_P^Q \omega \in J_X$), then

$$\mathcal{A}_X = J_X \backslash (\Theta_0 \cup \Theta_1 \cup \ldots \cup \Theta_{N-1})$$

is parametrized by the *isospectral* set[10] of N-periodic Jacobi matrices. If one approaches the Θ_i's, several entries will blow up, while others will tend

---

[8] $(\,)_+$ means the (strictly) upper triangular part of the matrix $(\,)$.

[9] the divisor (f) of a meromorphic function f is the set of its zeros with $+$ signs and its poles with $-$ signs (codimension 1 subvarieties)

[10] maintaining all the coefficients of the curve X defined in (4.3): A and all the coefficients of $R(\lambda)$.

to zero. Can the whole Jacobian J_X rather than the affine part $\mathcal{A}_X$ be parametrized by (isospectral) matrices ? That is, when the t_1-trajectories (solution of $\frac{\partial L}{\partial t_1} = [L, L_+]$) hit a point t^* of the theta-divisor Θ_0 or any of the translates, can the matrix $L(z,t)$ be conjugated

$$L_{\text{new}}^{\top} = B^{-1} L^{\top} B$$

by means of a matrix B of polynomial entries in the a's and b's such that $\lim_{t\to t^*} L_{\text{new}}$ exists and, if so, what is this limit ? This is the analogue of questions (i) and (ii) posed in the introduction for differential operators. The answer to these questions was given in [A-H-vM].

Let me work out the simplest case, where $t^* \in \Theta_1, t^* \notin \Theta_i$ $(i \neq 1)$, then guessing the matrix B for which $\lim_{t\to t^*} L_{\text{new}}$ exists is quite easy, in view of the Painlevé analysis for the Toda lattice. Indeed one shows that (see [A-vM1])
(4.5)

$$\begin{array}{lll} a_1 = -\frac{1}{(t_1-t_1^*)^2} + \dots & b_1 = -\frac{1}{t_1-t_1^*} + \dots & b_2 = \frac{1}{t_1-t_1^*} + \dots \\ a_0 = \alpha(t_1 - t_1^*) + \dots & a_2 = \beta(t_1 - t_1^*) + \dots, & \alpha\beta \neq 0 \end{array}$$

with all the other entries a_i and b_i bounded near t^* and a_i bounded away from 0. Then conjugating $L^{\top}$ by the matrix

$$B = \left(\begin{array}{cc|c} 0 & 1 & \\ 1 & -b_1 & O \\ \hline \multicolumn{2}{c|}{O} & I \end{array}\right)$$

leads to $(a_N = a_0)$

$$B^{-1}L^{\top}B = \left(\begin{array}{cc|cccccc} I_1^{(1)} & -I_2^{(1)} & 1 & 0 & & \dots & 0 & a_N b_1 z^{-1} \\ 1 & 0 & 0 & 0 & & \dots & 0 & a_N z^{-1} \\ \hline a_2 & -a_2 b_1 & b_3 & 1 & 0 & \dots & & \\ 0 & 0 & a_3 & b_4 & 1 & & O & \\ 0 & 0 & 0 & a_4 & b_5 & & & \\ \vdots & \vdots & & & & & & \\ & & & O & & & & 1 \\ 0 & z & & & & & a_{N-1} & b_N \end{array}\right)$$

where $I_1^{(1)}$ and $I_2^{(1)}$, defined by

$$\det\left(\lambda I - \begin{pmatrix} b_1 & a_1 \\ 1 & b_2 \end{pmatrix}\right) = \lambda^2 - (b_1 + b_2)\lambda + b_1 b_2 - a_1 = \lambda^2 - I_1^{(1)}\lambda + I_2^{(1)}$$

are invariant polynomials of $s\ell(2, \mathbb{C})$.

Then letting $t_1 \to t_1^*$, the matrix above tends to a finite limit, as is seen from the leading behaviors (4.5)

$$\lim_{t_1 \to t_1^*} B^{-1} L^\top B = \left(\begin{array}{cc|cccccc} I_1^{(1)} & -I_2^{(1)} & 1 & 0 & & \cdots & 0 & -\alpha z^{-1} \\ 1 & 0 & 0 & 0 & & \cdots & 0 & 0 \\ \hline 0 & \beta & b_3 & 1 & 0 & & & \\ 0 & 0 & a_3 & b_4 & 1 & & O & \\ 0 & 0 & 0 & a_4 & b_5 & & & \\ & & & & & \ddots & & \\ \vdots & \vdots & & & & \ddots & & \\ & & & & & \ddots & & \\ 0 & 0 & & O & & & & 1 \\ 0 & z & & & & & a_{N-1} & b_N \end{array} \right),$$

where the a_i and b_i are all evaluated at $t = t^*$.

When t^* belongs to the intersection of several theta-translates, the limit of L_{new} when $t \to t^*$ is described as follows: when

$$t^* \in \Theta_1 \cap \Theta_2 \cap \ldots \cap \Theta_s, \qquad t^* \notin \text{ other } \Theta_i \quad (1 \le s \le N-3)$$

then in the limiting $N \times N$ matrix the upper-left $(s+1)\times(s+1)$ block (which blew up in the matrix $L^\top$) gets replaced by its associated "companion matrix" B_1, the rest of the matrix being nearly unchanged, more specifically

$$\lim_{t \to t^*} L_{\text{new}} = \left(\begin{array}{c|c} B_1 & A_2 \\ \hline A_1 & B_2 \end{array} \right)$$

where the A_i and B_i are the matrices below, all evaluated at $t = t^*$:

$$B_1 = \begin{pmatrix} I_1^{(s)} & -I_2^{(s)} & & & (-1)^{s} I_{s+1}^{(s)} \\ 1 & 0 & & & \\ & & & O & \\ & \ddots & \ddots & & \vdots \\ & O & & & \\ & & & 1 & 0 \end{pmatrix},$$

$$B_2 = \begin{pmatrix} b_{s+2} & 1 & & & \\ a_{s+2} & b_{s+3} & 1 & & O \\ & & & & \\ & \ddots & \ddots & \ddots & \\ O & & a_{N-2} & b_{N-1} & 1 \\ & & & a_{N-1} & b_N \end{pmatrix},$$

$$A_1 = \begin{pmatrix} & (-1)^s a_{s+1} I_s^{(s-1)} \\ & 0 \\ O & \vdots \\ & 0 \\ & z \end{pmatrix},$$

and

$$A_2 = \begin{pmatrix} 1 & 0 & \dots & 0 & (-1)^{s+1} z^{-1} \sum_{\ell=1}^{s} I_\ell^{(s-1)} (\frac{\partial}{\partial t_1})^{s-\ell} a_N \\ & & O & & \end{pmatrix}.$$

The expressions $I_\ell^{(k)}$ appearing in the matrices above are the invariant polynomials of $\mathrm{sl}(s+1, \mathbb{C})$ defined by

$$\det \begin{pmatrix} \lambda - b_1 & a_1 & & 0 \\ 1 & \lambda - b_2 & a_2 & \\ & & & \\ & & & a_s \\ 0 & & 1 & \lambda - b_{k+1} \end{pmatrix}$$

$$= \lambda^{k+1} - I_1^{(k)} \lambda^k + I_2^{(k)} \lambda^{k-1} + \ldots + (-1)^{k+1} I_{k+1}^{(k)}.$$

The Birkhoff strata employed in the operator case get here replaced by Birkhoff strata for a flag constructed from the sequence of meromorphic functions. Details can be found in [A-H-vM].

REFERENCES

[A-vM1] Adler, M., van Moerbeke, P., Kowalewski's asymptotic method, Kac-Moody Lie algebras and regularization, Commun. Math. Phys. 83, 83-106 (1982) and The Toda lattice, Dynkin diagrams, singularities and Abelian varieties, Invent. Math. 103, 223-278 (1991).

[A-vM2] Adler, M., van Moerbeke, P., Birkhoff strata, Bäcklund transformations and limits of isospectral operators, Adv. in Math. (1993).

[A-H-vM] Adler, M., Haine, L., van Moerbeke, P., Limit matrices for the Toda flow and periodic flags for loop groups, Math. Ann. (1993).

[B] Birnir, Bj., Singularities of the complex KdV flows, Comm. pure & Applied Math. 29, 283-305 (1986).

[DJKM] Date, E., Jimbo, M., Kashiwara, M. and Miwa, T., Transformation groups for soliton equations, Proceedings of RIMS Symposium on Non linear Integrable Systems-Classical and Quantum theory-Kyoto (May 1981), ed. by M. Jimbo & T. Miwa (World Scientific Co. Singapore, 1983) (pp. 39-119).

[Eh-Kn] Ehlers, F., Knörrer, H., An algebro-geometric interpretation of the Bäcklund transformation for the KdV equation, Comm. Math. Helv. 57, 1-10 (1982).

[Fl] Flaschka, H., The Toda lattice in the complex domain, in Algebraic analysis, Acad. Press 1, 1988, 141-154.

[Fl-Ha] Flaschka, H., Haine, L., Variétés de drapeaux et réseaux de Toda, Math. Z. 208 (1991) 545-556.

[K] Kac, V., Infinite-dimensional Lie algebras, 3rd edition, Cambridge Univ. Press.

[La] Laumon, footnote to [S-W].

[McD] Mac Donald, I., Symmetric functions and Hall polynomials, Oxford University Press, 1979.

[P-S] Pressley, A., Segal, G., Loop groups, Clarendon Press, Oxford, 1986.

[S] Sato, M., Soliton equations as dynamical systems on infinite dimensional Grassmann manifolds, RIMS Kokyuroku 439 (1981) 30-46.

[S] Sato, M., Soliton equations and the universal Grassmann manifold (by Noumi, in Japanese), Math. Lect. Notes n^0 18 (Sophia University 1984).

[S-S] Sato, M. and Sato, Y., Soliton equations as dynamical systems on infinite dimensional Grassmann manifolds, Lect. Notes in Num. Appl. Anal. 5, 259-271 (1982).

[S-W] Segal, G., Wilson, G., Loop groups and equations of KdV type, Publ. Math. I.H.E.S. 61, 5-65 (1985).

[Ta] Tabor, M., Weiss, J., Carnevale, G., The Painlevé property for partial differential equations, J. Math. Phys. 24, 522-526 (1983).

[vM1] van Moerbeke, P., The isospectral deformations of discrete Laplacians, Springer Verlag Lecture Notes, 755 (1979) 313-370 and The spectrum of Jacobi matrices, Invent. Math. 37, 45-81 (1976).

[vM2] van Moerbeke, P., Integrable foundations of string theory, CIMPA lectures on Integrable Systems (June 1991), World Scientific, to appear.

[vM-Mu] van Moerbeke, P. and Mumford, D., The spectrum of difference operators and algebraic curves, Acta Math. 143 (1979) 93-154.

Department of Mathematics
University of Louvain
1348 Louvain-la-Neuve, Belgium
and
Brandeis University
Waltham, MA 02254

PART II
Hamiltonian Methods

The Geometry of the Full Kostant-Toda Lattice

N. M. Ercolani, H. Flaschka, and S. Singer

1. Introduction

The equations for the (finite, nonperiodic) Toda lattice can, as is well known, be written in Lax form,

$$\dot{X}(t) = [X(t), \mathbf{\Pi} X(t)]. \tag{1}$$

Here X is a symmetric tridiagonal matrix and $\mathbf{\Pi}$ is the projection onto the skew-symmetric summand in the decomposition of X into skew-symmetric plus upper triangular. The eigenvalues of X are constants of motion of (1), and the Toda lattice turns out to be a completely integrable Hamiltonian system.

Deift, Li, Nanda and Tomei [DLNT] proved that the Toda equations (1) remain completely integrable even when X is allowed to be an arbitrary (sufficiently "generic") symmetric $n \times n$ matrix. They constructed the constants of motion (on the order of $n^2/4$ are needed), the associated angle variables, and described the typical level set of the constants of motion. Our aim in this paper is to interpret some of the techniques and results in [DLNT] in the language of Lie groups and homogeneous spaces.

We will consider the Lax equation (1) not for symmetric matrices, but for Hessenberg matrices

$$\begin{pmatrix} * & 1 & 0 & \cdots & 0 \\ * & * & 1 & \ddots & \vdots \\ * & \ddots & \ddots & \ddots & 0 \\ \vdots & \ddots & * & * & 1 \\ * & \cdots & * & * & * \end{pmatrix}. \tag{2}$$

An explanation of this choice is given in Subsection 2.4; the point, in brief, is that such matrices admit a unique transformation to a certain normal form, and this feature is crucial to our approach. Furthermore, because we use ideas of complex algebraic geometry, we take the entries of (2) to be *complex*.

Denote the Lie algebra of lower-triangular matrices by $\mathcal{B}_-$, and let ϵ stand for the nilpotent matrix that remains when all entries "$*$" in (2) are set to zero. Our phase space will be $\epsilon + \mathcal{B}_-$. The projection ΠX in (1) now refers to the strictly lower triangular part of X. In his study [Ko2] of the Toda lattice, Kostant used *tridiagonal* matrices of the form (2); these can be conjugated to tridiagonal symmetric matrices by a unique diagonal matrix. There is no analogous simple transformation of elements of $\epsilon + \mathcal{B}_-$ to the symmetric form, and one might expect the properties of our modification of the DLNT Toda lattice to bear little relation to those of the symmetric version. In fact, the two systems have a common origin, and thus many results in [DLNT] carry over almost without change [S1]. The two versions of the Toda lattice are compared in the appendix.

The Lax equation (1), with $X \in \epsilon + \mathcal{B}_-$, will be called the *full Kostant-Toda lattice* to distinguish it from the DLNT version. In this Introduction, we will describe our results about this system. We keep the discussion on an informal and intuitive level, and include several ideas that have helped us to think about the full Kostant-Toda lattice, even though we have not always been able to use them to deduce hard results.

First, we must understand why the full Kostant-Toda lattice should be completely integrable. One needs a Poisson bracket on $\epsilon + \mathcal{B}_-$, of course, but we do not require its explicit form just yet. Powerful evidence for integrability comes from the so-called *factorization method* for solving (1) with initial condition $X(0) = X_0$. Factor $\exp tX_0$ as $n(t)b(t)$, with $n(t)$ lower unipotent and $b(t)$ upper triangular. Then

$$X(t) \stackrel{\text{def}}{=} n(t)^{-1} X_0 n(t) \tag{3}$$

solves (1) [RSTS, R]. (When the factorization cannot be done for some t_0, the solution $X(t)$ has a pole at $t = t_0$.) Since this is an almost explicit solution (only the exponential of tX_0 is not effectively computable), one expects the equations to possess the requisite number of constants of motion in involution. The problem is to find them.

As in [DLNT], the constants of motion can be taken to be the *Ritz values* of the matrix X.

Definition 1.1 *For $k = 0, \ldots, [(n-1)/2]$, denote by $(X - \lambda\,\mathrm{Id})_{(k)}$ the result of removing the first k rows and last k columns from $(X - \lambda\,\mathrm{Id})$ (we call this the* k-chop of X*), and let λ_{rk}, $r = 1, \ldots, n-2k$, denote the roots of*

$$\widetilde{Q}_k(X, \lambda) \stackrel{\text{def}}{=} \det(X - \lambda\,\mathrm{Id})_{(k)} = E_{0k}\lambda^{n-2k} + \ldots + E_{n-2k,k}. \tag{4}$$

The λ_{rk} turn out to be constants of motion. Set

$$Q_k(X, \lambda) \stackrel{\text{def}}{=} \frac{\det(X - \lambda\,\mathrm{Id})_{(k)}}{E_{0k}} = \lambda^{n-2k} + I_{1k}\lambda^{n-2k-1} + \ldots + I_{n-2k,k}. \tag{5}$$

The I_{rk} are constants of motion equivalent to the λ_{rk}; we call them the k-chop integrals. *(The functions $I_{1k} = \sum_r \lambda_{rk}$ are Casimirs on $\epsilon + \mathcal{B}_-$.)*

Note that $Q_0(X, \lambda)$ is the characteristic polynomial of X, and that the I_{r0} are its coefficients.

Here we see one of the many unusual features of the full Toda lattice: the constants of motion are *rational*, rather than polynomial, functions on phase space. They are extremely unwieldy. For instance, the integral I_{21} for $\mathcal{SL}(4, \mathrm{C})$ is (see Section 7)

$$\frac{X_{21}X_{32}X_{43} - X_{21}X_{33}X_{42} - X_{22}X_{31}X_{43} + X_{42}X_{31}}{X_{41}} + X_{22}X_{33} - X_{32}.$$

In a nutshell, our paper exploits the following remarkable fact (stated here for $\mathcal{SL}(4, \mathrm{C})$): when the set of matrices $X \in \epsilon + \mathcal{B}_-$ with fixed spectrum $\{\lambda_1, \lambda_2, \lambda_3, \lambda_4\}$ is realized as subvariety of the flag manifold $SL(4, \mathrm{C})/$ upper triangular matrices (see Definition 1.3 below), I_{21} assumes the simple and symmetric form

$$-\frac{\lambda_1\lambda_2\lambda_3\pi_4\pi_4^* + \lambda_1\lambda_2\lambda_4\pi_3\pi_3^* + \lambda_1\lambda_3\lambda_4\pi_2\pi_2^* + \lambda_2\lambda_3\lambda_4\pi_1\pi_1^*}{\lambda_4\pi_4\pi_4^* + \lambda_3\pi_3\pi_3^* + \lambda_2\pi_2\pi_2^* + \lambda_1\pi_1\pi_1^*}, \tag{6}$$

where π_i, π_i^* are certain homogeneous coordinates on P^3 and $(\mathrm{P}^3)^*$. We appeal to representation theory to generalize this formula, and to explain why the chopped integrals should have this and other useful properties. Then we use the very special form (6) to build the level set of all the constants of motion.

DLNT base their study of the I_{rk} on an invariance property that will also be crucial for us.

Definition 1.2 *Let $\mathbf{P}_k$ be the parabolic subgroup of $SL(n, C)$ whose entries below the diagonal in the first k columns and to the left of the diagonal in the last k rows are zero. In particular, $\mathbf{P}_0 = SL(n, C)$.*

If E_{rk} is a coefficient of $\widetilde{Q}_k$ (cf. (4)), then (as in [DLNT])

$$E_{rk}(p^{-1}Yp) = \chi_k(p)E_{rk}(Y), \quad p \in \mathbf{P}_k, \ Y \in \mathcal{G}. \tag{7}$$

where χ_k is a certain character of $\mathbf{P}_k$ (see Example 2.1). The ratios $I_{rk} = E_{rk}/E_{0k}$ of (5) are *invariant* under the action of $\mathbf{P}_k$.

Our interpretation of these ideas is motivated by *invariant theory* and *symplectic reduction*[1].

One general result from invariant theory is easy to prove (see Proposition A.1):

[1]The phase space $\epsilon + \mathcal{B}_-$ is (almost) never a symplectic manifold, because the Poisson bracket can be degenerate. We should really use *Poisson reduction.* However, since reduction is used as motivation rather than working tool, we ignore such technicalities.

Proposition 1.1 *If a rational function F, defined on a dense open subset of $\mathcal{G}$ and on a dense open subset of $\epsilon + \mathcal{B}_-$, is invariant under conjugation by the group $\mathbf{B}_+$ of upper triangular matrices,*

$$F(b^{-1}Yb) = F(Y), \quad b \in \mathbf{B}_+, \; Y \in \mathcal{G},$$

then its restriction to $\epsilon + \mathcal{B}_-$ is a constant of motion for the full Kostant-Toda lattice.

Such functions are plentiful. Let $\mathcal{CAS}$ be the ring of invariant polynomials, let J be the ideal generated by $\mathcal{CAS}$, and let J^+ be the set of $f \in J$ with zero constant term. The ring S is a product $J^+S \otimes H$, where H is a $\mathbf{G}$-module complement of J^+S, graded by degree (the harmonic polynomials, for instance) [Kol, Dix]. The representation of $SL(n,\mathbf{C})$ on H, in turn, decomposes into an infinite direct sum of irreducible finite-dimensional representations. If F^χ is the highest weight vector of a summand with highest weight χ, then

$$F^\chi(b^{-1}Xb) = \chi(b)F^\chi(X), \quad b \in \mathbf{B}_+.$$

We call such functions *semi-invariants*. The ratio of two highest weight vectors for two copies of this representation is then *invariant* under $\mathbf{B}_+$, and will by Proposition 1.1 produce a constant of motion of the full Kostant-Toda lattice.

A complete picture of all the constants of motion would follow from a thorough understanding of the Poisson algebra generated by the highest weight vectors in the decomposition of a suitable H. Calculations (using MACSYMA) of representations of groups of small rank (e.g., C_2, B_3, C_3) show that there are distinct families of involutive constants of motion for the full Kostant-Toda lattice. The set I_{rk} in (5) is only one of at least two possible even for $SL(4,\mathbf{C})$ (see the Conclusion); it may be the most interesting for geometers. We believe, but have not proved, that the full Kostant-Toda lattice (at least for the classical algebras) is integrable in the non-commutative sense.

Reduction is in some sense a converse to invariant theory. Instead of building up invariants along a chain of parabolic subgroups $\mathbf{P}_k$, one uses integrals at each level of the chain to reduce to smaller symplectic manifolds. We describe the procedure for the $\mathcal{SL}(n,\mathbf{C})$ lattice; adaptations to Lie algebras of types B_n, C_n are sketched in the body of the paper, and the problems with D_n and G_2 are explained in the conclusion.

At first, one has the constants of motion I_{r0}, the Chevalley invariants, or equivalently the eigenvalues $\{\lambda_{r0}\}$ of X. That these are integrals follows from the Adler-Kostant-Symes Theorem just as in the tridiagonal case. The angles conjugate to the $\{\lambda_{r0}\}_{r=2}^{r=n}$ are given by the resolvent prescription [Mo, DLNT] that works for tridiagonal Toda: $\theta_{r0} = \log \gamma_{r0}/\gamma_{10}$, where

$$\gamma_{r0} = \lim_{\lambda \to \lambda_{r0}} \det(X - \lambda \,\mathrm{Id}) \, \langle (X - \lambda)^{-1} e_n, e_n \rangle. \tag{8}$$

To carry out symplectic reduction, one must first find good coordinates on the level set of fixed λ_{r0} ($r = 1, \ldots, n$) (the level set of the momentum map for the Chevalley invariants of X). Our approach relies on an embedding of this isospectral submanifold (of the phase space $\epsilon + \mathcal{B}_-$) into the flag manifold $\mathbf{Flag}_n = SL(n, \mathrm{C})/\mathbf{B}_+$.

Proposition 1.2 ([Ko3]) *There is a unique lower unipotent L that conjugates $X \in \epsilon + \mathcal{B}_-$ to a* companion matrix C_{Λ_0},

$$X = L C_{\Lambda_0} L^{-1}, \tag{9}$$

$$C_{\Lambda_0} = \begin{pmatrix} 0 & 1 & 0 & \ldots & 0 \\ 0 & 0 & 1 & \ldots & 0 \\ \vdots & \ddots & \ddots & \ddots & \vdots \\ 0 & \ldots & \ddots & \ddots & 1 \\ s_n & \ldots & \ldots & s_2 & 0 \end{pmatrix}.$$

(The characteristic polynomial of C_{Λ_0} is $\lambda^n - s_2\lambda^{n-2} - \ldots - s_n$.)

We cannot overemphasize the importance of this result. Because L is unique, an isospectral set in $\epsilon + \mathcal{B}_-$ can be mapped isomorphically to the flag manifold, and our picture of the full Kostant-Toda lattice depends crucially on this embedding. Notice also that the entries of C_{Λ_0} are polynomials in the entries of X; this feature makes it possible to do MACSYMA calculations, and indeed some of our basic formulas (such as (6)) were discovered in that way.

Definition 1.3 *Let $(\epsilon + \mathcal{B}_-)_{\Lambda_0}$ be the set of elements of $\epsilon + \mathcal{B}_-$ with fixed eigenvalues $\Lambda_0 =$ diag $(\lambda_1, \ldots, \lambda_n)$. Define*

$$\begin{aligned} K_{\Lambda_0} : (\epsilon + \mathcal{B}_-)_{\Lambda_0} &\to \mathbf{Flag}_n \\ X &\mapsto L^{-1} \operatorname{mod} \mathbf{B}_+. \end{aligned}$$

Proposition 1.3 *Under the map K_{Λ_0}, the Toda flow becomes*

$$X(t) \mapsto (\exp C_{\Lambda_0} t)\, L^{-1} \operatorname{mod} \mathbf{B}_+.$$

More generally, the "basic" Toda flows of the Hamiltonians Trace X^j *generate the linear algebraic torus action on* $\mathbf{Flag}_n$ *of the centralizer of C_{Λ_0} in $SL(n, C)$.*

The second half of reduction requires a choice of "angles" on the level set of the momentum map. We use (9) to rewrite (8) as

$$\gamma_{r0} = \lim_{\lambda \to \lambda_{r0}} \det(X - \lambda \,\mathrm{Id}) \langle (C_{\Lambda_0} - \lambda)^{-1} e_n, L^t e_n \rangle. \tag{10}$$

From this one can deduce that the γ_{r0} do not depend on the full flag L^{-1} mod $\mathbf{B}_+$, but only on the partial flag L^{-1} mod $\mathbf{P}_1$ (cf. Definition 1.2), which is represented by an element of the Heisenberg group

$$L_0 = \begin{pmatrix} 1 & 0 & 0 & \dots & \dots & 0 \\ a_1 & 1 & 0 & \dots & \dots & 0 \\ a_2 & 0 & 1 & \ddots & \ddots & \vdots \\ \vdots & \vdots & \ddots & \ddots & \ddots & \vdots \\ a_{n-2} & 0 & \dots & 0 & 1 & 0 \\ c & b_{n-2} & \dots & b_2 & b_1 & 1 \end{pmatrix}. \tag{11}$$

This group is an open dense submanifold of $SL(n,\mathbf{C})/\mathbf{P}_1$.

To get the reduced phase space, one induces a Poisson structure on a level set of $\{\theta_{r0}\}$ in $\epsilon + \mathcal{B}_-$. Fixing the angles singles out a certain subvariety Θ_0 of matrices of the form (11), and the reduced phase space fibers over Θ_0. A dense open subset of the fiber over a point (11) is coordinatized by the $(n-2) \times (n-2)$ matrices in which the subdiagonal zeros in (11) are replaced by nonzero entries $*$:

$$\begin{pmatrix} 1 & 0 & 0 & \dots & \dots & 0 \\ 0 & 1 & 0 & \dots & \dots & 0 \\ 0 & * & 1 & \ddots & \ddots & \vdots \\ \vdots & \vdots & \ddots & \ddots & \ddots & \vdots \\ 0 & * & \dots & * & 1 & 0 \\ 0 & 0 & \dots & 0 & 0 & 1 \end{pmatrix}$$

The fiber can be identified with the smaller flag manifold

$$\mathbf{Flag}_{n-2} = SL(n-2,\mathbf{C})/\mathbf{B}_+^{(n-2)};$$

here $\mathbf{B}_+^{(n-2)}$ is the subgroup of upper triangular matrices in $SL(n-2,\mathbf{C})$.

A point in $\mathbf{Flag}_n$ represents a chain of subspaces

$$\{0\} \subset V_1 \subset \dots \subset V_k \subset \dots \subset V_{n-1} \subset \mathbf{C}^n,$$

and in particular, $X \in (\epsilon + \mathcal{B}_-)_{\Lambda_0}$ is identified (via $X \mapsto L^{-1}$ mod $\mathbf{B}_+$ in Definition 1.3) with the flag generated by the columns of L^{-1}. The angles θ_{r0}, we assert, depend only on the *partial flag* $V_1 \subset V_{n-1}$.

We now sketch what is, for us, the crucial next step—reduction by the momentum map for the 1-chop integrals I_{r1} from Definition 1.1. Here reduction makes contact with invariant theory: the equations $I_{r1} = c_{r1}, r = 1, \ldots, n-2$, for the level set of the 1-chop integrals, which are very messy in the affine coordinates on $\epsilon + \mathcal{B}_-$, again depend only on the partial flag $V_1 \subset V_{n-1}$. In fact, they are quadratic (bilinear) equations in the entries of (11) (cf. (6)). They define a unique point (11) in the base Θ_0 of our fibered reduced phase space. The Hamiltonian flows generated by the I_{r1} move in the fiber $\mathbf{Flag}_{n-2}$, where they are coordinatized by a new set of angles, θ_{r1}.

Note that we are now essentially back at the starting point. The level set of the eigenvalues λ_{r0} of X was embedded into $\mathbf{Flag}_n$; after the first reduction, the level set of the λ_{r1} has been embedded in $\mathbf{Flag}_{n-2}$. The analogy goes further. The polynomial Q_1 (cf. (5)) is the characteristic polynomial of elements of $\mathcal{GL}(n-2, \mathrm{C})$ associated to points in $\mathbf{Flag}_{n-2}$ by a variant of Kostant's map K_{Λ_0} in Definition 1.3; its coefficients I_{r1} are "reduced" Chevalley invariants, and its roots λ_{r1} play the role of the spectrum, λ_{r0}, at the start.

When we next look at the angles θ_{r1} and the 2-chop integrals I_{r2}, we find that in each fiber $\mathbf{Flag}_{n-2}$ they involve only the partial flag $V_2 \subset V_{n-2}$: the pattern repeats.

The reduction procedure would leave us, eventually, with a one-point reduced space. We do not actually carry out the reduction; rather, we use it as motivation in a study of the geometry of the level set of all the integrals I_{rk} and of their Hamiltonian flows on the level set. Let $\mathcal{LSV}$ ("level set variety") denote the closure, in $\epsilon + \mathcal{B}_-$, of this level set. We will make assumptions that force a dense open subset of $\mathcal{LSV}$ to lie in a generic symplectic leaf of the Poisson structure on $\epsilon + \mathcal{B}_-$; its boundary, however, contains non-generic, lower-dimensional leaves.

As one might expect from the reduction discussion, $\mathcal{LSV}$ is a tower of bundles of level sets of the successive momentum maps for the k-chop integrals I_{rk}. We now summarize the picture as developed in Sections 4-6.

First fix the Chevalley (or "0-chop") integrals I_{r0} of X and embed $(\epsilon + \mathcal{B}_-)_{\Lambda_0}$ (Definition 1.3) in the flag manifold $\mathbf{Flag}_n$ by the Kostant map in Definition 1.3. The Hamiltonian flows become the action of a certain Cartan subgroup $\mathbf{H}$ on the flag manifold $\mathbf{Flag}_n$, as in Proposition 1.3.

The 1-chop integrals I_{r1}, as functions on $\mathbf{Flag}_n$, depend only on the partial flag $V_1 \subset V_{n-1}$. $\mathbf{Flag}_n$ is a fiber bundle

$$\begin{array}{ccc} \mathbf{P}_1/\mathbf{B}_+ & \longrightarrow & SL(n,\mathrm{C})/\mathbf{B}_+ \\ & & \downarrow \\ & & SL(n,\mathrm{C})/\mathbf{P}_1. \end{array} \tag{12}$$

The level set of the I_{r1} in $\mathbf{Flag}_n$ is a bundle over a certain variety $\mathcal{F}_1$ cut out by the equations $I_{r1} = c_{r1}, r = 1, \ldots, n-2$, in the partial flag variety $SL(n, \mathrm{C})/\mathbf{P}_1$. Because the I_{r1} are constant along the I_{r0} flows,

$\mathcal{F}_1$ is invariant under $\mathbf{H}$. Using the theory of toric varieties to calculate the degree of $\mathcal{F}_1$, we show that it is in fact a single generic orbit of the torus $\mathbf{H}$ on $SL(n,\mathbf{C})/\mathbf{P}_1$. Thus, the angles θ_{r0} parametrize a generic torus orbit in $SL(n,\mathbf{C})/\mathbf{P}_1$, while the 1-chop integrals I_{r1} index the family of such torus orbits. In fact, these integrals may be interpreted in terms of the Grassmannian "cross-ratios" introduced in [GM, Kap] to parametrize configurations of points in projective spaces; see Section 7 for an example.

Notation 1.1 The guiding idea is that the the k-chop integrals for $SL(n,\mathbf{C})$ are basically the 1-chop integrals for $SL(n-2k+2,\mathbf{C})$. We therefore introduce the Borel subgroups $\mathbf{B}_+^{(n-2k)}$ of $SL(n-2k,\mathbf{C})$. Furthermore, we will regard $SL(n-2k,\mathbf{C})$ as subgroup of $SL(n,\mathbf{C})$ via the obvious inclusion (as the middle block of an $n \times n$ matrix), and then view $\widetilde{\mathbf{P}}_{k'} \stackrel{\text{def}}{=} \mathbf{P}_{k'} \cap SL(n-2k,\mathbf{C})$, for $k' \geq k$, as parabolic subgroup of $SL(n-2k,\mathbf{C})$. ∎

At this stage, the partial flag $V_1 \subset V_{n-1}$ has been fixed. The 2-chop integrals I_{r2}, as functions on $\mathbf{Flag}_n$, depend only on the partial flag $V_2 \subset V_{n-2}$. Each fiber of $SL(n,\mathbf{C})/\mathbf{B}_+ \to \mathcal{F}_1$ has been identified with the manifold of shorter flags, $V_2 \subset V_3 \subset \ldots \subset V_{n-2}$, and we view it as the bundle

$$\begin{array}{ccc} \widetilde{\mathbf{P}}_2/\mathbf{B}_+^{(n-2)} & \longrightarrow & SL(n-2,\mathbf{C})/\mathbf{B}_+^{(n-2)} \\ & & \downarrow \\ & & SL(n-2,\mathbf{C})/\widetilde{\mathbf{P}}_2. \end{array}$$

The I_{r2} cut out, in each fiber, a subvariety $\mathcal{F}_2$ of $SL(n-2,\mathbf{C})/\widetilde{\mathbf{P}}_2$; it is a generic orbit of the action of a Cartan subgroup $\widetilde{\mathbf{H}}_1$ of $SL(n-2,\mathbf{C})$. And so on: the constructions repeat.

At the end of this process, the embedding of the level set variety in $\mathbf{Flag}_n$ is conjugate to another open embedding, into a product **Prod** of (partial) flag manifolds of decreasing dimension,

$$SL(n,\mathbf{C})/\mathbf{P}_1 \times \ldots \times SL(n-2k,\mathbf{C})/\widetilde{\mathbf{P}}_{k+1} \times \ldots \times SL(n-2m,\mathbf{C})/\widetilde{\mathbf{P}}_{m+1},$$

(with $m = [(n-1]/2])$. In **Prod**, the closure of the image of the level set variety is the closure of a product of generic torus orbits, one from each factor. This is the geometric expression of the linearization of the flows.

The rest of this paper is organized as follows. Notation and background material (about factorization, Thimm's method, and maps to flag manifolds) are collected in Section 2. The k-chop integrals are discussed in Section 3. We explain how representation theory leads to neat expressions like (6). Most results to this point hold for general semisimple Lie algebras, and are presented in that context. From Section 4 on, we return to

$\mathcal{SL}(n, \mathrm{C})$, because certain crucial facts have (to date) only a computational, rather than conceptual, explanation. In that section we give a new proof of the generic independence of the I_{rk}. Section 5 studies the subvariety $\mathcal{F}_1$ of $\mathbf{G}/\mathbf{P}_1$ defined by the 1-chop integrals for the case of $SL(n, \mathrm{C})$; we prove, as advertised earlier, that it is a generic torus orbit. In Section 6, we show first that the 1-chop flows generate a torus action on the smaller flag manifolds that are the fibers of (12), and then extend this result to all k-chop flows by induction. A fairly detailed description of the $\mathcal{SL}(4, \mathrm{C})$ Kostant-Toda lattice is provided in Section 7; the explicit formulas may serve to illustrate the general discussion in the body of the paper. The Conclusion mentions a few open problems and, of more interest, explains why our methods will not work for the orthogonal algebra D_n and the exceptional Lie algebra G_2, and shows how to get competing involutive integrals for $\mathcal{SL}(4, \mathrm{C})$. The Appendix deals with certain aspects of the relation between the full DLNT-Toda lattice and the Kostant-Toda version.

Acknowledgments. We thank Luen-chau Li for sending us his unpublished notes on the full Toda equations associated to the other classical Lie algebras, and Sam Evens for crucial explanations. Ercolani and Flaschka were supported by NSF grant DMS-9001897. Singer was supported by the Sloan Foundation and the AT&T Bell Laboratories.

2. Background

2.1 The Full Kostant-Toda Lattice

Let $\mathcal{G}$ be a complex semi-simple Lie algebra and $\mathbf{G}$ its simply connected Lie group. Choose a Cartan subalgebra $\mathcal{H}$ of $\mathcal{G}$, and a set Δ of positive roots for $\mathcal{H}$. Let $\mathcal{B}_+$ (resp. $\mathcal{N}_+$) be the Borel subalgebra for Δ (resp. its nilradical), and let $\mathcal{B}_-, \mathcal{N}_-$ be the opposite Borel and nilpotent algebras. Call the associated groups $\mathbf{B}_\pm$ and $\mathbf{N}_\pm$. The Killing form is denoted by $\kappa(\cdot\,,\cdot)$, and the adjoint action of $\mathbf{G}$ on $\mathcal{G}$ by $g \cdot X$.

We are interested in systems Hamiltonian with respect to the Lie-Poisson structure defined on $\mathcal{B}_+^*$ by

$$\{f, g\}(\beta) = \beta([\nabla f(\beta), \nabla g(\beta)]). \tag{13}$$

The gradient $\nabla f(\beta)$ belongs to $\mathcal{B}_+$: for all $\gamma \in \mathcal{B}_+^*$,

$$\lim_{\delta \to 0} \frac{f(\beta + \delta\gamma) - f(\beta)}{\delta} = \gamma(\nabla f(\beta)).$$

Every coadjoint orbit $\mathcal{O} \subset \mathcal{B}_+^*$ is a (complex) symplectic manifold. For simple complex Lie algebras, the dimensions of the generic coadjoint orbits in $\mathcal{B}_+^*$ are computed in [Ar, Tro1, Tro2]. The paper [Tro2] announces the following elegant result. *Let s be the number of simple roots which are not mapped to their negatives by the longest element of the Weyl group of $\mathcal{G}$. The codimension of the generic orbit is $s/2$.* Unfortunately, the proof is not conceptual: the corank of the Poisson tensor is computed for each simple algebra, and the numbers obtained, miraculously, turn out to be the interesting numbers $s/2$.

For the case $\mathcal{G} = \mathcal{SL}(n,\mathbf{C})$, the codimension (found independently in [DLNT]) is $[(n-1)/2]$.

In this paper, we will realize $\mathcal{B}_+^*$ as a subspace of $\mathcal{G}$ parallel to $\mathcal{B}_-$. Let

$$\epsilon \overset{\text{def}}{=} \sum_{\alpha\in\Delta} x_\alpha,$$

(the x_α are fixed simple root vectors) and identify $\beta \in \mathcal{B}_+^*$ with $X \in \epsilon + \mathcal{B}_-$ when for all $Y \in \mathcal{B}_+$, $\beta(Y) = \kappa(X, Y)$.

The abstract coadjoint action of $\mathbf{B}_+$ on $\mathcal{B}_+^*$ now becomes an action of $\mathbf{B}_+$ on $\epsilon + \mathcal{B}_-$:

$$\mathrm{Ad}_b^* X = \epsilon + \mathbf{\Pi}_{\mathcal{B}_-} b^{-1} \cdot (X - \epsilon).$$

The Poisson bracket on $\epsilon + \mathcal{B}_-$ is given by (13), with the pairing provided by the Killing form. The functions of interest are usually restrictions to $\epsilon + \mathcal{B}_-$ of functions defined on all of $\mathcal{G}$. Write $\tilde{f} = f|_{\epsilon + \mathcal{B}_-}$. The Poisson bracket between two such functions can be found from

$$\{\tilde{f}, \tilde{g}\}(X) = \kappa(X, [\mathbf{\Pi}_{\mathcal{B}_+} \nabla f(X), \mathbf{\Pi}_{\mathcal{B}_+} \nabla g(X)]), \tag{14}$$

where $X \in \epsilon + \mathcal{B}_-$ and $\nabla f, \nabla g$ are both computed in $\mathcal{G}$.

These constructions are somewhat unmotivated; they are best understood in terms of r-matrices and reduction [R], see the appendix.

Example. When $\mathcal{G} = \mathcal{SL}(n,\mathbf{C})$, $\mathcal{N}_+$ ($\mathcal{N}_-$) is the algebra of strictly upper (lower) triangular matrices while $\mathcal{B}_+$ ($\mathcal{B}_-$) is the algebra of upper (lower) triangular matrices with trace 0. The set $\epsilon + \mathcal{B}_-$ consists of matrices of the form (2). The *full Kostant-Toda lattice on $\mathcal{G}$* is the system of differential equations generated by the Hamiltonian $\frac{1}{2}\,\mathrm{Trace}\, X^2$ on $\epsilon + \mathcal{B}_-$. Hamilton's equations have the Lax form

$$\dot{X} = [X, \mathbf{\Pi}_{\mathcal{N}_-} X], \tag{15}$$

where $\mathbf{\Pi}_{\mathcal{N}_-}$ is projection onto $\mathcal{N}_-$ along $\mathcal{B}_+$. ∎

2.2 Integrability

A natural framework for seeking involutive families on $\epsilon + \mathcal{B}_-$ is provided by a general method due to Thimm [Th] and applied to full symmetric Toda in [DLNT].

Consider a nested chain of parabolic subalgebras of $\mathcal{G}$:

$$\mathcal{B}_+ = \mathcal{P}_{m+1} \subset \ldots \subset \mathcal{P}_k \subset \ldots \subset \ldots \subset \mathcal{P}_0 = \mathcal{G}.$$

The inclusion maps induce a sequence of maps of the vector space duals:

$$\mathcal{B}_+^* = \mathcal{P}_{m+1}^* \leftarrow \ldots \leftarrow \mathcal{P}_k^* \leftarrow \ldots \leftarrow \mathcal{P}_0^* = \mathcal{G}^* \cong \mathcal{G};$$

the projections

$$\rho_k : \mathcal{P}_k^* \to \mathcal{P}_{k+1}^*$$

are Poisson with respect to the Lie-Poisson structure on $\mathcal{P}_k^*$.

Let $\mathcal{CAS}_k$ denote the subspace of rational Casimirs in the function field $\mathrm{C}(\mathcal{P}_k^*)$. If $\mathcal{I}$ is an involutive family of rational functions in $\mathrm{C}(\mathcal{P}_{k+1}^*)$, then $\rho_k^*(\mathcal{I}) \cup \mathcal{CAS}_k$ generates an involutive family in $\mathrm{C}(\mathcal{P}_k^*)$. Proceeding inductively up the chain, one produces a large involutive family in $\mathcal{G}$.

Now let $I_1, \ldots, I_\ell$ be homogeneous generators of the invariant polynomials on $\mathcal{G}$. Since $\mathcal{CAS}_0 = \mathrm{C}(I_1, \ldots, I_\ell)$, the involutive families constructed by Thimm's method contain the Toda hamiltonian. One must remember that the functions obtained by this construction are in involution on all of $\mathcal{G}$, and the Hamiltonian vector fields generated by the invariant polynomials are trivial. By an application of the Adler - Kostant - Symes theorem, DLNT showed that the restrictions to $\mathcal{B}_+^*$ remain involutive, while the flows of the I_j become nontrivial.

The Thimm-DLNT method reduces the search for integrals to the construction of coadjoint invariants on $\mathcal{P}_k^*$. If the procedure leads to a maximal involutive family, complete integrability is established. If not, the system may still be integrable with integrals produced by other means. On the other hand, different parabolic chains can produce different involutive families which may not be mutually involutive. An example is given in the Conclusion.

Later, we shall need the *Levi decomposition* of a parabolic subalgebra (or subgroup); we fix our notation.

Definition 2.1 *A standard parabolic subalgebra $\mathcal{P}$ of $\mathcal{G}$ (i.e., one containing our fixed Borel subalgebra) has a canonical decomposition into a (vector space) direct sum of subalgebras*

$$\mathcal{L} \oplus \mathcal{R},$$

where $\mathcal{L}$ is reductive and $\mathcal{R}$ is the nilradical of $\mathcal{P}$. We call $\mathcal{L}$ the Levi summand*; it can be further decomposed as $\mathcal{L}^{ss} \oplus C$, where $\mathcal{L}^{ss}$ is semisimple and C is the center of $\mathcal{L}$. There is a corresponding decomposition $\mathbf{P} = \mathbf{LR}$ as semidirect product of groups and manifold product. For $\xi \in \mathcal{P}$, we write $[\xi]$ (resp. $[\xi]^{ss}$) for the $\mathcal{L}$ (resp. $\mathcal{L}^{ss}$) component. The same notation is used for the groups. We refer to $[\xi]$ (or $[p]$) as the* core *of ξ (resp. p). When the parabolic is $\mathcal{P}_k$ (or the group $\mathbf{P}_k$), the cores are denoted by $[\xi]_k$, $[\xi]_k^{ss}$, and so forth.*

Next, we introduce an explicit realization of the duals of parabolic subalgebras. Let $\mathcal{P}$ be a standard parabolic subalgebra of $\mathcal{G}$, with Lie subgroup $\mathbf{P}$ of $\mathbf{G}$. As with $\mathcal{B}_+^*$, we use the Killing form to represent $\mathcal{P}^*$ by a subspace of $\mathcal{G}$ parallel to $\mathcal{P}_-$ = transpose of $\mathcal{P}$ in $\mathcal{G}$. The shift $\tau \in \mathcal{R}$ is taken to be $\sum x_{\alpha_i}$, where the sum extends over the simple roots whose negatives do *not* belong to $\mathcal{P}$. The coadjoint action is realized by

$$\mathrm{Ad}_p^* X = \tau + \mathbf{\Pi}_{\mathcal{P}_-} p^{-1} \cdot (X - \tau), \quad X \in \tau + \mathcal{P},\ p \in \mathbf{P}.$$

Definition 2.2 *A function $f : \mathcal{P}^* \to \mathbf{C}$ is called a* coadjoint invariant *for* $\mathbf{P}$ *if*

$$f(\mathrm{Ad}_p^* X) = f(X), \quad X \in \mathcal{P}^*.$$

For variety, we also refer to such functions as parabolic Casimirs *or* parabolic invariants.

Proposition 2.1 *Under the restriction homomorphism:*

$$\begin{array}{rcl} \mathbf{C}(\mathcal{G}) & \to & \mathbf{C}(\tau + \mathcal{P}_-) \\ I(Y) & \mapsto & I(\tau + \mathbf{\Pi}_{\mathcal{P}_-} Y), \quad Y \in \mathcal{G}, \end{array}$$

the coadjoint invariants in $\mathbf{C}(\tau + \mathcal{P}_-)$ correspond to functions I in $\mathbf{C}(\mathcal{G})$ such that (i) $\nabla I \in \mathcal{P}$, (ii) $I(p^{-1} \cdot Y) = I(Y)$ for all *$p \in \mathbf{P}$, $Y \in \mathcal{G}$.*

The proof is easy.

Example 2.1 Let E_{rk}, I_{rk} and $\mathcal{P}_k$ be as in Definitions 1.1 and 1.2. By construction, the E_{rk} are independent of the coordinates in the nilradical $\mathcal{R}_k$, so that $\nabla E_{rk}(Y)$ (and hence $\nabla I_{rk}(Y)$) belongs to $\mathcal{P}_k$ for all $Y \in \mathcal{G}$. Semi-invariance of E_{rk} and invariance of I_{rk} under $\mathbf{P}_k$ is shown just as in [DLNT]. One can see easily that the character χ_k in (7) is

$$\chi_k(p) = p_{11} \cdots p_{kk} p_{n-k+1,n-k+1}^{-1} \cdots p_{nn}^{-1}. \ \blacksquare \tag{16}$$

2.3 Factorization

We state some lemmas that are fundamental to the construction of explicit solutions of the Hamiltonian flows generated by parabolic Casimirs. The proofs are reasonably simple and can be found in [DLNT, S1]. Below, I is a coadjoint invariant for the standard parabolic subgroup $\mathbf{P}$, *and ∇I denotes its gradient computed in the whole Lie algebra $\mathcal{G}$.*

Definition 2.3 *Fix $X_0 \in \epsilon + \mathcal{B}_-$. Whenever the factorization in (17) is possible for $t \in \mathbf{C}$, define $n(t) \in \mathbf{N}_-$ and $b(t) \in \mathbf{B}_+$ by*

$$\exp t \nabla I(X_0) \stackrel{\mathrm{def}}{=} n(t) b(t). \tag{17}$$

Lemma 2.1 *Let $Y \in \tau + \mathcal{P}_-$. If $p \in \mathbf{P}$, then $p \cdot \nabla I(Y) = \nabla I(p \cdot Y)$.*

Lemma 2.2 *Let $X_0 \in \epsilon + \mathcal{B}_-$. If $\exp t\nabla I(X_0) = n(t)b(t)$ as in (17), then $X(t) = n^{-1}(t) \cdot X_0 = b(t) \cdot X_0$ solves*

$$\dot{X} = [X, \mathbf{\Pi}_{\mathcal{N}_-} \nabla I(X)], \quad X(0) = X_0.$$

Note that this lemma covers the case $\mathcal{P} = \mathcal{G}$, $I = (1/2)\,\mathrm{Trace}\, X^2$, i.e. the full Kostant-Toda equations.

Lemma 2.3 *With $X(t)$ as in the preceding lemma, $\nabla I(X(t)) = n^{-1}(t)\dot{n}(t) + \dot{b}(t)b^{-1}(t)$.*

When $g \in \mathbf{G}$ can be factored as $g = nb$, $n \in \mathbf{N}_-$, $b \in \mathbf{B}_+$, we write the lower unipotent factor as $n(g)$.

Lemma 2.4

$$[n(\exp t\nabla I(X))] = n(\exp t[\nabla I(X)]).$$

Proof. The key observation is that $[AB] = [A][B]$ if $A, B \in \mathbf{P}$. Since $\nabla I \in \mathcal{P}$, $[\exp t\nabla I(X)] = \exp t[\nabla I(X)]$. The lemma follows because the lower unipotent factor n commutes with the Levi projection $[\cdot]$ on $\mathbf{P}$. ∎

2.4 Map to the Flag Manifold

Our approach to the full Toda lattice centers on an embedding of the isospectral set $(\epsilon + \mathcal{B}_-)_{\Lambda_0}$ (Definition 1.3) into the flag manifold $\mathbf{G}/\mathbf{B}_+$. We now define the embedding for a general semisimple Lie algebra.

Let $\mathcal{S}$ denote a subspace of $\mathcal{B}_-$ such that $\mathcal{B}_- = [\epsilon, \mathcal{N}_-] \oplus \mathcal{S}$; one can choose $\mathcal{S}$ to be graded by the heights of the roots. The element $\epsilon \in \mathcal{B}_+$ is the sum of the simple positive roots.

Lemma 2.5 ([Ko3]) *Every regular[2] $X \in \epsilon + \mathcal{B}_-$ can be conjugated to an element $C \in \epsilon + \mathcal{S}$ by a unique unipotent matrix $L \in \mathbf{N}_-$: $X = L \cdot C$.*

When $\mathcal{G} = \mathcal{SL}(n, \mathrm{C})$, we may take $\epsilon + \mathcal{S}$ to be the plane of companion matrices as in Proposition 1.2.

Let Λ_0 be a regular element of the Cartan subalgebra $\mathcal{H}$, and as before let $(\epsilon + \mathcal{B}_-)_{\Lambda_0}$ denote the set of all $X \in \epsilon + \mathcal{B}_-$ that are conjugate to Λ_0. Lemma 2.5 provides a map from $(\epsilon + \mathcal{B}_-)_{\Lambda_0}$ to $\mathbf{G}/\mathbf{B}_+$:

$$\begin{aligned} K_{\Lambda_0} \ : \ & (\epsilon + \mathcal{B}_-)_{\Lambda_0} \longrightarrow \mathbf{G}/\mathbf{B}_+ \\ & X \longmapsto L^{-1} \bmod \mathbf{B}_+. \end{aligned} \tag{18}$$

[2] "Regular" means that the centralizer of X has minimal dimension = rank. If X is semisimple (meaning: it can be diagonalized), "regular" says that the eigenvalues are distinct.

Proposition 2.2 *(i) K_{Λ_0} is an embedding of the affine variety $(\epsilon+\mathcal{B}_-)_{\Lambda_0}$.*
(ii) The solution of the flow generated by a parabolic invariant I is mapped to

$$L^{-1}n(\exp t\nabla I(X)) \bmod \mathbf{B}_+ = L^{-1}(\exp t\nabla I(X)) \bmod \mathbf{B}_+.$$

(iii) When I is a Chevalley invariant ($I(g\cdot Y) = I(Y)$ for all $g \in \mathbf{G}$ and $Y \in \mathcal{G}$), then

$$L^{-1}\exp(t\nabla I(X)) \bmod \mathbf{B}_+ = \exp(t\nabla I(C_{\Lambda_0}))L^{-1} \bmod \mathbf{B}_+.$$

Proof. (i) is proved in [Ko3]. (ii) is implicit in [DLNT], and explicit in [S1]. (iii) is observed in [FH]. ∎

Remark. Part (iii) of this Proposition explains why we prefer $\epsilon + \mathcal{B}_-$ to the perhaps more appealing phase space of real symmetric matrices. To map an isospectral set $\mathcal{X}_{\Lambda_0}$ of symmetric matrices to the flag manifold, we should conjugate $X \in \mathcal{X}_{\Lambda_0}$ to a reference element, say the diagonal matrix Λ_0: $X = Q\Lambda_0 Q^{-1}$, with an orthogonal matrix Q that is determined only up to conjugation by an element from the group S of diagonal matrices with entries ± 1. Then we should send X to $Q^{-1} \bmod S$, in order to have the Toda flow act by exponentials on the left. But Q is not unique, and replacement of Q by Qs, $s \in S$, changes the coset $Q^{-1} \bmod S$. This problem can be overcome, with some effort, in the case of the tridiagonal Toda lattice, but it is not possible to make a smooth choice of Q over the larger isospectral set $\mathcal{X}_{\Lambda_0}$ [BFR]. ∎

A different embedding of $(\epsilon + \mathcal{B}_-)_{\Lambda_0}$ in $\mathbf{Flag}_n$ will be useful.

Definition 2.4 *Fix a $V \in \mathbf{G}$ for which $V \cdot C_{\Lambda_0} = \Lambda_0 \in \mathcal{H}$ (Λ_0 regular), and map*

$$X \mapsto V^{-1}L^{-1} \bmod \mathbf{B}_+. \tag{19}$$

We call this the torus embedding *of $(\epsilon + \mathcal{B}_-)_{\Lambda_0}$.*

One checks that the flows generated by the Chevalley invariants I_{r0} of X transform to the action of the diagonal Cartan subgroup $\mathbf{H}$ of $\mathbf{G}$. In particular, when $\mathbf{G} = SL(n,\mathbb{C})$, V may be taken to be a Vandermonde matrix, and the flow with Hamiltonian= Trace $X^2/2$ (*the* Toda flow) becomes $e^{t\Lambda_0}V^{-1}L^{-1} \bmod \mathbf{B}_+$.

3. Parabolic Casimirs

This section has several goals. We explain how parabolic semi-invariants produce Toda integrals. Several properties of the k-chop integrals in (5) were found by explicit calculation for $\mathcal{SL}(n,\mathbb{C})$, but fit more general patterns. In particular, we argue that parabolic Casimirs must assume the simple form (6) in the flag manifold. We also extend the chopped integral construction to other classical Lie algebras.

3.1 The Chops

This subsection deals only with $\mathcal{SL}(n, \mathrm{C})$. Definitions 1.1 and 1.2 introduced the k-chop integrals I_{rk}, $r = 1, \dots, n-2k$, $k = 0, \dots, [\frac{n-1}{2}]$ and the parabolic subgroups $\mathbf{P}_k$ for which they are coadjoint invariants (for $r = 1$, the I_{rk} are Casimirs on $\epsilon + \mathcal{B}_-$, and for $k = 0$, they are Chevalley invariants). These integrals are related in a remarkable way: for each k, all I_{rk} are functions of the eigenvalues of the Levi summand $[\nabla I_{2k}(X)]_k$ (in the Levi component $\mathcal{L}_k$ of $\mathcal{P}_k$). It is possible to construct $\nabla I_{2k}(X)$ directly from X, without ever taking a derivative. For example, when $k = 0$, then $I_{20}(X) = (\mathrm{Trace}\, X)^2/2 - (\mathrm{Trace}\, X^2)/2$, and $\nabla I_{20}(X) = -(X - \frac{1}{n}(\mathrm{Trace}\, X\, \mathrm{Id}))$. Proposition 3.1 generalizes this to $k > 0$.

Definition 3.1 *Fix $X \in \epsilon + \mathcal{B}_-$ and let k be an integer, $0 \le k \le [\frac{n-1}{2}]$. Break X into blocks of the indicated sizes:*

$$X = \begin{matrix} & k & n-2k & k \\ k \\ n-2k \\ k \end{matrix} \!\!\begin{pmatrix} X_1 & X_2 & X_3 \\ X_4 & X_5 & X_6 \\ X_7 & X_8 & X_9 \end{pmatrix}$$

and, when $\det X_7 \ne 0$, let $\phi_k(X) \stackrel{\mathrm{def}}{=} X_5 - X_4 X_7^{-1} X_8 \in \mathcal{GL}(n-2k, C)$. Set $\phi_0(X) \stackrel{\mathrm{def}}{=} X$.

Proposition 3.1 ([S1, S2]) Id_j *is the $j \times j$ identity matrix. Convert*

$$(-1)\big(\phi_k(X) - (n-2k)^{-1}\, \mathrm{Trace}\, \phi_k(X)\, \mathrm{Id}_{n-2k}\big)$$

to an $n \times n$ matrix by adding a border (of width k) of zeros. The result is precisely $[\nabla I_{2k}(X)]_k^{ss}$.

The proof is by calculation; so far we have no Lie-algebraic explanation of this crucial fact. See Section 7 for an example.

Proposition 3.2 *The I_{rk}, $r = 1, \dots, n-2k$, are the coefficients of* $\det(\lambda - \phi_k(X))$.

Proof. Letting $|\cdot|$ denote the determinant of a block matrix, we have

$$\tilde{Q}_1(X, \lambda) = \begin{vmatrix} X_4 & X_5 - \lambda \\ X_7 & X_8 \end{vmatrix} = \begin{vmatrix} \mathrm{Id}_{n-2k} & -X_4 X_7^{-1} \\ 0 & \mathrm{Id}_k \end{vmatrix} \begin{vmatrix} X_4 & X_5 - \lambda \\ X_7 & X_8 \end{vmatrix},$$

which works out to

$$\begin{vmatrix} 0 & \phi_k(X)-\lambda \\ X_7 & X_8 \end{vmatrix} = |X_7|\,|\lambda - \phi_k(X)|. \blacksquare$$

In our application of these results, we will require of X that all $\phi_k(X)$ be generic in a sense defined later.

Example 3.1 When $(\epsilon+\mathcal{B}_-)_{\Lambda_0}$ is mapped to the flag manifold by the torus embedding (19), the I_{rk} assume the symmetric form announced in (6). We now show how this comes about. The calculation for $\mathcal{SL}(n,\mathbf{C})$ relies on the Laplace expansion of the determinant of a product of matrices; an intrinsic explanation is given in the next subsection.

Only the expansion of the 1-chop integrals I_{r1} will be done in detail. For a matrix A, denote by $A_{\hat{a}\hat{b}}$ the minor of the (a,b) element. With this notation, the generating polynomial (4) of the E_{r1} becomes

$$\widetilde{Q}_1(X,\lambda) = (X-\lambda)_{\hat{1}\hat{n}}.$$

Now

$$X = LV\Lambda_0 V^{-1}L^{-1} \stackrel{\text{def}}{=} Z\Lambda_0 Z^{-1}, \tag{20}$$

so

$$\widetilde{Q}_1(X,\lambda) = (Z\Lambda_0 Z^{-1}-\lambda)_{\hat{1}\hat{n}} = \sum_{j=1}^{n} Z_{\hat{1}\hat{j}}(\Lambda_0-\lambda)_{\hat{j}\hat{j}}(Z^{-1})_{\hat{j}\hat{n}}$$

$$= (-1)^{\frac{n(n+1)}{2}}\sum_{j=1}^{n}(-1)^{j+1}(Z^{-1})_{j1}(\det Z)\prod_{s(\neq j)}(\lambda_{s0}-\lambda)\cdot(Z^{-1})_{\hat{j}\hat{n}}. \tag{21}$$

Recall that the torus embedding (19) maps $X\in(\epsilon+\mathcal{B}_-)_{\Lambda_0}$ to $Z^{-1} \bmod \mathbf{B}_+$. Two natural projections from $\mathbf{Flag}_n$ to the projective space $\mathbf{P}^{n-1}$ and its dual $(\mathbf{P}^{n-1})^*$ send a flag $V_1\subset\ldots\subset V_{n-1}$ to the line V_1, respectively the hyperplane V_{n-1}. The element $Z^{-1} \bmod \mathbf{B}_+$ projects to the first column of Z^{-1}, respectively the collection of $(n-1)\times(n-1)$ minors $(Z^{-1})_{\hat{j}\hat{n}}$. Let π_j,π_j^* denote homogeneous coordinates on the projective spaces. Then (21) becomes (if, as we may, we choose Z to have determinant 1)

$$\widetilde{Q}_1(X,\lambda) = (-1)^{n(n+1)/2}\sum_{j=1}^{n}(-1)^{j+1}\prod_{s(\neq j)}(\lambda_{s0}-\lambda)\frac{\pi_j}{\pi_1}\frac{\pi_j^*}{\pi_1^*}. \tag{22}$$

One obtains expressions for the individual E_{r1} by expanding the product, and their ratios I_{r1} indeed have the form (6).

Analogously, one derives the formula for the k-chop integrals [S1]:

$$\tilde{Q}_k(X,\lambda) = (-1)^{k(k+1)/2} \sum_{|J|=n-k} (-1)^{\sum_{j\in J}} \prod_{j\in J} (\lambda_{j0} - \lambda) \frac{\pi_J}{\pi_{J_0}} \frac{\pi_J^*}{\pi_{J_0}^*}, \tag{23}$$

where: $J \subset \{1,\ldots,n\}$, $J_0 = \{1,\ldots,n-k\}$, π_J is the $k \times k$ minor of Z^{-1} formed from the first k columns and the rows from $\{1,\ldots,n\} \setminus J$, and π_J^* is the minor formed from the first $n-k$ columns and the rows from J. ∎

The preceding example immediately leads to the following corollary:

Proposition 3.3 *As in (19), map* $X \mapsto V^{-1}L^{-1} \bmod \mathbf{B}$. *The locus* $I_{r1} = c_{r1}, r = 1,\ldots,n-2$, *in* $P^{n-1} \times (P^{n-1})^*$ *is invariant under the action of the diagonal subgroup* $\mathbf{H}$.

Proof. Under the action of $h = \operatorname{diag}(h_1,\ldots,h_n)$, $\pi_j \mapsto h_j\pi_j$ and $\pi_j^* \mapsto h_j^{-1}\pi_j^*$. ∎

3.2 Representation Theory

We now outline a less matrix-oriented derivation of the properties of the k-chop integrals. It will be seen that most of their important features have general analogs.

Let $\mathcal{G}$ be a complex semisimple Lie algebra. Let S denote the ring of polynomials on $\mathcal{G}$, and S^χ the C-subspace of semi-invariants transforming according to

$$f(p^{-1} \cdot Y) = \chi(p) f(Y), \quad Y \in \mathcal{G},\ p \in \mathbf{P}, \tag{24}$$

for a character χ of a parabolic subgroup $\mathbf{P}$.

Take two rational functions α, β on $\mathcal{G}$. In general, there is no simple relation between the restriction of the Poisson bracket $\{\alpha,\beta\}_{\mathcal{G}}$ to $\epsilon + \mathcal{B}_-$, and the Poisson bracket $\{\tilde{\alpha},\tilde{\beta}\}_{\epsilon+\mathcal{B}_-}$ of the restrictions (denoted by $\tilde{\ }$) of those functions to $\epsilon + \mathcal{B}_-$. For ratios of semi-invariants, however, the following holds (as follows from Proposition A.1 in the appendix):

Proposition 3.4 *Let* $f_i, g_i \in S^{\chi_i}, i = 1,2$. *Then*

$$\left\{\frac{\tilde{f}_1}{\tilde{g}_1}, \frac{\tilde{f}_2}{\tilde{g}_2}\right\}_{\epsilon+\mathcal{B}_-} = -\left\{\frac{f_1}{g_1}, \frac{f_2}{g_2}\right\}_{\mathcal{G}}\Big|_{\epsilon+\mathcal{B}_-}.$$

Since the Chevalley invariants of $\mathcal{G}$ are semi-invariant for the identity character, we deduce

Corollary 3.1 *Whenever $f, g \in S^\chi$ and J is a Chevalley invariant of $\mathcal{G}$, then*

$$\{\tilde{J}, \frac{\tilde{f}}{\tilde{g}}\}_{\epsilon + \mathcal{B}_-} = 0.$$

This prescription produces many (not necessarily independent or involutive) full Kostant-Toda constants of motion. Kostant's invariant theory of the adjoint representation suggests a construction of semi-invariants. We review the main features [Ko1, Dix].

The group $\mathbf{G}$ acts on the ring S of polynomials: $g \cdot f(Y) = f(g^{-1} \cdot Y)$. Let $\mathcal{CAS}$ be the ring of invariant polynomials, let J be the ideal generated by $\mathcal{CAS}$, and let J^+ be the set of $f \in J$ with zero constant term. The ring S is a product $J^+ S \otimes H$, where H is a $\mathbf{G}$-module complement of $J^+ S$, graded by degree. Under the action of $\mathbf{G}$, H decomposes into a sum of finite-dimensional irreducible (highest weight) representations of $\mathbf{G}$. The representation (ρ^χ, V^χ) with highest weight χ occurs ℓ^χ many times, where ℓ^χ is the multiplicity of the weight 0 in V^χ. In other words, one has the decomposition

$$H = \bigoplus_\chi \oplus_{j=1}^{\ell^\chi} V_j^\chi;$$

each V_j^χ is a copy of the abstract representation V^χ. The highest weight vectors (= functions) transform according to (24) for p in the appropriate parabolic. Thus, if f, g are highest weight functions for two copies of a representation V^χ, their ratio f/g, according to Corollary 3.1, will be a full Kostant-Toda integral.

Kostant's construction of highest weight functions will be important for us. Let (ρ_χ, V_χ) be the representation contragredient to (ρ^χ, V^χ). Let v^χ be the highest weight vector of (the abstract representation) V^χ, and let $w_i', i = 1, \ldots, \ell^\chi$ be a basis of the subspace V^{Λ_0} of V_χ annihilated by $\mathcal{G}^{C_{\Lambda_0}}$, the centralizer of the "companion" element C_{Λ_0} in Lemma 2.5. Define functions f_i on the conjugacy class $\{g \cdot C_{\Lambda_0} \mid g \in \mathbf{G}\}$ by

$$f_i(g \cdot C_{\Lambda_0}) = \langle v^\chi, \rho_\chi(g) w_i' \rangle. \tag{25}$$

Note that the definition is consistent: if $g \cdot C_{\Lambda_0} = C_{\Lambda_0}$, then $\rho_\chi(g) w_i' = w_i'$.

Example 3.2 We will compute (25) explicitly in a simple case, and show that it reproduces the generating function $\widetilde{Q}_1(X, \lambda)$ from equation (4).

Let $\mathcal{G} = \mathcal{SL}(n, \mathbf{C})$, and take ρ^χ to be the adjoint representation (whose character is given by (16) with $k = 1$); we realize this representation in

$$V^\chi = \mathbf{C}^n \otimes \bigwedge^{n-1} \mathbf{C}^n$$

(the one-dimensional subrepresentation will not affect the result). Let $\{\mathbf{e}_i\}$ be the standard basis of $\mathbf{C}^n$, and set

$$\mathbf{e}_i^* = \mathbf{e}_1 \wedge \ldots \wedge \widehat{\mathbf{e}_i} \wedge \ldots \wedge \mathbf{e}_n.$$

We identify C^n and $\bigwedge^{n-1}\mathrm{C}^n$ with their duals so that $\langle \mathbf{e}_i, \mathbf{e}_j\rangle = \langle \mathbf{e}_i^*, \mathbf{e}_j^*\rangle = \delta_{ij}$.

For ease of calculation, we replace C_{Λ_0} by the (regular) diagonal matrix Λ_0; in formula (25), the w_i' (there are rank $= n-1$ many) must then be annihilated by the centralizer of Λ_0, i.e. by the Cartan subalgebra. Hence, they are linear combinations of $\mathbf{e}_j \otimes \mathbf{e}_j^*$, $j = 1, \ldots, n$. We take the w_i' to be the coefficients of the powers of λ in

$$w'(\lambda) \stackrel{\text{def}}{=} (-1)^{n(n+1)/2} \sum_{j=1}^{n} (-1)^{j+1} \prod_{s(\neq j)} (\lambda_{s0} - \lambda)\, \mathbf{e}_j \otimes \mathbf{e}_j^*;$$

the choice is suggested by equation (21). Finally, for $X \in (\epsilon + \mathcal{B}_-)_{\Lambda_0}$, take $Z = LU$ as in the torus embedding (19), so that $X = Z \cdot \Lambda_0 = Z\Lambda_0 Z^{-1}$.

The functions (25) are then encoded in

$$f(X,\lambda) \stackrel{\text{def}}{=} \langle \mathbf{e}_1 \otimes \mathbf{e}_n^*, \rho_\chi(Z) w'(\lambda)\rangle = \sum_{i=1}^{n-2} f_i(X)\lambda^i. \tag{26}$$

The action $\rho_\chi(Z)\,\mathbf{e}_j \otimes \mathbf{e}_j^*$ is $((Z^t)^{-1}\mathbf{e}_j) \otimes ((Z^t)^{-1}\mathbf{e}_j^*)$, so that, in the notation of (21),

$$\begin{aligned} \langle \mathbf{e}_1 \otimes \mathbf{e}_n^*, ((Z^t)^{-1}\mathbf{e}_j) \otimes ((Z^t)^{-1}\mathbf{e}_j^*)\rangle &= \langle \mathbf{e}_1, (Z^t)^{-1}\mathbf{e}_j\rangle \langle \mathbf{e}_n^*, (Z^t)^{-1}\mathbf{e}_j^*\rangle \\ &= (Z^{-1})_{j1}(Z^{-1})_{j\hat{n}}. \end{aligned}$$

The coefficient of λ^{n-1} in (26) vanishes, because the corresponding vector $\sum(-1)^j \mathbf{e}_j \otimes \mathbf{e}_j^*$ spans the trivial representation and is fixed under all of $SL(n,\mathrm{C})$. Hence, the function $f(X,\lambda)$ coincides with $\widetilde{Q}_1(X,\lambda)$ in (21), and the coefficient of λ^{n-2-r} is exactly E_{rk}. ∎

Proposition 3.5 *Let χ be a weight of the adjoint group of $\mathcal{G}$, and let $\mathbf{P}^\chi$ be the largest parabolic subgroup of $\mathbf{G}$ satisfying*

$$\rho^\chi(p)v^\chi = \chi(p)v^\chi, \quad p \in \mathbf{P}^\chi.$$

(i) For $p \in \mathbf{P}^\chi$ and $Y \in \mathbf{G} \cdot C_{\Lambda_0}$, $f_i(p^{-1} \cdot Y) = \chi(p) f_i(Y)$.

(ii) When $X \in (\epsilon + \mathcal{B}_-)_{\Lambda_0}$ is written $X = L \cdot C_{\Lambda_0}$, then the induced function on the big cell of $\mathbf{G}/\mathbf{B}_+$,

$$\tilde{f}_i(L^{-1}) \stackrel{\text{def}}{=} \langle v^\chi, \rho_\chi(L) w_i'\rangle,$$

depends only on L^{-1} mod $\mathbf{P}^\chi$.

(iii) The functions $\tilde{f}_i$ defined in (ii) extend to sections of a line bundle over $\mathbf{G}/\mathbf{P}^\chi$. The loci $\tilde{f}_i = c\tilde{f}_j$ are invariant under the action of the stabilizer subgroup $\mathbf{G}^{C_{\Lambda_0}}$ of C_{Λ_0}. (Thus, the sections $\tilde{f}_i$ are weight vectors for the weight zero in the representation of $\mathbf{G}$ on the space of holomorphic sections of this bundle.)

Proof. We use the following fact repeatedly: $\rho_\chi(g) = \rho^\chi(g^{-1})^t$. (i) $f_i(p^{-1} \cdot g \cdot C_{\Lambda_0}) = \langle v^\chi, \rho_\chi(p^{-1})\rho_\chi(g)w_i'\rangle = \langle \rho^\chi(p)v^\chi, \rho_\chi(g)w_i'\rangle$, but $\rho^\chi(p)v^\chi = \chi(p)v^\chi$. (ii) Write $L = L_1L_2$, where $L_1 \in \mathbf{N}_- \cap \mathbf{P}$ and L_2 belongs to the opposite unipotent radical $\overline{\mathbf{R}}$ of $\mathbf{P}$. Then $\langle v^\chi, \rho_\chi(L_1)\rho_\chi(L_2)w_i'\rangle = \langle \rho^\chi(L_1^{-1})v^\chi, \rho_\chi(L_2)w_i'\rangle$. But $\rho^\chi(L_1^{-1})v^\chi = \chi(L_1^{-1})v^\chi = v^\chi$. Since $L^{-1} \bmod \mathbf{P} = L_2^{-1} \bmod \mathbf{P}$, the result follows. (iii) The linebundle is the one determined by the character χ; that the transition functions are correct follows from the semi-invariance in (i). Next, let h stabilize w_i', and map $L^{-1} \bmod \mathbf{B}_+ \mapsto h^{-1}L^{-1} \bmod \mathbf{B}_+$. We suppose that $h^{-1}L^{-1}$ admits a factorization $n((Lh)^{-1})b((Lh)^{-1})$, so that $\tilde{f}_i(L^{-1})$ is changed to $\tilde{f}_i(n((Lh)^{-1}))$. Then

$$\begin{aligned}\tilde{f}_i(n((Lh)^{-1})) &= \langle v^\chi, \rho_\chi(n((Lh)^{-1})^{-1})w_i'\rangle = \langle \rho^\chi(n((Lh)^{-1}))v^\chi, w_i'\rangle \\ &= \langle \rho^\chi((Lh)^{-1})\rho^\chi(b((Lh)^{-1}))v^\chi, w_i'\rangle \\ &= \chi(b((Lh)^{-1}))\langle v^\chi, \rho_\chi(Lh)w_i'\rangle \\ &= \chi(b((Lh)^{-1}))\langle v^\chi, \rho_\chi(L)w_i'\rangle,\end{aligned}$$

where the last equality follows because h stabilizes w_i'. Thus, $\tilde{f}_i(n((Lh)^{-1})) = \chi(b((Lh)^{-1}))\tilde{f}_i(L^{-1})$, and the conclusion follows. ∎

One sees from [Ko1] that on every orbit $\{g \cdot C_{\Lambda_0}\}$, all parabolic semi-invariants will have the form (25). Thus, all rational integrals provided by Corollary 3.1 will have the properties implied by the last proposition. Unfortunately, we do not know, except by explicit calculation for various algebras, when the gradient of such an integral will lie in $\mathcal{P}$; according to Proposition 2.1, this is necessary if we are to get an *involutive* family via Thimm's method. The w_i' in (25) must vary across orbits $\{g \cdot C_{\Lambda_0}\}$ in a very special way, as is seen in Example 3.2.

Proposition 3.2 about the k-chop integrals in $\mathcal{SL}(n,\mathbb{C})$ also has a very useful generalization. We state the result, and then give illustrations.

Proposition 3.6 *Let I be a coadjoint invariant for $\mathbf{P}$, satisfying the conditions in Proposition 2.1. (i) Let f be an invariant polynomial on the Levi component $\mathcal{L}$ of $\mathcal{P}$. Then $f \circ [\nabla I]$ is a coadjoint invariant for $\mathbf{P}$. (ii) Let $\mathbf{P}_0 \subset \mathbf{P}$ be parabolic and let χ be a character of $\mathbf{P}_0$. Let f be semi-invariant on $\mathcal{L}$ for the Levi factor $[\mathbf{P}_0]$ in $\mathbf{P}$. Then $f \circ [\nabla I]$ is semi-invariant on $\mathcal{G}$ for $\mathbf{P}_0$, with character χ.*

Proof. (i) Let $F(Y) = f([\nabla I(Y)])$. By assumption, $I(Y)$ depends only on the coordinates of Y in $\mathcal{P}_-$. Therefore, $\nabla F \in \mathcal{P}$. Now take $p \in \mathbf{P}$. Condition (ii) in Proposition 2.1 is checked as follows:

$$\begin{aligned}F(p \cdot Y) &= f([\nabla I(p \cdot Y)]) \overset{*}{=} f(p \cdot [\nabla I(Y)]) \\ &\overset{**}{=} f([p] \cdot [\nabla I(Y)]) \overset{***}{=} f([\nabla I(Y)]) = F(Y).\end{aligned}$$

Here $\stackrel{*}{=}$ comes from Lemma 2.1, $\stackrel{**}{=}$ from the properties of the Levi decomposition, and $\stackrel{***}{=}$ follows because f is an invariant polynomial on $\mathcal{L}$. (ii) The proof is the same until $\stackrel{***}{=}$; now a factor $\chi([p])$ is pulled out. ∎

Example 3.3 To illustrate part (i) of this proposition, take $\mathcal{G} = \mathcal{SL}(n, \mathrm{C})$ and $\mathbf{P} = \mathbf{P}_1$. Let $I = I_{21}$, and let f be one of the functions $\mathrm{Trace}\, Y^r$, which are certainly invariant on $\mathcal{L}$. Then the $n-3$ functions $\mathrm{Trace}\,([\nabla I_{21}(X)]^{ss})^r, r = 2, \ldots, n-2$, are parabolic invariants; in fact, as follows from Propositions 3.1 and 3.2, they are equivalent to the 1-chop integrals $I_{r1}, r = 2, \ldots, n-2$. The projection of $[\nabla I_{21}(X)]$ onto the center $\mathcal{C}$ of the Levi component is a multiple of the Casimir I_{11} on $\epsilon + \mathcal{B}_-$. See Section 7 for an example. ∎

Part (ii) of Proposition 3.6 is not quite as strong as part (i). There is *a priori* no reason for the induced semi-invariant $f \circ [\nabla I]$ on $\mathcal{G}$ to depend only on the coordinates of $\mathcal{P}_0^* \equiv (\mathcal{P}_0)_-$ (cf. Proposition 2.1 again). The general prescription is therefore not guaranteed to produce $\mathcal{P}_0$-coadjoint invariants. Explicit calculation is necessary, and may in fact lead to stronger conclusions than we have a right to expect. In $\mathcal{SL}(n, \mathrm{C})$, for example, we have the following remarkable fact [S2], proved by a brute-force calculation:

Proposition 3.7 *In the notation of Definition 3.1, $\phi_{k+1}(X) = \phi_1(\phi_k(X))$ (when defined). From Proposition 3.6(ii), it follows that*

$$Q_{k+1}(X, \lambda) = Q_1(\phi_k(X), \lambda).$$

Hence, the $k+1$-chop integrals of X are equivalent to the 1-chop integrals of $\phi_k(X)$.

Remark 3.1 We will appeal to this Proposition in our inductive study of the k-chop flows. By Proposition 3.1, $\phi_k(X)$ is essentially the Levi component $[\nabla I_{2k}(X)]_k$ of the k-chop integral I_{2k}. The function $\mathrm{Trace}([\nabla I_{2k}(X)]_k)^2$ is a sort of "Killing form" which generates the k-chop flows, just as $\mathrm{Trace}\, X^2$ generates the basic Toda flows. Application of the map ϕ_1 to this k^{th} Levi component produces $[\nabla I_{2,k+1}(X)]_{k+1}$, which plays a similar role at the next level. ∎

Remark 3.2 The map ϕ_k can be defined for $X \in \mathcal{SL}(n, \mathrm{C})$, as long as $X_? \neq 0$. It is shown in [S2] that $\tilde{\phi}_k \stackrel{\text{def}}{=} \phi_k - \frac{1}{n-2k} \mathrm{Trace}\, \phi_k \, \mathrm{Id}_{n-2k}$ is a *Poisson map* from $\mathcal{SL}(n, \mathrm{C})$ to $\mathcal{SL}(n-2k, \mathrm{C})$ in the r-matrix bracket on these algebras ($r = \Pi_{\mathcal{B}_+} - \Pi_{\mathcal{N}_-}$). ∎

3.3 Classical Algebras

Luen-chau Li, in unpublished notes, showed that the chop construction of Subsection 3.1 also works for the orthogonal and symplectic algebras (in the symmetric case). Several important properties of the chopped integrals can be deduced from the general results in Subsection 3.2.

Let $\mathcal{G}$ be a (complex) Lie algebra of type B_n, C_n, D_n. For each type, there is a standard representation of minimal dimension. The orthogonal algebras can be realized as matrices that are skew-symmetric with respect to the *anti*-diagonal. The symplectic algebra C_n consists of block matrices

$$\begin{pmatrix} A & B \\ C & -A' \end{pmatrix},$$

with the $n \times n$ matrices B, C symmetric about their antidiagonals, and A' denoting the antidiagonal transpose.

For $X \in \mathcal{G}$, define the chopped matrix $X_{(k)}$ as before (remove the first k rows and last k columns). The coefficients of the polynomials

$$\frac{\det(X - \lambda)_{(k)}}{\text{leading coefficient}}$$

will be parabolic Casimirs, analogous to the I_{rk} used for the $\mathcal{SL}(n,\mathbb{C})$ full Toda lattice. Because of the symmetries of X, certain coefficients of these polynomials will vanish. The results are summarized in the following theorem, which largely paraphrases L.-C. Li's notes. The dimension of the generic symplectic leaves was also computed by Trofimov [Tro1].

Theorem 3.1 *The k-chopped polynomials $\widetilde{Q}_k(X,\lambda)$ have $n-k+1, k = 1,\dots,n$, nontrivial coefficients for B_n, C_n, and $n+1-2[\frac{k+1}{2}], k = 1,\dots,n-2$, for D_n. The coefficients are semi-invariants for the parabolics $\mathbf{P}_k$ that stabilize the fundamental weights ω_k; the characters are $2\omega_k$. Their ratios are involutive integrals of the full Toda equations. There are no Casimirs, save for D_n with odd n; in that case, the ratio of the first two nontrivial coefficients of $\widetilde{Q}_{n-1}(X,\lambda)$ (which are semi-invariant with character $2(\omega_{n-1}+\omega_n)$) is a Casimir. Let I denote a k-chop integral for B_n or C_n. The Chevalley invariants of the Levi component $[\nabla I(X)]_k$ of $\mathcal{P}_k$ are equivalent to* all *the k-chop integrals (in the case of $\mathcal{SL}(n,\mathbb{C})$, this includes the Casimirs). This is not true for D_n.*

4. Genericity and Independence

From now on we study the generic level set of the chopped constants of motion I_{rk}. We rely on explicit calculations with matrices. The Lie-algebraic significance of our computations is not understood, and while similar brute-force techniques appear to work with at least the classical algebras B_n and C_n, we do not report our incomplete results.

In this subsection, we define "generic", show that generic level sets exist, and use the map to the flag manifold to prove that the I_{rk} are independent. The first definition is designed for an induction argument.

Definition 4.1 *For each* $k = 1, \ldots, m = \left[\frac{n-1}{2}\right]$, *we say that* X has property $(\mathrm{A})_k$, *if: (a)* $\phi_j(X)$ *exists and is regular semisimple for* $j = 1, \ldots, k$, *and (b) for* $j = 1, \ldots, k$, *the sets* $\{\lambda_{1,j-1}, \ldots, \lambda_{n-2j+2,j-1}\}$ *and* $\{\lambda_{1j}, \ldots, \lambda_{n-2j,j}\}$ *have no common elements. Define*

$$(\epsilon + \mathcal{B}_-)^k_{\Lambda_0} = \{X \in (\epsilon + \mathcal{B}_-)_{\Lambda_0} \mid X \text{ has property } (\mathrm{A})_k\}. \tag{27}$$

The largest possible value of k *is* $m = \left[\frac{n-1}{2}\right]$; *we use the special symbol* $(\epsilon+\mathcal{B}_-)^{\diamondsuit}_{\Lambda_0}$ *to denote* $(\epsilon+\mathcal{B}_-)^m_{\Lambda_0}$. This is our set of "generic" $X \in (\epsilon+\mathcal{B}_-)_{\Lambda_0}$. *A* level set *is a fiber of the rational map*

$$\begin{array}{rcl} (\epsilon + \mathcal{B}_-)^{\diamondsuit}_{\Lambda_0} & \to & \mathcal{C}^d \\ X & \mapsto & \left(I_{rk}(X), k = 1, \ldots, m; r = 1, \ldots, n-2k\right) \end{array}$$

where $d = (n-2) + (n-4) + \ldots + (n - 2[\frac{n-1}{2}])$. *The* level set variety, *abbreviated* $\mathcal{LSV}$, *is the closure in* $\epsilon + \mathcal{B}_-$ *of a level set.*

We will show that $(\epsilon + \mathcal{B}_-)^{\diamondsuit}_{\Lambda_0}$ is dense in $(\epsilon + \mathcal{B}_-)_{\Lambda_0}$, and that the I_{rk} are independent on $(\epsilon + \mathcal{B}_-)^{\diamondsuit}_{\Lambda_0}$.

Recall from Definition 3.1 that $\phi_k(X)$ exists exactly when X_7 is invertible, that is, when $E_{0k} = \det X_7 \neq 0, k = 0, \ldots, \left[\frac{n-1}{2}\right]$ (cf. (4)). The complement of the set on which some E_{0k} vanishes is Zariski open in $(\epsilon + \mathcal{B}_-)_{\Lambda_0}$ and, under the Kostant map, in the flag manifold. This set has a certain stability property:

Lemma 4.1 *Let* $M \in \mathbf{N}_- \cap \mathbf{P}_k$. *If* $\phi_k(X)$ *exists, so does* $\phi_k(M \cdot X)$.

Proof. Write M in the form

$$M = \begin{array}{c} \\ k \\ n-2k \\ k \end{array} \begin{array}{c} \begin{array}{ccc} k & n-2k & k \end{array} \\ \begin{pmatrix} \mathrm{Id}_k & 0 & 0 \\ 0 & \widetilde{M} & 0 \\ 0 & 0 & \mathrm{Id}_k \end{pmatrix} \end{array}, \tag{28}$$

where $\widetilde{M}$ belongs to $SL(n-2k, \mathrm{C})$. A short calculation using the definition of ϕ_k shows that

$$\phi_k(M \cdot X) = \widetilde{M} \cdot \phi_k(X). \tag{29}$$

This fact not only proves the assertion, but will play an important role below. It is really a consequence of Lemma 2.1 combined with Proposition 3.1. ∎

The main step is to prove that for each $k = 1, \ldots, m = \left[\frac{n-1}{2}\right]$, the I_{rk} are independent on $(\epsilon + \mathcal{B}_-)^k_{\Lambda_0}$; the fact that this set is Zariski open is deduced simultaneously. Throughout, it is understood that the element X (in $(\epsilon + \mathcal{B}_-)_{\Lambda_0}$), or the corresponding $L^{-1} \bmod \mathbf{B}_+$ in $\mathbf{G}/\mathbf{B}_+$, are chosen from the open dense set where all ϕ_k are defined.

We exploit Proposition 3.5 (or more explicitly (23)) which says that the I_{rk}, for each k, descend to the partial flag manifold $SL(n,\mathbf{C})/\mathbf{P}_k$. To work with successive flag manifolds of this form, we need to factor the L in $L^{-1} \bmod \mathbf{B}_+$.

Notation 4.1 Let $n \in \mathbf{N}_-$. It admits a unique factorization $n = n_0 \ldots n_m$, where $n_j \in \mathbf{N}_- \cap \mathbf{P}_j$ has nonzero entries only in column j and row $n - j$. (For instance, n_0 has the form (11).) The factorization of L^{-1} will be written $L_0^{-1} \ldots L_m^{-1}$. ∎

The I_{rk} are functions of only some of the coordinates in $\mathbf{G}/\mathbf{B}_+$; precisely:

$$I_{rk}(L^{-1} \bmod \mathbf{B}_+) = I_{rk}(L_0^{-1} \ldots L_{k-1}^{-1} \bmod \mathbf{P}_k). \tag{30}$$

Of course, we think of the I_{rk} as functions on the flag manifold via the Kostant map (18). We will use the symbol I_{rk} to denote both the function $I_{rk}(X)$ and the function $I_{rk}(L^{-1} \bmod \mathbf{B}_+)$.

Lemma 4.2 *Fix k. Suppose that the functions*

$$M_{k-1}^{-1} \mapsto I_{rk}(L_0^{-1} \ldots L_{k-2}^{-1} M_{k-1}^{-1} \bmod \mathbf{P}_k), \; r = 1, \ldots, n-2k,$$

are independent on an open dense neighborhood of L_{k-1} in the $(2n-4k+1)$-dimensional affine space of M_{k-1}'s. Then the I_{rk} are independent on an open dense neighborhood of $L_0^{-1} \ldots L_{k-1}^{-1} \bmod \mathbf{P}_1$ in $\mathbf{G}/\mathbf{P}_1$.

Proof. The general situation is this: suppose we have a holomorphic map $f : \mathbf{C}^a \times \mathbf{C}^b \to \mathbf{C}^c$ with all functions $y \mapsto f_j(x_0, y)$ independent for a certain $x_0 \in \mathbf{C}^a$. (In our case, a is the dimension of the affine space of $L_0, \ldots, L_{k-2}$; b is the number of nonzero entries in M_{k-1}^{-1}, namely $2n - 4k + 1$; and c is the number of I_{rk}'s, namely $n - 2k$.)

The Jacobian $D_{(x,y)}f$ is a $c \times (a + b)$ matrix. If $c \leq b$, its rank is $\leq c$. According to our assumption, the Jacobian $D_y f$ with respect to y has maximal rank$= c$ at $x = x_0$. By analyticity, $D_{(x,y)}f$ has maximal rank in an open dense subset of $\mathbf{C}^a \times \mathbf{C}^b$. The condition $n - 2k = c \leq b = 2n - 4k + 1$ is satisfied because $k \leq \left[\frac{n-1}{2}\right]$. ∎

Lemma 4.3 *Under the hypotheses in the preceding lemma, the I_{rk} are independent on an open dense set in* $\mathbf{G}/\mathbf{B}_+$.

Proof. The map $L^{-1} \bmod \mathbf{B}_+ \mapsto L^{-1} \bmod \mathbf{P}_1$ is submersive, and by Lemma 4.2, so is $L^{-1} \bmod \mathbf{P}_1 \mapsto \mathrm{C}^{n-2}$, on an open dense set. Hence the composition is submersive on an open dense subset of $\mathbf{G}/\mathbf{B}_+$. ∎

These lemmas allow us to study the independence question in the smaller flag manifold that contains the "middle block" (see (28)) of L_{k-1}^{-1}.

Lemma 4.4 *The set $(\epsilon + \mathcal{B}_-)^1_{\Lambda_0}$ is Zariski open in $(\epsilon + \mathcal{B}_-)_{\Lambda_0}$, and the functions I_{r1} are independent on $(\epsilon + \mathcal{B}_-)^1_{\Lambda_0}$.*

Remark 4.1 The Plücker coordinates on $\mathbf{G}/\mathbf{P}_1$ will play a pivotal role here and later, so a brief review is in order. The map

$$g \bmod \mathbf{P}_1 \mapsto [g_{11} : \ldots : g_{n1}] \stackrel{\text{def}}{=} [\pi_1 : \ldots : \pi_n]$$

sends $g \bmod \mathbf{P}_1$ to $[\pi_1 : \cdots : \pi_n] \in \mathrm{P}^{n-1}$; this n-tuple—determined only up to an overall factor—describes a line V_1 in C^n, namely, the line through the vector represented by the first column of g. The map $g \bmod \mathbf{P}_1 \mapsto$ *(i, n)-minors of g* $\stackrel{\text{def}}{=} \pi_i^*$ sends $g \bmod \mathbf{P}_1$ to a point $[\pi_1^* : \cdots : \pi_n^*] \in (\mathrm{P}^{n-1})^*$; this n-tuple—again, determined only up to an overall factor—describes a hyperplane V_{n-1} in C^n. One may think of V_{n-1} as being spanned by the first $n-1$ columns of g. The partial flag manifold $\mathbf{G}/\mathbf{P}_1$ consists of those pairs (V_1, V_{n-1}) for which $V_1 \subset V_{n-1}$; this condition is expressed by $\sum_{j-1}^{n}(-1)^j \pi_j \pi_j^* = 0$, the so-called Plücker relation. ∎

Proof. We map X to $V^{-1}L^{-1} \bmod \mathbf{B}_+$ via the torus embedding (19), restrict to the partial flag manifold $\mathbf{G}/\mathbf{P}_1$ (i.e., $X \mapsto V^{-1}L_0^{-1} \bmod \mathbf{P}_1$), and use explicit formulas for the functions $I_{r1}(V^{-1}L_0^{-1} \bmod \mathbf{P}_1)$ on $\mathbf{G}/\mathbf{P}_1$.

The equations for the I_{r1} on the partial flag manifold $\mathbf{G}/\mathbf{P}_1$ were found in Example 3.1; the final formula (22) can be rewritten as follows:

$$c\sum_{j=1}^{n}(-1)^{j+1}\frac{\pi_j\pi_j^*/\pi_1\pi_1^*}{\lambda - \lambda_{j0}} = \frac{\lambda^{n-2} + I_{11}\lambda^{n-3} + \ldots + I_{n-2,1}}{(\lambda - \lambda_{10})\cdots(\lambda - \lambda_{n0})}, \tag{31}$$

with a certain constant c. Elementary partial fractions calculus says that the I_{r1} are determined uniquely by the $\pi_i\pi_i^*/\pi_1\pi_1^*$, and vice versa. Hence the I_{rk} are independent exactly where the $\pi_i\pi_i^*$ are independent and $\pi_1\pi_1^* \neq 0$. The latter condition holds when $g \bmod \mathbf{P}_1$ can be written as $n \bmod \mathbf{P}_1, n \in \mathbf{N}_-$; this is the *big cell* of $\mathbf{G}/\mathbf{P}_1$. The function $\pi_i\pi_i^*/\pi_1\pi_1^*$ is submersive except where $\pi_i = \pi_i^* = 0$. Hence all values but zero are regular values.

Equation (31) shows that one or more of the products $\pi_i\pi_i^*$ vanish precisely when the numerator and denominator on the right have common roots. Thus, on the dense open set where all $\pi_i\pi_i^*$ are nonzero, the I_{rk} are independent, and moreover the roots λ_{r1} of the numerator are different from the roots λ_{r0} of the denominator. By Proposition 3.2, the I_{r1} are the coefficients of the characteristic polynomial of ϕ_1. Hence, independence certainly holds when property $(\mathrm{A})_1$ is satisfied, that is, when $X \in (\epsilon + \mathcal{B}_-)^1_{\Lambda_0}$. ∎

The proof of the next theorem introduces ideas and notation that will be crucial in the sequel; therefore, it will be interrupted with a Remark.

Theorem 4.1 *For every k, the set $(\epsilon+\mathcal{B}_-)^k_{\Lambda_0}$ is Zariski open in $(\epsilon+\mathcal{B}_-)_{\Lambda_0}$, and the I_{rk} are independent on $(\epsilon + \mathcal{B}_-)^k_{\Lambda_0}$.*

Proof. The proof is by induction. The case $k = 1$ was done in the preceding lemma. Suppose now that the proposition is true for $j = 1, \dots, k-1$. Fix $L^{-1} \bmod \mathbf{B}_+ \in K_{\Lambda_0}((\epsilon + \mathcal{B}_-)^{k-1}_{\Lambda_0})$. We first show that the functions

$$M_{k-1}^{-1} \mapsto I_{rk}(L_0^{-1} \dots L_{k-2}^{-1} M_{k-1}^{-1} \bmod \mathbf{P}_k)$$

are independent on a dense open set of M_{k-1}'s.

By assumption, $\phi_{k-1}(X)$ exists when $X = L \cdot C_{\Lambda_0}$. According to (29),

$$\phi_{k-1}(X) = (L_m \dots L_{k-1}) \cdot \phi_k\big((L_{k-2} \dots L_0) \cdot C_{\Lambda_0}\big),$$

and by Lemma 4.1,

$$C_{\Lambda_{k-1}}(L_0, \dots, L_{k-2}) \stackrel{\text{def}}{=} \phi_{k-1}\big((L_{k-2} \dots L_0) \cdot C_{\Lambda_0}\big) \tag{32}$$

exists as well (the notation is explained in a moment). In fact, the lemma says that if $M \in \mathbf{N}_- \cap \mathbf{P}_{k-1}$ is arbitrary and Y is defined by

$$Y \stackrel{\text{def}}{=} M \cdot (L_{k-2} \dots L_0) \cdot C_{\Lambda_0}, \tag{33}$$

then $\phi_{k-1}(Y)$ exists and

$$\phi_{k-1}(Y) = \widetilde{M} \cdot C_{\Lambda_{k-1}}(L_0, \dots, L_{k-2}). \tag{34}$$

Since $C_{\Lambda_{k-1}}$ is regular semisimple, there exists a $\widetilde{V} = \widetilde{V}(L_0, \dots, L_{k-2}) \in SL(n-2k+2, \mathbf{C})$ that conjugates it to diagonal form, $\widetilde{V} \cdot C_{\Lambda_{k-1}} = \Lambda_{k-1} \in \mathcal{GL}(n-2k+2, \mathbf{C})$, and thus for the $\phi_{k-1}(Y)$ in (34),

$$\phi_{k-1}(Y) = \widetilde{M} \cdot \widetilde{V}^{-1} \cdot \Lambda_{k-1}. \tag{35}$$

Remark 4.2 We pause to explain the significance of these facts. In order to apply Lemma 4.2, we fix $L_0, \dots, L_{k-2}$ but allow $M = L_{k-1} \cdots L_m$ to vary. In effect, we view $\mathbf{G}/\mathbf{B}_+$ as a fibration

$$\begin{array}{ccc} \mathbf{P}_{k-1}/\mathbf{B}_+ & \longrightarrow & \mathbf{G}/\mathbf{B}_+ \\ & & \downarrow{\scriptstyle \pi_{k-1}} \\ & & \mathbf{G}/\mathbf{P}_{k-1} \end{array} \tag{36}$$

in which the fiber $\mathbf{P}_{k-1}/\mathbf{B}_+$ is isomorphic to the flag manifold

$$\mathbf{Flag}_{n-2k+2} = SL(n-2k+2, \mathrm{C})/\mathbf{B}_+^{(n-2k+2)}.$$

According to equations (34) and (35), every point $\widetilde{M}^{-1} \bmod \mathbf{B}_+^{(n-2k+2)}$ in the fiber over $L_0^{-1} \cdots L_m^{-1} \bmod \mathbf{P}_{k-1}$ corresponds to a $\phi_{k-1}(Y)$ via conjugation of $C_{\Lambda_{k-1}}(L_0, \dots, L_{k-2})$ by $\widetilde{M}$, and moreover all those $\phi_{k-1}(Y)$ can be diagonalized through further conjugation by a $\widetilde{V}(L_0, \dots, L_{k-2})$ which is *independent of* $\widetilde{M}$. This is exactly the situation we encountered at the outset: $X = L \cdot C_{\Lambda_0}$ and $X = L \cdot V \cdot \Lambda_0$. The notation $C_{\Lambda_{k-1}}$ is meant to suggest that this element does for the $(k-1)$-chop stage what Kostant's companion matrix did at the 0-chop stage. Note, however, that it no longer has "companion" form and that it varies with the basepoint in (36). ∎

We resume the proof. The object is to prove independence of the functions $I_{rk}(L_0^{-1} \cdots L_{k-2}^{-1} M_{k-1} \bmod \mathbf{P}_k)$ of M_{k-1}^{-1}, or equivalently, of the functions $I_{rk}(L_0^{-1} \cdots L_{k-2}^{-1} M^{-1} \bmod \mathbf{B}_+)$ of $M \in N_- \cap \mathbf{P}_{k-1}$. By Proposition 3.2, these are the coefficients of the characteristic polynomial of $\phi_k(Y)$, with Y as in (33); by Proposition 3.7, they are also the coefficients of the characteristic polynomial of $\phi_1(\phi_{k-1}(Y))$. This is the polynomial $Q_1(\phi_{k-1}(Y), \lambda)$, with Q_1 as in (5).

As just explained in Remark 4.2, there is a bijection between the big cell $\mathbf{N}_-^{(n-2k+2)}/\mathbf{B}_+^{(n-2k+2)}$ of $\mathbf{Flag}_{n-2k+2}$ and the set of all $\phi_{k-1}(Y)$. We can therefore compute $\widetilde{Q}_1(\phi_{k-1}(Y), \lambda)$ by the method of Example 3.1. We have

$$\widetilde{Q}_1(\phi_{k-1}(Y), \lambda) = \left(\phi_{k-1}(Y) - \lambda \,\mathrm{Id}_{n-2k+2}\right)_{\hat{1},\widehat{(n-2k+2)}}.$$

Writing $\phi_{k-1}(Y) = \widetilde{M}\widetilde{V}\Lambda_{k-1}\widetilde{V}^{-1}\widetilde{M}^{-1}$ as in (35), we arrive at equation (20) in Example 3.1. The calculation in that example yields an analog of formula (22),

$$\widetilde{Q}_1(\phi_{k-1}(Y), \lambda) = c \sum_{j=1}^{n-2k+2} (-1)^{j+1} \prod_{s(\neq j)} (\lambda_{s,k-1} - \lambda) \frac{\pi_j \pi_j^*}{\pi_1 \pi_1^*}.$$

In this formula, of course, π_j and π_j^* denote the Plücker coordinates on the partial flag manifold $SL(n-2k+2,\mathbf{C})/\widetilde{\mathbf{P}}_k$ (see Notation 1.1). By our induction hypothesis, the eigenvalues $\lambda_{s,k-1}$ are distinct (i.e., $\phi_{k-1}(Y)$ is regular semisimple). The proof of Lemma 4.4 now applies verbatim and yields independence of the I_{rk} (thought of as functions of $\widetilde{M}_{k-1}$) on the dense open set where all $\pi_i\pi_i^*$ are nonzero. On this set, all roots λ_{rk} of $\widetilde{Q}_1(\phi_{k-1}(Y),\lambda)$ are different from $\lambda_{1,k-1},\ldots,\lambda_{n-2k+2,k-1}$. All the corresponding elements $Y = M\cdot L_{k-2}\cdots L_0\cdot C_{\Lambda_0}$ belong to $(\epsilon+\mathcal{B}_-)^k_{\Lambda_0}$.

The rest of the proof is routine. By induction hypothesis, the set $\{L^{-1} \bmod \mathbf{P}_{k-1} \mid L^{-1} \bmod \mathbf{B}_+ \in K_{\Lambda_0}((\epsilon+\mathcal{B}_-)^{k-1}_{\Lambda_0})\}$ is Zariski open in $\mathbf{G}/\mathbf{P}_{k-1}$, and in each fiber $SL(n-2k+2)/\mathbf{B}_+^{(n-2k+2)}$, the image of $K_{\Lambda_0}((\epsilon+\mathcal{B}_-)^k_{\Lambda_0})$ is also Zariski open. Hence, $K_{\Lambda_0}((\epsilon+\mathcal{B}_-)^k_{\Lambda_0})$ is Zariski open in all of $\mathbf{G}/\mathbf{B}_+$, and independence of the I_{rk} follows from Lemmas 4.2 and 4.3. ∎

Corollary 4.1 *All the I_{rk}, $r = 1,\ldots,n-2k$; $k = 1,\ldots,m$, are independent on $(\epsilon+\mathcal{B}_-)^{\diamondsuit}_{\Lambda_0}$.*

Proof. The Jacobian of the I_{rk} with respect to $L_0,\ldots,L_m$ is block upper-triangular, and the diagonal blocks have full rank by Theorem 4.1. ∎

Remark 4.3 In [DLNT] and [S1], it is assumed that all eigenvalues λ_{rk}, $k = 1,\ldots,m$; $r = 1,\ldots,n-2k$, are distinct. This condition (called "simplicity" in those papers), is a bit stronger than the property $(\mathrm{A})_k$ which we require to hold for $k = 1,\ldots,m$. Our geometric picture helps one understand why some such restriction is necessary. Property $(\mathrm{A})_k$ is relevant to the approach in [DLNT] in another way. The columns of the matrix Z introduced in the proof of 4.4 are the eigenvectors of X. The Plücker coordinates π_i^* of Z^{-1} are essentially the last entries of those eigenvectors, and they are used by DLNT to define the angle variables θ_{r0}. Our requirement that $\pi_i\pi_i^*$ be nonzero therefore guarantees that those entries do not vanish. A similar interpretation holds for other k. ∎

Remark 4.4 A less circuitous proof of independence could perhaps be based on the Plücker representations (23). We have not tried to do this, because the ideas developed in the present section will be important later. ∎

5. A Torus Orbit

Proposition 3.5 shows that an ideal generated by $\mathbf{P}^\chi$-parabolic invariants defines a torus invariant subvariety of $\mathbf{G}/\mathbf{P}^\chi$. In this section, we prove that (generically) the equations $I_{r1} = c_{r1}, r = 1, \ldots, n-2$, in fact cut out a single generic torus orbit $\mathcal{F}$ (defined below) in $SL(n, \mathrm{C})/\mathbf{P}_1$. (Corresponding results for the algebras B_n, C_n will be mentioned.) This torus orbit $\mathcal{F}$ will be the base for a bundle whose fibers are the flag manifolds $SL(n-2, \mathrm{C})/\mathbf{B}_+^{(n-2)}$ (see (12), and also Section 4); in the next section, we will see that the 1-chop flows are implemented by a torus action along those fibers.

On $(\epsilon + \mathcal{B}_-)^{\diamond}_{\Lambda_0}$, the independent equations $I_{r1} = c_{r1}, r = 1, \ldots, n-2$, cut out a submanifold of codimension $n-2$ which maps, under the embedding K_{Λ_0} in (18), to a smooth quasiprojective subvariety of $SL(n, \mathrm{C})/\mathbf{B}_+$, of the same codimension, contained in the torus invariant locus (cf. Proposition 3.3)

$$E_{r1} = c_{r1} E_{01}, \quad r = 1, \ldots, n-2. \tag{37}$$

By Proposition 3.5(ii), these equations descend to $SL(n, \mathrm{C})/\mathbf{P}_1$. Since this homogeneous space has dimension $2n-3$ (cf. (11)), equations (37) cut out a variety $\mathcal{F}$ of pure dimension = rank = $n-1$.

Theorem 5.1 *The subvariety $\mathcal{F}$ of $SL(n, C)/\mathbf{P}_1$ cut out by the equations (37) is a generic closed torus orbit.*

We must define "generic closed torus orbit". A homogeneous space $\mathbf{G}/\mathbf{P}^\chi$ can be realized as the orbit $\mathcal{O}^\chi$ of $\mathbf{G}$ through the projectivized highest weight vector v^χ in the projectivized representation space $\mathrm{P}(V^\chi)$. A vector $v \in V^\chi$ can be written as $\sum_\mu \pi_\mu v^\mu$; the sum runs over a basis of weight vectors. The coefficients π_μ are called *Plücker coordinates*. Only the weight vectors $v^{w\cdot\chi}$, for w in the Weyl group $\mathbf{W}$, lie in the orbit $\mathcal{O}^\chi$.

Definition 5.1 *A* torus orbit *is the orbit of the action of a Cartan subgroup* $\mathbf{H}$ *of* $\mathbf{G}$ *on the homogeneous space* $\mathbf{G}/\mathbf{P}^\chi$. *Its (compact) closure is* a closed torus orbit. *A torus orbit is called* generic *if it contains a point p for which all Plücker coordinates $\pi_{w\cdot\chi}(p), w \in \mathbf{W}$, where $\mathbf{W}$ is the Weyl group of* $\mathbf{H}$, *are nonzero. The closure of a generic torus orbit is also called generic; it contains all fixed points of the torus action on* $\mathbf{G}/\mathbf{P}^\chi$. (All this is explained and proved in [GS].)

Proof of Theorem 5.1. According to Proposition 2.2(iii), the flows generated by the Chevalley invariants I_{r0} act on $SL(n, \mathrm{C})/\mathbf{P}_1$ via

$$\exp(t_r \nabla I_{r0}(C_{\Lambda_0}))\, L^{-1} \bmod \mathbf{P}_1.$$

Since C_{Λ_0} is regular, these flows are independent for $r = 1, \ldots, n-1$ ([Kol]), and because C_{Λ_0} is assumed semisimple, they act as an $(n-1)$-dimensional algebraic torus. The torus is the centralizer $SL(n,\mathbf{C})^{C_{\Lambda_0}}$ of the companion matrix (9).

It is convenient, for the rest of the argument, to use the embedding (19). This is just a change of coordinates in the flag manifold which simplifies the analysis.

The variety $\mathcal{F}$ is a finite union of closed torus orbits of the maximal dimension, $n-1$. We now show that every irreducible component $\mathcal{F}_s$ of $\mathcal{F}$ is generic. Write the equations $E_{r1} = c_{r1}E_{01}$ in Plücker coordinates on $SL(n,\mathbf{C})/\mathbf{P}_1$ as in (22). If some π_i or π_i^* vanishes on an interior point of $\mathcal{F}_s$, it vanishes everywhere on $\mathcal{F}_s$ since the torus action scales the Plücker coordinates. The ideal of $\mathcal{F}_s$ must contain a torus invariant monomial forcing π_i, say, to vanish: that would be the equation $\pi_i\pi_i^* = 0$. According to the proof of Lemma 4.4, this can only happen when $\lambda_{r1} = \lambda_{s0}$ for some r and s, which is impossible by the definition of $(\epsilon + \mathcal{B}_-)^1_{\Lambda_0}$.

To complete the proof of the theorem, we will show that the degree of $\mathcal{F}$ and the degree of a generic closed torus orbit in $SL(n,\mathbf{C})/\mathbf{P}_1$ are equal.

There are natural mappings

$$SL(n,\mathbf{C})/\mathbf{P}_1 \xrightarrow{i} \mathbf{P}^{n-1} \times (\mathbf{P}^{n-1})^* \xrightarrow{S} \mathbf{P}(\mathbf{C}^n \otimes \bigwedge^{n-1} \mathbf{C}^n);$$

here i denotes the inclusion onto the hyperplane section defined by the Plücker relation

$$\sum_{i=1}^{n} (-1)^i \pi_i \pi_i^* = 0$$

(see Remark 4.1), and S is the Segre embedding

$$[\pi_1 : \ldots : \pi_n] \times [\pi_1^* : \ldots : \pi_n^*] \mapsto [\pi_i \pi_j^*].$$

In the Segre embedding,

$$\deg \mathcal{F} = \binom{2n-2}{n-1} = \deg SL(n,\mathbf{C})/\mathbf{P}_1.$$

This degree is computed as follows.

Since $\mathcal{F}$ is cut out in $SL(n,\mathbf{C})/\mathbf{P}_1$ by hyperplanes of the Segre embedding, its degree is the same as that of $SL(n,\mathbf{C})/\mathbf{P}_1$. But the latter is itself cut out by the (Plücker) hyperplane section in $\mathbf{P}^{n-1} \times (\mathbf{P}^{n-1})^*$. The degree of $\mathbf{P}^r \times \mathbf{P}^s$ under its Segre embedding, which can be computed from the leading coefficient of the corresponding Hilbert polynomial, is $\binom{r+s}{r}$.

For comparison, we now calculate the degree of a generic torus orbit in $SL(n,\mathbf{C})/\mathbf{P}_1$. By Proposition 2.10 in [O], this degree is $(n-1)!$ times the volume of a certain convex polytope $\square$ in $\mathbf{R}^{n-1}$, which, for *generic* torus orbits, is the Minkowski sum of the $(n-1)$-simplex $V_{n-1} \stackrel{\text{def}}{=} \{x_1 + \ldots + x_n =$

$1, x_1, \ldots, x_n \geq 0\}$ in R^n and its dual. The normalization is chosen so that V_{n-1} has volume $1/(n-1)!$.

The simplex V_{n-1} has $\binom{n}{j+1}$ j-dimensional faces, each being a simplex V_j. The polytope $\square$ is constructed by replacing each V_j by $V_j \times V_{n-j-2}$. This product contains $\binom{n-2}{j}$ $(n-2)$-simplices V_{n-2}, each of which serves as base for a V_{n-1}. Hence, $\square$ is made up of

$$\sum_{j=0}^{n-2} \binom{n-2}{j} \binom{n}{j+1} = \binom{2n-2}{n-1}$$

simplices V_{n-1}, each having volume $1/(n-1)!$. The degree of a generic closed torus orbit is therefore $\binom{2n-2}{n-1}$, which was also the degree of $\mathcal{F}$. It follows that $\mathcal{F}$ is a single closed, generic torus orbit. ∎

Remark 5.1 The closed torus orbit $\mathcal{F}$ is a singular variety. This follows from a count of the edges emanating from each vertex, combined with [O, Theorem 1.10]. ∎

Remark 5.2 A converse to Theorem 5.1 is also true: every generic closed torus orbit in $SL(n,\mathrm{C})/\mathbf{P}_1$ containing the image of an $X \in (\epsilon + \mathcal{B}_-)^{\diamondsuit}_{\Lambda_0}$ is a level set of the I_{r1}. ∎

Remark 5.3 For the other classical Lie algebras, the number of 1-chop integrals is precisely what is needed to cut out a variety of dimension = rank in the appropriate partial flag manifold $\mathbf{G}/\mathbf{P}_1$ (cf. Theorem 3.1 and Proposition 3.5). A degree calculation as in the proof just concluded shows that for B_n, C_n this variety is again a single generic closed torus orbit (of degree 2^{2n+1}). We have not checked the situation for D_n, because some crucial constructions in the next few sections do *not* seem to work for it. ∎

6. Torus Action in the Fibers

Let LSV_1 denote the subvariety of $SL(n,\mathrm{C})/\mathbf{B}_+$ which is cut out by the 1-chop integrals (Roman LSV will refer to subsets of a flag manifold, while slanted $\mathcal{LSV}$ is used for subsets of $\epsilon + \mathcal{B}_-$). The results of the preceding section can be summarized in the diagram

$$\begin{array}{ccc} \mathbf{P}_1/\mathbf{B}_+ & \longrightarrow & LSV_1 \\ & & \big\downarrow \pi \\ & & \mathcal{F} \end{array} \tag{38}$$

where $\mathcal{F}$ is the generic closed torus orbit in $SL(n,\mathbf{C})/\mathbf{P}_1$ defined by the 1-chop integrals.

According to Proposition 2.2, the flow generated by a $\mathbf{P}_1$ invariant I acts on $\mathbf{Flag}_n$ as

$$L^{-1}n(\exp t\nabla I(X)) \bmod \mathbf{B}_+. \tag{39}$$

Because $\nabla I(X)$ belongs to the algebra $\mathcal{P}_1$, the exponential lies in the group $\mathbf{P}_1$, and therefore also $n(\exp t\nabla I(X)) \in \mathbf{P}_1$. It follows that such a flow fixes $L^{-1} \bmod \mathbf{P}_1 \in \mathcal{F}$, so that it must evolve along the fibers of the projection π in (38). These fibers are isomorphic to

$$\mathbf{P}_1/\mathbf{B}_+ = \mathbf{Flag}_{n-2} = SL(n-2,\mathbf{C})/\mathbf{B}_+^{(n-2)}.$$

We now show that the flows along the fibers are implemented by a torus action on $\mathbf{Flag}_{n-2}$.

6.1 1-Chop Flows in the Fibers

Remark 6.1 To understand the scope of subsequent results, one must keep two facts in mind. First, the 1-chop integrals are not defined for all $X \in (\epsilon+\mathcal{B}_-)_{\Lambda_0}$, since they are rational functions whose denominator may vanish. If $\phi_1(X)$ is not defined, then $X \in (\epsilon+\mathcal{B}_-)_{\Lambda_0} \setminus (\epsilon+\mathcal{B}_-)^{\diamond}_{\Lambda_0}$, and — as shown in Lemma 6.1 below — $K_{\Lambda_0}(X)$ lies in a fiber over the *boundary* of the open torus orbit in $\mathcal{F}$. Second, the factorization solution outlined in Subsection 2.3 does not always work. When lower-upper factorization fails, the solution of the Kostant-Toda equation has a pole. This occurs in the fibers over the so-called *Painlevé divisor*, which is the intersection of $\mathcal{F}$ with the complement of the big cell in $\mathbf{G}/\mathbf{P}_1$; such fibers are not in the image of $(\epsilon+\mathcal{B}_-)_{\Lambda_0}$ under the Kostant map K_{Λ_0}. We restrict our attention to the remaining fibers, which make up a bundle over a dense (quasi-affine) open subset $\mathcal{F}^0$ of the open torus orbit in $\mathcal{F}$. ∎

Lemma 6.1 *Let $\mathcal{F}$ be the closed torus orbit in $SL(n,\mathbf{C})/\mathbf{P}_1$ determined by the equations (37), where the c_{r1} are chosen so that equation (5) has distinct roots. Suppose that $K_{\Lambda_0}(X)$ lies in a fiber over $L_0^{-1} \bmod \mathbf{P}_1$, and $E_{01}(X) \neq 0$. Then the rational matrix $\phi_1(Y)$ in Definition 3.1 exists and is regular semisimple whenever $K_{\Lambda_0}(Y)$ lies in a fiber over $\mathcal{F}^0$.*

Proof. The Toda flows through X are described in Lemma 2.2, and clearly $X(t) = b(t)\cdot X$ implies that $X_{n1}(t) = b_{nn}(t)b_{11}(t)^{-1}X_{n1} \neq 0$. Thus, E_{01} is nonzero at one point in every fiber over $\mathcal{F}^0$. By Lemma 4.1, $\phi_1(Y)$ then exists at all points of the big cell over $\mathcal{F}^0$. ∎

Notation 6.1 In this subsection only, we modify the conventions of Notation 4.1. If $n \in \mathbf{N}_-$, it has a unique factorization $n = n_0 n_1$, where n_0 has the Heisenberg form (11) and (this is the change) $n_1 \in \mathbf{N}_- \cap \mathbf{P}_1$. When we think of n_1 as element of $SL(n-2, \mathrm{C})$, we write $\tilde{n}_1$.

Definition 6.1 *Define a map*

$$\jmath_1 : \mathbf{N}_- \bmod \mathbf{B}_+ \to SL(n, C)/\mathbf{P}_1 \times SL(n-2, C)/\mathbf{B}_+^{(n-2)}$$

on the big cell of $\mathbf{Flag}_n$ *by*

$$\jmath_1 : n \bmod \mathbf{B}_+ \mapsto n_0 \bmod \mathbf{P}_1 \times \tilde{n}_1 \bmod \mathbf{B}_+^{(n-2)}. \tag{40}$$

Theorem 6.1 *The map $\jmath_1$ of Dcfinition 6.1 transforms the 1-chop flows in the generic fiber $\pi^{-1}(L_0^{-1} \bmod \mathbf{P}_1)$ into the action of a maximal torus of $SL(n-2, C)$ on the second component of the product. This torus is the centralizer of $C_{\Lambda_1}(L_0)$ (defined in (32)). The generic closed orbits of this torus in $SL(n-2, C)/\widetilde{\mathbf{P}}_2$ are precisely the (generic) level sets of the 2-chop integrals I_{r2}.*

Proof. When $K_{\Lambda_0}(X) = L^{-1} \bmod \mathbf{B}_+$, then the flow of X generated by a $\mathbf{P}_1$-invariant I is given by (39),

$$L_0^{-1} L_1^{-1} n(\exp(t \nabla I(X))) \bmod \mathbf{B}_+.$$

The first component in (40) is just $L_0^{-1} \bmod \mathbf{P}_-$, as was to be expected since the flows move in the fiber. The second component is $(L_1^{-1} n(\ldots))\tilde{}\bmod \mathbf{B}_+^{(n-2)}$. To simplify this expression, note first that $(\bmod \mathbf{B}_+)$

$$L_1^{-1} n(\ldots) = L_1^{-1} \exp(t \nabla I(L_1 \cdot L_0 \cdot C_{\Lambda_0})) = \exp(t \nabla I(L_0 \cdot C_{\Lambda_0})) L_1^{-1}. \tag{41}$$

This is an element of $\mathbf{P}_1$. By Lemma 2.4, the Levi factor of the exponential is the exponential of the Levi component of $t\nabla I$. Because the radical in the Levi decomposition is normal in $\mathbf{P}_1$, that factor of the exponential may be absorbed $\bmod \mathbf{B}_+$. Equation (41) then becomes $\exp(t[\nabla[I(L_0 \cdot C_{\Lambda_0})]_1^{ss}) L_1^{-1} \bmod \mathbf{B}_+$, which can be thought of in a natural way as element of $SL(n-2, \mathrm{C})/\mathbf{B}_+^{(n-2)}$. When $I = I_{21}$, the exponential becomes $\exp(t C_{\Lambda_1}(L_0))$ by definition, and in general, by Propositions 3.1 and 3.2, it can be written $\exp(t\rho(C_{\Lambda_1}(L_0)))$ for some polynomial ρ. Thus, the second component of the map $\jmath_1$ is

$$\exp(t\rho(C_{\Lambda_1}(L_0)) \widetilde{L}_1^{-1} \bmod \mathbf{B}_+^{(n-2)}. \tag{42}$$

The flows in (42) are precisely the action of the centralizer of $C_{\Lambda_1}(L_0)$.

As in (35), we may conjugate $C_{\Lambda_1}(L_0)$ to a diagonal matrix in $\mathcal{GL}(n-2,\mathbf{C})$ by means of a $\widetilde{V}(L_0) \in SL(n-2,\mathbf{C})$: $\widetilde{V}(L_0) \cdot C_{\Lambda_1}(L_0) = \Lambda_1$. This amounts to a change of coordinates in $\mathbf{Flag}_{n-2}$ that makes the 1-chop flows act by a diagonal torus. Now, we saw in the proof of Theorem 4.1 that the I_{r2} could be thought of as functions on the fiber $\pi^{-1}(L_0^{-1} \bmod \mathbf{P}_1) \equiv \mathbf{Flag}_{n-2}$. It was shown, moreover, that they depend only on the coordinates in the partial flag manifold $SL(n-2,\mathbf{C})/\widetilde{\mathbf{P}}_2$, where they have a Plücker coordinate expression analogous to (22). The proof of Theorem 5.1 is therefore applicable, and shows that the level set of the I_{r2} is a generic closed orbit of the 1-chop torus. ∎

6.2 The General Case

The general picture follows the pattern laid out in the preceding subsection. We return to the conventions of Notation 4.1.

The k-chop analog of Definition 6.1 will be needed. Introduce a map $\jmath_k$ from $\mathbf{N}_-$ mod $\mathbf{B}_+$ to a product of partial flag manifolds:

$$SL(n,\mathbf{C})/\mathbf{P}_1 \times SL(n-2,\mathbf{C})/\widetilde{\mathbf{P}}_2 \times \ldots \times SL(n-2k,\mathbf{C})/\mathbf{B}_+^{(n-2k)}$$

$$n \bmod \mathbf{B}_+ \mapsto n_0 \bmod \mathbf{P}_1 \times \tilde{n}_1 \bmod \widetilde{\mathbf{P}}_2 \times \ldots \times (n_k \ldots n_m)\widetilde{\ } \bmod \mathbf{B}_+^{(n-2k)}.$$

The tilde means that we consider $\tilde{n}_j$ to be an element of $SL(n-2j,\mathbf{C})$.

Lemma 6.2 *Let I be a k-chop integral. Its flow acts on $L^{-1} \bmod \mathbf{B}_+$ by*

$$(L_0^{-1} \ldots L_{k-1}^{-1}) \exp\big(t\nabla I(L_{k-1} \cdot \ldots \cdot L_0 \cdot C_{\Lambda_0})\big)(L_k^{-1} \ldots L_m^{-1}) \bmod \mathbf{B}_+. \quad (43)$$

Proof. By part (ii) of Proposition 2.2, the flow moves $L^{-1} \bmod \mathbf{B}_+$ to $L^{-1}\exp\big(t\nabla I(X)\big) \bmod \mathbf{B}_+$. By Lemma 2.1, since I is coadjoint invariant for $\mathbf{P}_k$ and the product $L_k^{-1} \ldots L_m^{-1} \overset{\text{def}}{=} n_k$ belongs to $\mathbf{P}_k$, we have

$$n_k \exp\big(t\nabla I(X)\big) = \exp\big(t\nabla I(n_k \cdot X)\big)n_k.$$

But

$$n_k \cdot X = (L_k^{-1} \ldots L_m^{-1}) \cdot (L_m \ldots L_0) \cdot C_{\Lambda_0},$$

and the result follows. ∎

Theorems 5.1 and 6.1 have the following k-chop analog, which is tedious to state but does summarize most of our work so far.

Theorem 6.2 *The map $\jmath_k$ takes the k-chop flows through $L^{-1} \bmod \mathbf{B}_+ \in K_{\Lambda_0}((\epsilon + \mathcal{B}_-)^{\diamond}_{\Lambda_0})$ to the action of a maximal torus on the last factor in the* *range of* $\jmath_k$*, namely, the flag manifold* $\mathbf{Flag}_{n-2k} = SL(n-2k)/\mathbf{B}_+^{(n-2k)}$. *This torus is the centralizer of* $C_{\Lambda_k}(L_0,\ldots,L_{k-1})$. *Let* LSV_k *denote a generic level set of the* I_{rk} *in* $\mathbf{Flag}_{n-2k+2}$. *Then there is a fibration*

$$\begin{array}{ccc} \widetilde{\mathbf{P}}_k/\mathbf{B}_+^{(n-2k+2)} & \longrightarrow & LSV_k \\ & & \pi_k \big\downarrow \\ & & \mathcal{F}_k \end{array} \tag{44}$$

where $\mathcal{F}_k$ *is a generic closed torus orbit in* $SL(n-2k+2)/\widetilde{\mathbf{P}}_k$. *Let* $\mathcal{F}_k^0$ *denote the intersection of the open torus orbit in* $\mathcal{F}$ *with the big cell in* $SL(n-2k, C)/\widetilde{\mathbf{P}}_{k+1}$. *Then whenever* $\jmath_k \circ K_{\Lambda_0}(X)$ *lies in a fiber over* $\mathcal{F}_k^0$, $\phi_{k+1}(X)$ *is defined.*

Proof. Apply $\jmath_k$ to (43), use (34), and follow the proof of Theorem 6.1. This will give the assertion about the torus action. The claim about the level set of the I_{rk} follows from the ideas in the proofs of Theorems 4.1 and 6.1. ∎

Finally, we want to look at all Kostant-Toda flows simultaneously.

Proposition 6.1 *Let* $I_j, j = 0,\ldots,m$ *be* j*-chop invariants. Their simultaneous action on* $L^{-1} \bmod \mathbf{B}_+ \in K_{\Lambda_0}((\epsilon+\mathcal{B}_-)^{\diamond}_{\Lambda_0})$ *is given by*

$$\prod_{j=0}^{m}\left(\exp(t_j \nabla I_j((L_0\ldots L_{j-1})\cdot C_{\Lambda_0}))L_j^{-1}\right) \bmod \mathbf{B}_+. \tag{45}$$

Here $L^{-1} = L_0^{-1}\ldots L_m^{-1}$ *as in Notation 4.1, the* t_j *are independent complex parameters, and the product is ordered, with factors arranged (left to right) from* $j=0$ *to* $j=m$.

Proof. Lemma 6.2 is applied repeatedly. Because all the flows commute, the order in which they are applied is immaterial. First act by the I_0 flow; by the lemma, the exponential can be moved to the left of the entire product $L_0^{-1}\ldots L_m^{-1}$. Next, act by the I_1 flow; the corresponding exponential can be moved to the left of $L_1^{-1}\ldots L_m^{-1}$, and so forth. ∎

One consequence of formula (45) is perhaps disappointing. The fact that $\jmath_k$ realizes the k-chop flows as torus action might lead one to hope that $\jmath_m$ provides an equivariant map, of *all* flows simultaneously, to the product of partial flag manifolds

$$SL(n,\mathrm{C})/\mathbf{P}_1 \times SL(n-2,\mathrm{C})/\widetilde{\mathbf{P}}_2 \times \ldots \times SL(n-2m,\mathrm{C})/\mathbf{B}_+. \tag{46}$$

This is not the case. While

$$\jmath_m : L_0^{-1} \dots L_m^{-1} \bmod \mathbf{B}_+ \mapsto L_0^{-1} \bmod \mathbf{P}_1 \times \dots \widetilde{L}_m^{-1} \bmod \mathbf{B}_+,$$

one must re-factor the product in (45) into $M_0(t_1)^{-1} \dots M_m(t_m)^{-1}$ mod $\mathbf{B}_+$ before applying $\jmath_m$, and this destroys the toric nature of the action.

This difficulty seems to preclude simultaneous diagonalization of the flows on all the level sets *at once*. For a single level set LSV defined by fixed λ_{rk}, a geometric picture of linearization of the flows can be still be obtained. Because the I_{rk} are independent on $(\epsilon+\mathcal{B}_-)^{\diamond}_{\Lambda_0}$, one deduces that by starting at a generic L^{-1} mod $\mathbf{B}_+$ and acting by all possible flows, one can sweep out the open dense subset LSV^0 of LSV on which all flows are defined. Thus, one can coordinatize LSV^0 by an $(m+1)$-tuple $(h_0, \dots, h_m)$, where h_k is an element of the torus generated by $\nabla I_{rk}((L_0 \dots L_{k-1}) \cdot C_{\Lambda_0})$; the correspondence is

$$(h_0, \dots, h_m) \mapsto (h_0 L_0^{-1})(h_1 L_1^{-1}) \dots (h_m L_m^{-1}) \bmod \mathbf{B}_+.$$

This map can be composed with one to the product (46), with image

$$h_0 L_0^{-1} \bmod \mathbf{P}_1 \times \tilde{h}_1 \widetilde{L}_1^{-1} \bmod \widetilde{\mathbf{P}}_2 \times \dots,$$

where $\tilde{h}_k$ denotes the element of $SL(n-2k,\mathbf{C})$ corresponding to h_k of the torus centralizing $C_{\Lambda_k}(L_0, \dots, L_{k-1})$. It follows that LSV^0 is a (subset of) a product of open torus orbits in (46).

This "coordinatization" depends, of course, on the reference point L^{-1} mod $\mathbf{B}_+$. It is analogous to the standard parametrization of a level set by angle variables. There is always an arbitrary choice of origin, and the angles are then determined by flowing out from that origin.

7. An Example

We conclude by illustrating some of the earlier general results for the $\mathcal{SL}(4,\mathbf{C})$ Kostant-Toda lattice.

The elements $X \in (\epsilon + \mathcal{B}_-)_{\Lambda_0}$ have the form

$$X = \begin{pmatrix} f_1 & 1 & 0 & 0 \\ g_1 & f_2 & 1 & 0 \\ h_1 & g_2 & f_3 & 1 \\ k & h_2 & g_3 & f_4 \end{pmatrix}$$

with $\sum_i f_i = 0$ and fixed (distinct) eigenvalues $\lambda_{10}, \lambda_{20}, \lambda_{30}, \lambda_{40}$.

The 1-chop integrals I_{11} and I_{21} are the ratios of the coefficients in the polynomial

$$\det \begin{pmatrix} g_1 & f_2 - \lambda & 1 \\ h_1 & g_2 & f_3 - \lambda \\ k & h_2 & g_3 \end{pmatrix}.$$

The gradients, such as ∇I_{21}, are to be computed in the whole algebra, and then evaluated on $\epsilon + \mathcal{B}_-$. So, one must first replace the entry 1 by a variable u, take the gradient with respect to all the variables, and in the end set $u = 1$. The result has the form

$$\begin{pmatrix} 0 & * & * & * \\ 0 & f_3 - \frac{g_1 h_2}{k} & -u + \frac{g_1 g_3}{k} & * \\ 0 & -g_2 + \frac{h_1 h_2}{k} & f_2 - \frac{h_1 g_3}{k} & * \\ 0 & 0 & 0 & 0 \end{pmatrix} - \text{const Id}_4,$$

where the constant is chosen to make the trace zero, and u is set $= 1$.

A similar calculation shows $\nabla I_{11}(X)$ to be upper triangular. Therefore, $n(t) = n\big(\exp(t\nabla I_{11}(X))\big)$ is the identity, and the flow $X \mapsto n(t)^{-1} \cdot X$ is trivial. Hence, I_{11} is a Casimir.

According to Proposition 3.2, $\nabla I_{21}(X)$, or equivalently, $\phi_1(X)$, determines all the 1-chop integrals. In the present case, the central component of the Levi part is found to be $\frac{1}{4} I_{11} \text{diag}\,(1, -1, -1, 1)$; note that it determines the 1-chop Casimir I_{11}. The semisimple component $[\nabla I_{21}(X)]^{ss}$ of the Levi part is nonzero only in the middle 2×2 block, which is

$$\begin{pmatrix} \frac{1}{2}(f_3 - f_2 + \frac{h_1 g_3 - h_2 g_1}{k}) & -1 + \frac{g_1 g_3}{k} \\ -g_2 + \frac{h_1 h_2}{k} & -(\ldots) \end{pmatrix},$$

with trace zero. This 2×2 matrix is precisely $-\big(\phi_1(X) - \frac{1}{2}(\text{Trace}\,\phi_1(X))\,\text{Id}\big)$.

We turn now to the relation $X = L \cdot C_{\Lambda_0}$. The factorization in Notation 4.1 is

$$L = L_1 L_0 = \begin{pmatrix} 1 & 0 & 0 & 0 \\ 0 & 1 & 0 & 0 \\ 0 & \nu & 1 & 0 \\ 0 & 0 & 0 & 1 \end{pmatrix} \begin{pmatrix} 1 & 0 & 0 & 0 \\ a_1 & 1 & 0 & 0 \\ a_2 & 0 & 1 & 0 \\ c & b_2 & b_1 & 1 \end{pmatrix}. \tag{47}$$

Set $Z^{-1} = V^{-1}L^{-1} = (z_{ij})$, where (Definition 2.4) $V_{ij} = (\lambda_{j0})^{i-1}$ is a Vandermonde matrix. Introduce the Plücker coordinates of Z^{-1}, $\pi_i = z_{i1}$ and $\pi_i^* = (-)$ the cofactor of the $(i, 4)$ entry. (This differs from our earlier usage.) The 1-chop integrals have the Plücker expressions

$$I_{11} = \frac{\sum_i \sigma_2(\hat{\imath})\pi_i\pi_i^*}{\sum_i \sigma_1(\hat{\imath})\pi_i\pi_i^*} \tag{48}$$

$$I_{21} = \frac{\sum_i \sigma_3(\hat{\imath})\pi_i\pi_i^*}{\sum_i \sigma_1(\hat{\imath})\pi_i\pi_i^*} \tag{49}$$

where $\sigma_j(\hat{\imath})$ denotes the jth elementary symmetric function on the three entries of Λ_0 different from λ_{i0}. These formulas, involving only the fixed eigenvalues λ_{j0} and the Plücker coordinates of Z^{-1}, make clear once again that I_{11} and I_{21} depend on L_0 but not on L_1.

According to Proposition 2.2 and equation (19), the 0- and 1-chop flows act on $V^{-1}L^{-1} \bmod \mathbf{B}_+$ by

$$HV^{-1}L_0^{-1}L_1^{-1}n \bmod \mathbf{B}_+.$$

Here $H = \operatorname{diag}(h_1, h_2, h_3, h_4)$ with $h_1h_2h_3h_4 = 1$. It is the torus generated by the Chevalley flows,

$$\exp\Big(\sum_{j=1}^{3} t_j(\Lambda_0{}^j - \frac{1}{4}\operatorname{Trace}\Lambda_0{}^j \cdot \mathrm{Id})\Big).$$

The matrix n is $n\big(\exp(t_{21}\nabla I_{21}(X))\big)$. It is clear from the expression for I_{21} that n has the same form as L_1 in (47), but of course the initial ν is replaced by a function $\mu(t_{21})$. This illustrates in a different way that the 1-chop flow affects L_1, but not L_0.

The separation of 0-chop and 1-chop flows according to the fibration (38) takes the following form. Modulo $\mathbf{P}_1$, $HZ^{-1}n$ becomes

$$\begin{pmatrix} 1 & 0 & 0 & 0 \\ h_2\pi_2/h_1\pi_1 & 1 & 0 & 0 \\ h_3\pi_3/h_1\pi_1 & 0 & 1 & 0 \\ h_4\pi_4/h_1\pi_1 & h_4\pi_2^*/h_2\pi_1^* & h_4\pi_3^*/h_3\pi_1^* & 1 \end{pmatrix}.$$

The fiber $\mathbf{P}_1/\mathbf{B}_+$, which is isomorphic to $\mathbf{P}^1$, was identified with $SL(2,\mathbf{C})/\mathbf{B}_+^{(2)}$ in Theorem 6.1. The 1-chop flow becomes (modulo $\mathbf{B}_+^{(2)}$)

$$\begin{pmatrix} 1 & 0 \\ \nu & 1 \end{pmatrix}\begin{pmatrix} 1 & 0 \\ \mu(t_{21}) & 1 \end{pmatrix}, \qquad \text{or} \qquad \exp\big(t_{21}C_{\Lambda_0}(L_0)\big)\begin{pmatrix} 1 & 0 \\ \nu & 1 \end{pmatrix}.$$

In each level set variety LSV (determined by Λ_1) in the flag manifold, the generic orbits of the diagonal torus of $SL(4,\mathbf{C})$ are parametrized by the 1-chop time variable t_{21}. A geometrically more natural local coordinate is the *cross-ratio* introduced in [GM]. Let $\pi_{ij} = z_{i1}z_{j2} - z_{i2}z_{j1} =$ the (i,j)-minor of the first two columns of Z_0^{-1}. The cross-ratio of Z_0^{-1} is defined to be $c = \pi_{12}\pi_{34}/\pi_{13}\pi_{24}$. The following proposition is easily verified [S1].

Proposition 7.1 *(i) The cross-ratio is constant on every torus orbit in* $\mathbf{G}/\mathbf{B}_+$. *(ii) The cross-ratio of a generic torus orbit is in* $\mathbf{P}^1 \setminus \{0, 1, \infty\}$. *(iii) Each* $c \in \mathbf{P}^1 \setminus \{0, 1, \infty\}$ *is the cross-ratio of precisely two generic torus orbits in* LSV. *(iv) The two torus orbits with cross-ratio*

$$(\lambda_{10} - \lambda_{20})(\lambda_{30} - \lambda_{40})/(\lambda_{10} - \lambda_{30})(\lambda_{20} - \lambda_{40})$$

are the sets of fixed points of the I_{21}*-flow.*

Part (iv) is the most interesting. A point X is fixed for the I_{21}–flow if $\nabla I_{21}(X)$ is upper triangular. The I_{21}-fixed-point sets are invariant under the 0-chop flows (because all flows commute). *Their cross-ratio is determined by* Λ_0, *and is independent of* Λ_1. This points to deeper geometric features of the level set varieties, which, however, we have not yet explored.

8. Conclusion

We want to provide some perspective on what we have done in this paper, and comment on what remains to be understood.

The level set of the constants of motion of a real integrable Hamiltonian system is (if all the commuting flows are complete) a product of lines and circles. When the system is complexified and the level set compactified, one often finds a mixture of torus orbits and abelian varieties. If the phase space lies in a Lie algebra, there are group-theoretic explanations of the properties of these geometric objects. Our goal is to understand the full Toda lattice for semisimple Lie algebras from this perspective.

The present paper is only a first step. We find that the integrals provided by Thimm's method applied to a parabolic chain have simple expressions when transferred to the flag manifold. The embedding of the level set in the flag manifold—a technique that is implicit or explicit in many papers treating many different systems— begins to become more accessible to analysis when the hierarchical structure of the constants of motion is unraveled and exploited. One can then see a complex analog of the Arnol'd-Liouville theorem: on generic points of the level set, the family of commuting flows is the action of an abelian group $(\mathrm{C}^*)^d$.

Several interesting questions were not (or barely) addressed in this paper. One would like to understand the geometry of the *compactified* level set in the flag manifold $\mathbf{G}/\mathbf{B}_+$. We have seen that it is a tower of fibrations. We know that they are nontrivial, i.e., not products, but can say little else.

The Hamiltonian structure of the full Toda lattice is also quite subtle. As explained in Section 3, there are many non-commuting integrals; their structure should be understood and used. We give an example.

In $\mathcal{SL}(4,\mathrm{C})$, the phase space $\epsilon+\mathcal{B}_-$ has dimension 9. There is one Casimir, making the generic symplectic leaf 8-dimensional, and 3 Chevalley invariants. One therefore needs one more integral. The integral I_{21} (see Section 7) is a parabolic Casimir for the subgroup $\mathbf{P}_{\omega_1+\omega_3}$ that stabilizes the weight $\omega_1+\omega_3$ (and I_{11}, arising from the same parabolic, is a Casimir for the Kostant-Toda lattice). If, however, one realizes $\mathcal{SL}(4,\mathrm{C})$ as the orthogonal algebra $\mathcal{SO}(6,\mathrm{C})$, it is more natural to use an integral J associated with the group $\mathbf{P}_{\omega_2}$, and get the Casimir as before. The Poisson bracket of I_{21} and J cannot be zero, and one has two different sets of involutive integrals, and two quite different level set varieties.

Finally, we want to comment on generalizations to other Lie algebras. Early in this paper, we mentioned several general results, because they provide strong evidence for the existence of a Lie-theoretic framework. Although our approach will work for the algebras B_n and C_n, we did not spend much space on the modifications, since they shed no light on the cases that require serious rethinking. Here are two examples.

Example. In D_4, the generic symplectic leaf in $\epsilon + \mathcal{B}_-$ has dimension 16. One needs 4 integrals, in addition to the 4 Chevalley invariants. Let us call them $I_{11}, I_{21}, I_{12}, I_{22}$; they are obtained by chopping, see Subsection 3.3. Let $\mathbf{P}_1$ be the parabolic that stabilizes the fundamental weight ω_1.

The equations $I_{11} = c_{11}, I_{21} = c_{21}$ cut out a 4-dimensional variety in the 6-dimensional homogeneous space $D_4/\mathbf{P}_1$, and it is the orbit of a 4-dimensional maximal torus of D_4. The fiber is the flag manifold of A_3. Now something new happens: the two 1-chop flows do *not* sweep out a generic orbit of A_3 in this fiber, and we do not "start over again". Calculations suggest that for the D_n series, the level set variety is a tower of fibrations whose bases and fibers are *nongeneric* torus orbits. ∎

Example. The exceptional algebra G_2 poses a different problem. A parabolic chain, as required by Thimm's argument, can contain just one parabolic (aside from $\mathbf{G}$ and $\mathbf{B}_+$). Both available parabolics have only one Casimir, and Thimm's method adds only one integral to the two Chevalley invariants. Unfortunately, *four* integrals are required in all. Thus, Thimm's method will not prove integrability. ∎

A. Appendix: Factorization and Reduction

As was mentioned at the outset, the Toda equations studied in [DLNT] are a flow on *symmetric* matrices. Our phase space, $\epsilon + \mathcal{B}_-$, looks very different. Nevertheless, the definition of the Casimirs and the chopped integrals is the same for both systems. We want to explain briefly why certain "kinematic" similarities are to be expected, while at the same time there remain significant "dynamical" differences. The reason, in brief, is this: the two systems are reductions, under different (but related) symmetry groups, of a single linear Hamiltonian system on $T^*\mathbf{G}$.

We are indebted to Percy Deift for nagging us until we made the effort to compare the symmetric and Kostant-Toda lattices. The techniques we need, it turned out, were already developed in a paper by Reiman [R].

A.1 Reduction by Left-Right Group Actions

We summarize the setup in [R], generally using Reiman's notation. Proofs of all assertions may be found in his paper.

Let $\mathcal{G}$ be a real split semisimple Lie algebra with Lie group $\mathbf{G}$, and suppose it can be written as vector space direct sum of two subalgebras, $\mathcal{G} = \mathcal{A} + \mathcal{B}$ (we now work over the reals to facilitate comparison with [DLNT]). Introduce the corresponding connected subgroups $\mathbf{A}$ and $\mathbf{B}$ of $\mathbf{G}$. It may or may not be true that $\mathbf{G} = \mathbf{AB}$. Let $\mathcal{G}_0 = \mathcal{A} \oplus \mathcal{B}$ be the Lie-algebra direct sum, and set $\mathbf{G}_0 = \mathbf{A} \times \mathbf{B}$.

Given a function $f : \mathcal{G}^* \to \mathbf{R}$, extend it to $\bar{f} : T^*\mathbf{G} \to \mathbf{R}$ by left translation. We are interested in the Hamiltonian system generated by the function $\overline{H}(\xi)$ obtained from the Killing form on $\mathcal{G}^*$ (identified with $\mathcal{G}$), $H(\xi) = \frac{1}{2}\kappa(\xi, \xi)$. In the right-trivialization of $T^*\mathbf{G}$, this system is linear:

$$\dot{g} = g\xi, \quad \dot{\xi} = 0, \tag{50}$$

with solution

$$g(t) = g(0)\exp(\xi(0)t), \quad \xi(t) = \xi(0). \tag{51}$$

Our aim is to reduce this system by a left action of $\mathbf{G}_0$ on $T^*\mathbf{G}$ in order to arrive at the Toda lattice.

Two cases will be of interest:
Case i): $\mathcal{A} = \mathcal{N}_-, \mathcal{B} = \mathcal{B}_+$;
Case ii): $\mathcal{A} = \mathcal{K}, \mathcal{B} = \mathcal{B}_+$, where $\mathcal{K}$ is the compact subalgebra in the Iwasawa decomposition.

In Case i), we will obtain (the real form of) our full Toda lattice, and in Case ii), the symmetric DLNT version.

The group $\mathbf{G}_0$ acts on $\mathbf{G}$ from the left according to $(a, b) \cdot g = agb^{-1}$. The action lifts to $T^*\mathbf{G}$, and it has a moment map

$$J : T^*\mathbf{G} \to \mathcal{G}_0^* \cong \mathcal{A}^\perp \oplus \mathcal{B}^\perp.$$

For $\xi \in \mathcal{G}_0^*$, we denote by $\overline{M}_\xi$ the reduced symplectic manifold $J^{-1}(\xi)/(\mathbf{G}_0)_\xi$.

Because $\overline{H}$ is left-invariant under $\mathbf{G}_0$, the system (50) descends to $\overline{M}_\xi$, and because the flow (51) is complete on $T^*\mathbf{G}$, the reduced flow is complete on $\overline{M}_\xi$.

For suitable choices of $\xi \in \mathcal{G}_0^*$, the reduced systems may be identified with full Toda lattices (see below). In Case ii), one obtains the DLNT system. In Case i), one gets a *completion* of our full Toda version, a manifold on which the Toda flows are complete.

The phase space $\epsilon + \mathcal{B}_-$ arises as follows. Define $\sigma : \mathbf{G}_0 \to \mathbf{G}$ by $\sigma(a, b) = ab^{-1}$. Then $T^*\sigma : T^*\mathbf{G} \to T^*\mathbf{G}_0$ is an isomorphism on fibers, and the fiberwise inverse $(T^*\sigma)^{-1} \stackrel{\text{def}}{=} \sigma^* : T^*\mathbf{G}_0 \to T^*\mathbf{G}$ makes sense.

For a function f on $T^*\mathbf{G}$, define $f^\sigma : T^* \to \mathbf{R}$ by $f^\sigma = f \circ \sigma^*$. One should think of f^σ as being obtained by translation from the identity fiber $\mathcal{G}_0^*$: left-translation by $\mathbf{A}$, right translation by $\mathbf{B}$. The map σ^* commutes with the left $\mathbf{G}_0$ actions on $T^*\mathbf{G}_0$ and $T^*\mathbf{G}$, and $f \mapsto f^\sigma$ is Poisson: $\{f^\sigma, g^\sigma\} = \{f,g\}^\sigma$.

The group $\mathbf{G}_0$ acts on $T^*\mathbf{G}_0$ by left translations, with moment map $J_0 : T^*\mathbf{G}_0 \to \mathcal{G}_0^*$. Since the Hamiltonian $\overline{H}^\sigma$ is left-invariant, it can be reduced to a coadjoint orbit $\mathcal{O}_\xi \subset \mathcal{G}_0^*$. (One such orbit will be $\epsilon + \mathcal{B}_-$.) Reiman connects these two reductions of (50) as follows.

Theorem. *The orbit $\mathcal{O}_\xi$ embeds into $\overline{M}_\xi$ as dense open subset. The reduced flow of $\overline{H}^\sigma$ maps to a (possibly not complete) subflow of the reduction of the flow (51) of $\overline{H}$.*

A.2 The Two Toda Lattices

The general theory is now illustrated with the two examples (Cases i) and ii) above). This is a small addition to Reiman's work; he concentrates on variants of tridiagonal Toda lattices. Except in the general Proposition A.1 below, we restrict the discussion to $\mathcal{G} = \mathcal{SL}(n, \mathbf{R})$.

In Case i), we have $\mathcal{G} = \mathcal{N}_- + \mathcal{B}_+$ and $\mathcal{G}^* = \mathcal{B}_- + \mathcal{N}_+$. Reduction takes place at a special element $\epsilon \oplus c \in \mathcal{G}_0^*$; here $\epsilon \in \mathcal{N}_+$ is the nilpotent element in (2), and $c \in \mathcal{B}_-$ is a convenient point in a generic coadjoint orbit of $\mathbf{B}_+$ on $\mathcal{B}_+^* \cong \mathcal{B}_-$. As shown in [Ar], one may take c to depend on m parameters $\vec{\alpha}$ as follows (when $n = 2m$):

$$c(\vec{\alpha})_{ij} \stackrel{\text{def}}{=} \begin{cases} \alpha_j, & \text{if } i = j = m+1, \ldots, 2m, \\ 1, & \text{if } i + j = 2m+1, j = 1, \ldots, m, \\ 0, & \text{otherwise.} \end{cases}$$

A similar formula holds for odd n. The $\mathbf{G}_0$-orbit through $\epsilon \oplus c$ is a symplectic leaf in the phase space $\epsilon + \mathcal{B}_-$. The reduction of the $\overline{H}^\sigma$-flow from $T^*\mathbf{G}_0$ to $\mathcal{O}_{\epsilon\oplus c}$ is precisely our Toda system. Its flow, as was pointed out repeatedly in the paper, is not complete. It would be complete on the larger reduced symplectic manifold $\overline{M}_{\epsilon\oplus c}$; our approach in effect builds this manifold through the map to the flag manifold.

In Case ii), $\mathcal{G} = \mathcal{K} + \mathcal{B}_+$ and $\mathcal{G}^* \cong \mathcal{S} + \mathcal{N}_+$, where $\mathcal{S}$ is the set of symmetric matrices. Reduction is performed at the element $0 \oplus c'$, where $c' = c(\vec{\alpha}/2) + c(\vec{\alpha}/2)^t$ (superscript ^{t} denotes transpose). Because the factorization $\mathbf{G} = \mathbf{KB}$ is global, one has $\mathcal{O}_{0\oplus c'} = \overline{M}_{0\oplus c'}$. The reduced space is a symplectic leaf in $\mathcal{S}$, and the reduced flow —the symmetric Toda flow— is complete on this leaf.

There is a natural symplectic diffeomorphism between the coadjoint orbits in $\epsilon + \mathcal{B}_-$ and $\mathcal{S}$. The orbits have the form

$$\{\epsilon + \textstyle\prod_{\mathcal{B}_-}(bcb^{-1}) \mid b \in \mathbf{B}_+\}$$

and

$$\{\prod_{\mathcal{S}}(bc'b^{-1}) \mid b \in \mathbf{B}_+\}.$$

It is easy to check that $\epsilon + X$ belongs to the first orbit if and only if, *for the same* $b \in \mathbf{B}_+$, $X_- + X_0 + X_-^t$ belongs to the second orbit (X_- and X_0 are the strictly lower and diagonal parts of $X \in \mathcal{B}_-$). Furthermore, the Poisson brackets in $\epsilon + \mathcal{B}_-$ and $\mathcal{S}$ are both given by

$$\{f, g\}(Y) = \mathrm{Trace}\left(Y[\prod_{\mathcal{B}_+} \nabla f(Y), \prod_{\mathcal{B}_+} \nabla g(Y)]\right),$$

where the projections are along $\mathcal{N}_-$, resp. $\mathcal{K}$. The brackets of the coordinate functions $Y_{ij}, i \geq j$, on the two spaces are identical.

The Toda flows on orbits in $\epsilon + \mathcal{B}_-$ and $\mathcal{S}$, however, are not isomorphic. For one thing, one flow is incomplete, the other is complete. More concretely, the two reductions of the Hamiltonian $\overline{H}$ on $T^*\mathbf{G}$ yield distinctly different functions. Because of the isomorphism between $\epsilon + \mathcal{B}_-$ and $\mathcal{S}$, we get two quite different completely integrable systems of full Toda type on either of the two phase spaces. In the case of tridiagonal Toda, the Kostant and symmetric realizations are symplectically diffeomorphic [Ko2, R]. In the full case, such an isomorphism cannot exist globally; we do not know whether there exists a symplectic map defined at least on dense open subsets of the Kostant and symmetric orbits.

Finally, the reduction picture explains why the chopped constants of motion are obtained by similar prescriptions in the two cases. This follows from general considerations.

Proposition A.1 *With all notation as above, let $f : \mathcal{G}^* \to \mathbf{R}$ be invariant under the action of $\mathbf{B}$, $f(\mathrm{Ad}_b^*\xi) = f(\xi), b \in \mathbf{B}$. Let $\tilde{f}$ denote the projection of f^σ to $\mathcal{O}_\xi \subset \mathcal{G}_0^*$. Then $\tilde{f}$ is a constant of motion of the reduction of the system generated by $\overline{H}^\sigma$.*

Remark. In particular, since $\mathbf{B} = \mathbf{B}_+$ in both Case i) and Case ii), the class of $\mathbf{B}_+$-invariant functions (namely, ratios of semi-invariants with the same character) will induce constants of motion for both versions of the Toda lattice. ∎

Proof. Because H is a Casimir on $\mathcal{G}^*$, it Poisson-commutes with f. The pullbacks of H and f to $T^*\mathbf{G}$ under the momentum map for the right action of $\mathbf{G}$ on $T^*\mathbf{G}$ remain in involution; those pullbacks are just the left translates of H and f from the fiber over the identity in $\mathbf{G}$, which we have denoted by $\bar{f}$ and $\overline{H}$. In the left trivialization of $T^*\mathbf{G}$, we have $\bar{f}(g, \mu) = f(\mu)$, and similarly for $\overline{H}$. Now, the left action of $\mathbf{G}_0$ leaves these functions invariant. The group $\mathbf{G}_0$ acts on $T^*\mathbf{G}$ according to $(a, b) : (g, \mu) \mapsto (agb^{-1}, \mathrm{Ad}_{b^{-1}}^*\mu)$, but

$$\bar{f}\big((agb^{-1}, \mathrm{Ad}_{b^{-1}}^*\mu)\big) = f(\mathrm{Ad}_{b^{-1}}^*\mu) = f(\mu) = \bar{f}\big((g, \mu)\big).$$

Therefore, $\bar{f}$ and $\overline{H}$ can both be projected to the reduced phase space $\overline{M}_\xi$, and the resulting functions will again be in involution.

Similarly, $\bar{f}^\sigma$ and $\overline{H}^\sigma$ are invariant under the left action of $\mathbf{G}_0$ on $T^*\mathbf{G}_0$, and so their reductions to $\mathcal{O}_\xi$ are also in involution. ∎

The proposition shows that a thorough understanding of the *linear* problem (50) as a completely integrable Hamiltonian system is essential for a comprehensive theory of full Toda lattices.

REFERENCES

[Ar] A. A. Arhangelskiĭ, "Completely integrable Hamiltonian systems on the group of triangular matrices", *Mat. Sb.* **108**, No. 4 (1979) 134-142.

[BFR] A. M. Bloch, H. Flaschka, T. Ratiu, "A convexity theorem for isospectral manifolds of Jacobi matrices in a compact Lie algebra", *Duke Math. J.* **61** (1990) 41-65.

[DLNT] P. A. Deift, L.-C. Li, T. Nanda. C. Tomei, "The Toda lattice on a generic orbit is integrable", *Comm. Pure Appl. Math.* **39** (1986) 183-232.

[Dix] J. Dixmier, *Enveloping Algebras*, North-Holland 1977.

[FH] H. Flaschka, L. Haine, "Variétés de drapeaux et réseaux de Toda", *Math. Z.* **208** (1991) 545-556.

[GM] I. M. Gel'fand, R. W. MacPherson, "Geometry in Grassmannians and a generalization of the dilogarithm", *Adv. Math.* **44** (1982) 279-312.

[GS] I. M. Gel'fand, V. V. Serganova, "Combinatorial geometries and torus strata on homogeneous compact manifolds", *Uspehi Mat. Nauk* **42**:2 (1987) 107-134.

[Kap] M. M. Kapranov, "Chow quotients of Grassmannians, I", preprint 1992.

[Ko1] B. Kostant, "Lie group representations on polynomial rings", *Am. J. Math.* **85** (1963) 327-404.

[Ko2] B. Kostant, "The solution to a generalized Toda lattice and representation theory", *Adv. Math.* **34** (1979) 195-338.

[Ko3] B. Kostant, "On Whittaker vectors and representation theory", *Invent. Math.* **48** (1978) 101-184.

[Mo] J. Moser, "Finitely many point masses on the line under the influence of an exponential potential", in *Springer Lecture Notes in Physics* **38** (1975) 467-497.

[O] T. Oda, *Convex Bodies and Algebraic Geometry*, Springer-Verlag 1988.

[R] A. G. Reiman, "Integrable Hamiltonian systems connected with graded Lie algebras", *Zap. Nauch. Sem. LOMI* **95** (1980) 3-54.

[RSTS] A. G. Reiman, M. S. Semënov-Tian-Shantsky, "Reduction of Hamiltonian systems, affine Lie algebras and Lax equations", *Invent. Math.* **54** (1979) 81-100.

[S1] S. Singer, Ph. D. Dissertation, Courant Institute, 1991.

[S2] S. Singer, "Some maps from the full Toda lattice are Poisson," *Phys. Lett.* **A 174** (1993), 66-70.

[Th] A. Thimm, "Integrable geodesic flows on homogeneous spaces", *Ergod. Th. & Dynam. Sys.* **1** (1982) 495-517.

[Tro1] V. V. Trofimov, "Euler equations on Borel subalgebras of semisimple Lie algebras", *Izvestija* **43** (1979) 714-732.

[Tro2] V. V. Trofimov, "Finite-dimensional representations of Lie algebras and completely integrable systems", *Mat. Sb.* **11** (1980) 610-621.

N. M. Ercolani
Department of Mathematics
The University of Arizona
Tucson, AZ 85721, USA

H. Flaschka
Department of Mathematics
University of Arizona
Tucson, AZ 85721, USA

S. Singer
Department of Mathematics
Haverford College
Haverford, PA 19041, USA

Deformations of a Hamiltonian Action of a Compact Lie Group

Victor Guillemin*

1. Introduction

Let (M, ω) be a compact $2n$-dimensional symplectic manifold, G a commutative connected compact Lie group, and $\tau: G \times M \longrightarrow M$ a Hamiltonian action of G on M with moment map, $J: M \longrightarrow \mathfrak{g}^*$. Since M is compact, J can be normalized by requiring that

$$\int J\omega^n = 0. \tag{1.1}$$

I will assume (1.1) to be in effect from now on. Also to simplify the exposition below I will make the following three assumptions:

$$\begin{array}{ll} 1. & G \text{ acts freely on an open dense set} \\ 2. & M^G \text{ is finite} \\ 3. & J: M^G \longrightarrow \mathfrak{g}^* \text{ is injective.} \end{array} \tag{1.2}$$

I will call the image of the map in part 3 of (1.2) the *vertex set* of (ω, τ) and denote it by $\Delta = \Delta(\omega, \tau)$. The main question I want to address in this paper is to what extent is (ω, τ) *determined* by its vertex set? I will only attempt to answer this question at the deformation level. That is, I will describe how small deformations of (ω, τ) affect the vertex set and prove a local rigidity theorem which says, roughly speaking, that one can't deform the pair (ω, τ) non-trivially without deforming its vertex set. To be more specific the main result of this paper will be the following:

Theorem. *The moduli space of Hamiltonian actions of G on M is a manifold of dimensions, $m = \beta_2 =$ the second Betti number of M. Moreover, one can find $2m$ points*

$$q_1, q_1', q_2, q_2', \ldots, q_m, q_m' \tag{1.3}$$

in $\Delta(\omega, \tau)$ having the property that, as one varies (ω, τ) the distances between q_i and q_i' vary smoothly with respect to (ω, τ) and are a system of coordinates on this moduli space.

---

*Supported by NSF grant DMS 890771.

Let me now describe how to prove this result (and, in particular, how to choose the q_i's and q_i''s). Since $J: M^G \longrightarrow \mathfrak{g}^*$ is injective each $q \in \Delta$ has a unique pre-image, p, in M^G. Let

$$\Sigma_q = \{\alpha_{i,q};\ i = 1, \ldots, n\} \tag{1.4}$$

be the weights of the isotropy representation of G on T_pM. It is clear that, under deformation of (ω, τ), the q's can deform; however, the $\alpha_{i,q}$'s, being points of the weight lattice of G, can't. Thus, the following lemma shows that when one deforms (ω, τ) the relative positions of the points in the vertex set can't vary arbitrarily.

Lemma 1. *For every $\alpha \in \Sigma_q$ the half-line*

$$q + t\alpha, \qquad t > 0, \tag{1.5}$$

contains at least one other vertex.

Thus, for instance, if the vertex, q, is *simple* (i.e. if none of the $\alpha_{i,q}$'s are collinear) there will be n vertices on the rays emanating from q in the directions, $\alpha_{i,q}, i = 1, \ldots, n$; and, as (ω, τ) varies the positions of these vertices relative to q can only vary by moving along these rays.

Next I will describe how to choose the points (1.3). let W be a fixed connected component of the set:

$$\{\xi \in \mathfrak{g}, \alpha_{i,q}(\xi) \neq 0 \text{ for all } i \text{ and } q\} \tag{1.6}$$

(i.e. let W be the choice of a "positive Weyl chamber" relative to the set of weights, $\alpha_{i,q}$). Given any ξ in W and any point, $q \in \Delta$, I will define the *index*, σ_q, to be the number of weights, $\alpha_{i,q}$, in Σ_q such that $\alpha_{i,q}(\xi) < 0$. (Note that this number depends on the choice of W but not on the choice of ξ in W.) These indices turn out, modulo some Morse theoretic considerations which I'll discuss in the next section, to determine the Betti numbers of M :

Lemma 2. *The i-th Betti number of M is zero if i is odd, and if i is even, i.e. $i = 2k$, the i-th Betti number of M is equal to the number of vertices q, with $\sigma_q = k$.*

I will prove, in fact, a fairly constructive version of this result. I will associate to each vertex, q, of index k an element c_q of $H_{2k}(M, \mathbb{R})$ and show that the set

$$\{c_q, \quad \sigma_q = k\} \tag{1.7}$$

forms a *basis* of $H_{2k}(M, \mathbb{R})$.

Now suppose, in particular, that $\sigma_q = 1$. Then, by definition, there exists a unique weight, $\alpha_{i,q}$, in the set, Σ_q, with the property that $\alpha_{i,q}(\xi) < 0$. Moreover, Lemma 1 says that there exist one or more vertices on the ray

$$q + t\alpha_{i,q}, \quad 0 < t < \infty. \tag{1.8}$$

The following will be a more precise version of this result:

Lemma 3. *Let* $t_0 = [\omega](c_q)$. *Then the point,* $q' = q + t_0\alpha_{i,q}$ *on the ray (1.8) is a vertex.*

Thus, in particular, if $q_1, \ldots, q_m$ are the vertices of index one, the distances between q_1 and q_1' q_2 and q_2' etc. can be computed by evaluating $[\omega]$ on the basis vectors, $c_{q_1} \ldots, c_{q_m}$ of $H_2(M, \mathbb{R})$; so one gets the following corollary of Lemma 3.

Lemma 4. *The distances between* q_i *and* q_i' $i = 1, \ldots, m$, *determine the cohomology class of* ω *in* $H^2(M, \mathbb{R})$.

To explore this fact we need next a result which says, roughly speaking, that the action of a compact group on a compact manifold is indeformable. For the moment let G be an arbitrary compact Lie group (not necessarily commutative or connected). Let S be an open convex neighborhood of 0 in $\mathbb{R}^k$, M a compact manifold and τ_s, $s \in S$, an action of G on M. We will say that τ_s depends smoothly on s if the action of G on $M \times S$ defined by

$$g(m, s) = (\tau_s(g, m), s)$$

is a smooth action. For the proof of the following see the appendix:

Lemma 5. *If* τ_s *depends smoothly on* S *there exists a diffeomorphism,* $f_s : M \longrightarrow M$, *depending smoothly on* s, *such that* $f_s \tau_s f_s^{-1} = \tau_0$.

In other words all the τ_s's are isomorphic. Thus, in proving the theorem one can assume that the action, τ, is fixed and that the only deformation that takes place is that of the symplectic form, ω. Moreover, by Moser's theorem the only way to deform the Hamiltonian pair, (ω, τ), leaving τ fixed, is to deform $[\omega]$.

Now equip M with a G-invariant metric and consider the affine map,

$$H^2(M, \mathbb{R}) \longrightarrow \Omega^2_{\text{DeRham}}(M)$$

which maps the cohomology class, c, onto the two-form

$$\omega_c = \omega + \mu_{c-c_0}$$

c_o being the cohomology class of ω and μ_{c-c_0} the unique harmonic representative of $c - c_0$. It is clear that ω_c is G-invariant, closed, represents c and is equal to ω when $c = c_0$. In particular, if c is close to $[\omega]$, ω_c will be symplectic. Therefore, since $H^1(M, \mathbb{R}) = 0$ (see, for instance, Lemma 2), the action, τ, will be Hamiltonian on the symplectic manifold (M, ω_c); and hence the set

$$\{(\omega_c, \tau), c \;\text{ close to } [\omega]\}$$

will be an open subset of the moduli space of Hamiltonian actions of G on M. Thus, by Lemma 4, the distance between the q_i's and q_i''s will be a system of coordinates on this space, concluding the proof of the theorem.

Comments

1. If $\dim M = 2\dim G$, Delzant's theorem [D] says that the vertex set of the triple (M, ω, τ) determines it up to an equivariant diffeomorphism. Thus the theorem above can be viewed as a local version of Delzant's theorem for the case, $\dim M > 2\dim G$.
2. There is an analogue of the theorem above for G non-abelian; however, in the statement of this theorem, the set of vertices, Δ, has to be replaced by the set of vertices of the Kirwan polytope, and the hypotheses (1.2) have to be changed somewhat. (Details will appear in another article.)

2. The proofs of lemmas 1 and 2.

Proof of Lemma 2. Fix, once and for all, a G-invariant Riemannian metric on M having the property that for every $p \in M^G$ the inner product on T_p defined by this metric is Kaehlerian, and the decomposition of T_p into two dimensional weight space is orthogonal. Now let ξ be a point in W, let J^ξ be the ξ-component of the moment map and let $\mathfrak{v}$ be the gradient of J^ξ. Note that $\mathfrak{v}$ is G-invariant since the metric is and also J^ξ itself.

The proof of Lemma 2 is an elementary application of Morse theory: It is easy to see that J^ξ is a Morse function and that its critical points are the fixed points of G. Moreover, if p is a critical point its Morse index is $2\sigma_q$ where q is the vertex corresponding to it. In particular, the critical points are all of even index, and the Morse inequalities (which, in this case, are equalities since there are no critical points of odd index) imply Lemma 2. (For more details see [A] or [GS]).

Finally, by inspecting the Morse-Whitney decomposition of M associated with the gradient flow, $\exp t\mathfrak{v}$, one sees that the unstable manifold, $M^-(p)$, of $\exp t\mathfrak{v}$ through p is a "pseudo-cycle", i.e. the closure of $M^-(p)$, minus $M^-(p)$ itself, is of dimension two less than $M^-(p)$. Thus it supports a homology class, c_q, in $H_{2k}(M, \mathbb{R})$ (where $k = \sigma_1$) and these homology classes form a basis of $H_{2k}(M, \mathbb{R})$.

Proof of Lemma 1. Let α be in Σ_q, and let $\mathfrak{h} = \{\eta \in \mathfrak{g}, \alpha(\eta) = 0\}$. Since α is in the weight lattice of G, $\mathfrak{h}$ is the Lie algebra of a *closed* connected subgroup, H, of G; and the quotient group, G/H, is a circle group with Lie algebra, $\mathfrak{g}/\mathfrak{h}$. Let X be the connected component of M^H containing the pre-image, p, of q in M^G. X is a G-invariant symplectic submanifold of M (on which H acts trivially) and J maps X into the line

$$q + t\alpha, \quad -\infty < t < \infty. \tag{2.1}$$

Therefore the images of the G-fixed points in X are vertices lying on this line. Let us now prove that there are vertices on the interval, $t > 0$: Note that since H acts trivially on X, the action of G on X can be viewed as an action of the circle group, G/H; and this action is Hamiltonian since the action of G is. Moreover, if one identifies $(\mathfrak{g}/\mathfrak{h})^*$ with $\mathfrak{h}^\circ$ and identifies $\mathfrak{h}^\circ$ with $\mathbb{R}$ by means of α, the moment map associated with this action is the composition of J with the projection map, $q + t\alpha \longrightarrow t$. Let us denote this map by ϕ. A simple computation shows that p is a critical point of ϕ and that the Hessian of ϕ at p is positive definite on the two-dimensional subspace of T_pX associated with the weight, α. Thus, in particular, p is not a local maximum of ϕ; and, hence, there exists another critical point, p', with $\phi(p') > \phi(p)$. It follows that the vertex, $q' = J(p')$, lies to the right of q on the line (2.1). Q.E.D.

Finally to prove Lemma 3, it suffices to prove Lemma 3 with M replaced by X, G replaced by G/H and J replaced by ϕ. We will deal with this special case of Lemma 3 in the next section.

3. The proof of Lemma 3

Let (X, ω) be a compact symplectic manifold and τ a Hamiltonian action of S^1 on X with moment map, $\phi : X \longrightarrow \mathbb{R}$. I will assume below that the fixed point set of τ is finite or, alternatively, that ϕ is a Morse function. Equip M with a G-invariant Riemannian metric and let $\mathfrak{v}$ be the gradient of ϕ. Given a critical point of ϕ of index 2, say p, let $X^-(p)$ be the unstable manifold of p (i.e. the set of all points, $x \in X$, with the property that the trajectory of $\mathfrak{v}$ through x has p as its omega-limit point). This manifold is two-dimensional and S^1-invariant. Moreover, by a theorem of Kirwan, [K], it is a symplectic submanifold of X. The main result of this section* is the following:

Theorem. *The closure of $X^-(p)$ in X consists of $X^-(p)$ plus one additional point, p'. This point is a critical point of ϕ and*

$$\phi(p) - \phi(p') = \int_{X^-(p)} \omega \tag{3.1}$$

Proof. Since $\exp t\mathfrak{v}$ is a gradient flow, every trajectory of $\exp t\mathfrak{v}$ on $X^-(p)$ has a unique alpha-limit point. Each of these α-limit points is a critical point of ϕ, and hence a fixed point of S^1. Therefore, since the action of S^1 on $X^-(p)$ permutes these trajectories, these α-limit points have to be the same. This proves the first assertion in the theorem above. To prove the second assertion, i.e. to verify (3.1), one first notes that, since $X^-(p)$ is topologically just a cell, the restriction of $-\omega$ to $X^-(p)$ is the exterior derivative of a G-invariant one-form, ν. Now let $\mathfrak{w}$ be the infinitesimal generator of the circle group action. Then:

$$d\phi = \iota(\mathfrak{w})\omega = -\iota(\mathfrak{w})d\nu = d\iota(\mathfrak{w})\nu.$$

*From which one easily deduces Lemma 3. See the comments at the end of the last section.

Thus

$$\phi = \iota(\mathfrak{w})\nu + c, \qquad c \in \mathbb{R};$$

and noting that $\mathfrak{w} = 0$ at p, one gets $c = \phi(p)$; or, in other words, one gets the formula:

$$\iota(\mathfrak{w})\nu = \phi - \phi(p) \tag{3.2}$$

Now, for every a on the interval,

$$\phi(p') < a < \phi(p), \tag{3.3}$$

let X_a^- be the set of points, $x \in X^-(p)$, where $\phi(x) \geq a$. Let p_0 be any point on ∂X_a^-. Then the map,

$$\gamma : \mathbb{R}/\mathbb{Z} \longrightarrow \partial X_a^- \tag{3.4}$$

sending s onto $(\exp ts\mathfrak{w})(p_0)$ is a diffeomorphism and, by Stokes theorem,

$$\int_{X_a^-} \omega = - \int_{\mathbf{R}/\mathbf{Z}} \gamma^* \nu.$$

But $\gamma^*\nu = \gamma^*(\iota(\mathfrak{w})\nu)ds = (a - \phi(p))ds$ by (3.2) so

$$\int_{X_a^-} \omega = \phi(p) - a$$

and, letting a tend to $\phi(p')$, one obtains (3.1).

Appendix: *The action of a compact Lie group on a compact manifold is indeformable.*

Let G be a compact Lie group, and M a compact manifold, Let S be an open convex neighborhood of the origin in $\mathbb{R}^k$ and, for each $s \in S$, let

$$\tau_s : G \times M \longrightarrow M \tag{A.1}$$

be an action of G on M. τ_s is said to *depend smoothly on s* if the action

$$\tau : G \times M \times S \longrightarrow M \times S \tag{A.2}$$

of G on $M \times S$ defined by

$$\tau(g, m, s) = (\tau_s(g, m), s) \tag{A.3}$$

is smooth. Notice that the action defined by (A.3) leaves invariant the projection

$$\psi : M \times S \longrightarrow S \tag{A.4}$$

sending (m, s) onto s. We will prove below the following indeformability theorem:

Theorem. *If τ_s depends smoothly on s there exists a family of diffeomorphisms of M : $f_s, s \in S$, depending smoothly on s, with the property that for all $(g, m, s) \in G \times M \times S$*

$$f_s \circ \tau_s(g, m) = \tau_0(g, f_s(m)). \tag{A.5}$$

Proof. Without loss of generality one can assume that S is one-dimensional and is a subinterval of the real line containing the origin. Since G is compact one can equip $M \times S$ with a Riemannian metric which is invariant under the action (A.3). Since the function (A.4) is proper and G-invariant, its gradient flow can be integrated; and, for all $s \in S$, provides one with a diffeomorphism of $M \times \{0\}$ onto $M \times \{s\}$ which intertwines the actions, τ_0 and τ_s.

REFERENCES

[A] M. Atiyah, *Convexity and commuting Hamiltonians*, Bull. Lond. Math. Soc. **14** (1982), 1–15.

[D] T. Delzant, *Hamiltoniens périodiques et images convexes de l'application moment*, Bull. Soc. Math. France **116** (1988), 315–339.

[GS] V. Guillemin and S. Sternberg, *Convexity properties of the moment mapping*, Invent. Math. **67** (1982), 491–513.

[K] F. Kirwan, *Convexity properties of the moment mapping III*, Invent. Math. **77** (1984), 547–552.

Department of Mathematics
Massachusetts Institute of Technology
Cambridge, MA 02139
USA

Linear-Quadratic Metrics "Approximate" any Nondegenerate, Integrable Riemannian Metric on the 2-Sphere and the 2-Torus

A.T. Fomenko

A nondegenerate, Riemannian metric is called *integrable* if its geodesic flow is integrable. An integrable nondegenerate Riemannian metric is called *linear-quadratic* if its geodesic flow admits an additional integral which is linear or quadratic in the momenta.

Conjecture. Let g_{ij} be an arbitrary integrable nondegenerate orientable Riemannian metric on 2-sphere or 2-torus. Then the complexity (see [1]) of its geodesic flow coincides with the complexity of some linear-quadratic Riemannian metric.

The conjecture states that, from the point of view of their complexity, integrable geodesic flows with an additional integral which is linear or quadratic in momenta exhaust all integrable nondegenerate geodesic flows on 2-sphere and 2-torus. This means that the integrability of geodesic flows on these 2-surfaces is of a "linear or quadratic" nature, in the sense of complexity.

Note that for geodesic flows on 2-sphere and 2-torus the isoenergy surfaces are $\mathbb{R}P^3$ and T^3, respectively. All possible Hamiltonian systems on $\mathbb{R}P^3$ and T^3 from the viewpoint of their complexity were completely investigated by Nguyen Tien Zung [3]. If the conjecture above is true then all points of the complexity table [1] corresponding to integrable metrics must belong to a particular region discovered by E. N. Selivanova, T. Z. Nguyen and L.S. Polyakova [2], [4] and represented in Figs. 1,2 by small disks inside of the $\mathbb{R}P^3$- and T^3-regions.

An integrable Riemannian metric g_{ij} on a 2-dimensional manifold is said to be *orientable* if all saddle critical circles of the corresponding geodesic flow possess orientable separatrix diagrams.

It has been shown using V.V. Kalashnikov's results [5] that, for the class of orientable, integrable metrics on the 2-sphere, the above conjecture is "almost correct":

Proposition (T.Z. Nguyen, L. S. Polyakova): The number of critical circles for an arbitrary integrable nondegenerate orientable Riemannian metric g_{ij} on the 2-sphere equals $4k + 2$ for some integer k.

Corollary (T.Z. Nguyen, L.S. Polyakova): The integrable nondegenerate orientable geodesic flows on the 2-sphere form the proper subset in the $\mathbb{R}P^3$-region represented in Figure 1 by white disks, black disks and white disks with dots.

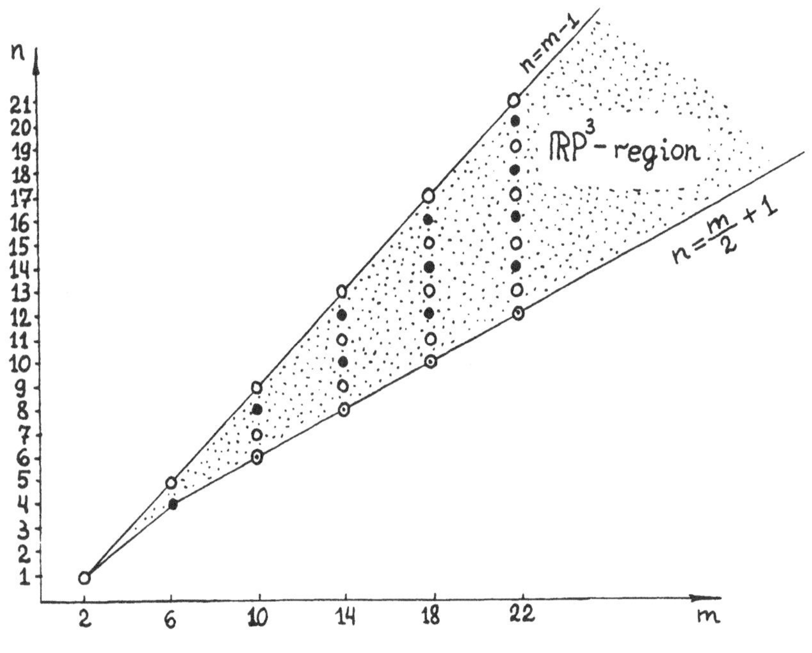

Figure 1.

Here the white (resp. black) disks represent geodesic flows with a linear (resp. quadratic) additional integral. The white disks with dots represent integrable Riemannian metrics which have not yet been identified and may even not exist.

Thus, the "zone of all integrable metrics" practically coincides with the "zone of linear-quadratic integrable metrics," except for a set of points on the lower edge of the region in Fig. 1. It is an extremely interesting problem to complete the analysis and investigate this special line. Fig. 2 represents integrable geodesic flows in the case of the 2-torus.

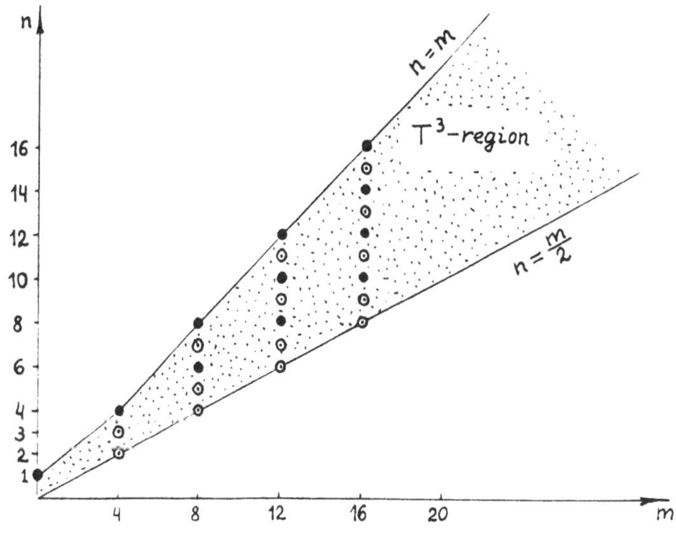

Figure 2.

REFERENCES

[1] A.T. Fomenko, "Topological classification of all Hamiltonian differential equations of general type with two degrees of freedom", in *The Geometry of Hamiltonian systems.* Proceedings of a workshop held in Berkeley, June 5–16, 1989. Springer-Verlag, New York, 1991, pp. 131–339.

[2] E.N. Selivanova, "Topological classification of integrable Bott geodesic flows on the two-dimensional torus", in *Advances in Soviet mathematics.* Amer. Math. Soc., **6** (1991), pp. 209–228.

[3] T.Z. Nguyen, "On the complexity of integrable Hamiltonian systems on three-dimensional isoenergy submanifolds", in *Advances in Soviet mathematics.* Amer. Math. Soc., **6** (1991), pp. 229–255.

[4] T.Z. Nguyen, T.S. Polyakova, *A topological classification of integrable geodesic flows on two-dimensional sphere with quadratic in momenta additional integral*, Jour. of Non-linear Sciences, **3**:1 (1993), in press.

[5] V.V. Kalashnikov, *Description of the Structure of Fomenko invariants on the boundary and inside Q-domains, estimates of their number on the lower boundary for the manifolds* S^3, $\mathbb{R}P^3$, $S^1 \times S^2$, *and* T^3, Advances in Soviet Mathematics, Amer. Math. Soc., **6** (1991), pp. 297–304.

Department of Mathematics
MGU
Moscow, Russia

Canonical Forms for Bihamiltonian Systems

Peter J. Olver

Dedicated to the Memory of Jean-Louis Verdier

BiHamiltonian systems were first defined in the fundamental paper of Magri, [**5**], which deduced the integrability of many soliton equations from the fact that they could be written in Hamiltonian form in two distinct ways. More recently, the classical completely integrable Hamiltonian systems of ordinary differential equations, such as the Toda lattice and rigid body, have been shown to be biHamiltonian systems. However, recent results of Brouzet, [**1**], extended by Fernandes, [**3**], indicate that there are global, topological obstructions to the existence of a biHamiltonian structure for a general completely integrable Hamiltonian system. The connection between biHamiltonian structures and R-matrices, [**10**], which provide solutions to the classical Yang-Baxter equation, has given additional impetus to their study.

Magri's Theorem demonstrates the existence of an infinite hierarchy of commuting Hamiltonians and flows, provided that the two Hamiltonian structures are compatible, in the sense to be defined below. Therefore, any biHamiltonian system of ordinary differential equations will be completely integrable, as long as a sufficient number of the integrals are functionally independent. Explicitly, *a priori* conditions guaranteeing the independence of the integrals are not so evident, and one method of elucidating such conditions is to determine the possible canonical forms for biHamiltonian systems. In [**11**], Turiel gave a complete classification of "generic" compatible non-degenerate biHamiltonian structures — a "double Darboux Theorem". In [**8**], this classification was used to find the associated canonical forms for such biHamiltonian systems, and their complete integrability, or lack thereof. The integrability depends on the algebraic structure of the biHamiltonian structure. The main result is that any biHamiltonian system associated with a nondegenerate biHamiltonian structure, each of whose eigenvalues appear in just one irreducible substructure, is necessarily completely integrable; in all other cases, there do exist "non-integrable" biHamiltonian systems. (See below for the precise terminology.)

In this brief survey, I will first review these results on the canonical forms for compatible, nondegenerate complex-analytic biHamiltonian systems. Details, as well as some preliminary extensions to the classification of incompatible biHamiltonian structures, can be found in the author's paper [**8**]. Secondly, I will briefly describe the results of Brouzet and Fernandes on integrable Hamiltonian systems without biHamiltonian structures. An outstanding problem in this area is to determine similar canonical forms for degenerate (and compatible) biHamiltonian systems. Unfortunately, Turiel's approach, which is fundamentally tied to the covariant differential form framework for symplectic structures, does not appear to readily generalize, since degenerate Poisson structures can only be readily expressed in the contravariant language of bi-vector fields, [**7**].

A system of differential equations is called *biHamiltonian* if it can be written in Hamiltonian form in two distinct ways:

$$\frac{dx}{dt} = J_1 \nabla H_1 = J_2 \nabla H_0. \tag{1}$$

Here $J_1(x)$, $J_2(x)$ are Hamiltonian operators, not constant multiples of each other, determining Poisson brackets: $\{F, G\}_\nu = \nabla F^T J_\nu(x) \nabla G$. The biHamiltonian structure detemined by J_1, J_2 is *compatible* if the sum $J_1 + J_2$ is also Hamiltonian. The biHamiltonian structure is *nondegenerate* if the first Hamiltonian operator J_1 is nonsingular.

Theorem. *Suppose J_1, J_2 determine a nondegenerate, compatible biHamiltonian structure. For any associated biHamiltonian system (1), there exists a hierarchy of Hamiltonian functions H_0, H_1, H_2, ..., all in involution with respect to either Poisson bracket, $\{H_j, H_k\}_\nu = 0$, and generating mutually commuting biHamiltonian flows*

$$\frac{dx}{dt} = J_1 \nabla H_k = J_2 \nabla H_{k-1}. \tag{2}$$

We classify biHamiltonian structures pointwise according to the algebraic invariants of the skew-symmetric matrix pencil $\lambda J_1(x) + \mu J_2(x)$ at each x. According to the Weierstrass theory, *cf.* [**2**], the complete system of algebraic invariants of a non- degenerate matrix pencil consists of the eigenvalues, the elementary divisors, and the Segre characteristic. (Degenerate pairs of skew-symmetric matrices are handled by the more detailed Kronecker theory.) A pencil is called *elementary* if it has just one complex eigenvalue, and *irreducible* if it has Segre characteristic $[(nn)]$, analogous to a single Jordan block. Every non-degenerate complex matrix pencil can, algebraically, be decomposed into a direct sum of irreducible matrix pencils. (For simplicity, we restrict our attention to complex-analytic systems, although the real case offers little additional difficulty.) The algebraic invariants of a biHamiltonian structure are invariant under the flow of any associated biHamiltonian system. A biHamiltonian structure is *generic* on a domain M if it has constant Segre characteristic, and the number of functionally independent eigenvalues does not change on M.

Theorem. *Every generic non-degenerate, compatible biHamiltonian structure can be locally expressed as a Cartesian product of elementary biHamiltonian structures. Every associated biHamiltonian system decomposes into independent subsystems corresponding to the elementary substructures, each of which consists of an autonomous Hamiltonian system whose dimension is twice the number of irreducible substructures for the given eigenvalue, coupled with a sequence of linear, non-autonomous Hamiltonian systems. In particular, the biHamiltonian system is completely integrable if and only if there is just one irreducible substructure for each eigenvalue.*

When an eigenvalue is constant, the elementary substructure decomposes into a Cartesian product of irreducible substructures; however, this decomposition does *not* hold in the case of non-constant eigenvalues. We will now present the details of the Turiel classification and the structure of associated biHamiltonian systems.

Without loss of generality, we may assume that neither 0 nor ∞ is an eigenvalue, so that the biHamiltonian structure is determined by two compatible symplectic Hamiltonian operators. (Otherwise, replace J_1, J_2 by two other linearly independent members of the corresponding pencil.) Darboux' theorem, [**7**; Theorem 6.22], implies that we can write the first Hamiltonian operator in canonical form

$$J_1 = \begin{pmatrix} 0 & I \\ -I & 0 \end{pmatrix}, \tag{3}$$

relative to canonically conjugate coordinates $x = (p, q)$. Therefore, only the canonical form of the second Hamiltonian operator needs to be explicitly indicated.

Given a Hamiltonian pair J_1, J_2, any associated biHamiltonian system must be a solution to the linear system of partial differential equations

$$\nabla H_1 = M \nabla H_0, \qquad M = J_1^{-1} \cdot J_2, \tag{4}$$

where M is the transpose of the recursion operator, [**7**]. We remark here that the simple system of differential equations (4), which arises in a surprising number of different contexts, is not well understood, except when the matrix M is constant, in which case the general solution can be found in [**4**]. In the present case, the solutions all have a similar pattern. On any convex open subdomain, the two Hamiltonians H_0, H_1 are expressed as a sum of "basic" Hamiltonians $H_0^{(k)}, H_1^{(k)}$, which are individually solutions to (4):

$$H_i(x) = H_i^{(0)}(x) + H_i^{(1)}(x) + \ldots + H_i^{(n)}(x), \qquad i = 0, 1.$$

Moreover, each basic pair $H_0^{(k)}, H_1^{(k)}$, can be most simply expressed in terms of the derivatives with respect to a parameter s evaluated at $s=0$ of a single arbitrary analytic function $F(\xi_1(x,s),\ldots,\xi_m(x,s))$ depending on certain parameterized variables $\xi_j(x,s)$. We can therefore summarize the general classification results in this convenient form.

I. Irreducible, Constant Eigenvalue Pairs.

Canonical coordinates:

$$(p,q)=(p_0,p_1,\ldots,p_n,q_0,q_1,\ldots,q_n), \qquad n\geq 0.$$

Second Hamiltonian operator:

$$J_2=\begin{pmatrix} 0 & \lambda \mathrm{I}+U \\ -\lambda \mathrm{I}-U^T & 0 \end{pmatrix}.$$

Here $\lambda \mathrm{I}+U$ denotes an irreducible $(n+1)\times(n+1)$ Jordan block matrix with eigenvalue λ.

Parametrized variables:

$$\pi(s)=p_0+sp_1+s^2p_2+\cdots+s^np_n, \qquad \varpi(s)=q_n+sq_{n-1}+s^2q_{n-2}+\cdots+s^nq_0.$$

Basic Hamiltonians:

$$H_0^{(k)}(x)=\frac{1}{\lambda}\frac{\partial^k}{\partial s^k}F_k(\pi(s),\varpi(s))\bigg|_{s=0}+k\,\frac{\partial^{k-1}}{\partial s^{k-1}}F_k(\pi(s),\varpi(s)))\bigg|_{s=0},$$
$$H_1^{(k)}(x)=\frac{1}{\lambda}\frac{\partial^k}{\partial s^k}F_k(\pi(s),\varpi(s))\bigg|_{s=0}, \qquad 0\leq k\leq n.$$

The Hamiltonians are polynomials in the "minor variables" $p_1,\ldots,p_n$, $q_0,\ldots,q_{n-1}$, whose coefficients are certain derivatives of the arbitrary smooth functions $F_k(p_0,q_n)$ of the remaining two "major variables" p_0, q_n. This implies, *cf.* [8], that any biHamiltonian system corresponding to an irreducible, constant eigenvalue biHamiltonian structure is completely integrable, since it can be reduced to a single two-dimensional (planar) autonomous Hamiltonian system for the major variables, with Hamiltonian $n!F_n(p_0,q_n)$. (Curiously, the major variables are *not* canonically conjugate for any of the Hamiltonian structures in the pencil determined by J_1 and J_2.) The time evolution of the minor variables is then determined by successively solving a sequence of forced planar, linear Hamiltonian systems in the variables p_k, q_{n-k}.

II. Elementary, Constant Eigenvalue Pairs.

Canonical coordinates:

$$(p,q) = (p^1, \dots, p^m, q^1, \dots, q^m),$$

$$p^i = (p_0^i, \dots, p_{n_i}^i), \quad q^i = (q_0^i, \dots, q_{n_i}^i),$$

where $n_1 \geq n_2 \geq \cdots \geq n_m \geq 0$.

Second Hamiltonian operator:

$$J_2 = \begin{pmatrix} & & & \lambda \mathrm{I} + U_1 & & \\ & & & & \ddots & \\ & & & & & \lambda \mathrm{I} + U_m \\ -\lambda \mathrm{I} - U_1^T & & & & & \\ & \ddots & & & & \\ & & -\lambda \mathrm{I} - U_m^T & & & \end{pmatrix},$$

where $\lambda \mathrm{I} + U_i$ denotes an irreducible $(n_i + 1) \times (n_i + 1)$ Jordan block as above.

Parametrized variables:

$$\pi^i(s) = p_0^i + s p_1^i + s^2 p_2^i + \cdots + s^{n_i} p_{n_i}^i,$$
$$\varpi^i(s) = q_{n_i}^i + s q_{n_i - 1}^i + s^2 q_{n_i - 2}^i + \cdots + s^{n_i} q_0^i.$$

We define

$$\pi^{(k)}(s) = (\pi^1(s), \dots, \pi^{m_k}(s)), \qquad \varpi^{(k)}(s) = (\varpi^1(s), \dots, \varpi^{m_k}(s)),$$

where m_k denotes the number of indices n_i with $n_i \geq k$, *i.e.*, the number of irreducible substructures of dimension $\geq 2k + 2$; in particular $m_0 = m$.

Basic Hamiltonians:

$$H_0^{(k)}(x) = \frac{1}{\lambda} \frac{\partial^k}{\partial s^k} F_k(\pi^{(k)}(s), \varpi^{(k)}(s)) \Big|_{s=0} + \\ + k \frac{\partial^{k-1}}{\partial s^{k-1}} F_k(\pi^{(k)}(s), \varpi^{(k)}(s)) \Big|_{s=0}, \qquad 0 \leq k \leq n_1.$$

$$H_1^{(k)}(x) = \frac{1}{\lambda} \frac{\partial^k}{\partial s^k} F_k(\pi^{(k)}(s), \varpi^{(k)}(s)) \Big|_{s=0},$$

As in the irreducible case, the Hamiltonians are polynomials in the minor variables p^i_j, $q^i_{n_i-j}$, $j \geq 1$, whose coefficients are certain derivatives of arbitrary functions of the major variables $p^i_0, q^i_{n_i}$. Thus, such a biHamiltonian system reduces to an autonomous $(2m)$-dimensional Hamiltonian system in the major variables, coupled with a sequence of linear non-autonomous Hamiltonian systems in the appropriate minor variables p^i_k, $q^i_{n_i-k}$, $n_i \geq k \geq 1$.

III. Irreducible, Non-constant Eigenvalue Pairs.

Canonical coordinates:

$$(p,q) = (p_0, p_1, \ldots, p_n, q_0, q_1, \ldots, q_n), \qquad n \geq 0.$$

Second Hamiltonian operator:

$$J_2 = \begin{pmatrix} 0 & P(p)^{-1} \\ -P(p)^{-T} & 0 \end{pmatrix},$$

where $P(p)$ denotes the $(n+1) \times (n+1)$ banded upper triangular matrix

$$P_n(p) = P(p) = \begin{pmatrix} p_0 & p_1 & p_2 & & \cdots & p_n \\ & p_0 & p_1 & p_2 & & \\ & & p_0 & p_1 & & \vdots \\ & & & \ddots & \ddots & \\ & & & & p_0 & p_1 \\ & & & & & p_0 \end{pmatrix}. \tag{5}$$

Here p_0 is the eigenvalue. The explicit formula for the Hamiltonian operator J_2 in terms of $p_0, \ldots, p_n$ is quite complicated. However, remarkably, the inverse matrix J_2^{-1} is also Hamiltonian, and, in fact, isomorphic to the Hamiltonian structure determined by J_2; see [8] for an explicit change of variables mapping the one Hamiltonian structure to the other.

Parametrized variables:

$$\pi(s) = p_0 + s p_1 + s^2 p_2 + \cdots + s^n p_n, \qquad \varpi(s) = q_n + s q_{n-1} + s^2 q_{n-2} + \cdots + s^n q_0.$$

Basic Hamiltonians:

$$H_0^{(-1)} = \widetilde{h}(p_0), \qquad H_1^{(-1)} = h(p_0), \qquad \text{where} \qquad \widetilde{h}'(s) = sh(s),$$

$$H_0^{(k)}(x) = \frac{\partial^k}{\partial s^k}\{\pi(s)\pi'(s)F_k(\pi(s),\varpi(s))\}\bigg|_{s=0}, \qquad 0 \le k \le n-1.$$

$$H_1^{(k)}(x) = \frac{\partial^k}{\partial s^k}\{\pi'(s)F_k(\pi(s),\varpi(s))\}\bigg|_{s=0},$$

Here $\pi'(s)$ is the derivative of π with respect to s.

In this case, the eigenvalue is a constant, hence p_0 is a first integral. Once its value is fixed, the other minor variable q_n is determined by solving a single autonomous ordinary differential equation. The remaining minor variables $p_1, \ldots, p_n, q_0, \ldots, q_{n-1}$ satisfy a sequence of forced, linear planar Hamiltonian systems.

IV. Elementary, Non-constant Eigenvalue Pairs.

Canonical coordinates:

$$(p,q) = (p_0, p^1, \ldots, p^m, q_0, q^1, \ldots, q^m), \qquad m \ge 2,$$
$$p^i = (p^i_1, \ldots, p^i_{n_i}), \qquad q^i = (q^i_1, \ldots, q^i_{n_i}), \qquad 1 \le i \le m,$$

where $n_1 \ge n_2 \ge \ldots \ge n_k \ge 1$.

Second Hamiltonian operator:

$$J_2 = \begin{pmatrix} 0 & \widehat{P}(p)^{-1} \\ -\widehat{P}(p)^{-T} & 0 \end{pmatrix},$$

where

$$\widehat{P}(p) = \begin{pmatrix} p_0 & p^1 & p^2 & \cdots & p^m \\ & P_{n_1-1}(\hat{p}^1) & 0 & \cdots & 0 \\ & & \ddots & & \vdots \\ & & & P_{n_{m-1}-1}(\hat{p}^{m-1}) & 0 \\ & & & & P_{n_m-1}(\hat{p}^m) \end{pmatrix}.$$

Here $\hat{p}^i = (p_0, p^i_1, \ldots, p^i_{n_i-1})$, and the P_{n_i-1}'s are as given in (5). Again p_0 is the eigenvalue. Note that this particular biHamiltonian structure is pointwise algebraically reducible, but cannot be decoupled using canonical transformations.

Parametrized variables:

$$\pi^i(s) = p_0^i + sp_1^i + \cdots + s^{n_i} p_{n_i}^i, \quad \varpi^i(s) = q_{n_i}^i + sq_{n_i-1}^i + \cdots + s^{n_i-1} q_1^i, \quad i \geq 1.$$

We further define

$$\mu^i(s) = \frac{\tau^i(s)}{s}, \qquad \sigma^i(s) = \varpi(\tau^i(s)),$$

where $\tau^i(s)$ solves the implicit series equation

$$\pi^i(\tau^i(s)) = \pi^1(s), \qquad i \geq 2.$$

Let

$$\mu^{(k)}(s) = (\mu^1(s), \ldots, \mu^{m_k}(s), \qquad \sigma^{(k)}(s) = (\sigma^1(s), \ldots, \sigma^{m_k}(s)),$$

where m_k denotes the number of indices n_i with $n_i \geq k$.

The Lagrange inversion formula, [**6**], implies that the latter two parametrized variables have the alternative expansions

$$\begin{aligned} \mu^i(s) &= \sum_{n=0}^{n_i-1} \frac{s^n (\zeta^1(s))^{n+1}}{(n+1)!} \frac{d^n}{dt^n} \left[\frac{1}{(\zeta^i(t))^{n+1}} \right] \Bigg|_{t=0}, \\ \sigma^i(s) &= q_{n_i}^i + \sum_{n=0}^{n_i-1} \frac{s^n (\zeta^1(s))^n}{n!} \frac{d^n}{dt^n} \left[\frac{1}{(\zeta^i(t))^{n+1}} \frac{d\omega^i(t)}{dt} \right] \Bigg|_{t=0}, \end{aligned} \tag{6}$$

where $\zeta^i(s) = (\pi^i(s) - p_0)/s$. The expansions (6) can be expressed in terms of the remarkable nonlinear series differential operator

$$\mathcal{D} = D^{-1} : e^{sDu} : D = 1 + \sum_{n=1}^{\infty} \frac{s^n}{n!} D^{n-1} u^n D, \qquad D = \frac{d}{dt}, \quad u = u(t), \tag{7}$$

with s replaced by $s\zeta^1(s)$. In (7), the colons denote *normal ordering* of the non-commuting operators D and u, which is analogous to the so-called "Wick ordering" in quantum mechanics. The operator $\mathcal{D}$ has the surprising property that it commutes with *any* analytic function $\Phi(u)$, *i.e.*, $\mathcal{D}\Phi(u) = \Phi(\mathcal{D}u)$. See [**9**] for details and applications of this operator in combinatorics, orthogonal polynomials and new higher order derivative identities.

Basic Hamiltonians:

$$H_0^{(-1)} = \widetilde{h}(p_0), \qquad H_1^{(-1)} = h(p_0), \qquad \text{where} \qquad \widetilde{h}'(s) = sh(s),$$

$$H_0^{(k)}(x) = \frac{\partial^k}{\partial s^k}\left\{ s\zeta^1(s)\,\frac{d\pi^1}{ds}\,F_k(\pi^1(s),\mu^{(k)}(s),\omega^1(s),\sigma^{(k)}(s))\right\}\Bigg|_{s\,=\,0},$$

$$H_1^{(k)}(x) = \frac{\partial^k}{\partial s^k}\left\{ \frac{d\pi^1}{ds}\,F_k(\pi^1(s),\mu^{(k)}(s),\omega^1(s),\sigma^{(k)}(s))\right\}\Bigg|_{s\,=\,0},$$

where $0 \le k \le n_1 - 1$. In general, such biHamiltonian systems reduce to the integration of a $(2m-2)$-dimensional autonomous Hamiltonian system for the coordinates p_1^i, $q_{n_i}^i$, $i = 1, \dots, m$, followed by a sequence of forced linear Hamiltonian systems. The eigenvalue p_0 is constant, and the final coordinate q_0 is determined by quadrature. Actually, the initial Hamiltonian system can be reduced in order to $2m-3$ since it only involves the homogeneous ratios of momenta $r^i = p_1^i/p_1^1$, $i \ge 2$, as can be seen from the second formula (6) for μ^i.

The converse problem is whether every completely integrable Hamiltonian system admits a biHamiltonian structure. One must be careful how to formulate this question, since, away from an equilibrium point, every vector field can be locally straightened out, with flow merely given by a translation, and so, locally, every system of ordinary differential equations is trivially "integrable" and trivially biHamiltonian. Consequently, one should only expect obstructions to the existence of a biHamiltonian structure globally, or, at the very least, in a neighborhood of an invariant torus. If we require that the integrals of the system be expressed as functions of the eigenvalues of the biHamiltonian structure, then, in a neighborhood of an invariant torus, the answer to the above question is "no", as first shown by Brouzet, [**1**], for $n = 2$, and generalized to arbitrary n by Fernandes, [**3**].

Theorem. *Let $\dot{u} = J\nabla H$ be a completely integrable Hamiltonian system possessing n functionally independent integrals in involution, whose level sets are compact (and hence n-dimensional tori), and whose Hamiltonian has nondegenerate Hessian. Then the system is biHamiltonian with functionally independent real eigenvalues if and only if the graph of the Hamiltonian H is a hypersurface of translation relative to the affine structure determined by the action variables.*

If $(s^1, \dots, s^n)$ are the action variables, then the graph of the Hamiltonian satisfies the hypothesis of the Theorem if and only if it admits a parametrization of the form

$$s^i = a^i_1(y^1) + \cdots + a^i_n(y^n), \quad i = 1, \ldots, n,$$
$$H(s^1, \ldots, s^n) = \phi_1(y^1) + \cdots + \phi_n(y^n).$$

Thus, to produce examples of completely integrable systems without biHamiltonian structure, it suffices to devise Hamiltonians whose graph is never a hypersurface of translation. A simple example is

$$H(p, q) = p^1(1 + (p^2)^2) + (p^3)^2 + \cdots + (p^n)^2$$

on the space $(p, q) \in \mathbf{R}^n \times \mathbf{T}^n$, where $\mathbf{T}^n$ denotes the n-dimensional torus. Brouzet's original example corresponds to the case $n = 2$. A more interesting example is provided by the perturbed Kepler problem

$$H = \frac{1}{2}\left(p_r^2 + \frac{p_\theta^2}{r^2} + \frac{p_\phi^2}{r^2 \sin^2\theta}\right) - \frac{1}{r} + \frac{\varepsilon}{2r^2},$$

expressed in spherical coordinates, which, for $\varepsilon \neq 0$, remains integrable, but loses its biHamiltonian structure, **[3]**.

REFERENCES

1. Brouzet, R., Systèmes bihamiltoniens et complète intégrabilité en dimension 4, *Comptes Rendus Acad. Sci. Paris* **311** (1990) 895–898.
2. Gantmacher, F.R., *The Theory of Matrices*, vol. 2, Chelsea Publ. Co., New York, 1959.
3. Fernandes, R., Completely integrable biHamiltonian systems, University of Minnesota, 1991.
4. Jodeit, M. and Olver, P.J., On the equation $\nabla f = M \nabla g$, *Proc. Roy. Soc. Edinburgh* **116** (1990), 341–358.
5. Magri, F., A simple model of the integrable Hamiltonian equation, *J. Math. Phys.* **19** (1978), 1156–1162.
6. Melzak, Z.A., *Companion to Concrete Mathematics*, Wiley-Interscience, New York, 1973.
7. Olver, P.J., *Applications of Lie Groups to Differential Equations*, Graduate Texts in Mathematics, vol. 107, Springer-Verlag, New York, 1986.
8. Olver, P.J., Canonical forms and integrability of biHamiltonian systems, *Phys. Lett.* **148A** (1990) 177–187.
9. Olver, P.J., A nonlinear differential operator series which commutes with any function, *SIAM J. Math. Anal.* **23** (1992), 209–221.
10. Semenov-Tian-Shanskii, M.A., What is a classical R-matrix? *Func. Anal. Appl.* **17** (1983), 259–272.

11. Turiel, F.-J., Classification locale d'un couple de formes symplectiques Poisson-compatibles, *Comptes Rendus Acad. Sci. Paris* **308** (1989), 575–578.

Peter J. Olver,
School of Mathematics
University of Minnesota
Minneapolis, Minnesota, 55455
USA

Research supported in Part by NSF Grant DMS 89-01600.

Bihamiltonian Manifolds And Sato's Equations

Paolo Casati, Franco Magri, and Marco Pedroni

ABSTRACT. This paper is a concise introduction to Sato's equations from the point of view of Hamiltonian mechanics. It aims to show that the theory of soliton equations may be completely built on the study of the Casimir functions of a pencil of Poisson brackets on a Poisson manifold.

1. Introduction

This paper is the second report on work that is still in progress (see [1]), and which seeks to give a coherent picture of the theory of soliton equations [2] from the point of view of Hamiltonian mechanics. We recall that, according to Sato's standard approach [3], soliton equations are defined as follows: let L be the monic n–th order differential operator,

$$L = \partial^n - \sum_{k=0}^{n-2} u_k \partial^k, \tag{1.1}$$

and let Q be its n–th root in the ring of pseudodifferential operators,

$$Q^n = L. \tag{1.2}$$

This operator obviously commutes with L, and it may be considered to be the fundamental solution of the equation,

$$[Q, L] = 0, \tag{1.3}$$

since any other solution can be written as a linear combination of powers of Q with constant coefficients. By means of Q, one constructs either Sato's equations,

$$\frac{\partial Q}{\partial t_k} = [Q, (Q^k)_+], \tag{1.4}$$

or the Lax equations,

$$\frac{\partial L}{\partial t_k} = [L, (L^{k/n})_+]. \tag{1.5}$$

This work has been supported by the Italian M.U.R.S.T. and by the G.N.F.M. of the Italian C.N.R.

They define a hierarchy of compatible systems of partial differential equations in two independent variables, x and t, and in $(n-1)$ field functions, u_k (the coefficients of L). These equations are called soliton equations.

This formulation is rather abstract and, apparently, without relation with classical mechanics. Despite this impression, our aim is to show that the equations of Sato's theory have a clear, terse, and illuminate meaning from the point of view of Hamiltonian mechanics. To show that, we have to construct the theory of soliton equations on a different basis. An earlier attempt in this direction was made in [4]. Ours is different: we believe that this theory can be (almost) completely derived from a single basic principle: to construct integrable Hamiltonian systems one has to consider the Casimir functions of a pencil of Poisson brackets on a bihamiltonian manifold. This principle, and its related concepts, are presented in Sec.2. To keep the exposition as simple as possible, in this section we have adopted the language and the techniques of classical Hamiltonian mechanics. That allows us to give the theory a concise and neat form. The applications, on the contrary, may become quite involved. For this reason, in Sec.3, we have restricted ourselves to the simplest example of soliton equation, the well-known Korteweg–de Vries equation,

$$u_t = \frac{1}{4}u_{xxx} - \frac{3}{2}uu_x. \tag{1.6}$$

It is sufficiently general to display (almost) all the features of the theory, and yet sufficiently simple to be worked out explicitly. The last section, finally, provides the connection between Sato's approach and the Hamiltonian approach.

2. The bihamiltonian approach

This section seeks to introduce the basic ideas of the bihamiltonian approach to the integrable systems. This is a variant of the classical Liouville theory, where a family of first integrals which are in involution is replaced by a second Poisson bracket on the manifold. In our opinion, this variant is particularly useful for the study of soliton equations. The language is purely geometrical and stresses the general nature of the concepts that surpass the limits of soliton theory. The manifolds are supposed to be smooth and finite–dimensional, and the maps are of class C^∞. However, many results can be extended to infinite–dimensional manifolds, as will be shown by an example in the next section.

2.1. Poisson pencil. Let M be a manifold endowed with two Poisson brackets, $\{\cdot,\cdot\}_0$ and $\{\cdot,\cdot\}_1$. We say that M is a *bihamiltonian manifold* if the linear combination,

$$\{f,g\}_\lambda := \{f,g\}_0 - \lambda\{f,g\}_1, \tag{2.1}$$

of these brackets satisfies the Jacobi identity for any value of the real or complex parameter, λ. This means that the cyclic compatibility condition,

$$\begin{aligned}(2.2)\qquad &\{f,\{g,h\}_0\}_1+\{h,\{f,g\}_0\}_1+\{g,\{h,f\}_0\}_1+\\ &+\{f,\{g,h\}_1\}_0+\{h,\{f,g\}_1\}_0+\{g,\{h,f\}_1\}_0=0,\end{aligned}$$

is valid for any triple of functions, (f,g,h), on M. In this case, the bracket, $\{\cdot,\cdot\}_\lambda$, is called the *Poisson pencil*, defined by $\{\cdot,\cdot\}_0$ and $\{\cdot,\cdot\}_1$ on M.

Let us consider $\{\cdot,\cdot\}_\lambda$ as a deformation of $\{\cdot,\cdot\}_0$, and let us assume that there exist Casimir functions of the Poisson pencil which are deformations of the Casimir functions of $\{\cdot,\cdot\}_0$. This means that we assume the existence of one–parameter families of functions, $h(\lambda)$, such that

$$(2.3)\qquad \{h(\lambda),f\}_\lambda=0$$

for any function, f, and for any value of λ, which, for $\lambda\to\infty$, tend to a Casimir function, h_0, of $\{\cdot,\cdot\}_0$. Accordingly, we assume that $h(\lambda)$ admits a Laurent expansion in λ,

$$(2.4)\qquad h(\lambda)=\sum_{k\geq 0}h_k\lambda^{-k},$$

starting from h_0. Eq.(2.3) immediately implies the recurrence relation,

$$(2.5)\qquad \{h_k,\cdot\}_1=\{h_{k+1},\cdot\}_0,$$

on the coefficients, h_k. In this paper we shall avoid discussing the existence of such Casimir functions from a theoretical point of view, being satisfied to demonstrate their existence in applications.

Let $h(\lambda)$ and $l(\lambda)$ be two Casimir functions. Then Eq.(2.5) implies

$$(2.6)\qquad \{h_k,l_j\}_0=\{h_{k-1},l_j\}_1=\{h_{k-1},l_{j+1}\}_0=\ldots=\{h_0,l_{j+k}\}_0=0,$$

and, similarly,

$$(2.7)\qquad \{h_k,l_j\}_1=\{h_{k+1},l_j\}_0=0.$$

Therefore, we conclude that the coefficients of the Laurent expansion of the Casimir functions of the pencil are in involution with respect to both brackets generating the pencil. This remark is the basis of the bihamiltonian approach to integrable systems. It suggests considering the equations,

$$(2.8)\qquad \dot{f}=\{h_k,f\}_1=\{h_{k+1},f\}_0,$$

as good candidates for descriptions of integrable systems. Their integrability depends on the number and on the independence of the first integrals, h_k, which will not be considered here. We shall conclude these remarks by showing that Eq.(2.8) can also be written in the form,

$$(2.9)\qquad \dot{f}=\{h^k(\lambda),f\}_\lambda,$$

where

$$(2.10)\qquad h^k(\lambda):=\sum_{j=0}^{k}h_j\lambda^{k-j}.$$

They are, consequently, simultaneously Hamiltonian with respect to all the Poisson brackets of the pencil.

2.2. Reduction. We now recall an interesting Poisson reduction canonically defined on every bihamiltonian manifold (see [1], Sec.1, for the proof). It follows from the observation that the Casimir functions of $\{\cdot,\cdot\}_0$ generate a Poisson subalgebra with respect to $\{\cdot,\cdot\}_1$, because of compatibility condition (2.2). Thus we can use the functions of the center, K_0, of $\{\cdot,\cdot\}_0$ in two distinct ways:

(1) to define the symplectic leaves of $\{\cdot,\cdot\}_0$ as level sets of these functions;
(2) to define an integrable distribution, D, on M, generated by the vector fields $\{k,\cdot\}_1$ where $k \in K_0$.

Let us choose a specific, symplectic leaf, S, of $\{\cdot,\cdot\}_0$, and let us denote the foliation induced on S by D by E. The leaves of E are the intersections of S with the leaves of D. We shall assume that E is sufficiently regular and that there exists a quotient space, $N = S/E$, and we denote the canonical immersion of S in M and the canonical projection of S onto N by $i : S \to M$ and $\pi : S \to N$ respectively. Then

Proposition 2.1. *The quotient space, $N = S/E$, is a bihamiltonian manifold. On N there exists a unique Poisson pencil, $\{\cdot,\cdot\}_N^\lambda$, such that*

$$\{f,g\}_N^\lambda \circ \pi = \{F,G\}_M^\lambda \circ i \tag{2.11}$$

for any pair of functions, F and G, which extend the functions f and g of N into M, and are constant on D. Technically, this means that F satisfies the conditions,

$$F \circ i = f \circ \pi \tag{2.12}$$

$$\{F,k\}_1 = 0, \tag{2.13}$$

for any function $k \in K_0$.

As a simple corollary of this theorem one easily proves

Proposition 2.2. *Let h_k the coefficients of the series* (2.4). *The bihamiltonian vector fields,*

$$\dot{f} = \{h_k, f\}_1 = \{h_{k+1}, f\}_0, \tag{2.14}$$

are tangent to the symplectic leaf S and are projectable on the quotient space $N = S/E$. The projected vector fields are bihamiltonian with respect to the reduced Poisson pencil on N.

In the next section we shall use this proposition to derive the KdV hierarchy.

2.3. The Lax representation. In soliton theory it is easier to work with forms than with functions. Consequently, it is worthwhile to formulate the equations of motion and commutativity conditions (2.7) using 1–forms instead of functions. This is easily done by introducing the Poisson brackets on forms as in [5]. Let P be the Poisson tensor associated with any given Poisson bracket, $\{\cdot,\cdot\}$, through the relation,

$$\{f,g\} = \langle df, Pdg\rangle . \tag{2.15}$$

A bracket on 1–forms, v_1 and v_2, is then defined by setting

$$\langle\{v_1,v_2\},X\rangle = \frac{\partial}{\partial t_2}\langle v_1,X\rangle - \frac{\partial}{\partial t_1}\langle v_2,X\rangle + \langle v_1, L_X(P)v_2\rangle , \tag{2.16}$$

where X is any vector field, $L_X(P)$ is the Lie derivative of P along X, and $\frac{\partial}{\partial t_i}$ is the derivative along Pv_i. On exact 1–forms,

$$\{df_1, df_2\} = d\{f_1,f_2\}. \tag{2.17}$$

If we denote the Lie derivative of an arbitrary 1–form along a Hamiltonian vector field Pdh by $\dot{v}$, we can write

$$\dot{v} = \{v, dh\}. \tag{2.18}$$

This is the form assumed by the equations of motion when they are formulated on forms rather than on functions.

Let now $v_k = dh_k$ be the differentials of the coefficients, h_k, of a Casimir function of the Poisson pencil. Let

$$v^k(\lambda) = \sum_{j=0}^{k} v_j\lambda^{k-j} = dh^k(\lambda) \tag{2.19}$$

$$v(\lambda) = \sum_{j\geq 0} v_j\lambda^{-j} = dh(\lambda). \tag{2.20}$$

Since the coefficients, h_k, commute in pairs with respect to both Poisson brackets, $\{\cdot,\cdot\}_0$ and $\{\cdot,\cdot\}_1$,

$$\{v_k, v_j\}_0 = 0 \tag{2.21}$$

$$\{v_k, v_j\}_1 = 0 \tag{2.22}$$

$$\{v(\lambda), v^k(\lambda)\}_\lambda = 0. \tag{2.23}$$

These three simple relations play so prominent a role in the theory of soliton equation that they ought to be written explicitly.

Proposition 2.3 (Lax representation). *The exact 1–forms, $v_k = dh_k$, associated with the coefficients, h_k, of a Casimir function of the Poisson pencil, satisfy the relations,*

(2.24)
$$\frac{\partial}{\partial t_k}\langle v_{j+1}, X\rangle - \frac{\partial}{\partial t_j}\langle v_{k+1}, X\rangle + \langle v_{j+1}, L_X(P_0)v_{k+1}\rangle = 0,$$

(2.25)
$$\frac{\partial}{\partial t_k}\langle v_j, X\rangle - \frac{\partial}{\partial t_j}\langle v_k, X\rangle + \langle v_j, L_X(P_1)v_k\rangle = 0,$$

where X is any vector field on M, and the symbol $\frac{\partial}{\partial t_k}$ denotes the Lie derivative along the k–th flow of the hierarchy (2.8). *The associated polynomials, $v^k(\lambda)$, satisfy the conditions*

$$\frac{\partial}{\partial t_k}\langle v^j(\lambda), X\rangle - \frac{\partial}{\partial t_j}\langle v^k(\lambda), X\rangle + \langle v^j(\lambda), L_X(P_\lambda)v^k(\lambda)\rangle = 0, \tag{2.26}$$

called the zero–curvature representation *of the hierarchy* (2.8), *while the sum, $v(\lambda)$, of the series* (2.20) *satisfies the conditions*

$$\frac{\partial}{\partial t_k}\langle v(\lambda), X\rangle + \langle v(\lambda), L_X(P_\lambda)v^k(\lambda)\rangle = 0, \tag{2.27}$$

called the Lax representation *of the hierarchy.*

3. KdV hierarchy

This section is devoted to the study of a special class of bihamiltonian manifolds. The purpose is to derive the well–known KdV hierarchy according to the geometric scheme of the previous section.

3.1. Lie–Poisson manifolds. Let $\mathfrak{g}$ be a simple Lie algebra, and let M be the space of C^∞–maps from S^1 into $\mathfrak{g}$. We denote by x the coordinate on S^1, and either by $S(x)$ or simply by S a map from S^1 into $\mathfrak{g}$. The main example dealt with in this paper is $\mathfrak{g} = \mathfrak{sl}(2, \mathbb{C})$. Accordingly, we write

$$S = \begin{pmatrix} p & r \\ q & -p \end{pmatrix}, \tag{3.1}$$

where p, q, r are three arbitrary periodic functions playing the role of global coordinates on our infinite dimensional manifold. A curve, $S(t)$, in M is a one–parameter family of maps from S^1 into $\mathfrak{g}$. The tangent vector is denoted by

$$\dot S = \begin{pmatrix} \dot p & \dot r \\ \dot q & -\dot p \end{pmatrix}, \tag{3.2}$$

where the dot means differentiation with respect to the parameter t. A covector is a map,

$$V = \begin{pmatrix} v_1 & v_2 \\ v_3 & -v_1 \end{pmatrix}, \tag{3.3}$$

from S^1 into $\mathfrak{g}$, whose value on the tangent vector, $\dot{S}$, is given by

$$\langle V, \dot{S}\rangle = \int_{S^1} (V(x), \dot{S}(x))_{\mathfrak{g}} dx = \int_{S^1} (2\dot{p}v_1 + \dot{q}v_2 + \dot{r}v_3) dx. \tag{3.4}$$

The space M inherits a Lie algebra structure from $\mathfrak{g}$, and a cocycle, ω, from S^1:

$$[S_1, S_2]_M (x) = [S_1(x), S_2(x)]_{\mathfrak{g}} \tag{3.5}$$

and

$$\omega(\dot{S}_1, \dot{S}_2) = \int_{S^1} (\dot{S}_1, \frac{d}{dx}\dot{S}_2) dx. \tag{3.6}$$

They allow us to define two Poisson brackets on M as follows: the first bracket is defined by

$$\{f, g\}_0(S) = -(A, [df(S), dg(S)]) \tag{3.7}$$

where A is a fixed element in $\mathfrak{g}$, a constant loop, to be chosen below, $f : M \to \mathbb{R}$ and $g : M \to \mathbb{R}$ are arbitrary functionals on M, and $df(S)$ and $dg(S)$ are their differentials, regarded as elements of the loop–algebra itself. The second bracket is defined by

$$\{f, g\}_1(S) = \omega(df(S), dg(S)) + (S, [df(S), dg(S)]). \tag{3.8}$$

It is a standard result that these brackets are compatible, and that M is, consequently, a bihamiltonian manifold for any choice of A. The corresponding Poisson tensors are given by

$$(P_0)_S V = [A, V] \tag{3.9}$$

and

$$(P_1)_S V = V_x + [V, S] \tag{3.10}$$

where V_x denotes the partial derivative of the loop V along the circle S^1. Our problem is to find the Casimir functions of the corresponding pencil.

3.2. Casimir functions. We first consider the kernel of the pencil, i.e. the matrices, V, which solve the equation,

$$V_x + [V, S + \lambda A] = 0. \tag{3.11}$$

We observe that the spectrum of V is independent of x since

$$\frac{d}{dx}\mathrm{Tr}V^k = 0. \tag{3.12}$$

Hence, we can characterize the solutions of Eq.(3.11) by fixing their spectrum. We set

$$\mathrm{Tr}\frac{V^2}{2} = \lambda, \tag{3.13}$$

selecting in this way a basic solution of Eq.(3.11). Any other solution can be obtained from it by multiplication by a constant Laurent series, at least for a suitable choice of A. We remark that $V(\lambda)$ has the same spectrum as

$$\Lambda = \begin{pmatrix} 0 & 1 \\ \lambda & 0 \end{pmatrix}. \tag{3.14}$$

Therefore there exists a nonsingular matrix, $K(\lambda, S)$, depending on λ and on the point S of the manifold, such that

$$V(\lambda) = K(\lambda)\Lambda K(\lambda)^{-1}. \tag{3.15}$$

This relation, which may be called a *dressing transformation*, has been studied in [1]. It is the basic element in the demonstration that $V(\lambda)$ is an exact 1–form. Indeed, let us introduce the matrix,

$$M(S, \lambda) := K^{-1}(S + \lambda A)K - K^{-1}K_x, \tag{3.16}$$

and let us define the function

$$H(\lambda) = \langle M, \Lambda\rangle = \int_{S^1} (M, \Lambda)\, dx. \tag{3.17}$$

Proposition 3.1. *For every constant matrix Λ, $V(\lambda)$ is an exact 1–form, with potential $H(\lambda)$,*

$$V(\lambda) = dH(\lambda). \tag{3.18}$$

The function $H(\lambda)$ is therefore a Casimir function of the Poisson pencil (3.7–8).

Proof. Since V and $S + \lambda A$ satisfy Eq.(3.11), matrices Λ and M satisfy the equation, $\Lambda_x + [\Lambda, M] = 0$. Since $\Lambda_x = 0$, then $[\Lambda, M] = 0$. Let $\dot{S}$ be any tangent vector to M,

$$\begin{aligned} \left\langle dH(S), \dot{S}\right\rangle &= \frac{d}{dt}H(S + t\dot{S})|_{t=0} = \left\langle \frac{d}{dt}M(S + t\dot{S})|_{t=0}, \Lambda\right\rangle \\ &= \int_{S^1} \left(K^{-1}\dot{S}K + [M, K^{-1}\dot{K}], \Lambda\right) dx, \end{aligned} \tag{3.19}$$

where we have integrated by parts, and where $\dot{K} = \frac{d}{dt}K(S+t\dot{S})|_{t=0}$. Since $[M,\Lambda]=0$,

$$\left\langle dH(S),\dot{S}\right\rangle = \int_{S^1}\left(K^{-1}\dot{S}K,\Lambda\right)dx = \int_{S^1}\left(\dot{S},K\Lambda K^{-1}\right)dx = \left\langle V,\dot{S}\right\rangle. \tag{3.20}$$

□

This result solves the first part of our problem. We still have to characterize the Casimir functions which are deformations of the Casimir functions of $\{\cdot,\cdot\}_0$. The solution of this problem depends on the choice of A. Following a suggestion of Drinfeld and Sokolov ([4], p.2010), we choose

$$A = \begin{pmatrix} 0 & 0 \\ 1 & 0 \end{pmatrix}. \tag{3.21}$$

The meaning of this choice in the framework of the theory of Poisson reduction has been discussed in [7]. We can now explicitly solve matrix equation (3.11): the solution is

$$V(\lambda) = \begin{bmatrix} r^{-1}(-\frac{1}{2}v_x + pv) & v \\ r^{-2}(-\frac{1}{2}v_{xx} + (pv)_x) + \\ +r^{-1}(q+\lambda)v + r^{-3}r_x(\frac{1}{2}v_x - pv) & r^{-1}(\frac{1}{2}v_x - pv) \end{bmatrix} \tag{3.22}$$

if v is a solution of

(3.23)
$$-\tfrac{1}{2}r^{-2}v_{xxx} + \tfrac{3}{2}r^{-3}r_x v_{xx} + \left[2r^{-1}(u+\lambda) - \tfrac{3}{2}r^{-4}{r_x}^2 + \tfrac{1}{2}r^{-3}r_{xx}\right]v_x + \left[r^{-1}u_x - r^{-2}r_x(u+\lambda)\right]v = 0,$$

where

$$u = q + p^2r^{-1} + p_x r^{-1} - pr^{-2}r_x. \tag{3.24}$$

The meaning of Eq.(3.23) is easily discovered. Since it can also be written as

(3.25)
$$\frac{d}{dx}\left[\tfrac{1}{4}r^{-2}{v_x}^2 - \tfrac{1}{2}r^{-2}vv_{xx} + \tfrac{1}{2}r^{-3}r_x vv_x + r^{-1}(u+\lambda)v^2\right] = \frac{d}{dx}\mathrm{Tr}\frac{V(\lambda)^2}{2} = 0,$$

we see that it states the isospectrality of $V(\lambda)$. To satisfy condition (3.13), we have to choose $v(\lambda)$ in such a way that

$$\tfrac{1}{4}r^{-2}{v_x}^2 - \tfrac{1}{2}r^{-2}vv_{xx} + \tfrac{1}{2}r^{-3}r_x vv_x + r^{-1}(u+\lambda)v^2 = \lambda. \tag{3.26}$$

Let us try to solve this equation by a series expansion,

$$v(\lambda) = \sum_{k\geq 0} v_k \lambda^{-k}. \tag{3.27}$$

By equating the coefficients of the powers of λ we get the system,
(3.28)

$$\begin{cases} r^{-1}{v_0}^2 = 1 \\ \frac{1}{4}r^{-2}{v_{0x}}^2 - \frac{1}{2}r^{-2}v_0v_{0xx} + \frac{1}{2}r^{-3}r_xv_0v_{0x} + r^{-1}u{v_0}^2 + 2r^{-1}v_0v_1 = 0 \\ \frac{1}{2}r^{-2}v_{0x}v_{1x} - \frac{1}{2}r^{-2}(v_0v_{1xx} + v_1v_{0xx}) + \frac{1}{2}r^{-3}r_x(v_0v_{1x} + v_1v_{0x}) + \\ +r^{-1}uv_0v_1 + r^{-1}({v_1}^2 + 2v_0v_2) = 0 \\ \cdots\cdots \end{cases}$$

which recursively yields v_0, v_1, ... and so on. This proves that function (3.17) is a deformation of a Casimir function of $\{\cdot,\cdot\}_0$.

Finally, to explicitly compute this Casimir function, we observe that a possible choice for K is

$$K = \begin{bmatrix} v^{\frac{1}{2}} & 0 \\ r^{-1}v^{-\frac{1}{2}}\left(\frac{1}{2}v_x - pv\right) & v^{-\frac{1}{2}} \end{bmatrix}. \tag{3.29}$$

Then

$$M = K^{-1}(S+\lambda A)K - K^{-1}K_x = \frac{r}{v}\Lambda, \tag{3.30}$$

and

$$H(\lambda) = \langle M, \Lambda\rangle = \int_{S^1} 2\lambda\frac{r}{v}dx. \tag{3.31}$$

This solves our problem. We now introduce the bihamiltonian hierarchy associated with $H(\lambda)$.

Definition 3.2 (matrix KdV hierarchy). *The* matrix KdV hierarchy *is the bihamiltonian hierarchy defined by the Casimir function* (3.31) *on the loop–algebra M endowed with the Poisson pencil* (3.7–8). *The equations of the hierarchy are explicitly given by*

$$\dot{S}_k = V_{kx} + [V_k, S] = [A, V_{k+1}], \tag{3.32}$$

where the matrices V_k are the coefficients of the Laurent expansion of solution (3.22) *of Eq.*(3.11), *which satisfies the isospectrality condition* (3.13). *They can also be written in the form,*

$$\dot{S}_k = \left(V^{2k+1}\right)_{+x} + [\left(V^{2k+1}\right)_+, S + \lambda A], \tag{3.33}$$

where

$$(V^{2k+1})_+ = \sum_{j=0}^{k} V_j \lambda^{k-j} \tag{3.34}$$

is the positive part of the Laurent expansion of the power V^{2k+1} of V. The last representation may be called the rule of fractional powers.

We need only justify the last representation. We observe that, by Eq.(3.13) or Eq.(3.14), V verifies the condition

$$V^2 = \lambda I, \tag{3.35}$$

and, thus, it is a square root of matrix, λI. Consequently,

$$V^k(\lambda) := \sum_{j=-1}^{k} V_j \lambda^{k-j} = (\lambda^k V(\lambda))_+ = (V^{2k+1})_+, \tag{3.36}$$

where V^{2k+1} is the $(2k+1)$–th power of V. Then Eq.(3.33) coincides with Eq.(2.5) of the previous section.

3.3. The Poisson reduction. We now perform the Poisson reduction described in subsection 2.2, in order to obtain the usual KdV hierarchy. This reduction has already been studied in [1] so it will suffice to give the results without proofs.

The first step is the choice of a symplectic leaf of P_0. Let us choose

$$S = \begin{pmatrix} p & 1 \\ q & -p \end{pmatrix} \tag{3.37}$$

corresponding to the constraint, $r = 1$. This is strongly suggested by the form of Eq.(3.28), where r appears as an annoying coefficient. The second step is to find the distribution D associated with the Casimir functions of $\{\cdot,\cdot\}_0$. It is given by

$$\dot{S} = \begin{pmatrix} -w & 0 \\ w_x + 2pw & w \end{pmatrix}. \tag{3.38}$$

By eliminating the arbitrary function, w, between the relations,

$$\dot{p} = -w \qquad \text{and} \qquad \dot{q} = w_x + 2pw, \tag{3.39}$$

and by integrating the resulting constraint, we obtain the projection, $\pi : S \to N$,

$$u = p_x + p^2 + q. \tag{3.40}$$

The function, u, plays the role of a global coordinate on the quotient space, N. The Poisson pencil on N is obtained by standard computations. The result is

$$\{f_1, f_2\}_\lambda = \omega(v_1, v_2) + (u, [v_1, v_2]_N) + \lambda(1, [v_1, v_2]_N), \tag{3.41}$$

where $v_j = df_j$ and

$$[v_1, v_2]_N = v_1 v_{2x} - v_2 v_{1x} \tag{3.42}$$

$$\omega(v_1, v_2) = \tfrac{1}{2} \int_{S^1} v_{1x} v_{2xx} dx. \tag{3.43}$$

The whole result of the process of reduction is summarized in the following

Proposition and Definition 3.3 (scalar KdV hierarchy). *The quotient space, N, canonically associated with the symplectic leaf* (3.37), *is the Virasoro algebra of vector fields on the circle, endowed with the Poisson pencil* (3.41). *The Casimir function on N is the projection of the Casimir function* (3.31) *on M, along the canonical projection* (3.40). *Its differential, $v(\lambda) = dh(u, \lambda)$, is the unique solution of the equation,*

$$\tfrac{1}{4} {v_x}^2 - \tfrac{1}{2} v v_{xx} + (u + \lambda) v^2 = \lambda. \tag{3.44}$$

The coefficients v_k of its Laurent expansion are given by the recursive system (3.28), *with $r = 1$, and are called the* Gelfand–Dickey polynomials. *The equations of the hierarchy associated with this Casimir function have the explicit form,*

$$\dot{u}_k = -\tfrac{1}{2} v_{kxxx} + 2u v_{kx} + u_x v_k = -2 v_{k+1x}. \tag{3.45}$$

They can also be written in the form

$$\dot{u}_k = -\tfrac{1}{2} v^k(\lambda)_{xxx} + 2u v^k(\lambda)_x + u_x v^k(\lambda), \tag{3.46}$$

where $v^k(\lambda) = \sum_{j=0}^{k} v_k \lambda^{k-j}$. They are the equations of the usual KdV hierarchy.

3.4. The Lax representation. To obtain the 0–curvature representation and the Lax representation of the KdV hierarchy, we have to compute the Poisson brackets on 1–forms. We begin with the matrix case. By using the definition given in subsection 2.3, we find that

$$\{V_1, V_2\}_0 = \frac{\partial V_1}{\partial t_2} - \frac{\partial V_2}{\partial t_1} \tag{3.47}$$

$$\{V_1, V_2\}_1 = \frac{\partial V_1}{\partial t_2} - \frac{\partial V_2}{\partial t_1} + [V_1, V_2], \tag{3.48}$$

for any pair of matrices, V_1, V_2, where $\frac{\partial}{\partial t_1}$ and $\frac{\partial}{\partial t_2}$ are the time derivatives along the vector fields associated with V_1 and V_2 respectively. If we denote the time derivative along the k–th flow of the hierarchy by $\frac{\partial}{\partial t_k}$, and if we recall that $P_1 V_k = P_0 V_{k+1} = P_\lambda V^k(\lambda)$, from Prop.2.3, we immediately get

Proposition 3.4 (matrix Lax representations). *The 1-forms, V_k, defining the matrix KdV hierarchy, satisfy the conditions*

$$\frac{\partial V_{j+1}}{\partial t_k} - \frac{\partial V_{k+1}}{\partial t_j} = 0 \tag{3.49}$$

$$\frac{\partial V_j}{\partial t_k} - \frac{\partial V_k}{\partial t_j} + [V_j, V_k] = 0, \tag{3.50}$$

and the polynomials $V^k(\lambda)$ verify the 0–curvature representations,

$$\frac{\partial V^j(\lambda)}{\partial t_k} - \frac{\partial V^k(\lambda)}{\partial t_j} + [V^j(\lambda), V^k(\lambda)] = 0, \tag{3.51}$$

and the series, $V(\lambda)$, verifies the Lax representation,

$$\frac{\partial V(\lambda)}{\partial t_k} + [V(\lambda), V^k(\lambda)] = 0. \tag{3.52}$$

Eq.(3.49) and Eq.(3.50) express the fact that the 1–forms, V_k, commute with respect to the pair of Poisson brackets defined on M.

The same Proposition is valid in the scalar case, if we replace the commutator of matrices by the commutator in the Virasoro algebra (3.42). The reason is that the Poisson brackets on N have the form (3.9–10), up to replacement of the commutators.

Proposition 3.5 (scalar Lax representation) The 1–forms, v_k, $v^k(\lambda)$ and $v(\lambda)$, satisfy the equations on N,

(3.53)
$$\frac{\partial v_{j+1}}{\partial t_k} - \frac{\partial v_{k+1}}{\partial t_j} = 0$$

(3.54)
$$\frac{\partial v_j}{\partial t_k} - \frac{\partial v_k}{\partial t_j} + [v_j, v_k]_N = 0$$

(3.55)
$$\frac{\partial v^j(\lambda)}{\partial t_k} - \frac{\partial v^k(\lambda)}{\partial t_j} + [v^j(\lambda), v^k(\lambda)]_N = 0 \quad \text{(0–curvature)}$$

(3.56)
$$\frac{\partial v(\lambda)}{\partial t_k} + [v(\lambda), v^k(\lambda)]_N = 0 \qquad \text{(Lax representation),}$$

where $\frac{\partial}{\partial t_k}$ is the time derivative along the k–th flow of the hierarchy (3.45).

In the next section, we shall show that Eqs. (3.52) and Eq.(3.56) coincide, up to an isomorphism, with the famous Sato equations (1.4). As far as Eq.(3.53) is concerned, we observe that it implies the existence of an exact 1–form

$$d\theta = \sum_{j\geq 0} v_{j+1} dt_j. \tag{3.57}$$

The potential θ is related to the well–known τ–function [3] of the KdV hierarchy by

$$\theta = \frac{d}{dx}\log\tau, \tag{3.58}$$

as shown in [1].

4. The spectral problem and Sato's approach

In this section we construct the link between the geometric approach and Sato's approach to the soliton equations. The starting point is the study of the spectral problem for the matrix, $V(\lambda)$, defining the matrix KdV hierarchy (evaluated for $r = 1$).

4.1. The spectral problem. We have already pointed out that $V(\lambda)$ is an isospectral matrix whose characteristic polynomial is

$$z^2 = \lambda, \tag{4.1}$$

by Eq.(3.35). Therefore, all the relevant information on this matrix is encoded in its eigenvectors which are defined by the linear system,

$$\begin{cases} -\frac{1}{2}v_x\psi_1 + v(\psi_2 + p\psi_1) = z\psi_1 \\ [-\frac{1}{2}v_{xx} + (u+\lambda)v]\psi_1 + \frac{1}{2}v_x(\psi_2 + p\psi_1) = z(\psi_2 + p\psi_1), \end{cases} \tag{4.2}$$

up to a multiplicative factor. The crucial point is the choice of a suitable normalization condition. We choose

$$\begin{cases} \psi_1 = \psi \\ \psi_2 + p\psi_1 = \psi_x \end{cases} \tag{4.3}$$

on the experimental evidence that it provides the quickest way of obtaining Sato's formalism. A deeper understanding of this condition is still lacking. With this choice, the eigenvalue problem (4.2) reduces to the single equation,

$$-\tfrac{1}{2}v(\lambda)_x\psi + v(\lambda)\psi_x = z\psi, \tag{4.4}$$

provided that z obeys Eq.(4.1). The following observation is important.

Lemma 4.1 (the Schrödinger equation). *Any solution of Eq.(4.4) is a solution of the Schrödinger equation,*

$$\psi_{xx} - u\psi = \lambda\psi. \tag{4.5}$$

Proof. Eq.(4.4) yields:

$$\begin{aligned} z^2\psi &= -\tfrac{1}{2}v(\lambda)_x(z\psi) + v(\lambda)(z\psi)_x \\ &= -\tfrac{1}{2}v(\lambda)_x(-\tfrac{1}{2}v_x\psi + v\psi_x) + v(\lambda)(-\tfrac{1}{2}v_{xx}\psi + \tfrac{1}{2}v_x\psi_x + v\psi_{xx}) \\ &= (\tfrac{1}{4}v_x^2 - \tfrac{1}{2}vv_{xx})\psi + v^2\psi_{xx} \\ &= \lambda\psi + v^2[\psi_{xx} - (u+\lambda)\psi], \end{aligned} \tag{4.6}$$

since, by Eq.(3.44),

$$\tfrac{1}{4}v_x^2 - \tfrac{1}{2}vv_{xx} + (u+\lambda)v^2 = \lambda. \tag{4.7}$$

Hence, Eq.(4.5) follows from Eq.(4.1). □

This result can be employed in the study of the eigenvalue problem (4.4), in order to eliminate the spectral parameter, z, on the left–hand side of the equation, and to obtain a true eigenvalue problem.

Indeed we can write,

$$z\psi = \sum_{k\geq 0}(-\tfrac{1}{2}v_{kx}\lambda^{-k})\psi + (v_k\lambda^{-k})\psi_x = \sum_{k\geq 0}(-\tfrac{1}{2}v_{kx}I + v_k\partial)(\lambda^{-k}\psi). \tag{4.8}$$

This suggests that we may introduce the operators

$$P_k := -\tfrac{1}{2}v_{kx}I + v_k\partial, \tag{4.9}$$

$$L := \partial^2 - u, \tag{4.10}$$

and

$$Q := \sum_{k\geq 0} P_k L^{-k}, \tag{4.11}$$

and that we may state the following result,

Lemma 4.2 (Sato's eigenvalue problem). *The eigenvectors of matrix, $V(\lambda)$, which satisfy the normalization condition (4.3) are in one–to–one correspondence with the eigenfunctions ψ of the Sato operator, Q,*

$$Q\psi = z\psi. \tag{4.12}$$

4.2. The Poisson pencil. The previous discussion strongly suggests the existence of a morphism allowing us to represent the geometrical objects of the theory as pseudodifferential operators. The operator Q, for instance, is the natural candidate to represent the matrix, $V(\lambda)$, that is the Casimir function of the Poisson pencil. The basic object of this construction is to understand how to represent the Poisson pencil on M,

$$\dot{S} = V_x + [V, S + \lambda A], \tag{4.13}$$

in terms of pseudodifferential operators. We shall now offer some arguments to show that this pencil is described by the commutator $[\cdot, L]$. Preliminarily, let us recall the three different types of representation of the matrix KdV equations:

$$\dot{S}_k = V_{kx} + [V_k, S] \tag{4.14}$$

$$\dot{S}_k = [A, V_{k+1}] \tag{4.15}$$

$$\dot{S}_k = V^k(\lambda)_x + [V^k(\lambda), S + \lambda A]. \tag{4.16}$$

Moreover, we observe that we can obtain the fourth representation,

$$\dot{S}_{k+1} - \dot{S}_k\lambda = V_{k+1\ x} + [V_{k+1}, S + \lambda A], \tag{4.17}$$

by comparing two successive equations of the hierarchy. All these representations are equivalent, as it is easily shown. We now obtain the corresponding operator–representations.

Lemma 4.3. *The operators, P_k and L, defined by Eq.*(4.9–10), *satisfy the equations,*

$$\frac{\partial L}{\partial t_{k+1}} - \frac{\partial L}{\partial t_k} \cdot L = [P_{k+1}, L] \tag{4.18}$$

$$\frac{\partial L}{\partial t_k} = [P^k, L] \tag{4.19}$$

$$\frac{\partial L}{\partial t_k} = [P_{k+1}L^{-1}, L]_R \tag{4.20}$$

$$\frac{\partial L}{\partial t_{k+1}} = [P_{k+1}L^{-1}, L]_S, \tag{4.21}$$

where $[\ ,\ ]_R$ and $[\ ,\ ]_S$ are the Poisson tensors associated with the so-called R–bracket and Sklyanin bracket, respectively [8]. *They are defined by*

$$[P, L]_R = [R(P), L] - R([P, L]) \tag{4.22}$$

$$[P, L]_S = R(L \cdot P)L - LR(P \cdot L), \tag{4.23}$$

where $R(P) = \frac{1}{2}(P_+ - P_-)$ *is the* R*–matrix. Moreover*

$$P^k := \sum_{j=0}^{k} P_j L^{k-j}. \tag{4.24}$$

Proof. First, we prove the basic Eq.(4.18):

(4.25)
$$\begin{aligned}
[L, P_k] =& L \cdot P_k - P_k \cdot L = \\
=& -\tfrac{1}{2} v_{kxxx} + u_x v_k + 2 v_{kx} \partial^2 = \\
=& -\tfrac{1}{2} v_{kxxx} + 2 u v_{kx} + u_x v_k + 2 v_{kx} (\partial^2 - u) = \\
=& \ \dot{u}_k - \dot{u}_{k-1} L = \\
=& -\frac{\partial L}{\partial t_k} + \frac{\partial L}{\partial t_{k-1}} L.
\end{aligned}$$

By setting

$$P_{k+1} = P^{k+1} - P^k L \tag{4.26}$$

from Eq.(4.18) we get

$$\frac{\partial L}{\partial t_{k+1}} - [P^{k+1}, L] = (\frac{\partial L}{\partial t_k} - [P^k, L]) L = (\frac{\partial L}{\partial t_0} - [P^0, L]) L^{k+1} = 0, \tag{4.27}$$

since

$$\frac{\partial L}{\partial t_0} = [P^0, L] \tag{4.28}$$

as it is easily shown. Finally, Eq.(4.20) and Eq.(4.21) are easily obtained by solving Eq.(4.18) with respect to $\frac{\partial L}{\partial t_{k+1}}$ and $\frac{\partial L}{\partial t_k}$. Indeed it implies

$$\frac{\partial L}{\partial t_{k+1}} L^{-1} - \frac{\partial L}{\partial t_k} = [P_{k+1}, L] L^{-1} \tag{4.29}$$

and therefore

$$\begin{aligned}
([P_{k+1}, L] L^{-1})_+ &= -\frac{\partial L}{\partial t_k} \\
([P_{k+1}, L] L^{-1})_- &= \frac{\partial L}{\partial t_{k+1}} L^{-1}.
\end{aligned} \tag{4.30}$$

Finally

$$\begin{aligned}
\frac{\partial L}{\partial t_k} &= ([L, P_{k+1} L^{-1}])_+ \\
\frac{\partial L}{\partial t_{k+1}} &= -([L, P_{k+1} L^{-1}])_- L.
\end{aligned} \tag{4.31}$$

As $P_+ = R + \frac{1}{2}I$ and $P_- = -R + \frac{1}{2}I$, we can write Eq.(4.31) in terms of R:

(4.32)
$$\begin{aligned}\frac{\partial L}{\partial t_k} &= P_+([L, P_{k+1}L^{-1}]) = R([L, P_{k+1}L^{-1}]) + \tfrac{1}{2}[L, P_{k+1}L^{-1}] = \\ &= R([L, P_{k+1}L^{-1}]) - [L, R(P_{k+1}L^{-1})],\end{aligned}$$

since $(P_{k+1}L^{-1})_+ = 0$ and $R(P_{k+1}L^{-1}) = -\frac{1}{2}(P_{k+1}L^{-1})$. Hence Eq.(4.20) is proved. On the other hand

(4.33)
$$\begin{aligned}\frac{\partial L}{\partial t_{k+1}} &= -P_-([L, P_{k+1}L^{-1}])L = R([L, P_{k+1}L^{-1}])L - \tfrac{1}{2}[L, P_{k+1}L^{-1}]L = \\ &= R(L \cdot P_{k+1}L^{-1})L - R(P_{k+1})L - \tfrac{1}{2}LP_{k+1} + \tfrac{1}{2}P_{k+1}L = \\ &= R(L \cdot P_{k+1}L^{-1})L - \tfrac{1}{2}LP_{k+1} = R(L \cdot P_{k+1}L^{-1})L - LR(P_{k+1}) = \\ &= R(L \cdot P_{k+1}L^{-1})L - LR(P_{k+1}L^{-1} \cdot L) = [P_{k+1}L^{-1}, L]_S,\end{aligned}$$

and also Eq.(4.21) is proved. □

The comparison of Eq.(4.14–17) with Eq.(4.18–21) clearly points out two simple rules of the morphism we are looking for:

(1) the Poisson pencil, $V_{kx} + [V_k, S + \lambda A]$, is systematically replaced by the commutator, $[P_k, L]$,
(2) the expansions in powers of λ are replaced by expansions in powers of L.

Moreover, the simple splitting of the Poisson pencil on M,

(4.34)
$$V_x + [V, S + \lambda A] = V_x + [V, S] - [A, V]\lambda,$$

characteristic of the matrix formulation, is replaced by the more intriguing splitting,

(4.35)
$$[P, L] = [P \cdot L^{-1}, L]_S - [P \cdot L^{-1}, L]_R \cdot L$$

of the operator approach. This provides a hint for the geometrical interpretation of the classical R–matrix.

4.3. Sato's approach. We can finally come back to Sato's approach considered in Sec. 1. Our aim is to show that the operator, Q, associated with the Casimir function of the Poisson pencil is indeed Sato's operator.

Proposition 4.4. *The operator, Q, defined by Eq.(4.11), satisfies the equations,*

(4.36)
$$[Q, L] = 0$$

and

$$Q^2 = L. \tag{4.37}$$

They correspond exactly to the equations

$$V_x + [V, S + \lambda A] = 0 \tag{4.38}$$

and

$$V^2 = \lambda I \tag{4.39}$$

characterizing the Casimir functions of the Poisson pencil. Thus, Sato's operator is the operator form of the differential of the Casimir function of the Poisson pencil.

Proof Eq.(4.36) follows from

$$[Q, L] = \sum_{j\geq 0}[P_j, L]L^{-j} = \sum_{j\geq 0}(\frac{\partial L}{\partial t_j} - \frac{\partial L}{\partial t_{j-1}}L)L^{-j} = -\frac{\partial L}{\partial t_{-1}}L = 0, \tag{4.40}$$

since $\frac{\partial L}{\partial t_{-1}} = 0$. Eq.(4.37) is proved by observing that Q is a monic pseudodifferential operator of the form,

$$Q = \partial + \sum_{j\geq 1} q_j \partial^{-j}, \tag{4.41}$$

commuting with L. It coincides with the square root of L by Schur's lemma (see [9], p. 3.86). □

It is now really easy to obtain Sato's equations (1.4). As an intermediate step, we remark that the operators, P_k, satisfy the equations,

$$\frac{\partial P_{k+1}}{\partial t_j} - \frac{\partial P_{j+1}}{\partial t_k} = 0 \tag{4.42}$$

$$\frac{\partial P_k}{\partial t_j} - \frac{\partial P_j}{\partial t_k} + [P_k, P_j] = 0, \tag{4.43}$$

as a consequence of the equations,

$$\frac{\partial V_{k+1}}{\partial t_j} - \frac{\partial V_{j+1}}{\partial t_k} = 0 \tag{4.44}$$

$$\frac{\partial V_k}{\partial t_j} - \frac{\partial V_j}{\partial t_k} + [V_k, V_j] = 0, \tag{4.45}$$

of the matrix formulation. This can be easily seen by a direct inspection. This observation is another important piece of information concerning the Hamiltonian interpretation of Sato's approach. It gives a further support to the idea that the operators, P_k, are the operator representation of the differentials of the Hamiltonians of the KdV hierarchy. Then, we prove the following:

Proposition 4.5. *Sato's operator, Q, satisfies the equations,*

$$\frac{\partial Q}{\partial t_{k+1}} - \frac{\partial Q}{\partial t_k} L = [P_{k+1}, Q] \tag{4.46}$$

$$\frac{\partial Q}{\partial t_k} = [P^k, Q]. \tag{4.47}$$

Proof. We first prove Eq.(4.46):

(4.48)

$$\begin{aligned}
&\frac{\partial Q}{\partial t_{k+1}} - \frac{\partial Q}{\partial t_k} L - [P_{k+1}, Q] = \\
&= \sum_{j\geq 0} \left(\frac{\partial P_j}{\partial t_{k+1}} - \frac{\partial P_j}{\partial t_k} L - [P_{k+1}, P_j] \right) L^{-j} + \\
&+ \sum_{j\geq 0} P_j \left(\frac{\partial L^{-j}}{\partial t_{k+1}} - \frac{\partial L^{-j}}{\partial t_k} L - [P_{k+1}, L^{-j}] \right) = \\
&= -\frac{\partial P_0}{\partial t_k} + \sum_{j\geq 0} \left(\frac{\partial P_j}{\partial t_{k+1}} - \frac{\partial P_{j+1}}{\partial t_k} - [P_{k+1}, P_j] \right) L^{-j} = \\
&= \sum_{j\geq 0} \left(\frac{\partial P_j}{\partial t_{k+1}} - \frac{\partial P_{k+1}}{\partial t_j} + [P_j, P_{k+1}] \right) L^{-j} + \sum_{j\geq 0} \left(\frac{\partial P_{k+1}}{\partial t_j} - \frac{\partial P_{j+1}}{\partial t_k} \right) L^{-j} = \\
&= 0.
\end{aligned}$$

Then, Eq.(4.47) is proved exactly as in Lemma 4.3. □

We have thus obtained the result we were looking for: starting from the Hamiltonian approach to the KdV hierarchy we have recovered Sato's operator, Q, and we have shown that it obeys Sato's equations (1.4) as a consequence of the equations,

$$\frac{\partial V}{\partial t_k} = [V^k, V], \tag{4.49}$$

of the matrix formulation. Sato's equations are thus a way of writing the vanishing of certain Poisson brackets on forms by using pseudodifferential operators. This result justifies the name of "Lax representation" given to Eq.(2.27) of Sec. 2.

5. Final comments

This paper is centered around one simple idea: the deformation of a Poisson bracket and of its Casimir functions provides a way of constructing an algebra of functions which are in involution. This idea has been proved to be effective in the paradigmatic example of the KdV hierarchy. To be worked out, this technique has required a completely new approach to the theory of soliton equations. In particular, we have been obliged to regard the KdV hierarchy as a special reduction of a simpler theory in a bigger space, which we called the matrix–KdV hierarchy. At the matrix level, the theory is elementary, and it perfectly reproduces the geometrical scheme of Hamiltonian mechanics. After the reduction, the theory becomes more and more algebraic, up to Sato's approach, where every trace of the geometrical origin seems to be lost. This paper is an attempt to display as clearly as possible the hidden connections between Sato's theory and the Hamiltonian properties of soliton equations. It seems to us interesting that it has been possible to deduce Sato's operator from the simple concept of the Casimir functions of a Poisson pencil. In the last section we initiated the construction of a code of transcription, where every formula of Sato's approach may be compared with a corresponding formula of the geometrical approach. Admittedly, a lot of work is still necessary to make this code complete and convincing.

REFERENCES

1. P. Casati, F. Magri, M. Pedroni, *Bihamiltonian Manifolds and τ–function*, Mathematical Aspects of Classical Field Theory 1991 (M.J. Gotay, J.E. Mardsen, V.E. Moncrief, eds.), Contemporary Mathematics **132**, American Mathematical Society, Providence.

2. A. C. Newell, *Solitons in Mathematics and Physics*, S.I.A.M., Philadelphia, 1985.

3. E. Date, M. Jimbo, M. Kashiwara, T. Miwa, *Transformation Groups for Soliton Equations*, Proceedings of R.I.M.S. Symposium on "Nonlinear Integrable Systems–Classical Theory and Quantum Theory" (1983), World Scientific, Singapore.

4. H. Flaschka, A. C. Newell, T. Ratiu, *Kac–Moody Lie Algebras and Soliton Equations*, Physica 9D (1983), 300–323.

5. Y. Kosmann–Schwarzbach, F. Magri, *Poisson–Nijenhuis Structures*, Ann. Inst. Poincaré **53** (1990), 35–81.

6. V. G. Drinfeld, V. V. Sokolov, *Lie Algebras and Equations of Korteweg–de Vries Type*, J. Sov. Math. **30** (1985), 1975–2036.

7. P. Casati, M. Pedroni, *Drinfeld Sokolov Reduction on a Simple Lie Algebra from the Bihamiltonian Point of View*, Lett. Math. Phys. **25** (1992), 89–101.

8. M. A. Semenov–Tian–Shansky, *What is the classical r–matrix?*, Funct. Anal. and Appl. **17** (1983), 259–272.

9. D. Mumford, *Tata Lectures on Theta II*, Birkhäuser, Boston, 1984.

Paolo Casati
Dottorato in Matematica
Università di Torino
Via Principe Amedeo 8
I-10123 Torino, Italy

Franco Magri
Dipartimento di Matematica dell'Università di Milano
Via C. Saldini 50
I-20133 Milano, Italy

Marco Pedroni
Dottorato in Matematica
Università di Milano,
Via C. Saldini 50
I-20133 Milano, Italy

PART III
Solvable Lattice Models

Generalized chiral Potts models and minimal cyclic representations of $U_q(\hat{\mathfrak{gl}}(n,C))$.

E. Date

Finite-dimensional cyclic representations of the quantized universal enveloping algebra $U_q(\mathfrak{g})$ exist only when the deformation parameter q is a root of unity, $q^N = 1$. In such representations, the N-th power of each Chevalley generator acts as a non-zero scalar. These values of e_i^N, f_i^N and t_i^N are part of a continuous family of parameters upon which the cyclic representations depend.

The chiral Potts model, which is the first example of a 2-dimensional solvable lattice model whose Boltzmann weights are parametrized by points on algebraic curves of genus greater than 1, is now treated in the framework of the cyclic representations of $U_q(\hat{\mathfrak{gl}}(2,C))$. The Boltzmann weights constitute an R-matrix for a cyclic representation. In order for R-matrices of cyclic representations to exist, the continuous parameters of the representations have to satisfy some algebraic relations, and this fact explains the origin of the non-trivial algebraic curves in this theory.

In the talk at the symposium in memory of J.-L. Verdier, a generalization of the chiral Potts model based on minimal cyclic representations of $U_q(\hat{\mathfrak{gl}}(n,C))$ was presented. The content was based on our joint paper of the same title with M. Jimbo, K. Miki and T. Miwa which appeared in *Comm. Math. Phys* **137**, 133–147 (1991). For earlier works, see the references cited in that paper.

In relation with this work, we presented a kind of branching rule for tensor products of cyclic and (finite-dimensional) highest-weight representations of $U_q(\hat{\mathfrak{gl}}(n,C))$, which will appear in the proceedings of the NATO ARW on "Quantum Field Theory, Statistical Mechanics, Quantum Groups and Topology", Miami 1991.

Solvable models based on more general cyclic representations are presented in the recent preprint of Kashaev, Mangazeev and Stroganov "N^3-state R matrix related with the $U_q(\hat{\mathfrak{sl}}(3))$ algebra at $q^{2N} = 1$".

E. Date
Osaka University
Faculty of Engineering Science
Toyonaka, Osaka 560
Japan

Infinite Discrete Symmetry Group for the Yang–Baxter Equations and their Higher Dimensional Generalizations [1]

M. Bellon, J.-M. Maillard, and C. Viallet

Abstract. We show that the Yang-Baxter equations for two dimensional vertex models admit as a group of symmetry the infinite discrete group $A_2^{(1)}$. The existence of this symmetry explains the presence of a spectral parameter in the solutions of the equations. We show that similarly, for three-dimensional vertex models and the associated tetrahedron equations, there also exists an infinite discrete group of symmetry. Although generalizing naturally the previous one, it is a much bigger hyperbolic Coxeter group. We indicate how this symmetry can help to resolve the Yang-Baxter equations and their higher-dimensional generalizations and initiate the study of three-dimensional vertex models. These symmetries are naturally represented as birational projective transformations. They may preserve non trivial algebraic varieties.

Key-words: Yang-Baxter equations, Star-triangle relations, Tetrahedron equations, Inversion relations, Integrable models, Coxeter groups, Weyl group, Automorphisms of algebraic varieties, Birational transformations, Cremona transformations, Iteration of mappings.

1. Introduction

The Yang-Baxter equations, which appeared twenty years ago[2], have acquired a predominant role in the theory of integrable two-dimensional models in statistical mechanics [6, 7] and field theory (quantum or classical). They have actually outpassed the borders of physics and have become fashionable in some parts of the mathematics literature. They in particular support the construction of quantum groups [8, 9].

The Yang-Baxter equations [7] and their higher dimensional generalizations are now considered as the defining relations of integrability. They are the "Deus ex machina" in a number of domains of Mathematics and Physics

[1] work supported by CNRS

[2] In fact, fifty years ago, Lars Onsager was totally aware of the key role played by the star-triangle relation in solving the two-dimensional Ising model, but he preferred to give an algebraic solution emphasizing Clifford algebras [1, 2, 3, 4, 5].

(Knot Theory [10], Quantum Inverse Scattering [11], S-Matrix Factorization, Exactly Solvable Models in Statistical Mechanics, Bethe Ansatz [12], Quantum Groups [13, 9], Chromatic Polynomials [14] and more awaited deformation theories). The appeal of these equations comes from their ability to *give global results from local ones.* For instance, they are a sufficient and, to some extent, necessary [15] condition for the commutation of families of transfer matrices of arbitrary size and even of corner transfer matrices. From the point of view of topology, one may understand these relations by considering them as the generators of a large set of *discrete deformations of the lattice.* This point of view underlies most studies in knot theory [10] and statistical mechanics ($\mathbb{Z}$-invariance [16, 17]).

We want to analyze the Yang-Baxter equations and their higher dimensional generalizations [18, 19, 20, 21] without prejudice about what should be a solution, that is to say proceed by *necessary* conditions.

We will exhibit an infinite discrete group of transformations acting on the Yang-Baxter equations or their higher dimensional generalizations (tetrahedron, hyper-simplicial equations).

These transformations act as an automorphy group of various quantities of interest in Statistical Mechanics (partition function,...), and are of great help for calculations, even outside the domain of integrability (critical manifolds, phase diagram,...) [22].

We show here is that *they form a group of symmetries of the equations defining integrability.* They consequently appear as a group of automorphisms of the algebraic varieties parametrizing the solutions of the Yang-Baxter or tetrahedron equations. We will denote this group $\mathcal{A}ut$.

The existence of $\mathcal{A}ut$ drastically constrains the varieties where solutions may be found. In the general case, it has *infinite* orbits and gives *severe constraints* on the algebraic varieties which parametrize the possible solutions (genus zero or one curves, algebraic varieties which are not of the general type [23]). In the non-generic case, when $\mathcal{A}ut$ has finite order orbits, the algebraic varieties can be of general type, but *the very finiteness condition allows for their determination* [24].

In the framework of infinite group representations, it is crucial to recognize the *essential difference* between what these symmetry groups are for the Yang-Baxter equations and what they are for the higher dimensional tetrahedron and hyper-simplicial relations: the number of involutions generating our groups increases from 2 to 2^{d-1} when passing from two-dimensional to d-dimensional models and the group jumps from the semi-direct product $\mathbb{Z} \ltimes \mathbb{Z}_2$ to a much larger group, i.e., a *group with an exponential growth* with the length of the word[3].

[3] It is worth recalling that for the Zamolodchikov solution [19, 21] of the tetrahedron relation, the partition function is similar to the one of the two-dimensional checkerboard Ising model. This example seems to indicate that three-dimensional integrability can only occur when the 2^{d-1} generators of the group satisfy additional relations allowing

The existence of $\mathcal{A}ut$ as a symmetry of the Yang-Baxter equations has the following consequence: we may say that solving the Yang-Baxter equation is equivalent to solving all its images by $\mathcal{A}ut$. These images *generically tend to proliferate*, simply because $\mathcal{A}ut$ is infinite. Considering that the equations form an *overdetermined set*, it is easy to believe that the total set of equations is "less overdetermined" when the orbits of $\mathcal{A}ut$ are of finite order. One can therefore imagine that the *best candidates* for the integrability varieties are *precisely* the ones where the symmetry group possesses *finite orbits*: the solutions of Au-Yang et al. [25, 26, 27] seem to confirm this point of view [28, 29].

A contrario, if one gets hold of an apparently isolated solution, the action of $\mathcal{A}ut$ will multiply it until building up, in experimentally not so rare cases, a continuous family of solutions from the original one. This is the solution to the so-called baxterization problem [30].

We first show that the simplest example of Yang-Baxter relation which is the star-triangle relation [7] has an *infinite discrete group* of symmetries generated by three involutions. These involutions are deeply linked with the so-called *inversion relations* [31, 32, 33, 34].

This analysis can be extended to the "generalized star-triangle relation" for Interaction aRound the Face models without any major difficulties [6, 35].

2. The star-triangle relations

2.1 The setting

We consider a spin model with nearest neighbour interactions on square lattice. The spins σ_i can take q values. The Boltzmann weight for an oriented bond $\langle ij \rangle$ will be denoted hereafter by $w(\sigma_i, \sigma_j)$. The weights $w(\sigma_i, \sigma_j)$ can be seen as the entries of a $q \times q$ matrix. In the following we will introduce a pictorial representation of the star-triangle relation. An arrow is associated to the oriented bond $\langle ij \rangle$. The arrow from i to j indicates that the argument of the Boltzmann weight w is (σ_i, σ_j) rather than (σ_j, σ_i). This arrow is relevant only for the so-called chiral models [25], that is to say that the $q \times q$ matrix describing w is not symmetric. An interesting class of $q \times q$ matrices has been extensively investigated in the last few years [25, 27, 26]: the general cyclic matrices. It is important to note that we *do not* restrict ourselves to this particular class of matrices. Let us give the following non cyclic nor symmetric 6×6 matrix as another illustrative

for a mere polynomial growth of the size, and possibly reducing to a semi-direct product of finite groups and $\mathbb{Z}$ factors.

example:

$$\begin{pmatrix} x & y & z & y & z & z \\ z & x & y & z & y & z \\ y & z & x & z & z & y \\ y & z & z & x & z & y \\ z & y & z & y & x & z \\ z & z & y & z & y & x \end{pmatrix} \tag{1}$$

2.2 The relations

We introduce the star-triangle equations both analytically[4] and pictorially:

$$\sum_{\sigma} w_1(\sigma_1,\sigma)\cdot w_2(\sigma,\sigma_2)\cdot w_3(\sigma,\sigma_3) = \lambda\, \overline{w}_1(\sigma_2,\sigma_3)\cdot \overline{w}_2(\sigma_1,\sigma_3)\cdot \overline{w}_3(\sigma_1,\sigma_2). \tag{2}$$

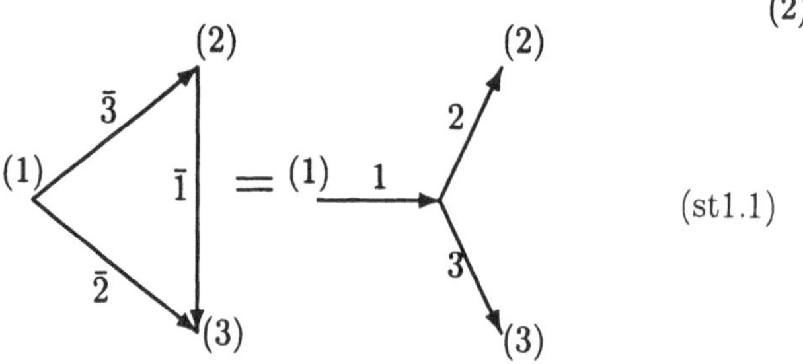

One should note that satisfying equation (2) *together with* the relation (st1.2) obtained by reversing all arrows, is a *sufficient* condition for the commutation of the diagonal transfer matrices of *arbitrary size M* with periodic boundary conditions $\mathbb{T}_M(w_2, \overline{w}_2)$ and $\mathbb{T}_M(\overline{w}_3, w_3)$:

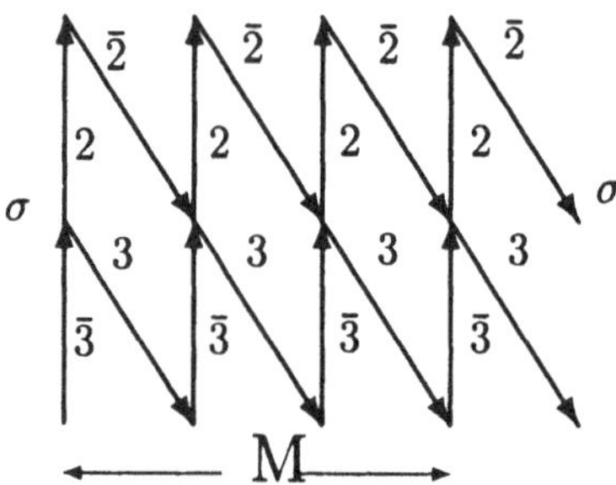

Note that for cyclic matrices ([25, 27, 26]) the star-triangle relations (st1.1) and (st1.2) give the same equations since one exchanges (st1.2) and (st1.1) by spin reversal.

One could obviously imagine many other choices for the arrows on the six bonds, however only three of them lead to the commutation of

[4]Since the w_i and $\overline{w}_i$ are homogeneous variables, there will always be a global multiplicative factor λ floating around in the star-triangle equations.

diagonal transfer matrices. We therefore have three systems of equations to study. For example, if the Boltzmann weights are given by the 6×6 matrix (1), these three systems of equations are respectively made of 20 different equations or 35 or 36.

3. The Yang-Baxter relation for vertex models

We shall not get here into the arcanes of this relation, which appears in the theory of integrable models [9], the theory of factorizable S-matrix in two-dimensional field theory, the quantum inverse scattering method [11], knot theory and has been given a canonical meaning in terms of Hopf algebras [36] (quantum groups [8, 9, 37, 38, 39]) and the list is far from exhaustive. We just want to fix some notations for later use.

We consider a vertex model on a two-dimensional square lattice. To each bond is associated a variable with q possible states and a Boltzmann weight $w(i,j,k,l)$ is assigned to each vertex

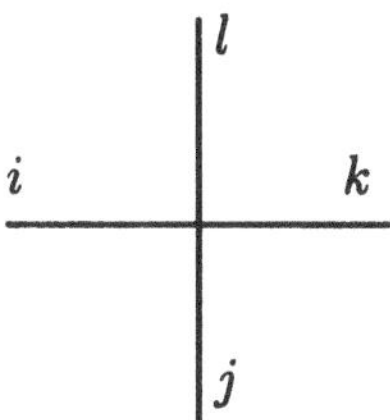

In order to write the Yang-Baxter relation, the q^4 homogeneous weights $w(i,j,k,l)$ are first arranged in a $q^2 \times q^2$ matrix R:

$$R^{ij}_{kl} = w(i,j,k,l). \tag{3}$$

The Yang-Baxter relation is a trilinear relation between three matrices $R(1,2)$, $R(2,3)$ and $R(1,3)$:

$$\sum_{\alpha_1,\alpha_2,\alpha_3} R^{i_1 i_2}_{\alpha_1\alpha_2}(1,2) R^{\alpha_1 i_3}_{j_1 \alpha_3}(1,3) R^{\alpha_2\alpha_3}_{j_2 j_3}(2,3) = \sum_{\beta_1,\beta_2,\beta_3} R^{i_2 i_3}_{\beta_2\beta_3}(2,3) R^{i_1\beta_3}_{\beta_1 j_3}(1,3) R^{\beta_1\beta_2}_{j_1 j_2}(1,2). \tag{4}$$

The assignation (3) is arbitrary and we may specify it by complementing the vertex with an arrow and attributing numbers to the lines

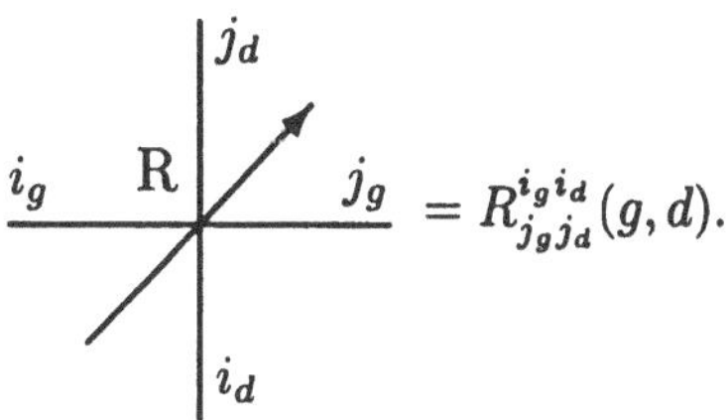

With these rules relation (4) has the following graphical representation

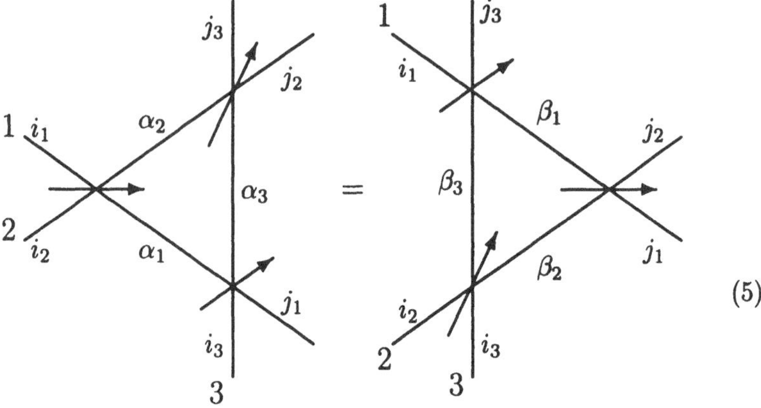

(5)

The lines carry indices 1,2,3.

Some especially interesting solutions depend on a continuous parameter called the "spectral parameter". The presence of this parameter is fundamental for many applications in physics, as for example the Bethe Ansatz method [40, 5, 11, 12]. One of the main issues in the full resolution of (4) is precisely to describe what is this parameter and the algebraic variety on which it lives, although its presence may obscure the algebraic structures underlying the Yang-Baxter equation (*the discovery of quantum groups was allowed by forgetting this parameter* [39, 8, 41, 9]). The problem of building up continuous families of solutions from an isolated one, known as the *baxterization* [10], is made straightforward by our study. Indeed our results *explain the presence of the spectral parameter* in the solution of the equation (see also [24]).

4. Infinite discrete symmetry group for the star-triangle relation

4.1 The inversion relation

Two distinct inverses act on the matrix of nearest neighbour spin interactions: the matrix inverse I and the dyadic (element by element) inverse J. We write down the inversion relations both analytically and pictorially:

$$\sum_{\sigma} w(\sigma_i, \sigma) \cdot I(w)(\sigma, \sigma_j) = \mu\, \delta_{\sigma_i \sigma_j}, \tag{6}$$

$$w(\sigma_i, \sigma_j) \cdot J(w)(\sigma_i, \sigma_j) = 1. \tag{7}$$

where $\delta_{\sigma_i \sigma_j}$ denotes the usual Kronecker delta.

w $I(w)$

σ_i σ σ_j $=$ $\sigma_i = \sigma_j$

w

and σ_i σ_j $=$ σ_i σ_j

$J(w)$

The two involutions I and J generate an *infinite discrete group* Γ (Coxeter group) isomorphic to the infinite dihedral group $\mathbb{Z}_2 \ltimes \mathbb{Z}$. The $\mathbb{Z}$ part of Γ is generated by IJ. In the parameter space of the model, that is to say some projective space $\mathbb{C}\mathbf{P}_{n-1}$ (n homogeneous parameters), I and J are birational involutions. They give a *non-linear representation of this Coxeter group by an infinite set of birational transformations* [24]. It may happen that the action of Γ on specific subvarieties *yields a finite orbit.* This means that the representation of Γ identifies with the p-dihedral group $\mathbb{Z}_2 \ltimes \mathbb{Z}_p$.

4.2 The symmetries of the star-triangle relations

The two inversions I and J act on the star-triangle relation. Let us give a pictorial representation of this action, starting from (st1.1) as an example:

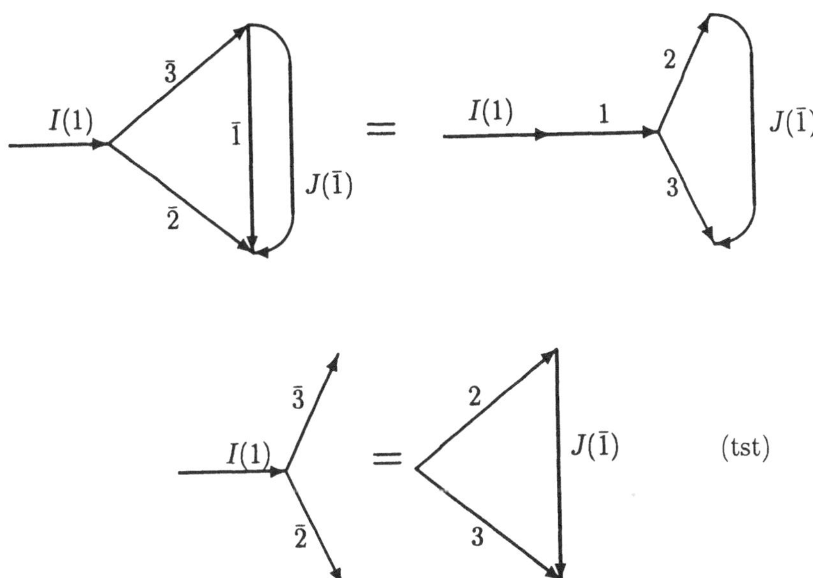

(tst)

The transformed equation reads:

$$\lambda \sum_{\sigma_1} I(w_1)(\tau,\sigma_1)\cdot\overline{w}_2(\sigma_1,\sigma_3)\cdot\overline{w}_3(\sigma_1,\sigma_2) = w_2(\tau,\sigma_2)\cdot w_3(\tau,\sigma_3)\cdot J(\overline{w}_1)(\sigma_2,\sigma_3). \tag{8}$$

We get an action on the space of solutions of the star-triangle relation.

If $(w_1, w_2, w_3, \overline{w}_1, \overline{w}_2, \overline{w}_3)$ is a solution of eq(2) (see picture (st1.1) for the specific arrangement of arrows), then $(I(w_1), \overline{w}_3, \overline{w}_2, J(\overline{w}_1), w_3, w_2)$ is also a solution of eq(2), at the price of a permitted redefinition of λ. In this transformation, the weights w_1 and $\overline{w}_1$ play a special role.

At this point, it is better to formalize this action by introducing some notations. We may choose as a reference star-triangle relation $\mathcal{ST}$, the symmetric configuration:

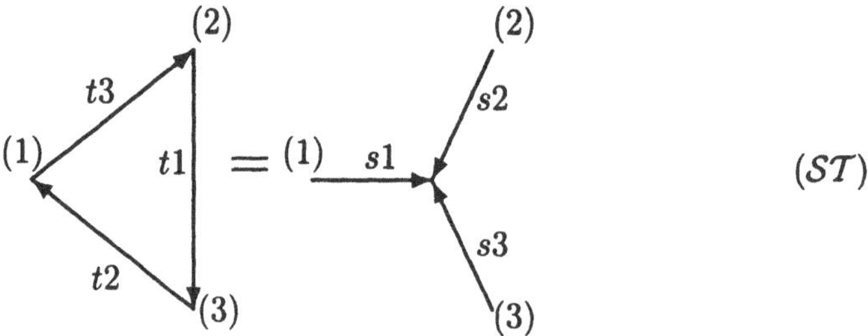

Any configuration may be obtained by reversing some arrows and permuting some bonds. With evident notations, we will denote by $R_{s1}, R_{s2}, R_{s3}, R_{t1}, R_{t2}, R_{t3}$ the reversals of arrows, and by $P_{si,sj}, P_{si,tj}, P_{ti,tj}$ the permutations of bonds. Moreover I and J act on the bonds as $I_{s1}, I_{s2}, \ldots$ The action of I and J described above (where 1 was playing a special role) identifies with the action of

$$\mathcal{K}_1 = R_{s2} R_{t3} I_{s1} J_{t1} P_{s2,t3} P_{s3,t2}. \tag{9}$$

It is easy to check that $\mathcal{K}_1$ is an involution.

We may construct two similar involutions $\mathcal{K}_2$ and $\mathcal{K}_3$, obtained by cyclic permutation of the indices 1, 2, 3. The involutions $\mathcal{K}_i (i = 1,2,3)$ verify the defining relations of the *Weyl group of an affine algebra of type* $A_2^{(1)}$ [42]:

$$(\mathcal{K}_1\mathcal{K}_2)^3 = (\mathcal{K}_2\mathcal{K}_3)^3 = (\mathcal{K}_3\mathcal{K}_1)^3 = 1. \tag{10}$$

We denote $\mathcal{A}ut$ the group generated by the three involutions $\mathcal{K}_i$ $(i = 1,2,3)$.

5. Infinite discrete symmetry group for the Yang-Baxter equation

5.1 The inversion relations.

The R-matrix appears naturally as a representation of an element of the tensor product $\mathcal{A}\otimes\mathcal{A}$ of some algebra $\mathcal{A}$ with itself. This algebra is a nice Hopf algebra in the context of quantum groups. We shall not dwell on this here but recall some simple operations on R.

In $\mathcal{A}\otimes\mathcal{A}$ we have a product inherited from the product in $\mathcal{A}$:

$$(a\otimes b)(c\otimes d)=ac\otimes bd. \tag{11}$$

R is an invertible element of $\mathcal{A}\otimes\mathcal{A}$ for this product and we shall denote by $I(R)$ the inverse for this product:

$$R\cdot I(R)=I(R)\cdot R=1\otimes 1. \tag{12}$$

In terms of the representative matrix this reads:

$$\sum_{\alpha,\beta} R^{ij}_{\alpha\beta}\, I(R)^{\alpha\beta}_{uv}=\delta^i_u\,\delta^j_v=\sum_{\alpha,\beta} I(R)^{ij}_{\alpha\beta}\, R^{\alpha\beta}_{uv}. \tag{13}$$

This is nothing else but the so-called *inversion relation* for *vertex* models [31, 32, 35, 43, 23]. On $\mathcal{A}\otimes\mathcal{A}$ we have a permutation operator σ:

$$\sigma(a\otimes b) = b\otimes a, \tag{14}$$

$$(\sigma R)^{ij}_{uv} = R^{ji}_{vu}, \quad \text{for the matrix } R. \tag{15}$$

Note that the representation of σ is just the conjugation by the permutation matrix P:

$$P^{ij}_{kl} = \delta_{il}\delta_{jk}, \tag{16}$$

$$\sigma R = PRP. \tag{17}$$

In the language of matrices we have a notion of transposition. Let us define partial transpositions t_g and t_d by:

$$(t_g R)^{ij}_{uv} = R^{uj}_{iv}, \tag{18}$$

$$(t_d R)^{ij}_{uv} = R^{iv}_{uj}, \tag{19}$$

and the full transposition

$$t=t_g t_d=t_d t_g. \tag{20}$$

We shall in the sequel use another inversion J defined by:

$$J=t_g I t_d=t_d I t_g, \tag{21}$$

or equivalently:

$$\sum_{\alpha,\beta} R^{\alpha u}_{v\beta}\, J(R)^{\alpha i}_{j\beta} = \delta^i_u\, \delta^j_v = \sum_{\alpha,\beta} J(R)^{i\beta}_{\alpha j}\, R^{u\beta}_{\alpha v} \tag{22}$$

These operators verify straightforwardly:

$$\begin{aligned} I^2 &= J^2 = 1, \quad It = tI, \quad Jt = tJ, \\ \sigma^2 &= t^2 = 1, \quad \sigma I = I\sigma, \quad \sigma J = J\sigma, \\ (\sigma t_g)^2 &= (\sigma t_d)^2 = t, \quad \sigma t_g \sigma t_d = 1. \end{aligned} \tag{23}$$

Each of these operations has a graphical representation. For the inversion I or more precisely for σI it is:

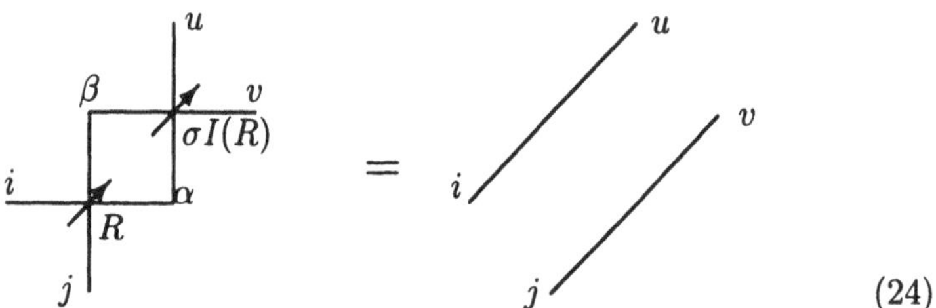

(24)

the inversion J reads:

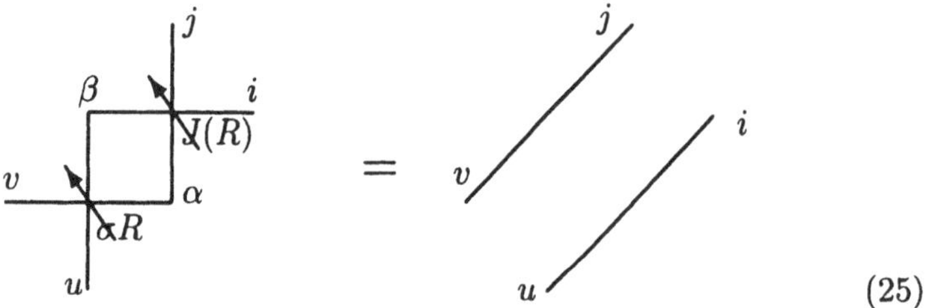

(25)

and the transposition reads:

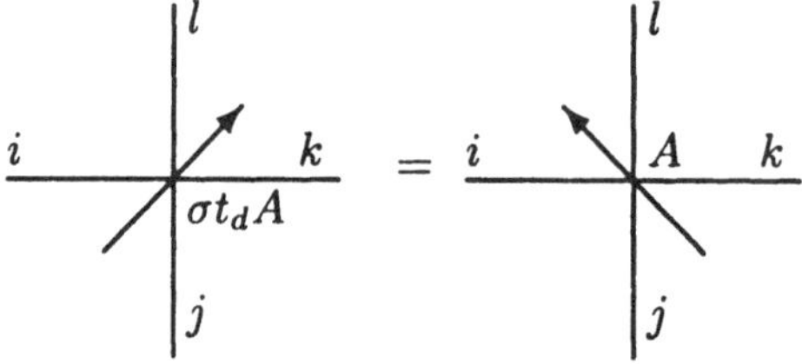

Note that the two inversions I and J do not commute. They generate an infinite discrete group Γ, the infinite dihedral group, isomorphic to the semi-direct product $\mathbb{Z} \ltimes \mathbb{Z}_2$. This group is represented on the matrix elements by *birational transformations* [24, 44, 45] acting on the projective space of the entries of the matrix R. Remark that for the *vertex models*, the birational transformations associated to the two involutions I and J are naturally related by collineations (see (21): this should be compared with the situation for nearest neighbour interaction spin models [24, 46].

5.2 The symmetries of the Yang-Baxter equations.

At the price of the redefinitions:

$$A = tR(2,3), \tag{26}$$
$$B = \sigma t_d R(1,3), \tag{27}$$
$$C = R(1,2), \tag{28}$$

we may picture the Yang-Baxter relation in a more symmetric way:

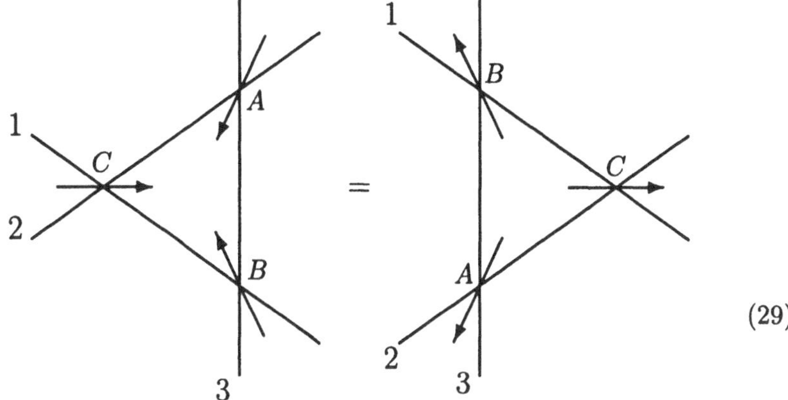

(29)

We may bracket (29) with 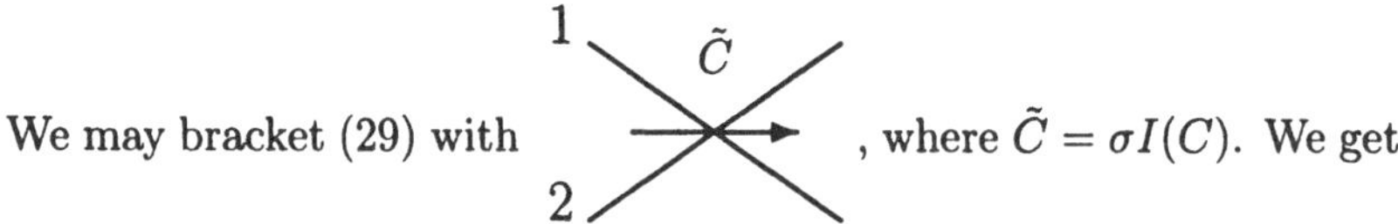

, where $\tilde{C} = \sigma I(C)$. We get

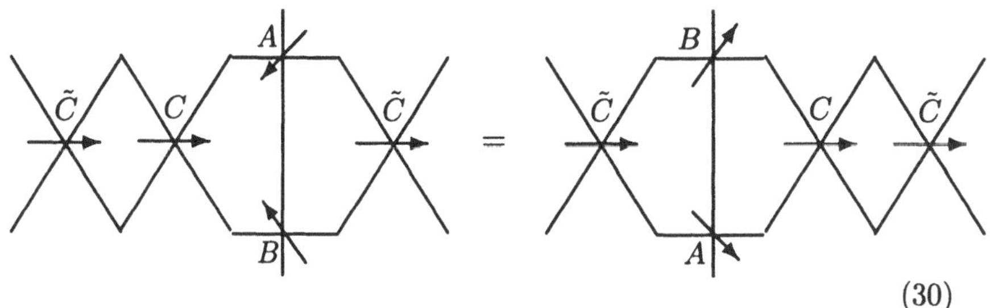

(30)

that is to say

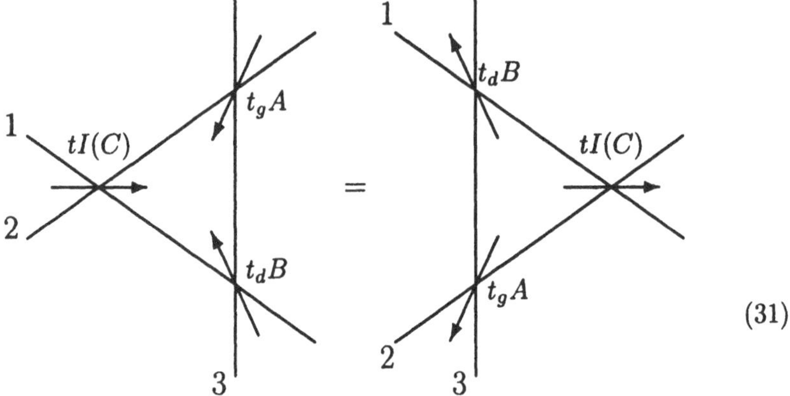

(31)

This relation is nothing but (29) after the redefinitions

$$\begin{aligned} A &\rightarrow t_gA, \\ B &\rightarrow t_dB, \\ C &\rightarrow tI\,C. \end{aligned} \tag{32}$$

We may denote by K_3 the operation (32). We have two other similar operations K_1 and K_2

$$K_1: \begin{array}{l} A \rightarrow tI\,A \\ B \rightarrow t_gB \\ C \rightarrow t_dC \end{array}, \qquad K_2: \begin{array}{l} A \rightarrow t_dA \\ B \rightarrow tI\,B \\ C \rightarrow t_gC \end{array}.$$

The discrete group $\mathcal{A}ut$ generated by the K_i's ($i = 1, 2, 3$) is a symmetry group of the Yang-Baxter equations. These generators K_i ($i = 1, 2, 3$) are involutions. The K_i's satisfy the relation $(K_1K_2K_3)^2 = 1$. Actually, the operation $K_1K_2K_3$ is just the inversion I on R. Among the elements of the discrete group generated by the K_i's we have in particular:

$$(K_1K_2)^2: \quad A \rightarrow It_gIt_gA = tIJA, \tag{33}$$
$$B \rightarrow t_dIt_dIB = tJIB, \tag{34}$$
$$C \rightarrow C. \tag{35}$$

Since IJ is of infinite order, we have generated an *infinite discrete group* of symmetries. This is exactly the phenomenon that we described in section 4.2 for the star-triangle equations.

Under this form it is not so evident to find the actual structure of the group. Let us introduce K_A, K_B and K_C, which are simply related to the K_i's by the transposition of two vertices:

$$K_A: \begin{array}{l} A \rightarrow \sigma tIA \\ B \rightarrow t_g\sigma C \\ C \rightarrow \sigma t_gB \end{array}, \qquad K_B: \begin{array}{l} A \rightarrow \sigma t_gC \\ B \rightarrow \sigma tIB \\ C \rightarrow t_g\sigma A \end{array}, \qquad K_C: \begin{array}{l} A \rightarrow t_g\sigma B \\ B \rightarrow \sigma t_gA \\ C \rightarrow \sigma tIC \end{array}.$$

It is easily verified that:

$$K_A^2 = K_B^2 = K_C^2 = 1, \tag{36}$$

and

$$(K_A K_B)^3 = (K_B K_C)^3 = (K_C K_A)^3 = 1, \tag{37}$$

with no other relations. We recover the affine Coxeter group $A_2^{(1)}$ we already encountered in section 4.2.

A fundamental remark: Beware that, due to the different arrangement of indices, the relations we consider are not the Yang-Baxter equations that one considers in the study of quantum groups (shortly $RRR = RRR$) but rather its avatar $ABC = CBA$. The relevance of these relations is detailed in the standard literature on integrable models [9] and quantum groups [37, 38, 39].

We have here a very powerful instrument for two purposes: it defines *adequate patterns* for the matrix R [47]. It permits the so-called *baxterization of an isolated solution* just acting with tIJ. Indeed if a set of relations among the entries of R are preserved by IJ (or at least by tIJ), they will stay for every transforms of the initial Yang-Baxter relation. We shall illustrate in section 7.1.1 the baxterization on the Baxter eight-vertex model [48, 16] and show in section 7.1.2 how to introduce a spectral parameter for the solutions of the Yang-Baxter equations associated to $sl(n)$ algebras.

6. The tetrahedron equations and their symmetries

This equation is a generalization of the Yang-Baxter equation to three dimensional vertex models [19, 18, 21]. We give a pictorial representation of the three-dimensional vertex by

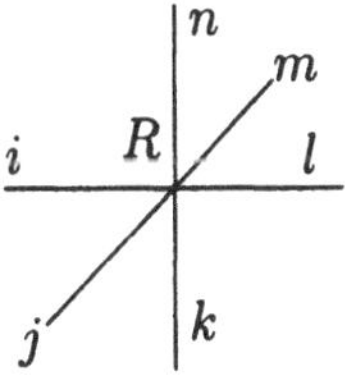

The Boltzmann weights of the vertex are denoted $w(i,j,k,l,m,n)$ and may be arranged in a matrix of entries

$$R^{ijk}_{lmn} = w(i,j,k,l,m,n). \tag{38}$$

The tetrahedron equation has a pictorial representation:

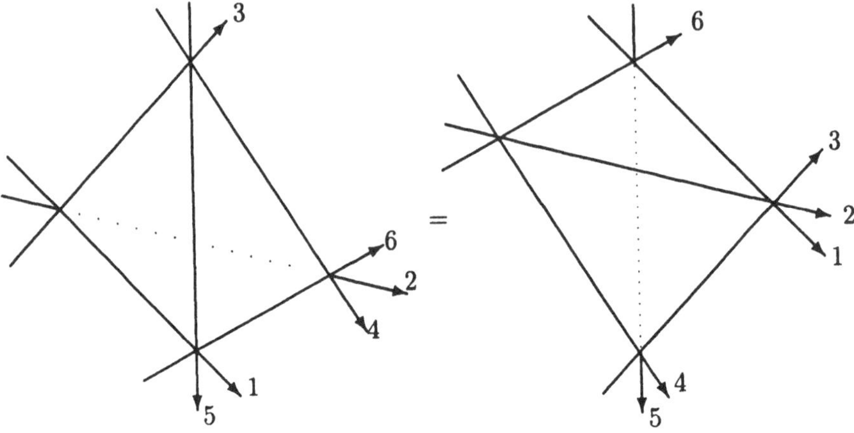

The algebraic form is

$$R_{123}R_{543}R_{516}R_{426} = R_{426}R_{516}R_{543}R_{123}. \tag{39}$$

We may here again introduce an inverse I

$$\sum_{\alpha_g,\alpha_m,\alpha_d} (IR)^{i_g i_m i_d}_{\alpha_g \alpha_m \alpha_d} \cdot R^{\alpha_g \alpha_m \alpha_d}_{j_g j_m j_d} = \delta^{i_g}_{j_g}\delta^{i_m}_{j_m}\delta^{i_d}_{j_d}. \tag{40}$$

We also introduce the partial transpositions t_g, t_m and t_d with

$$(t_g R)^{i_g i_m i_d}_{j_g j_m j_d} = R^{j_g i_m i_d}_{i_g j_m j_d}, \tag{41}$$

and similar definitions for t_m and t_d.

We redefine

$$A = R_{123}, \quad B = t_d R_{543}, \quad C = t_g t_m R_{516}, \quad D = tR_{426}, \tag{42}$$

where t is the full transposition $t_g t_m t_d$. Equation (39) then takes the more symmetric form

$$\sum_{s_1,\ldots,s_6} A^{i_1 i_2 i_3}_{s_1 s_2 s_3} B^{i_5 i_4 j_3}_{s_5 s_4 s_3} C^{j_5 j_1 i_6}_{s_5 s_1 s_6} D^{j_4 j_2 j_6}_{s_4 s_2 s_6} = \sum_{r_1,\ldots,r_6} D^{r_4 r_2 r_6}_{i_4 i_2 i_6} C^{r_5 r_1 r_6}_{i_5 i_1 j_6} B^{r_5 r_4 r_3}_{j_5 j_4 i_3} A^{r_1 r_2 r_3}_{j_1 j_2 j_3}. \tag{43}$$

We may multiply the previous equation by $(IA)^{u_1 u_2 u_3}_{i_1 i_2 i_3}$ and $(tIA)^{v_1 v_2 v_3}_{j_1 j_2 j_3}$ and sum over (i_1, i_2, i_3) and (j_1, j_2, j_3). This amounts to a bracketing of the tetrahedron equations by two times the same vertex, in a procedure trivially generalizing the one for the Yang-Baxter equation (30). We recover (43) with A, B, C and D transformed by

$$\begin{aligned} K_1 : A &\rightarrow tIA \\ B &\rightarrow t_d B \\ C &\rightarrow t_m C \\ D &\rightarrow t_m D. \end{aligned} \tag{44}$$

We have in a similar way the operations

$$K_2 : \begin{array}{l} A \rightarrow t_d A \\ B \rightarrow tIB \\ C \rightarrow t_g C \\ D \rightarrow t_g D \end{array}, \qquad K_3 : \begin{array}{l} A \rightarrow t_g A \\ B \rightarrow t_g B \\ C \rightarrow tIC \\ D \rightarrow t_d D \end{array}, \qquad K_4 : \begin{array}{l} A \rightarrow t_m A \\ B \rightarrow t_m B \\ C \rightarrow t_d C \\ D \rightarrow tID \end{array}.$$

Each of these four operations is an involution. They satisfy various relations, for instance $(K_1K_2K_3K_4)^2 = 1$. *The K_i's generate a group $\mathcal{A}ut_3$ which is a symmetry group of the tetrahedron equations.* This group is "monstrous" since the number of elements of length smaller than l is of exponential growth with respect to l, unlike the case of the affine Coxeter groups (as $A_2^{(1)}$ for the Yang-Baxter equation) where this number is of polynomial growth.

The operations playing a role similar to the one of I and J in the two-dimensional Yang-Baxter equations are the *four* involutions

$$I, \quad J = t_g I t_m t_d, \quad K = t_m I t_d t_g, \quad L = t_d I t_g t_m. \tag{45}$$

We call Γ_3 the group generated by these four involutions. Γ_3 is also a symmetry group for the three dimensional vertex model *even if* [33] the model *does not* satisfy the tetrahedron equation.

In order to precise the algebraic structure of the group Γ_3 generated by I, J, K and L, it is simpler to consider as generators two of the partial transpositions t_g and t_d, I and the full transposition t. The third partial transposition can be recovered as the product tt_gt_d and t commutes with all other generators and so contributes a mere $\mathbb{Z}_2$ factor in the group. We are thus considering the Coxeter group generated by three involutions t_g, t_d and I, with two of them commuting: this is represented by the following Dynkin diagram

$$\underset{t_g}{\bullet} \overset{\infty}{\text{—}} \underset{I}{\bullet} \overset{\infty}{\text{—}} \underset{t_d}{\bullet}$$

For this group again, the number of elements of length smaller than l is greater than $2^{l/2}$. This is in fact a *hyperbolic* Coxeter group [49].

7. Consequences of this symmetry group

7.1 The baxterization

The problem of the baxterization is to introduce a spectral parameter into an isolated solution of the Yang-Baxter equations [10]. We have solutions of this problem by acting with the symmetry group Γ.

7.1.1 Baxterization of the Baxter model

Consider the matrix of the symmetric eight vertex model

$$R = \begin{pmatrix} a & 0 & 0 & d \\ 0 & b & c & 0 \\ 0 & c & b & 0 \\ d & 0 & 0 & a \end{pmatrix}. \tag{46}$$

Notice that this form is preserved by I and J and that $tR = R$. The action of I is

$$a \longrightarrow \frac{a}{a^2-d^2} \qquad b \longrightarrow \frac{b}{b^2-c^2} \tag{47}$$

$$c \longrightarrow \frac{-c}{b^2-c^2} \qquad d \longrightarrow \frac{-d}{a^2-d^2} \tag{48}$$

and the action of J is

$$a \longrightarrow \frac{a}{a^2-c^2} \qquad b \longrightarrow \frac{b}{b^2-d^2} \tag{49}$$

$$c \longrightarrow \frac{-c}{a^2-c^2} \qquad d \longrightarrow \frac{-d}{b^2-d^2} \tag{50}$$

We shall look at the solutions of the Yang-Baxter equations for matrices R of the form (46). The leading idea is that the parametrization of the solutions is just the parametrization of the algebraic varieties preserved by tIJ in the projective space $\mathbb{C}P_3$ of the homogenous parameters (a, b, c, d). The remarkable fact is that not only these varieties exist but can be completely described. We use the visualization method we have already used [24, 50] for spin models, that is to say just draw the orbits obtained by numerical iteration and look.

This is best illustrated by Figure 1. This figure shows the orbit of point (*), which is a matrix of the form (46). It is drawn by the iteration of IJ acting on the initial point (*). The resulting points densify on the elliptic curve given by the intersection of the two quadrics Δ_1 = constant and Δ_2 = constant (Clebsch's biquadratic), with Δ_1 and Δ_2 the Γ invariants

$$\Delta_1 = \frac{a^2+b^2-c^2-d^2}{ab+cd},$$

$$\Delta_2 = \frac{ab-cd}{ab+cd}. \tag{51}$$

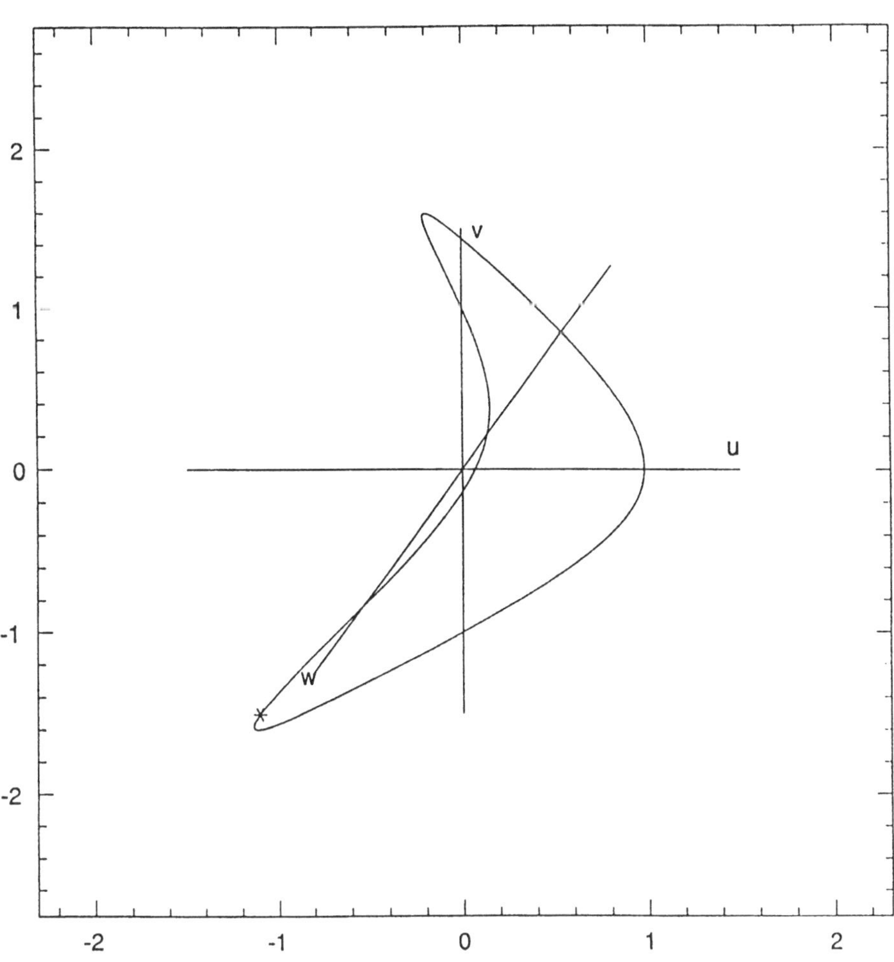

Figure 1. Baxterization of the point $*$

Similar calculations can be performed for a very general 16-vertex model for which the 4×4 R-matrix is symmetric:

$$R = \begin{pmatrix} a & e & f & d \\ e & b & c & g \\ f & c & b' & h \\ d & g & h & a' \end{pmatrix}. \tag{52}$$

Amazingly the baxterization of this 16-vertex model leads to *curves*. These curves are also *intersection of quadrics* (even in the general case for which their is no solution for the Yang-Baxter equations) [51].

7.1.2 Baxterization of the R matrix of $sl_q(n)$

Another example corresponds to the baxterization of solutions associated to $sl(n)$ algebras [13]. There are special solutions generally denoted R_+ and R_-. For the simplest four-dimensional representation of the $sl(2)$ case, we have

$$R_+ = \begin{pmatrix} q & 0 & 0 & 0 \\ 0 & 1 & q - q^{-1} & 0 \\ 0 & 0 & 1 & 0 \\ 0 & 0 & 0 & q \end{pmatrix}. \tag{53}$$

and a similar expression for R_- [13]. Looking for a family containing both R_+ and R_- our baxterization procedure leads to the well-known [5] six-vertex model R-matrix $R = \lambda R_+ + 1/\lambda R_-$.

We let as an exercise for the reader to treat the $sl(3)$ case. In a forthcoming publication we will show that these ideas can be generalized to all the universal R-matrices [9] for every representation [52]. This group appears in field theory, in the analysis of classical R-matrices [53].

7.2 A strategy for the resolution of a star-triangle equation

We may use the symmetry group *Aut* (or more simply Γ on each Boltzmann weight) to find the integrability varieties. In general, Γ points towards specific algebraic varieties in the parameter space (the varieties where the orbits lie), and *Aut* sometimes allows to reduce the number of unknowns in the original equations (sections 4.2 and 5.2). We may in certain instance bring these equations to a handable "isotropic" form ($ABC = CBA \rightarrow RRR = RRR$ form), and find particular isotropic solution of the equations.

This is best exemplified [54] with the chiral model, with five homogeneous parameters $w(k)$, $k = 0, 1, 2, 3, 4$ and weight matrix

$$\begin{pmatrix} w(0) & w(1) & w(2) & w(3) & w(4) \\ w(4) & w(0) & w(1) & w(2) & w(3) \\ w(3) & w(4) & w(0) & w(1) & w(2) \\ w(2) & w(3) & w(4) & w(0) & w(1) \\ w(1) & w(2) & w(3) & w(4) & w(0) \end{pmatrix} \tag{54}$$

For the non-chiral model obtained by setting $w(1) = w(4)$ and $w(2) = w(3)$, the exact result of Fateev-Zamolodchikov [55] is recovered in [54] *without prejudice* on the properties of the solution (e.g. self-duality). One can go further and look at the integrability varieties of the general chiral Potts model [27].

The above (non-chiral) "isotropic" point is a particular solution of the star-triangle relation for this model (isotropic star-triangle). We use the non-homogeneous variables $x(k) = w(k)/w(0)$, $k = 1, \ldots, 4$. We introduce the infinitesimal perturbation $X_i(k)$ of $x_i(k)$, and $\overline{X}_i(k)$ of $\overline{x}_i(k)$, with obvious notations.

The linearized star-triangle relations yield a homogeneous linear system for $X_i(k), \overline{X}_i(k)$. This system is not only compatible, but it has *a four dimensional space of solutions.*

The solutions verify:

$$X_1(k) + X_2(k) + X_3(k) = \overline{X}_1(k) + \overline{X}_2(k) + \overline{X}_3(k) = 0, \quad k = 1, \ldots, 4. \tag{55}$$

If we introduce the symmetric and antisymmetric vectors X^s and X^a (resp. $\overline{X}^s$ and $\overline{X}^a$)

$$X^s = \begin{pmatrix} 1 \\ s \\ s \\ 1 \end{pmatrix} \quad X^a = \begin{pmatrix} 1 \\ a \\ -a \\ -1 \end{pmatrix} \quad \overline{X}^s = \begin{pmatrix} 1 \\ \overline{s} \\ \overline{s} \\ 1 \end{pmatrix} \quad \overline{X}^a = \begin{pmatrix} 1 \\ \overline{a} \\ -\overline{a} \\ -1 \end{pmatrix} \tag{56}$$

with

$$s = \frac{2 - 4c(2) - c(4) + c(6) + 7c(8) - 7c(10) - c(12) - 3c(14)}{-2 - 4c(2) + 8c(4) - c(6) + 2c(8) - 4c(10) + c(12) - 2c(14)}$$

$$a = \frac{-2 + 4c(2) + c(4) - c(6) - 9c(8) + 9c(10) + c(12) - c(14)}{-6 + 2c(2) + 8c(4) + 17c(6) - 42c(8) + 2c(10) + 23c(12) + 22c(14)}$$

$$\overline{s} = \frac{-2 + 10c(2) - 12c(4) + 7c(6) - 7c(8) + 3c(10) + 4c(12) - 2c(14)}{10 - 15c(2) + 11c(4) - 9c(6) + 2c(10) + c(12) + 4c(14)}$$

$$\overline{a} = \frac{10 - 4c(2) - 12c(4) + 18c(6) - 26c(8) + 14c(10) + 8c(12) - 8c(14)}{11 + 20c(2) - 60c(4) + 68c(6) - 90c(8) + 50c(10) + 32c(12) - 50c(14)}$$

with $c(p) = cos(p\theta)$, i.e., numerically:

$s \simeq -58.28463...$ $a \simeq -1.0308189...$, $\overline{s} \simeq -1.834537...$, $\overline{a} \simeq 4.543390...$

and set

$$X_i = s_i X^s + a_i X^a \tag{57}$$
$$\overline{X}_i = \overline{s}_i \overline{X}^s + \overline{a}_i \overline{X}^a \qquad i = 1, 2, 3, \tag{58}$$

we get

$$\begin{aligned} s_1 + s_2 + s_3 &= a_1 + a_2 + a_3 = 0, \\ \overline{s}_i &= -\alpha\, s_i, \\ \overline{a}_1 &= \beta\,(a_2 - a_3), \\ \overline{a}_2 &= \beta\,(a_3 - a_1), \\ \overline{a}_3 &= \beta\,(a_1 - a_2), \end{aligned} \tag{59}$$

with

$$\alpha = -\frac{1}{4\cos^2(\theta)} \simeq -.2527617250... \tag{60}$$
$$\beta = \frac{28}{31} - \frac{38}{31}c(1) + \frac{20}{93}c(3) + \frac{118}{93}c(7) \simeq .0108158287... \tag{61}$$

This proves[5] the existence of *a four parameter family of solutions* of the star-triangle equations containing the isotropic point. This family contains in particular the previously mentioned Fateev-Zamolodchikov solution [55]. It is remarkable that IJ is of *finite order* on this curve (the order is five). We have the prejudice that the integrability surface is of the same nature, i.e. is a locus of points where $(IJ)^5 = 1$. *Notice that such a locus is automatically invariant by both I and J.* Such a surface is given by the two equations:

$$\begin{aligned} A & \Big(w(1)w(3)w(4)^2 - 3w(2)^2w(4)^2 + 2w(1)w(2)w(4)w(0) \\ + & \; w(3)w(2)^2w(0) - 3w(1)w(3)^2w(0) + 2w(4)w(2)w(3)^2 \Big) \\ - & \; 4w(2)^2w(4)^2 - 4w(1)w(3)^2w(0) + 3w(3)w(2)^2w(0) \\ + & \; 3w(1)w(3)w(4)^2 + w(4)w(2)w(3)^2 + w(1)w(2)w(4)w(0) = 0 \end{aligned} \tag{62}$$

and

$$A \Big(-2w(3)^2w(0)^2 - 2w(1)w(2)w(4)^2 - w(4)w(3)^2w(1) \tag{63}$$

[5] As a consequence of the implicit function theorem and the algebraicity of the solutions of the star-triangle equations

$$
\begin{aligned}
&+ \quad 3w(0)w(3)w(4)^2 + 3w(2)w(1)w(3)w(0) - w(2)w(0)^2w(4)\Big) \\
&- \quad w(1)w(2)w(4)^2 + 2w(2)w(0)^2w(4) - w(0)w(3)w(4)^2 \\
&+ \quad 2w(4)w(3)^2w(1) - w(3)^2w(0)^2 - w(2)w(1)w(3)w(0) = 0
\end{aligned}
$$

with $A = \frac{1}{2}(-1 \pm \sqrt{5})$. The vectors $X^s, \overline{X}^s, X^a, \overline{X}^a$ are tangent to this surface for $A = \frac{1}{2}(-1 + \sqrt{5})$.

The consequences of equation (59) on the commutation of transfer matrices $T_i = \mathbb{T}_M(\overline{w}_i, w_i)$ are the following: locally near the isotropic point T_i depends on $(s_i, a_i, \overline{s}_i, \overline{a}_i)$. The commutation of T_1 and T_2 is obtained by imposing relations (59). We first need $\overline{s}_1 = -\alpha\, s_1$ which allows three parameters for T_1. At this point (59) fixes a_2 and $\overline{a}_2$ and the only free parameter for T_2 is s_2, giving a *one parameter family of commuting transfer matrices.*

The integrability surface is actually the locus of points where $(IJ)^5 = e$ [28, 56, 57, 58, 59, 60]. In general, we believe that the varieties corresponding to *finite dimensional orbits* of the group Γ are *good candidates for integrability* [54].

In support of our inclination for finite orbits, we recall the asymmetric eight-vertex model ((52) with $e = f = g = h = 0$) for which the *free fermion condition* $aa' + bb' - c^2 - d^2 = 0$ implies *both the integrability and the finiteness of the orbits* of Γ (hint: I and J reduce to *linear permutations* up to signs). It is actually easy to find explicitly the subvarieties where Γ is of finite order [24]

When searching for isolated solutions of the Yang-Baxter equations, the group Γ can be used to get necessary conditions on the R-matrices. From the equation $RRR = RRR$, we deduce an infinite set of other relations of the kind $Rg(R)h(R) = h(R)g(R)R$, where g and h belong to Γ, leading to the commutation of the transfer matrices with periodic boundary conditions $T_N(R)$ and $T_N(g(R))$. Even for $N = 1$ and $g = I$, this leads to non-trivial *necessary conditions.* For the 16 vertex model (52), this gives one *quartic* condition with 72 terms.

7.3 Three-dimensional models

Our strategy for finding solutions of the tetrahedron equations is to seek for patterns of the Boltzmann weights of the three dimensional vertex *compatible with the symmetry group* Γ_3. By this we mean that its form should be preserved by Γ_3.

7.3.1 A first model

We will therefore consider a simple model where i, j, k, l, m and n take only two values $+1$ and -1. The matrix (38) is an 8×8 matrix. We will require that its pattern is invariant under the inverse I [47] and the various partial transpositions t_g, t_m and t_d. We aim at having a generalization of the Baxter eight-vertex model and we impose the following restrictions:

$$\begin{aligned} w(i,j,k,l,m,n) &= w(-i,-j,-k,-l,-m,-n), & (64)\\ w(i,j,k,l,m,n) &= 0 \quad \text{if } ijklmn = -1. & (65) \end{aligned}$$

These constraints amount to saying that the 8×8 matrix splits into two times the same 4×4 matrix. It is further possible to impose that this matrix is symmetric since, in this case, $t_g R$ (and any other partial transpose) is also symmetric. Let us introduce the following notations for the entries of the 4×4 block of the R matrix

$$\begin{pmatrix} a & d_1 & d_2 & d_3 \\ d_1 & b_1 & c_3 & c_2 \\ d_2 & c_3 & b_2 & c_1 \\ d_3 & c_2 & c_1 & b_3 \end{pmatrix}. \qquad (66)$$

The four rows and columns of this matrix correspond to the states $(+,+,+)$, $(+,-,-)$, $(-,+,-)$ and $(-,-,+)$ for the triplets (i,j,k) or (l,m,n). The R-matrix can be completed by spin reversal, according to the rule (64). t_g simply exchanges c_2 with d_2 and c_3 with d_3, t_m and t_d can be similarly defined and I acts as the inversion of this 4×4 matrix.

For this three dimensional model, the coefficients of the characteristic polynomial of the 4×4 matrix (66) give a good hint for invariants under Γ_3. They are

$$\begin{aligned} \sigma_1^{(3d)} &= a + b_1 + b_2 + b_3, & (67)\\ \sigma_2^{(3d)} &= a(b_1 + b_2 + b_3) + b_1 b_2 + b_2 b_3 + b_3 b_1 & (68)\\ &- (c_1^2 + c_2^2 + c_3^2 + d_1^2 + d_2^2 + d_3^2), \ldots . \end{aligned}$$

Since $\sigma_2^{(3d)}$ is invariant by t_g, t_m amd t_d and takes a simple factor (the inverse of the determinant) under the action of I, the variety $\sigma_2^{(3d)} = 0$ *is invariant under* Γ_3. Given the hugeness of the group Γ_3, it is already an astonishing fact to have such a covariant expression. In fact we can exhibit *five linearly independent polynomials* with the same covariance, which give *four invariants*, as follows:

$$a b_1 + b_2 b_3 - c_1^2 - d_1^2, \qquad c_2 d_2 - c_3 d_3, \qquad (69)$$

and the ones deduced by permutations of 1, 2 and 3. They form a five dimensional space of polynomials. Any ratio of the five independant polynomials is invariant under all the four generating involutions. In other

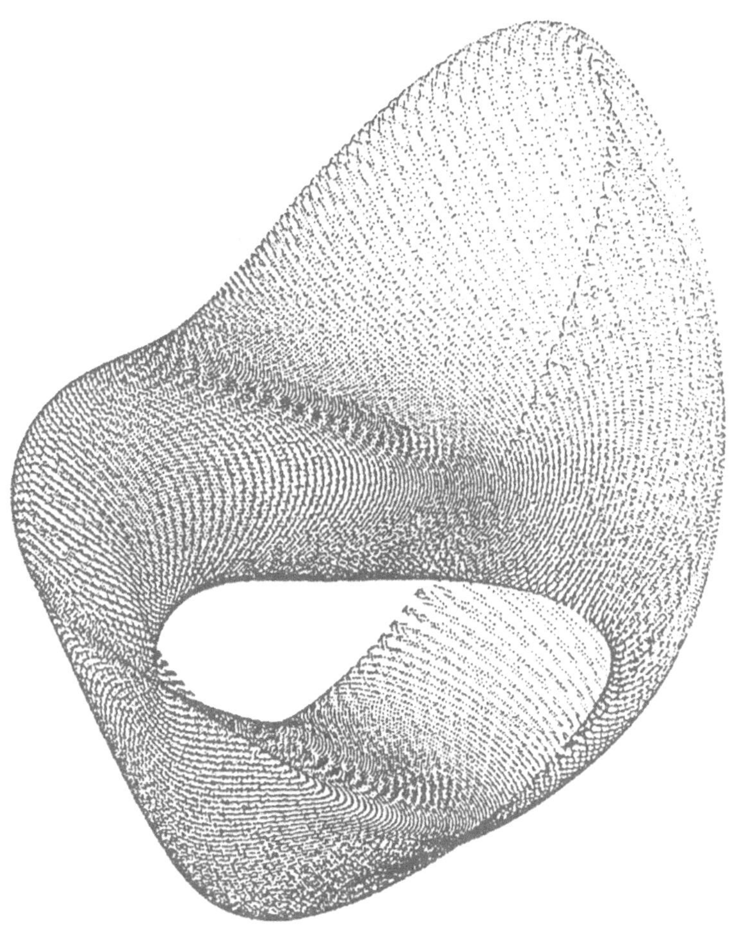

Figure 2.

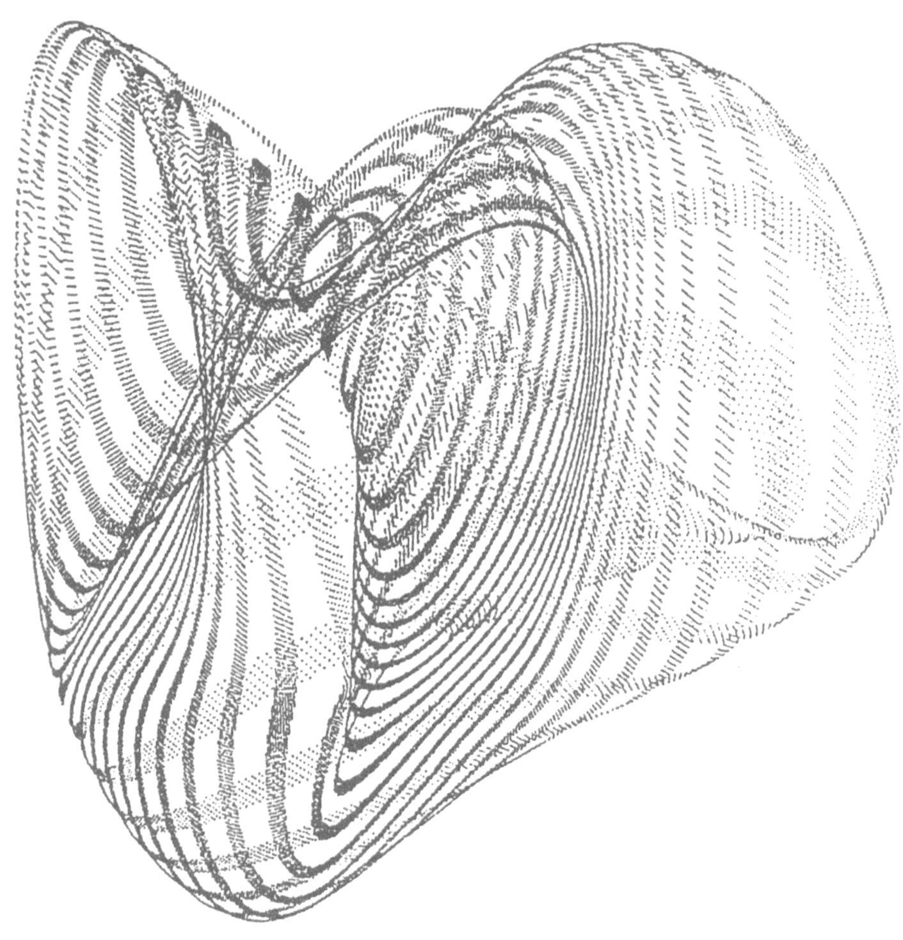

Figure 3.

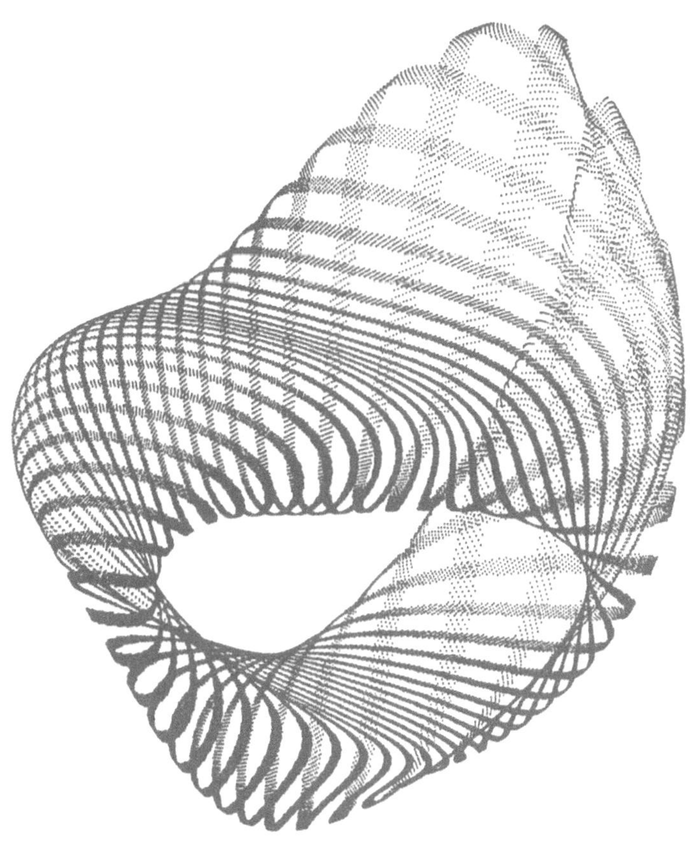

Figure 4.

words $\mathbb{C}\mathbf{P}_9$ is foliated by five dimensional algebraic varieties invariant under Γ_3.

To have some flavour of the possible (integrable ?) algebraic varieties invariant under Γ_3, we study its orbits [24, 50]. We start with the study of the subgroup generated by some infinite order element namely IJ. This element gives a special role to axis 1. The transformation IJ *does preserve the symmetry under the exchange of 2 and 3.* If the initial point is symmetric under the exchange of 2 and 3, the orbit under IJ is thus a *curve.* Other starting points lead to orbits lying on a *two dimensional* variety given by the intersection of seven quadrics (see figure 2,3,4). However, what we are interested in are the orbits of the *whole* Γ_3 group. The size of this group prevent us from studying exhaustively the full set of group elements of a given length even for quite small values of this length. We have nevertheless explored the group by a random construction of typical elements of increasingly large length [30]. This confirms that we generically only have the four invariants described previously.

7.3.2 A second model

We also consider a simple model where i, j, k, l, m and n take only two values $+1$ and -1 and which is also a generalization of the Baxter eight vertex model. The Boltzmann weights $w(i,j,k,l,m,n)$ are given by:

$$w(i,j,k,l,m,n) = f(i,j,k)\ \delta^i_l\ \delta^j_m\ \delta^k_n + g(i,j,k)\ \delta^i_{-l}\ \delta^j_{-m}\ \delta^k_{-n} \qquad (70)$$

$$f(i,j,k) = f(-i,-j,-k) \text{ and } g(i,j,k) = g(-i,-j,-k) \qquad (71)$$

Equations (71) are symmetry conditions reducing the numbers of homogeneous parameters from 16 to 8.

As for the previous model, there exists an invariant of the action of the whole group Γ_3:

$$\frac{f(+,+,+)f(+,-,-)f(-,+,-)f(-,-,+)}{g(+,+,+)g(+,-,-)g(-,+,-)g(-,-,+)} \qquad (72)$$

Considering the subgroup of Γ_3 generated by the infinite order element IJ, one can easily find other invariants, namely

$$\frac{f(+,+,+)f(+,-,-)}{g(+,+,+)g(+,-,-)} \qquad (73)$$

and

$$\frac{f(+,+,+)^2 + f(+,-,-)^2 - g(+,+,+)^2 - g(+,-,-)^2}{g(+,+,+)g(+,-,-)} \qquad (74)$$

For this model [61], the trajectories under IJ are *curves* in $\mathbb{C}\mathbf{P}_7$.

8. Conclusion

An important problem in statistical mechanics and field theory, is the understanding of the role of the dimension of the lattice on both the algebraic aspects and the topological aspects. All this touches various fields of mathematics and physics: algebraic geometry, algebraic topology, quantum algebra. Indeed the Coxeter groups we use are at the same time groups of automorphisms of algebraic varieties, symmetries of quantum Yang-Baxter equations (and their higher dimensional avatars). They also provide an *extension to several complex variables functions of the notion of the fundamental group* Π_1 of a Riemann surface, with of course a much more involved covering structure [33, 50].

We believe moreover that the *space of parameters* seen as a projective space is the appropriate place to look at, if one wants to substantiate the deep topological notion embodied in the notion of **Z**-invariance [16] and free the models from the details of the lattice shape.

Actually, we have exhibited an infinite discrete symmetry group for the Yang-Baxter equations and their higher dimensional generalization acting on this parameter space. This group is the Coxeter group $A_2^{(1)}$ (semi-direct product of $\mathbb{Z} \times \mathbb{Z}$ by some finite group). We have shown that this symmetry is responsible for the presence of the spectral parameter. In other words, the *discrete* symmetry gives rise to a *continuous* one (see [54]). A similar study for the generalized star-triangle relation of the Interaction aRound a Face model, sketched in [35], can be performed rigorously along the same lines, leading to the same result. Also note that the same groups generated by involutions appear in the study of semi-classical r-matrices [53]. An interesting point will be to exhibit the action of our symmetry group on the underlying quantum group for the Yang-Baxter equations [52].

Our symmetry group is a group of automorphisms of the integrability varieties. This should give precious informations on these varieties. In particular one should decide if, up to Lie groups factors (which cannot be excluded because of the existence of "gauge" symmetries, weak graph duality [62], ...), these varieties can be anything else than abelian varieties, or even product of curves: can they be for example K_3 surfaces, are they homological obstructions to the occurence of anything but curves ?

For three-dimensional vertex models, the symmetry group, though generalizing very naturally the previous group (generated by four involutions with similar relations) is drastically different: it is so "large"[6] that the chances are quite small that it leaves enough room for any invariant integrability varieties. It is not useless to recall the unique non-trivial known solution of the tetrahedron equations (Zamolodchikov's solution) [19, 18, 21].

[6] One should keep in mind that very "large" sets of rational transformations may preserve algebraic curve of genus zero or one. Just think of the transformations on the circle generated by $\{\theta \rightarrow \theta + \lambda,\ \theta \rightarrow 2\theta,\ \theta \rightarrow 3\theta\}$ [63]

For this model the three axes are not on the same footing, so that we do not have a "true" three dimensional symmetry for the model (two-dimensional checkerboard models coupled together). Is there still any hope for a three-dimensional exactly solvable model with *genuine three-dimensional symmetry*? We think that the group of symmetries we have described gives the best line of attack to this problem. We will show that Γ_3 and even more Aut_3 are generically too "large" to allow any non-trivial solution of the tetrahedron equations with genuine three dimensional symmetry [64].

Acknowledgments: We would like to thank J. Avan, O. Babelon, and M. Talon, for very stimulating discussions and comments.

L'un de nous (JMM), désire rendre hommage à la mémoire de Jean-Louis Verdier. Il y a plus de dix ans de cela, travailler sur les modèles intégrables était plutôt mal vu dans la communauté de la physique théorique française. Alors que je travaillais avec M.-T. Jaekel, Jean-Louis Verdier nous consacra une après-midi de discussion chaque semaine et ce, durant des années. Nous discutions d'équation de Yang-Baxter, de ses avatars (groupes de tresses, algèbre de Hecke, relations d'entrelacement, ...), de relations tetraèdre, de relations d'inverse, de modèle de Potts, toujours dans un esprit de géométrie algébrique.

J'ai un merveilleux souvenir de ces discussions: il y avait de part et d'autre un réel effort pour communiquer et pour montrer à l'autre, au delà des considérations adventices qui trop souvent encombrent, l'idée la plus intrinsèque, le concept, la structure qui font réellement marcher les choses. Il y avait le dialogue profond et honnête de gens qui ont compris que derrière ces idées se trouve quelque chose de passionnant. Je peux témoigner de la patience, de la générosité, du désintéressement de Jean-Louis Verdier: tout ce temps consacré à deux jeunes chercheurs plutôt marginaux ne servait en rien à sa carrière.

A l'heure où l'intégrabilité reçoit une reconnaissance institutionnelle à travers trois médailles Fields, mais où les phénomènes de mode tendent à remplacer les idées par des campagnes d'influence et le savoir-faire par le faire-savoir, à cette heure je tiens à dire que Jean-Louis Verdier me manque profondément.

Appendix: Symmetry group of the star-triangle relation

The three involutions generating the symmetry group of the star-triangle relations read:

$$\mathcal{K}_1 = R_{s2}R_{t3}I_{s1}J_{t1}P_{s2,t3}P_{s3,t2}\,, \quad \mathcal{K}_1^2 = 1 \tag{1}$$

$$\mathcal{K}_2 = R_{s3}R_{t1}I_{s2}J_{t2}P_{s3,t1}P_{s1,t3}\,, \quad \mathcal{K}_2^2 = 1 \tag{2}$$

$$\mathcal{K}_3 = R_{s1}R_{t2}I_{s3}J_{t3}P_{s1,t2}P_{s1,t1}\,, \quad \mathcal{K}_3^2 = 1 \tag{3}$$

If σ is the cyclic permutation, $\sigma = \sigma_s \sigma_t$ with $\sigma_s = P_{s_2,s_3} P_{s_1,s_2}$ and $\sigma_t = P_{t_2,t_3} P_{t_1,t_2}$, the involutions $\mathcal{K}_i$ are related by

$$\mathcal{K}_2 = \sigma^2 \mathcal{K}_1 \sigma, \quad \mathcal{K}_3 = \sigma^2 \mathcal{K}_2 \sigma \tag{4}$$

This symmetry group contains an action of IJ . It may be obtained by successively operating with the previous involutions: first act with $\mathcal{K}_1$, then with $\mathcal{K}_3$, then operate with $\mathcal{K}_2$ and finally with $\mathcal{K}_1$. This sequence of operations, when used on relations (st1.1), yields:

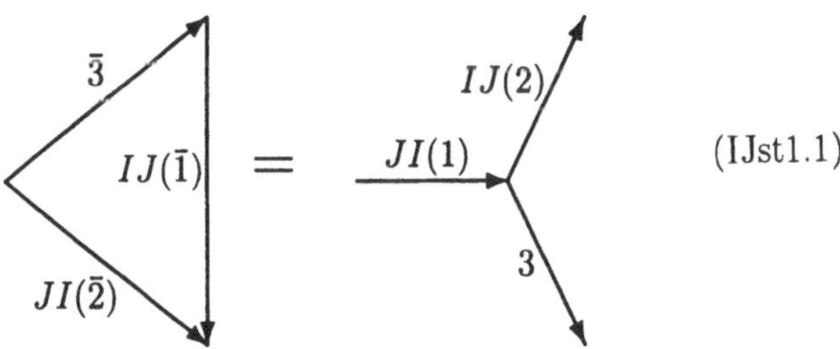

(IJst1.1)

This sequence of transformations amounts to acting with the product

$$G_3 = \sigma \mathcal{K}_1 \mathcal{K}_2 \mathcal{K}_3 \mathcal{K}_1 = R_{s1} R_{s2} R_{t1} R_{t2} (JI)_{s1} (IJ)_{s2} (IJ)_{t1} (JI)_{t2}. \tag{5}$$

We may define similarly

$$G_2 = \sigma G_3 \sigma^2 = R_{s3} R_{s1} R_{t3} R_{t1} (JI)_{s3} (IJ)_{s1} (IJ)_{t3} (JI)_{t1} \tag{6}$$

$$G_1 = \sigma G_2 \sigma^2 = R_{s3} R_{s2} R_{t3} R_{t2} (IJ)_{s3} (JI)_{s2} (JI)_{t3} (IJ)_{t2} \tag{7}$$

We have the relations:

$$G_1 G_2 G_3 = 1 \tag{8}$$

$$G_i G_j = G_j G_i \qquad \forall i, j = 1, 2, 3. \tag{9}$$

The symmetry group $\mathcal{A}ut$ is the semi-direct product of the Weyl group of an A_2 (finite dimensional simple of rank 2) Lie algebra by a bidimensional lattice translation group $\mathbb{Z} \times \mathbb{Z}$.

REFERENCES

[1] L. Onsager. The Ising model in two dimensions. In R.E. Mills, E. Ascher, and R.I. Jaffee, editors, *Critical Phenomena in Alloys, Magnets and Superconductors*, New York, (1971). MacGraw-Hill.

[2] L. Onsager. Phys. Rev. **65** (1944), pp. 117–149.

[3] M.J. Stephen and L. Mittag. J. Math. Phys. **13** (1972), pp. 1944–1951.

[4] R.J. Baxter and Enting, 399th *Solution of the Ising Model.* J. Phys. **A11** (1978), pp. 2463–2473.

[5] P.W. Kasteleyn. Exactly solvable lattice models. In *Proc. of the 1974 Wageningen Summer School: Fundamental problems in statistical mechanics III*, Amsterdam, (1974). North–Holland.

[6] R. J. Baxter. In *Proc. of the 1980 Enschede Summer School: Fundamental problems in statistical mechanics V*, Amsterdam, (1981). North–Holland.

[7] R.J. Baxter. *Exactly solved models in statistical mechanics.* London Acad. Press, (1981).

[8] V.G. Drinfel'd. Quantum groups. In *Proceedings of the International Congress of Mathematicians.* Berkeley, (1986).

[9] O. Babelon and C-M. Viallet. *Integrable Models, Yang-Baxter Equation, and Quantum Groups, Part I.* preprint SISSA 54 EP, (1989).

[10] V.F.R Jones. *Baxterization.* preprint CMA-R23-89, (1989).

[11] L.D. Faddeev. Integrable models in $1+1$ dimensional quantum field theory. In *Les Houches Lectures (1982)*, Amsterdam, (1984). Elsevier.

[12] M. Gaudin. *La fonction d'onde de Bethe.* Collection du C.E.A. Série Scientifique. Masson, Paris, (1983).

[13] L.D. Faddeev. Quantum groups. In *Tel-Aviv Landau conference*, (1990).

[14] J. M. Maillard and R. Rammal, *Some analytical consequences of the inverse relation for the Potts model.* J. Phys. **A16** (1983), p. 353.

[15] P. Lochak and J. M. Maillard, *Necessary versus sufficient conditions for exact solubility.* Journ. Math. Phys. **27** (1986), p. 593.

[16] R.J. Baxter, *Solvable eight-vertex model on an arbitrary planar lattice.* Phil. Trans. R. Soc. London **289** (1978), p. 315.

[17] H. Au-Yang and J.H.H Perk, *Critical correlations in a $\mathbb{Z}$ invariant inhomogeneous Ising model.* Physica **A144** (1987), pp. 44–104.

[18] R.J. Baxter, *On Zamolodchikov's Solution of the Tetrahedron Equations.* Comm. Math. Phys. **88** (1983), pp. 185–205.

[19] A.B. Zamolodchikov, *Tetrahedron equations and the relativistic S-matrix of straight-strings in 2+1 dimensions.* Comm. Math. Phys. **79** (1981), p. 489.

[20] M. T. Jaekel and J. M. Maillard, *Symmetry relations in exactly soluble models.* J. Phys. **A15** (1982), pp. 1309–1325.

[21] R.J. Baxter, *The Yang-Baxter equations and the Zamolodchikov model.* Physica **D18** (1986), pp. 321–347.

[22] D. Hansel, J. M. Maillard, J. Oitmaa, and M. Velgakis, *Analytical properties of the anisotropic cubic Ising model.* J. Stat. Phys. **48** (1987), p. 69.

[23] J. M. Maillard, *Automorphism of algebraic varieties and Yang–Baxter equations.* Journ. Math. Phys. **27** (1986), p. 2776.

[24] M.P. Bellon, J-M. Maillard, and C-M. Viallet, *Integrable Coxeter Groups.* Physics Letters **A 159** (1991), pp. 221–232.

[25] H. Au-Yang, B.M. Mc Coy, J.H.H. Perk, S. Tang, and M.L. Yan, *Commuting transfer matrices in the chiral Potts models: solutions of the star–triangle equations with genus* ≥ 1. Phys. Lett. **A123** (1987), p. 219.

[26] B.M. Mc Coy, J.H.H. Perk, S. Tang, and C-H. Sah, *Commuting transfer matrices for the four–state self–dual chiral Potts model with genus three uniformizing Fermat curve.* Phys. Lett. **A125** (1987), p. 9.

[27] R.J. Baxter, J.H.H. Perk, and H. Au-Yang, *New solutions of the star–triangle relations for the chiral Potts model.* Phys. Lett. **A128** (1988), p. 138.

[28] D. Hansel and J. M. Maillard, *Symmetries of models with genus* > 1. Phys. Lett. A **133** (1988), p. 11.

[29] J. Avan, J-M. Maillard, M. Talon, and C-M. Viallet, *Algebraic varieties for the chiral Potts model.* Int. Journ. Mod Phys. **B4** (1990), pp. 1743–1762.

[30] M.P. Bellon, J-M. Maillard, and C-M. Viallet, *Infinite Discrete Symmetry Group for the Yang-Baxter Equations: Vertex Models.* Phys. Lett. B **260** (1991), pp. 87–100.

[31] Y.G. Stroganov. Phys. Lett. **A74** (1979), p. 116.

[32] R.J. Baxter, *The Inversion Relation Method for Some Two-dimensional Exactly Solved Models in Lattice Statistics.* J. Stat. Phys. **28** (1982), pp. 1–41.

[33] M. T. Jaekel and J. M. Maillard, *Inverse functional relations on the Potts model.* J. Phys. **A15** (1982), p. 2241.

[34] J. M. Maillard, *The inversion relation : some simple examples (I) and (II).* Journal de Physique **46** (1984), p. 329.

[35] J. M. Maillard and T. Garel, *Towards an exhaustive classification of the star triangle relation (I) and (II).* J. Phys. **A17** (1984), p. 1251.

[36] E. Abe. *Hopf Algebras.* Cambridge University Press, Cambridge, (1977).

[37] O. Babelon. Integrable systems associated to the lattice version of the Virasoro algebra. I: the classical open chain. In *Integrable systems and quantum groups*, March 1990. Pavia.

[38] J.L. Verdier, *Groupes quantiques [d'après V.G. Drinfel'd].* Séminaire Bourbaki, 39ème année **685** (1987), pp. 1–15.

[39] M. Jimbo, *A q–difference analogue of* $U(\mathcal{G})$ *and the Yang–Baxter equation.* Lett. Math. Phys. **10** (1985), p. 63.

[40] E.H. Lieb and F.Y. Wu. Two dimensional ferroelectric models. In C. Domb and M.S. Green, editors, *Phase Transitions and Critical Phenomena*, volume 1, pages 331–490, New York, (1972). Academic Press.

[41] S.L. Woronowicz, *Twisted* $SU(2)$ *Group. An Example of Noncommutative Differential Calculus.* Publ. Res. Inst. Math. Sci. **23** (1987), pp. 117–181.

[42] V. G. Kac. *Infinite dimensional Lie algebras.* Cambridge University Press, second edition, (1985).

[43] J.-M. Maillard. The star–triangle relation and the inversion relation in statistical mechanics. In *Brasov International Summer School on Critical Phenomena, Theoretical Aspects*, (1983).

[44] M.P. Bellon, J.-M. Maillard, and C-M. Viallet. *Higher Dimensional Mappings with Exact Properties.* Phys. Lett. A159 (1991) p. 233.

[45] M.P. Bellon, J.-M. Maillard, and C-M. Viallet. *Mappings for the* $\mathbb{Z}_N$ *chiral Potts Model.* in preparation.

[46] I.R. Shafarevich. *Basic algebraic geometry.* Springer study. Springer, Berlin, (1977). page 216.

[47] M.P. Bellon, J.-M. Maillard, and C-M. Viallet. *Matrix Patterns for Integrability.* in preparation.

[48] R.J. Baxter, *Partition Function of the Eight-Vertex Lattice Model.* Ann. Phys. **70** (1972), p. 193.

[49] J.E. Humphreys. *Reflection Groups and Coxeter Groups.* Cambridge University Press, Cambridge, (1990).

[50] M.P. Bellon, J.-M. Maillard, and C-M. Viallet, *Higher dimensional mappings.* Physics Letters **A 159** (1991), pp. 233–244.

[51] M.P. Bellon, J.-M. Maillard, and C-M. Viallet. *Infinite Discrete Group of Symmetries for the Sixteen Vertex Model.* Phys. Lett. B281 (1992), p. 315.

[52] M.P. Bellon, J.-M. Maillard, and C-M. Viallet. *Beyond q-analogs.* in preparation.

[53] J. Avan. *Classical R-matrices with general automorphism groups.* Preprint Brown HET 781, (1991).

[54] M.P. Bellon, J-M. Maillard, and C-M. Viallet, *Infinite Discrete Symmetry Group for the Yang-Baxter Equations: Spin models.* Physics Letters **A 157** (1991), pp. 343–353.

[55] V.A. Fateev and A.B. Zamolodchikov, *Self-dual solutions of the star-triangle relations in* $\mathbb{Z}_N$ *models.* Phys. Lett. **A92** (1982), p. 37.

[56] V.V. Bazhanov and Yu.G. Stroganoff. J. Stat. Phys. **59** (1990), p. 799.

[57] V.V. Bazhanov and R.M. Kashaev. *Cyclic L-opreators related with a 3-state R matrix.* preprint RIMS-702, Kyoto (to appear in Comm. Math. Phys.), (1990).

[58] V.V. Bazhanov, R.M. Kashaev, V.V. Mangazeev, and Yu.G. Stroganoff. $Z_N^{\times n-1}$ *Generalization of the chiral Potts model.* preprint IHEP-90-137, Protvino (to appear in Comm. Math. Phys.), (1990).

[59] E. Date, M. Jimbo, K. Miki, and T. Miwa. *New R matrices associated with cyclic representations of* $U_q(A_2^{(2)})$. preprint RIMS-706, July 1990.

[60] E. Date, M. Jimbo, K. Miki, and T. Miwa. *Generalized chiral Potts model and minimal cyclic representations of* $U_q(\widehat{gl}(n, C))$. preprint RIMS-715, (1990).

[61] M.P. Bellon, J-M. Maillard, and C-M. Viallet, *Rational Mappings, Arborescent Iterations, and the Symmetries of Integrability.* Physical Review Letters **67** (1991), pp. 1373–1376.

[62] A. Gaaf and J. Hijmans, *Symmetry relations in the sixteen-vertex model.* Physica **A80** (1975), pp. 149–171.

[63] M.P. Bellon, J.-M. Maillard, and C-M. Viallet. *Mappings In Higher Dimensions.* Preprint PAR-LPTHE-91-31.

[64] M.P. Bellon, J.-M. Maillard, and C-M. Viallet. *A No-Go Theorem for the Tetrahedron Equations.* in preparation.

Laboratoire de Physique Théorique et des Hautes Energies
Université Paris VI, Tour 16, 1er étage
4 Place Jussieu
F–75252 Paris Cedex 05
France

PART IV
Topological Field Theory

Integrable Systems and Classification of 2-Dimensional Topological Field Theories

B. Dubrovin

Abstract. In this paper we consider the so-called WDVV equations from the point of view of differential geometry and of the theory of integrable systems as defining relations of 2-dimensional topological field theory. A complete classification of massive topological conformal field theories (TCFT) is obtained in terms of the monodromy data of an auxillary linear operator with rational coefficients. The procedure of coupling a TCFT to topological gravity is described (at tree level) via certain integrable bihamiltonian hierarchies of hydrodynamic type and their τ-functions. A possible role for the bihamiltonian formalism in the calculation of higher genus corrections is discussed. As a biproduct of this discussion, new examples of infinite dimensional Virasoro-type Lie algebras and their nonlinear analogues are constructed. As an algebro-geometrical application it is shown that WDVV is just the universal system of integrable differential equations (higher order analogue of the Painlevé-VI equation) specifying the periods of the Abelian differentials on Riemann surfaces as functions on moduli of these surfaces.

This paper is an extended version of the talk given at the Conference on Integrable Systems (Luminy, July 1991) and further results [39] have been included. I dedicate it to the memory of J.-L.Verdier.

Introduction

A quantum field theory (QFT) on a D-dimensional manifold M consists of:

1) a family of local fields $\phi_\alpha(x)$, $x \in M$ (functions or sections of a fiber bundle over M). A metric $g_{ij}(x)$ on M usually is one of the fields (the gravity field).

2) A Lagrangian $L = L(\phi, \phi_x, ...)$. Classical field theory is determined by the Euler–Lagrange equations

$$\frac{\delta S}{\delta \phi_\alpha(x)} = 0, \quad S[\phi] = \int L(\phi, \phi_x, ...).$$

3) A procedure of quantization is usually based on the construction of an appropriate path integration measure $[d\phi]$. The partition function is a result of the path integration over the space of all fields $\phi(x)$

$$Z_M = \int [d\phi] e^{-S[\phi]}.$$

Correlation functions (non normalized) are defined by a similar path integral

$$< \phi_\alpha(x)\phi_\beta(y)\ldots >_M = \int [d\phi]\phi_\alpha(x)\phi_\beta(y)\ldots e^{-S[\phi]}.$$

Since the path integration measure is almost never well-defined (and also taking into account the fact that different Lagrangians could give equivalent QFT), an old idea was to construct a self-consistent QFT by solving a system of differential equations for correlation functions. These equations were scrutinized in 2D conformal field theories where D=2 and Lagrangians are invariant with respect to conformal transformations

$$\delta g_{ij}(x) = \epsilon g_{ij}(x), \quad \delta S = 0.$$

This theory is still far from complete because of the complexity (and, probably, nonintegrability) of the differential equations determining correlators.

Here I will consider another class of solvable QFT: topological field theories. These theories admit *topological invariance.* They are invariant with respect to an arbitrary change of the metric $g_{ij}(x)$ on M

$$\delta g_{ij}(x) = \text{arbitrary}, \quad \delta S = 0.$$

On the quantum level that means that the partition function Z_M depends only on the topology of M. All the correlation functions also are topological creatures; they depend only on the labels of the operators and on the topology of M but not on the positions of the operators

$$< \phi_\alpha(x)\phi_\beta(y)\ldots >_M \equiv < \phi_\alpha\phi_\beta\cdots >_M .$$

The simplest example is 2D gravity with the Hilbert – Einstein action

$$S = \int R\sqrt{g}d^2x = \text{Euler characteristic of } M.$$

There are two ways of quantizing this functional. The first one is based on an appropriate discrete version of the model ($M \to$ polyhedron). This leads to a consideration of matrix integrals of the form [55]

$$Z_N(t) = \int_{X^*=X} \exp\{-\mathrm{tr}(X^2 + t_1X^4 + t_2X^6 + \ldots)\}dX,$$

where the integral is taken over the space of all $N \times N$ Hermitian matrices X. Here t_1, $t_2, \ldots,$ are called *coupling constants.* A solution of 2D gravity [1] is based on the observation that after an appropriate limiting procedure $N \to \infty$, and a renormalization of t, the limiting partition function coincides with the τ-function of the KdV hierarchy.

The second approach to 2D gravity is based on an appropriate supersymmetric extension of the Hilbert – Einstein Lagrangian [2]. This reduces the path integral over the space of all metrics $g_{ij}(x)$ on a surface M of the given genus g to an integral over the finite-dimensional space of conformal classes of these metrics, i.e., over the moduli space $\mathcal{M}_g$ of Riemann surfaces of genus g. The correlation functions of the model are expressed via intersection numbers of certain cycles on the moduli space [2-4, 46, 49]

$$\phi_\alpha \leftrightarrow c_\alpha \in H_*(\mathcal{M}_g), \quad \alpha \in \mathbf{N}$$

$$< \phi_\alpha \phi_\beta \ldots >_g = \#(c_\alpha \cap c_\beta \cap \ldots)$$

here the subscript g designates the correlators on a surface of genus g. This approach is often called *cohomological field theory.*

It was conjectured by Witten that both approaches to 2D quantum gravity should give the same results. This conjecture was proved by Kontsevich [42-43], who showed that the generating function

$$F(t) = \sum_{g,n} \sum_{\alpha_1,\ldots,\alpha_n} \frac{t_{\alpha_1} \ldots t_{\alpha_n}}{n!} < \phi_{\alpha_1} \ldots \phi_{\alpha_n} >_g,$$

the free energy of 2D gravity, is a logarithm of the τ-function of a solution of the KdV hierarchy. This was the original form of Witten's conjecture. The τ-function is specified by the string equation (see eq. (3.16b) below).

Other examples of 2D TFT constructed in [2-6, 8-9, 46-49, 57] proved that they could have important mathematical applications, and may be the best tool for treating sophisticated topological objects. In these examples correlators can be expressed via intersection numbers on moduli spaces or their coverings [48] of holomorphic maps from Riemann surfaces to a complex or even almost complex variety (*topological sigma-models* [2]) or via the intersection-form of a singularity in catastrophe theory (*topological Landau – Ginsburg models* [9, 7]; see also [10]). (We shall not discuss here the interesting relations between these models.) This gives rise to the following

Problems. What could be the intrinsic origin of integrability in 2D TFT? How can one classify 2D TFT? Is it possible to find an analogue of the KdV hierarchy in order to calculate the partition function of a given TFT model?

In this paper an approach to these problems is proposed based on differential geometry and on the theory of classical integrable systems of the KdV type. The main ingredient of my approach is the Hamiltonian formalism of integrable hierarchies of KdV type (see, e.g., [21, 25, 29]) and, especially, the Hamiltonian analysis of the semi-classical limits of these systems [18-21].

Let me start by considering the *matter sector* of a 2D topological field theory. That means that the set of local fields $\phi_1(x), \dots, \phi_n(x)$ (the so-called *primary fields* of the model) does not contain the metric. (Afterwards one should integrate over the space of metrics. This should give rise to a procedure of *coupling to topological gravity* that will be described below.) Then the correlators of the fields $\phi_1(x), \dots, \phi_n(x)$ obey very simple algebraic axioms (a consequence [51] of Atiyah's general axioms [50] of topological field theory).

Let

$$\eta_{\alpha\beta} = <\phi_\alpha \phi_\beta>_0$$

(0 means genus zero correlator),

$$c_{\alpha\beta\gamma} = <\phi_\alpha \phi_\beta \phi_\gamma>_0 .$$

Then

1) These tensors are symmetric and $\det(\eta_{\alpha\beta}) \neq 0$. I will use the tensor $\eta_{\alpha\beta}$ and the inverse $(\eta^{\alpha\beta}) = (\eta_{\alpha\beta})^{-1}$ for lowering and raising indices.

2) $c_{\alpha\beta}^{\gamma} = \eta^{\gamma\epsilon} c_{\alpha\beta\epsilon}$ is the tensor of structure constants of a commutative associative algebra A with a unity. That means that, for a basis $e_1, \dots, e_n$ in A, the multiplication law has the form

$$e_\alpha e_\beta = c_{\alpha\beta}^{\gamma} e_\gamma.$$

(We will normalise a basis in such a way that e_1 = the unity of A. So $c_{1\alpha}^{\beta} = \delta_{\alpha}^{\beta}$.)

3) Let $H = \eta^{\alpha\beta} e_\alpha e_\beta \in A$. Then, for correlators of genus g, the following formula holds

$$<\phi_\alpha \dots \phi_\gamma>_g = <e_\alpha \dots e_\gamma, H^g> .$$

In this way

Topologically invariant Lagrangian $\to$ correlators of local physical fields

we lose too much relevant information. To capture more information about a topological Lagrangian, we will consider a topological field theory, together with its deformations preserving topological invariance

$$L \to L + \sum t^\alpha L_\alpha^{(pert)}$$

(t^α are coupling constants). Here we use the ideas and results of [8, 51]. In these papers a general construction of a class of 2D TFT by the twisting of $N = 2$ superconformal field theories was proposed. The so-called *topological conformal field theories* (TCFT) are obtained by this procedure. For any TCFT with n local observables (primary operators) a *canonical* n-parameter deformation preserving topological invariance was constructed. All the correlators of the primary fields $\phi_1, \ldots, \phi_n$ in the perturbed TCFT now depend on coupling parameters $t_1, \ldots, t_n$. This dependence is not arbitrary but obeys the following equations:

1) $\eta_{\alpha\beta} \equiv \text{const in } t\ (t^1, \ldots, t^n)$

2) $c_{1\beta}^{\alpha} \equiv \delta_\beta^\alpha$

3) $c_{\alpha\beta\gamma} = \frac{\partial^3 F(t)}{\partial t^\alpha \partial t^\beta \partial t^\gamma}$ for some function $F(t)$ (primary free energy).

Equations of associativity give a system of nonlinear PDE for $F(t)$

$$\frac{\partial^3 F(t)}{\partial t^\alpha \partial t^\beta \partial t^\lambda}\eta^{\lambda\mu}\frac{\partial^3 F(t)}{\partial t^\mu \partial t^\gamma \partial t^\sigma} = \frac{\partial^3 F(t)}{\partial t^\alpha \partial t^\gamma \partial t^\lambda}\eta^{\lambda\mu}\frac{\partial^3 F(t)}{\partial t^\mu \partial t^\beta \partial t^\sigma} \tag{0.1}$$

with the constraint

$$\frac{\partial^3 F(t)}{\partial t^1 \partial t^\alpha \partial t^\beta} = \eta_{\alpha\beta}. \tag{0.2}$$

These equations were called in [39] *the Witten – Dijkgraaf – E. Verlinde – H. Verlinde* (WDVV) equations. In fact in TCFT one should assume invariance of a solution with respect to scaling transformations of the form

$$t^\alpha \mapsto c^{1-q_\alpha} t^\alpha$$

$$\eta_{\alpha\beta} \mapsto c^{q_\alpha + q_\beta - d} \eta_{\alpha\beta}$$

$$c_{\alpha\beta}^{\gamma} \mapsto c^{q_\alpha + q_\beta - q_\gamma} c_{\alpha\beta}^{\gamma}$$

for some numbers q_α (*charges* of the fields ϕ_α) and d (*dimension* of the model).

My program now is:

1. To classify 2D TFT as solutions of WDVV equations, and

2. For any solution of WDVV (I recall that this describes the matter sector of a TFT model) to construct (i.e., to calculate the partition function and correlators) the complete TFT model (coupling of the given matter sector to topological gravity).

Problem 1 was investigated in [39]. A Lax pair for the WDVV equations was constructed. For the so-called *massive* TCFT models, where the algebra $e_\alpha e_\beta = c_{\alpha\beta}^{\gamma}(t) e_\gamma$, for almost all t, has no nilpotents, it was shown that solutions of the WDVV equations form a $(\frac{n(n-1)}{2} + 1)$-dimensional family (where n is the number of primaries). It turns out that the WDVV equations for the massive case are equivalent to the equations of isomonodromy deformations of an ordinary linear differential operator with rational coefficients. These isomonodromy deformation equations coincide with the Painlevé-VI equation (for $n = 3$) and with higher order analogues of the Painlevé-VI for $n > 3$. Monodromy data (i.e., Stokes matrices) of the operator with rational coefficients serve as parameters of massive TCFT-models.

Concerning the second problem my conjecture is that the set of solutions of WDVV parametrizes a large class of hierarchies of (1+1)-integrable systems. All the well-known hierarchies are in this class but they are only isolated points in it.

The basic idea behind the construction of these integrable hierarchies comes from the Feynmann diagram expansion machinery which is standard in the quantum field theory. In 2D QFT it becomes a representation of the partition function and correlators as a sum of contributions from surfaces of different genera g (*genus expansion*). The idea is that the genus expansion of the partition function should coincide with the small dispersion expansion (see below) of the τ-function of some integrable hierarchy.

A first step in this direction has been taken in [39]: for any solution of WDVV, a hierarchy of integrable Hamiltonian equations of hydrodynamic type was constructed such that the τ-function of a particular solution of this hierarchy coincides with the genus zero approximation of the corresponding TFT model coupled to gravity (see Section 3 below).

From the point of view of the WDVV equations, the hierarchy determines a family of symmetries of the equation (0.1) (see below, Proposition 3.1). To go further one should solve a non-standard "inverse problem": to reconstruct an integrable hierarchy from its zero-dispersion limit. Some examples of such a reconstruction are discussed in Sections 3, 4. Probably, the bihamiltonian formalism could be useful in order to complete the solution of this problem.

Examples of solutions of WDVV and of the corresponding integrable hierarchies are described in Section 4. Almost all the known examples are obtained as a result of analysis of the semiclassical (particularly, dispersionless) limiting procedure in integrable hierarchies of KdV type. More precisely, let

$$\partial_{t_k} y^a = f_k^a(y, \partial_x y, \partial_x^2 y, \ldots),\ a = 1, \ldots, l,\ k = 0, 1, \ldots$$

be a commutative hierarchy of Hamiltonian integrable systems of the KdV type. "Hierarchy" means that the systems are ordered, say, by action of a recursion operator. The number of recursions determines the level of a system in the hierarchy. Systems of the level zero form a primary part of the hierarchy (these correspond to the primary operators in TFT); others can be obtained from the primaries by recursions. The hierarchy posesses a rich family of finite-dimensional invariant manifolds. Some of them can be found in a straightforward way; one needs to apply sophisticated algebraic geometry methods [28] to construct a wider class of invariant manifolds. Any of these manifolds, after an extension to the complex domain, turns out to be fibered over some base M (a complex manifold of some dimension n) with m-dimensional tori as the fibers (common invariant tori of the hierarchy). For $m = 0$, M is nothing but the family of common stationary points of the hierarchy. For $m > 0$, M is a moduli space of Riemann surfaces of some genus g with certain additional structures: marked points, marked meromorphic functions, etc. These are the families of finite-gap ("g-gap") solutions of the hierarchy. The main observation is that any such M determines a solution of the WDVV equation (M is a Frobenius manifold in the terminology of Section 1 below, or the "small phase space" of a TFT theory, in the terminology of [3-4, 46]). For $m = 0$ and the set M of stationary points of the Gelfand – Dickey hierarchy this essentially follows from [8, 11]; for the general case (including arbitrary genera g) a construction of a solution of WDVV was given in [13-14] (see also the recent preprint [44]).

To give an idea of how an integrable Hamiltonian hierarchy of the above form induces tensors $c_{\alpha\beta}^{\gamma}$, $\eta_{\alpha\beta}$ on a finite dimensional invariant manifold M, I need to introduce the notion of the semiclassical limit of a hierarchy near a family M of invariant tori (sometimes it is called also a *dispersionless limit* or *Whitham averaging* of the hierarchy; see details in [15-21]). In the simplest case of the family of stationary solutions the semiclassical limit is defined as follows: one should substitute in the equations of the hierarchy

$$x \mapsto \epsilon x = X, \ t_k \mapsto \epsilon t_k = T_k$$

and let ϵ tend to zero. For more general M (family of invariant tori) one should add averaging over the tori. As a result one obtains a new integrable Hamiltonian hierarchy where the dependent variables are coordinates v^1, ..., v^n on M and the independent variables are the slow variables X and T_0, T_1, ... This new hierarchy always has the form of a quasilinear system of PDE of the first order

$$\partial_{T_k} v^p = c_{k\,q}^{\,p}(v)\partial_X v^q, \ k = 0, 1, \ldots$$

for some matrices of coefficients $c_{k\,q}^{\,p}(v)$. One can keep in mind the simplest example of the semiclassical limit (just the dispersionless limit) of the KdV hierarchy. Here M is the one-dimensional family of constant solutions of the KdV hierarchy. For example, rescaling the KdV equation, one obtains

$$u_T = u u_X + \epsilon^2 u_{XXX}$$

(KdV with small dispersion). After $\epsilon \to 0$ one obtains

$$u_T = u u_X.$$

The semiclassical limit of each equation in the KdV hierarchy has the form

$$\partial_{T_k} u = \frac{u^k}{k!}\partial_X u, \ k = 0, 1, \ldots .$$

A semiclassical limit of spatially discrete hierarchies (like the Toda system) is obtained in a similar way. It still is a system of quasilinear PDEs of the first order.

Let us come back to the determination of tensors $\eta_{\alpha\beta}$, $c_{\alpha\beta}^{\gamma}$ on M. To introduce $\eta_{\alpha\beta}$ we need to use the Hamiltonian structure of the original hierarchy. A semiclassical limit (or "averaging") of this Hamiltonian structure in the sense of the general construction of S.P. Novikov and the author induces a Hamiltonian structure of the semiclassical hierarchy: a Poisson bracket of the form

$$\{v^p(X), v^q(Y)\}_{\text{semiclassical}} = g^{ps}(v(X))[\delta_s^q \partial_X \delta(X-Y) - \Gamma_{sr}^q(v) v_X^r \delta(X-Y)]$$

where $g^{pq}(v)$ are the contravariant components of a metric on M and $\Gamma_{pr}^q(v)$ are the Christoffel symbols of the Levi-Cività connection for $g^{pq}(v)$ (the so-called *Poisson brackets of hydrodynamic type*). (Strictly speaking the metric and the connection are defined on a real part of M that parametrizes smooth solutions of the original hierarchy with some reality constraints. But the formulae for the metric and the connection admit an extension onto all M.) From the general theory of Poisson brackets of hydrodynamic type [18-21] one concludes that the metric $g^{pq}(v)$ on M should have zero curvature. So local flat coordinates $t^1, \ldots, t^n$ on M exist such that the metric in these coordinates is constant

$$\frac{\partial t^\alpha}{\partial v^p}\frac{\partial t^\beta}{\partial v^q} g^{pq}(v) = \eta^{\alpha\beta} = \text{const.}$$

The Poisson bracket $\{\ ,\ \}_{\text{semiclassical}}$ in these coordinates has the form

$$\{t^\alpha(X), t^\beta(Y)\}_{\text{semiclassical}} = \eta^{\alpha\beta}\delta'(X-Y).$$

The tensor $(\eta_{\alpha\beta}) = (\eta^{\alpha\beta})^{-1}$ together with the flat coordinates t^α is the first part of a structure we want to construct. (The flat coordinates t^1, ..., t^n can be expressed via Casimirs of the original Poisson bracket and action variables and wave numbers along the invariant tori; see details in [18-21].)

To define a tensor $c_{\alpha\beta}^{\gamma}(t)$ on M (or, equivalently, the "primary free energy" $F(t)$) we need to use a semiclassical limit of the τ-function of the original hierarchy [11, 53-54, 61]

$$\log \tau_{\text{semiclassical}}(T_0, T_1, \ldots) = \lim_{\epsilon \to 0} \epsilon^{-2} \log \tau(\epsilon t_0, \epsilon t_1, \ldots).$$

Then

$$F = \log \tau_{\text{semiclassical}}$$

where $\tau_{\text{semiclassical}}$ should be considered as a function only of n of the slow variables of the same level. (To satisfy the normalization (0.2), one should properly choose these n slow variables and normalize the values of the others. This specifies uniquely the semiclassical τ-function.) The semiclassical τ-function as the function of all the slow variables coincides with the tree-level partition function of the matter sector $\eta_{\alpha\beta}$, $c^{\gamma}_{\alpha\beta}$ coupled to topological gravity.

Summarizing, we can say that a structure of a Frobenius manifold (i.e., a solution of WDVV) on an invariant manifold M of an integrable Hamiltonian hierarchy is induced by a semiclassical limit of the Poisson bracket of the hierarchy and of the τ-function of the hierarchy. So the above conjecture can be reformulated as follows: the WDVV equations just specify the semiclassical limits of τ-functions of Hamiltonian integrable hierarchies.

I shall not consider in this paper another type of integrable system involved in 2D TFT: the so-called equations of *topological-antitopological fusion* proposed in [40]. These equations describe the ground state metric on a given 2D TFT model. See [45] concerning the theory of integrability of these equations. An interesting relation of these equations with the theory of harmonic maps was also found in [45].

1. Geometry of Frobenius manifolds

I recall that A is called a Frobenius algebra (over $\mathbf{R}$ or $\mathbf{C}$) if it is a commutative associative algebra with a unity and with a nondegenerate invariant inner product

$$< ab, c >=< a, bc > . \tag{1.1}$$

If e is the unity of A then the invariant inner product on A can be written in the form

$$< a, b >= \omega_e(ab) \tag{1.2a}$$

where

$$\omega_e(a) =< e, a > . \tag{1.2b}$$

Moreover, for any linear functional $\omega \in A^*$ the inner product

$$< a, b >_\omega = \omega(ab) \tag{1.3}$$

is invariant. It is nondegenerate for generic ω. Any invariant inner product on a finite-dimensional Frobenius algebra A (only finite-dimensional algebras will be considered) can be represented in the form (1.3).

If e_i, $i = 1, \ldots, n$, is a basis in A, then the structure of a Frobenius algebra on $A$is specified by the coefficients η_{ij}, c_{ij}^k, where

$$< e_i, e_j >= \eta_{ij} \tag{1.4a}$$

$$e_i e_j = c_{ij}^k e_k \tag{1.4b}$$

(summation over repeated indices will be assumed). The matrix η_{ij} and the structure constants c_{ij}^k satisfy the following conditions:

$$\eta_{ji} = \eta_{ij}, \quad \det(\eta_{ij}) \neq 0 \tag{1.5a}$$

$$c_{ij}^s c_{sk}^l = c_{is}^l c_{jk}^s \tag{1.5b}$$

(associativity),

$$c_{ijk} = \eta_{is} c_{jk}^s = c_{jik} = c_{ikj} \tag{1.5c}$$

(commutativity and invariance of the inner product). If $e = (e^i)$ is the unity of A then

$$e^s c_{sj}^i = \delta_j^i \tag{1.5d}$$

(the Kronecker delta).

One-dimensional Frobenius algebras are parametrized by one number (length of the unity). Any semisimple n-dimensional Frobenius algebra is isomorphic to the direct sum of n one-dimensional Frobenius algebras

$$f_i f_j = \delta_{ij} f_i, \quad < f_i, f_j >= \eta_{ii} \delta_{ij}. \tag{1.6}$$

Moreover, any Frobenius algebra without nilpotents is semisimple.

Let us consider a particular class of deformations of Frobenius algebras.

Definition 1.1. A manifold M is called *quasi-Frobenius* if it is equipped with three tensors, $c = (c_{ij}^k(x))$, $\eta = (\eta_{ij}(x))$, $e = (e^i(x))$, satisfying (1.5) for any $x \in M$.

In other words, these three tensors define the structure of a Frobenius algebra in the space of smooth vector fields $Vect(M)$ over the ring $\mathcal{F}(M)$ of smooth functions on M:

$$[v \cdot w]^k(x) = c_{ij}^k(x) v^i(x) w^j(x), \tag{1.7a}$$

$$< v, w > (x) = \eta_{ij}(x) v^i(x) w^j(x) \tag{1.7b}$$

for any v, $w \in Vect(M)$.

Complex quasi-Frobenius manifolds are defined in a similar way but the tensors c, η, e should be holomorphic. They define the structure of a Frobenius algebra in the space of holomorphic vector fields over the ring of holomorphic functions.

Informally speaking, n-dimensional quasi-Frobenius manifolds are n-parameter deformations of n-dimensional Frobenius algebras. For any $x \in M$, the tangent space T_xM is a Frobenius algebra with the structure constants $c_{ij}^k(x)$, invariant inner product $\eta_{ij}(x)$, and unity $e^i(x)$.

As was explained above, in physical applications there are additional restrictions on quasi-Frobenius manifolds.

Definition 1.2. A quasi-Frobenius M is called a *Frobenius manifold* if the invariant metric

$$ds^2 = \eta_{ij}(x)dx^i dx^j \tag{1.8a}$$

is flat, the unity vector field e is covariantly constant

$$\nabla e = 0 \tag{1.8b}$$

(here ∇ is the Levi-Cività connection associated with the metric ds^2), and the tensor

$$(\nabla_z c) < u, v, w > \tag{1.8c}$$

is a symmetric tensor in the vectors $u, \ldots, z$.

Locally. Frobenius manifolds are in 1-1 correspondence with solutions of WDVV equations (i.e., with 2D TFTs). Indeed, for the flat metric (1.8a), locally flat coordinates t^α exist such that the metric is constant in these coordinates, $ds^2 = \eta_{\alpha\beta}dt^\alpha dt^\beta$, $\eta_{\alpha\beta} = \text{const}$. The covariantly constant vector field e in the flat coordinates has constant components; using a linear change of coordinates, one can obtain $e^\alpha = \delta_1^\alpha$. The tensor $c_{\alpha\beta\gamma}(t)$ in these coordinates satisfies the condition

$$\partial_\delta c_{\alpha\beta\gamma} = \partial_\gamma c_{\alpha\beta\delta}. \tag{1.9a}$$

This means that $c_{\alpha\beta\gamma}(t)$ can be represented in the form

$$c_{\alpha\beta\gamma}(t) = \partial_\alpha\partial_\beta\partial_\gamma F(t) \tag{1.9b}$$

for some function $F(t)$ satisfying the WDVV equations.

The first step in solving WDVV is to obtain a "Lax pair" for these equations. The most convenient way is to represent them as the compatibility conditions of an overdetermined linear system depending on a spectral parameter λ.

Proposition 1.1. *A quasi-Frobenius manifold is Frobenius iff the unity e is covariantly constant and the pencil of connections*

$$\tilde{\nabla}_u(\lambda)v = \nabla_u v + \lambda u \cdot v, \quad u,\ v \in Vect(M) \tag{1.10}$$

is flat identically in λ.

Flatness of the pencil of connections (1.10) is equivalent to the flatness of the metric η and to the equation

$$\nabla_u(v \cdot w) - \nabla_v(u \cdot w) + u \cdot \nabla_v w - v \cdot \nabla_u w = [u, v] \cdot w \tag{1.11}$$

for any three vector fields u, v, w. Here $[u, v]$ means the commutator of the vector fields. This equation is equivalent to the symmetry of the tensor (1.8c).

Corollary. *WDVV is an integrable system.*

Indeed, WDVV is equivalent to the compatibility of the following linear system

$$\tilde{\nabla}_\alpha(\lambda)\xi = 0, \quad \alpha = 1, ..., n, \tag{1.12a}$$

(here ξ is a covector field), or, equivalently, in the flat coordinates t^α,

$$\partial_\alpha \xi_\beta = \lambda c_{\alpha\beta}^\gamma(t)\xi_\gamma. \tag{1.12b}$$

The compatibility of the system (1.12) (identically in the spectral parameter λ) together with the symmetry of the tensor $c_{\alpha\beta\gamma} = \eta_{\alpha\epsilon}c_{\beta\gamma}^\epsilon$ is equivalent to WDVV.

It turns out that symmetries of Frobenius manifolds play an important role in the geometrical foundations of TFT. We start with the notion of *algebraic symmetry* of a Frobenius manifold.

Definition 1.3. A diffeomorphism $f : M \to M$ of a Frobenius manifold is called an algebraic symmetry if it preserves the multiplication law of vector fields:

$$f_*(u \cdot v) = f_*(u) \cdot f_*(v) \tag{1.13}$$

(here f_* is the induced linear map $f_* : T_xM \to T_{f(x)}M$).

Proposition 1.2. *The Algebraic symmetries of a Frobenius manifold form a finite-dimensional Lie group $G(M)$.*

The generators of the action of $G(M)$ on M (i.e., the representation of the Lie algebra of $G(M)$ in the Lie algebra of vector fields on M) are the vector fields w such that

$$[w, u \cdot v] = [w, u] \cdot v + [w, v] \cdot u \tag{1.14}$$

for any vector fields u, v.

Note that the group $G(M)$ is always nontrivial: it contains the one-parameter subgroup of shifts along the coordinate t^1. The generator of this subgroup coincides with the unity vector field e.

The group $G(M)$ can be calculated for the important class of *massive* Frobenius manifolds.

Definition 1.4. A Frobenius manifold is called massive if the algebra $T_x M$ is semisimple for any $x \in M$.

In physical language, massive Frobenius manifolds are coupling spaces of massive TFT models.

Main lemma. *The connected component of the identity in the group $G(M)$ of algebraic symmetries of an n-dimensional massive Frobenius manifold is an n-dimensional commutative Lie group that acts locally transitively on M.*

This is a reformulation of the main lemma of [39].

Action of the group of algebraic symmetries provides a new affine structure on a massive Frobenius manifold. The structure tensor c_{ij}^k is constant in this affine structure.

From the main lemma the following statement follows.

Theorem 1.1. [39] *On a massive Frobenius manifold there exist local coordinates $u^1, \ldots, u^n$ such that the multiplication law of vector fields in these coordinates has the form*

$$\partial_i \cdot \partial_j = \delta_{ij} \partial_i, \tag{1.15}$$

where $\partial_i = \partial / \partial u^i$. The invariant metric η in these coordinates has a diagonal form

$$\eta_{\alpha\beta} dt^\alpha dt^\beta = \sum_{i=1}^n \eta_{ii}(u)(du^i)^2 \tag{1.16}$$

satisfying the equations

$$d(\sum_{i=1}^n \eta_{ii}(u) du^i) = 0, \tag{1.17a}$$

$$\sum_{k=1}^n \partial_k \eta_{ii} = 0. \tag{1.17b}$$

Conversely, for a flat diagonal metric with the properties (1.17) and $t^\alpha = t^\alpha(u)$, $\alpha = 1, \ldots, n$, being the flat coordinates for the metric, the formulae

$$\eta_{\alpha\beta} = \sum_{i=1}^n \eta_{ii}(u) \frac{\partial u^i}{\partial t^\alpha} \frac{\partial u^i}{\partial t^\beta}, \tag{1.18a}$$

$$c_{\alpha\beta}^\gamma(t) = \sum_{i=1}^n \frac{\partial u^i}{\partial t^\alpha} \frac{\partial u^i}{\partial t^\beta} \frac{\partial t^\gamma}{\partial u^i}, \tag{1.18b}$$

$$e^\alpha = \sum_{i=1}^n \frac{\partial t^\alpha}{\partial u^i} \tag{1.18c}$$

determine (locally) a massive Frobenius manifold.

The above coordinates, $u^1, \dots, u^n$, on a massive Frobenius manifold are determined uniquely up to permutations and shifts. They are called *canonical coordinates* on the massive Frobenius manifold M. The tensor c of structure constants in these coordinates has the following canonical constant form

$$c_{ij}^k = \delta_{ij}\delta_j^k. \tag{1.19}$$

The canonical coordinates u^i can be found by solving an overdetermined system of differential equations

$$\frac{\partial t^\alpha}{\partial u^i}\frac{\partial t^\beta}{\partial u^j} c_{\alpha\beta}^\gamma = \delta_{ij}\frac{\partial t^\gamma}{\partial u^i}.$$

For massive conformally invariant Frobenius manifolds (see the next section) they can be found in a purely algebraic way (see Proposition 2.4 below).

To complete the local classification of massive TFT one has to classify flat diagonal metrics with the properties (1.17). This class of metrics was studied by Darboux [33] and Egoroff. Following Darboux, I will call them *Egoroff metrics.* The vanishing of the curvature of these metrics can be written in the form of the following system of PDE's (*Darboux–Egoroff system*) for the *rotation coefficients*

$$\gamma_{ij}(u) = \frac{\partial_j \sqrt{\eta_{ii}(u)}}{\sqrt{\eta_{jj}(u)}}, \ i \neq j \tag{1.20}$$

$$\partial_k \gamma_{ij} = \gamma_{ik}\gamma_{kj}, \quad i,\ j,\ k \text{ are distinct,} \tag{1.21a}$$

$$\sum_{k=1}^n \partial_k \gamma_{ij} = 0, \ i \neq j \tag{1.21b}$$

$$\gamma_{ji} = \gamma_{ij}. \tag{1.21c}$$

It is interesting to observe that the same equations (for even n) arise in the calculation [34] of multipoint correlators in an impenetrable Bose-gas, see Appendix to [45].

The integrability of the Darboux–Egoroff system was observed in [23]. It essentially coincides with the "pure imaginary reduction" of the n-wave system (see [26, 25]). This can be represented as the compatibility conditions of the following linear system (depending on a spectral parameter λ)

$$\partial_j \psi_i = \gamma_{ij}\psi_j, \quad i \neq j \tag{1.22a}$$

$$\sum_{k=1}^{n} \partial_k \psi_i = \lambda \psi_i. \tag{1.22b}$$

To complete the local classification of massive Frobenius manifolds one first should apply an appropriate version of the inverse spectral transform (IST) to solve the Darboux–Egoroff system (1.21). Below I will give an example of IST for the important case of self-similar solutions of (1.21) (so called topological conformal field theories [8, 51]). To find the metric (1.16) and the flat coordinates $t^\alpha = t^\alpha(u)$ for a given solution $\gamma_{ij}(u)$ one has to fix a basis $\psi_{i\alpha}(u)$, $\alpha = 1, \dots, n$, in the space of solutions of the system (1.22) for $\lambda = 0$

$$\partial_j \psi_{i\alpha} = \gamma_{ij} \psi_{j\alpha}, \quad i \neq j, \tag{1.23a}$$

$$\sum_k \partial_k \psi_{i\alpha} = 0, \tag{1.23b}$$

$\alpha = 1, \dots, n$. Then we set

$$\eta_{ii}(u) = \psi_{i1}^2(u), \tag{1.24a}$$

$$\eta_{\alpha\beta} = \sum_{i=1}^{n} \psi_{i\alpha}(u) \psi_{i\beta}(u), \tag{1.24b}$$

$$\frac{\partial t_\alpha}{\partial u^i} = \psi_{i1}(u) \psi_{i\alpha}(u), \tag{1.24c}$$

$$c_{\alpha\beta\gamma}(t(u)) = \sum_{i=1}^{n} \frac{\psi_{i\alpha}\psi_{i\beta}\psi_{i\gamma}}{\psi_{i1}}. \tag{1.24d}$$

These formulae complete the local classification of complex massive Frobenius manifolds. They are parametrized (locally) by n arbitrary functions of one variable (the parametrization of solutions of the Darboux–Egoroff system) and also by n complex parameters because of the ambiguity in the choice of solutions ψ_{i1} in formulae (1.24).

To classify real Frobenius manifolds one should apply IST to various real forms of the Darboux–Egoroff system. We will not do it here (see [27] for discussion of real forms of the system (1.21) in algebraic-geometry IST).

Global topology of massive Frobenius manifolds is rather poor. We say that an n-dimensional manifold M admits an S_n-structure if the structure group of the tangent bundle TM can be reduced to the symmetric group S_n. An atlas of coordinates charts on M is *compatible* with the given S_n-structure if differentials of the transition functions are the corresponding elements of S_n (in the standard n-dimensional representation). Globally, an S_n-manifold M with a compatible atlas is determined by an affine representation of $\pi_1(M) \to S_n \to Aff_n$, i.e., the transition functions have the form

$$u^i \mapsto u^{\sigma(i)} + a^i_\sigma, \tag{1.25a}$$

$$a^i_{\sigma'\sigma} = a^{\sigma'(i)}_\sigma + a^i_{\sigma'}, \tag{1.25b}$$

for σ, $\sigma' \in S_n$. As an example of an S_n-manifold one can bear in mind the space of all polynomials $M = \{P(u) = u^n + a_1 u^{n-1} + \cdots + a_n |\, a_1, \ldots, a_n \in \mathbf{C}\}$ without multiple roots. Compatible coordinates are the roots of $P(u)$. The transition functions (1.25) are given by the standard n-dimensional representation of the braid group $\pi_1(M) = B_n$.

The Darboux–Egoroff system is well-defined on any S_n-manifold M with a marked compatible atlas. To obtain a massive Frobenius structure on M one should find a solution $\gamma_{ij}(u)$ that is covariant with respect to transformations of the form (1.25). This "boundary value problem" seems to be more complicated.

In all the examples (below) of massive TFT, the coupling space M (massive Frobenius manifold) can be extended by adding a certain locus M_{sing} of at least real codimension 2. The structure of the Frobenius manifold can be extended on $\widehat{M} = M \cup M_{sing}$ but the algebra structure on the tangent spaces $T_x\widehat{M}$ for $x \in M_{sing}$ has nilpotents. The flat metric $\eta_{\alpha\beta}$ is extended on $\widehat{M}$ without degeneration. So $\hat{M}$ is still a locally Euclidean manifold.

Remark. The notion of the Frobenius manifold admits algebraic formalization in terms of the ring of functions on a manifold. More precisely, let R be a commutative associative algebra with unity over a field k of characteristics $\neq 2$. We are interested in structures of the Frobenius algebra over R in the R-module of k-derivations $Der(R)$ (i.e., $u(\kappa) = 0$ for $\kappa \in k, u \in Der(R)$) satisfying

$$\tilde\nabla_u(\lambda)\tilde\nabla_v(\lambda) - \tilde\nabla_v(\lambda)\tilde\nabla_u(\lambda) = \tilde\nabla_{[u,v]}(\lambda) \text{ identically in } \lambda \tag{1.26a}$$

$$\text{for } \tilde\nabla_u(\lambda)v = \nabla_u v + \lambda u \cdot v, \tag{1.26b}$$

$$\nabla_u e = 0 \text{ for all } u \in Der(R) \tag{1.26c}$$

where e is the unity of the Frobenius algebra $Der(R)$. The non-degeneracy of the symmetric inner product

$$< , >: Der(R) \times Der(R) \to R$$

means that it defines an isomorphism $\mathrm{Hom}_R(Der(R), R) \to Der(R)$. I recall that the covariant derivative is a derivation $\nabla_u v \in Der(R)$ defined for any u, $v \in Der(R)$, which is determined from the equation

$$< \nabla_u v, w >=$$
$$\frac{1}{2}[u < v, w > +v < w, u > -w < u, v > + < [u, v], w >$$
$$+ < [w, u], v > + < [w, v], u >] \tag{1.27}$$

for any $w \in Der(R)$ (here $[\ ,\ ]$ denotes the commutator of derivations). Observe that the notion of infinitesimal algebraic symmetry also can be algebraically formalized in a similar way. It would be interesting to find a purely algebraic version of Theorem 1.1. This could give an algebraic approach to the problem of the classification of Frobenius manifolds.

In the conclusion of this section we consider a closure of the class of massive Frobenius manifolds to be the set of all Frobenius manifolds with an n-dimensional commutative group of algebraic symmetries. Let A be a fixed n-dimensional Frobenius algebra with structure constants c_{ij}^k and an invariant nondegenerate inner product $\epsilon = (\epsilon_{ij})$. Let us introduce the matrices

$$C_i = (c_{ij}^k). \tag{1.28}$$

An analogue of the Darboux–Egoroff system (1.21) for an operator-valued function

$$\gamma(u) : A \to A,\ \gamma = (\gamma_i^j(u)),\ u = (u^1, \dots, u^n) \tag{1.29a}$$

(an analogue of the rotation coefficients) where the operator γ is symmetric with respect to ϵ,

$$\epsilon\gamma = \gamma^{\mathrm{T}}\epsilon \tag{1.29b}$$

has the form

$$[C_i, \partial_j\gamma] - [C_j, \partial_i\gamma] + [[C_i,\gamma],[C_j,\gamma]] = 0,\ i,j = 1,\dots,n, \tag{1.30}$$

$\partial_i = \partial/\partial u^i$. This is an integrable system with the Lax representation

$$\partial_i\Psi = \Psi(\lambda C_i + [C_i,\gamma]),\ i = 1,\dots,n. \tag{1.31}$$

It is convenient to consider $\Psi = (\psi_1(u),\dots,\psi_n(u))$ as a function with values in the dual space A^*. Note that A^* also is a Frobenius algebra with the structure constants $c_k^{ij} = c_{ks}^i \epsilon^{sj}$ and the invariant inner product $<\ ,\ >_*$ determined by $(\epsilon^{ij}) = (\epsilon_{ij})^{-1}$.

Let $\Psi_\alpha(u)$, $\alpha = 1,\dots,n$, be a basis of solutions of (1.31) for $\lambda = 0$,

$$\partial\Psi_\alpha = \Psi_\alpha[C_i,\gamma],\ \alpha = 1,\dots,n, \tag{1.32a}$$

such that the vector $\Psi_1(u)$ is invertible in A^*. We put

$$\eta_{\alpha\beta} = <\Psi_\alpha(u), \Psi_\beta(u)>_* \tag{1.32b}$$

$$\mathrm{grad}_u t_\alpha = \Psi_\alpha(u)\cdot\Psi_1(u) \tag{1.32c}$$

$$c_{\alpha\beta\gamma}(t(u)) = \frac{\Psi_\alpha(u)\cdot\Psi_\beta(u)\cdot\Psi_\gamma(u)}{\Psi_1(u)}. \tag{1.32d}$$

Theorem 1.2. *Formulae (1.32) for an arbitrary Frobenius algebra A locally parametrize all Frobenius manifolds with an n-dimensional commutative group of algebraic symmetries.*

Considering u as a vector in A and $\Psi_1^2 = \Psi_1 \cdot \Psi_1$ as a linear function on A one obtains the following analogue of Egoroff metrics (on A)

$$ds^2 = \Psi_1^2(du \cdot du). \tag{1.33}$$

2. Conformal invariant Frobenius manifolds and isomonodromy deformations

Definition 2.1. A diffeomorphism $f : M \to M$ is called a *conformal symmetry* if

$$f_*(u \cdot v) = \mu_f^c f_*(u) \cdot f_*(v) \tag{2.1a}$$

$$< f_*(u), f_*(v) >= \mu_f^\eta < u, v > \tag{2.1b}$$

$$f_*(e) = \mu_f^e e \tag{2.1c}$$

for some functions μ_f^c, μ_f^η, μ_f^e. A Frobenius manifold M is called *conformal invariant* if it admits a one-parameter group of conformal symmetries $f^{(\tau)}$ such that the tensors $f_*^{(\tau)}(c)$, $f_*^{(\tau)}(\eta)$, $f_*^{(\tau)}(e)$ determine a Frobenius structure on M for any τ.

Let v be the generator of the one-parameter group of conformal symmetries on a conformal invariant Frobenius manifold.

Proposition 2.1. *On a massive conformal invariant Frobenius manifold an action of the one-parameter group of conformal symmetries is generated by the field*

$$v = \sum_{i=1}^{n} u^i \partial_i \tag{2.2}$$

(modulo obvious transformations $v \mapsto av + be$ for constant a and b). It acts on the tensors c, η, e by the following formulae

$$\mathcal{L}_v c = c \tag{2.3a}$$

$$\mathcal{L}_v e = -e \tag{2.3b}$$

$$\mathcal{L}_v \eta = (2 - d)\eta \tag{2.3c}$$

where d is a constant.

Here $\mathcal{L}_v$ means the Lie derivative along the vector field v.

Corollary. *For a massive conformal invariant Frobenius manifold, the rotation coefficients $\gamma_{ij}(u)$ satisfy the similarity condition*

$$\gamma_{ij}(cu) = c^{-1}\gamma_{ij}(u) \tag{2.4a}$$

or, equivalently

$$\sum_{k=1}^{n} u^k \partial_k \gamma_{ij}(u) = -\gamma_{ij}(u). \tag{2.4b}$$

For $n = 2$ the similarity reduction (2.4) of the Darboux–Egoroff system can be solved immediately:

$$\gamma_{12} = \gamma_{21} = \frac{id}{2}\frac{1}{u^1 - u^2}. \tag{2.5}$$

For the first nontrivial case $n = 3$ the system (1.21), (2.4) reads

$$\Gamma_1' = \Gamma_2\Gamma_3 \tag{2.6a}$$

$$(z\Gamma_2)' = -\Gamma_1\Gamma_3 \tag{2.6b}$$

$$((z-1)\Gamma_3)' = \Gamma_1\Gamma_2 \tag{2.6c}$$

where

$$\gamma_{ij}(u) = \frac{1}{u^2 - u^3}\Gamma_k(z),\ i,\ j,\ k \text{ are distinct} \tag{2.7a}$$

$$z = \frac{u^1 - u^3}{u^2 - u^3}. \tag{2.7b}$$

It has an obvious first integral

$$\Gamma_1^2 + (z\Gamma_2)^2 + ((z-1)\Gamma_3)^2 = \text{const}. \tag{2.8}$$

Using this integral one can reduce [30] system (2.6) to a particular case of the Painlevé-VI equation.

For $n > 3$ system (1.21), (2.4) can be considered as a higher order analogue of the Painlevé-VI. To find solutions of this system one can use an appropriate version of IST: the so-called method of isomonodromy deformations [31]. This gives a parametrization of the solutions of the system (1.21), (2.4) by monodromy data of the following system of linear ODEs with rational coefficients:

$$\lambda\frac{d\psi}{d\lambda} = (\lambda U - [U, \gamma])\psi. \tag{2.9a}$$

Here

$$U = \operatorname{diag}(u^1, \ldots, u^n), \tag{2.9b}$$

$$\gamma = (\gamma_{ij}(u)). \tag{2.9c}$$

Solutions of this linear ODE have some monodromy properties, i.e., they are multivalued functions in the complex λ-plane.

Proposition 2.2. *The monodromy transformations of solutions of system (2.9) do not depend on the parameters u iff the matrix $\gamma_{ij}(u)$ is a solution of system (1.21), (2.4).*

The linear system (2.9) has two singular points: a regular singularity at $\lambda = 0$ and an irregular one at $\lambda = \infty$. Monodromy transformations of solutions of the system near $\lambda = 0$ have the form

$$\psi \mapsto \exp(-2\pi i[U, \gamma])\psi. \tag{2.10}$$

So the eigenvalues of the matrix $[U, \gamma]$ are first integrals of the system (1.21), (2.4). They generalise the first integral (2.8). Monodromy at infinity is determined by a $n \times n$ *Stokes matrix* S (see [31] for details). The diagonal terms of S equal 1; $n(n-1)/2$ of the other entries of matrix S vanish. Other matrix elements of S can be used as local parameters of massive conformal-invariant Frobenius manifolds (just $n(n-1)/2$ arbitrary complex parameters; one should add one more parameter: a norming constant of a solution $\psi_{i1}(u)$ in (1.24) which is an eigenvector of matrix $[U, \gamma]$). The monodromy at $\lambda = 0$ can be expressed via S using cyclic relations (see [39]). If the Stokes matrix S is sufficiently close to the unity matrix, then the inverse problem of the monodromy theory (i.e., to determine the coefficients of the linear operator (2.9) from the given monodromy data) is always solvable. The solution can be obtained by solving linear integral equations [39].

Let us assume that the monodromy of the operator (2.9) at the origin is semisimple. That means that matrix $[U, \gamma]$ has pairwise different eigenvalues $\mu_1, \ldots, \mu_n$. Let us order them in such a way that

$$\mu_\alpha + \mu_{n-\alpha+1} = 0. \tag{2.11}$$

Proposition 2.3. *Flat coordinates on a massive conformal invariant Frobenius manifold with semisimple monodromy of (2.10) at $\lambda = 0$ can be chosen in such a way that the generator v of conformal symmetries takes the form*

$$v = \sum (1 - q_\alpha) t^\alpha \partial_\alpha + \sum r_\alpha \partial_\alpha \tag{2.12}$$

for

$$q_\alpha = \mu_1 - \mu_\alpha \tag{2.13a}$$

where μ_α are the eigenvalues of matrix $[U, \gamma]$ ordered as in (2.11) and for some numbers r_α.

In other words, the tensors c, η, e should be conformally covariant with respect to the following transformations

$$t^\alpha \mapsto c^{1-q_\alpha} t^\alpha + r_\alpha \tag{2.14a}$$

$$c_{\alpha\beta}^\gamma \mapsto c^{q_\alpha+q_\beta-q_\gamma} c_{\alpha\beta}^\gamma \tag{2.14b}$$

$$\eta_{\alpha\beta} \mapsto c^{q_\alpha+q_\beta-d} \eta_{\alpha\beta} \tag{2.14c}$$

where

$$d = q_n = 2\mu_1 \tag{2.13b}$$

is the same as in (2.3c),

$$e \mapsto c^{-1} e. \tag{2.14d}$$

Equation (2.14c) means that $\eta_{\alpha\beta} \neq 0$ only for $q_\alpha + q_\beta = d$. The second sum in (2.12) can be killed by a shift if all $q_\alpha \neq 1$.

The numbers q_α are called the *charges* of the TCFT model, d is called *dimension* of the model. For topological sigma-models it coincides with the complex dimension of the target-space. Scaling laws (2.14) with $r_\alpha = 0$ were obtained in [8] using the assumption that the TCFT model is obtained by twisting of a N=2 supersymmetric model of QFT. They imply superselection rules for tree-level correlators in the conformal point $t = 0$ (the stationary point of the vector field v (2.3)). In our approach the scaling laws follow from the simple symmetry assumption on the Frobenius manifold. The scaling laws (2.3) for $r_\alpha \neq 0$ (being relevant only for $q_\alpha = 1$) look like an artifact of the geometrical approach (though they select the only physically interesting solution (4.5) for the case $n = 2$, $d = 1$). Classification of TCFT models with non semi-simple monodromy still is an open problem.

Summarizing we obtain

Theorem 2.1. *All massive conformal invariant Frobenius manifolds are parametrized by monodromy data of the linear operator*

$$\Lambda = \lambda\partial_\lambda - \lambda U + M(u) \tag{2.15a}$$

$$U = \mathrm{diag}(u^1, \ldots, u^n). \tag{2.15b}$$

$$M^{\mathrm{T}} = -M. \tag{2.15c}$$

Manifolds with semisimple monodromy at the origin $\lambda = 0$ form a $[\frac{n(n-1)}{2} + 1]$-parameter family. The free energy $F(t)$ of such a Frobenius manifold can be expressed via quadratures of a higher order analogue of the Painlevé-VI transcendents, i.e., solutions of the equations of isomonodromy deformations of (2.15).

For nonresonant conformal invariant Frobenius manifolds (see (3.19) below) with a semisimple monodromy at the origin, the structure functions $c^\gamma_{\alpha\beta}(t)$ can be expressed algebraically (i.e., without quadratures) via the above higher order analogue of the Painlevé-VI transcendents. Also one has

Proposition 2.4. *The canonical coordinates $u^1, \dots, u^n$ on a massive conformal invariant Frobenius manifold coincide with the eigenvalues of the matrix*

$$\tilde U = (\tilde U^\gamma_\beta(t)) = ((1 + q_\beta - q_\gamma) F^\gamma_\beta(t)) \tag{2.16a}$$

$$F^\gamma_\beta(t) = \eta^{\gamma\epsilon} \partial_\beta \partial_\epsilon F(t). \tag{2.16b}$$

It would be interesting to have an understanding of the physical sense of the operator $\tilde U$ for TCFT models.

Remark. We saw that monodromy is an important invariant of a massive conformal invariant Frobenius manifold. It can also be defined for an arbitrary conformal invariant Frobenius manifold by considering the linear operator

$$\tilde\Lambda = \lambda \partial_\lambda - \lambda \tilde U + \tilde M, \tag{2.17a}$$

where

$$\tilde M = (\tilde M^\gamma_\beta) = (q_\beta \delta^\gamma_\beta), \tag{2.17b}$$

the matrix $\tilde U$ has the form (2.16). WDVV equations determine isomonodromy deformations of $\tilde\Lambda$.

Monodromy properties of eigenfunctions of $\tilde\Lambda$ near the irregular singularity $\lambda = \infty$ (i.e., Stokes matrices) strongly depend on the algebraic structure of the multiplication on TM. These Stokes matrices are constrained by cyclic relations since monodromy near the origin $\lambda = 0$ is fixed by the given charges q_α. An advantage of the isomonodromy problem (2.15) for massive Frobenius manifolds is its universality (independence of the charges; the charges can be expressed via an arbitrary Stokes matrix of (2.15)). Note that a basis of common eigenfunctions of $\tilde\Lambda$,

$$\tilde\Lambda \xi = \kappa \xi, \tag{2.18a}$$

and (1.12) take the form

$$\xi_\beta(t, \lambda) = \partial_\beta h_\alpha(t, \lambda), \ \kappa = d - q_\alpha, \ \text{for any } \alpha = 1, \dots, n \tag{2.18b}$$

where the solutions $h_\alpha(t, \lambda)$ of (3.5) are normalized by (3.6).

3. Coupling to gravity. Systems of hydrodynamic type: their Hamiltonian formalism, solutions, and τ-functions

Let us fix a Frobenius manifold (i.e., a solution of the WDVV equations). Considering this as the primary free energy of the matter sector of a 2D TFT model, let us try to calculate the tree-level (i.e., the zero-genus) approximation of the complete model obtained by coupling of the matter sector to topological gravity. The idea of using hierarchies of Hamiltonian systems of hydrodynamic type for such a calculation was proposed by E. Witten [46] for the case of topological sigma-models. An advantage of my approach is that it provides an effective construction of these hierarchies for any solution of WDVV. The tree-level free energy of the model will be identified with the τ-function of a particular solution of the hierarchy. For a TCFT-model (i.e., for a conformal invariant Frobenius manifold) the hierarchy carries a bihamiltonian structure under a non-resonance assumption for the charges and dimension of the model (this bihamiltonian structure was constructed in [39] for the case of massive perturbations of a TCFT model; here I generalize it for an arbitrary TCFT model). This gives an answer to a question of [46] (see p.283). As it was mentioned in the Introduction, the bihamiltonian structure could be useful for the calculation of higher genus corrections.

So let $c_{\alpha\beta}^{\gamma}(t)$, $\eta_{\alpha\beta}$ be a solution of WDVV, $t = (t^1, \ldots, t^n)$. I will construct a hierarchy of systems of first-order PDEs linear in the derivatives (*systems of hydrodynamic type*) for functions $t^\alpha(T)$, T is an infinite vector

$$T = (T^{\alpha,p}), \quad \alpha = 1, \ \ldots, \ n, \quad p = 0, \ 1, \ \ldots; \ T^{1,0} = X,$$

$$\partial_{T^{\alpha,p}} t^\beta = c_{(\alpha,p)}{}_{\gamma}^{\beta}(t) \partial_X t^\gamma \tag{3.1a}$$

for some matrices of coefficients $c_{(\alpha,p)}{}_{\gamma}^{\beta}(t)$. The marked variable $X = T^{1,0}$ usually is called the *cosmological constant.*

I will consider the equations (3.1) as dynamical systems (for any (α, p)) on the space of functions $t = t(X)$ with values in the Frobenius manifold M.

A. Construction of the systems. I define a Poisson bracket on the space of functions $t = t(X)$ (i.e., on the loop space $\mathcal{L}(M)$) by the formula

$$\{t^\alpha(X), t^\beta(Y)\} = \eta^{\alpha\beta} \delta'(X - Y). \tag{3.2}$$

All the systems (3.1a) have the Hamiltonian form

$$\partial_{T^{\alpha,p}} t^\beta = \{t^\beta(X), H_{\alpha,p}\} \tag{3.1b}$$

with Hamiltonians of the form

$$H_{\alpha,p} = \int h_{\alpha,p+1}(t(X)) dX. \tag{3.3}$$

The generating functions of densities of the Hamiltonians

$$h_\alpha(t,\lambda) = \sum_{p=0}^{\infty} h_{\alpha,p}(t)\lambda^p, \ \alpha = 1,\dots,n, \tag{3.4}$$

coincide with the flat coordinates of the perturbed connection $\tilde{\nabla}(\lambda)$ (see (1.10)). That means that they are determined by the system (cf. (1.12))

$$\partial_\beta\partial_\gamma h_\alpha(t,\lambda) = \lambda c^\epsilon_{\beta\gamma}(t)\partial_\epsilon h_\alpha(t,\lambda). \tag{3.5}$$

This gives simple recurrence relations for the densities $h_{\alpha,p}$. Solutions of (3.5) can be normalized in such a way that

$$h_\alpha(t,0) = t_\alpha = \eta_{\alpha\beta}t^\beta, \tag{3.6a}$$

$$< \nabla h_\alpha(t,\lambda), \nabla h_\beta(t,-\lambda) >= \eta_{\alpha\beta}. \tag{3.6b}$$

Here ∇ is the gradient (in t). It can be shown that the Hamiltonians (3.3) are in involution. So all the systems of the hierarchy (3.1) commute pairwise.

B. Specification of a solution $t = t(T)$. Hierarchy (3.1) admits an obvious scaling group

$$T^{\alpha,p} \mapsto cT^{\alpha,p}, \quad t \mapsto t. \tag{3.7}$$

Let us take the nonconstant invariant solution for the symmetry

$$(\partial_{T^{1,1}} - \sum T^{\alpha,p}\partial_{T^{\alpha,p}})t(T) = 0. \tag{3.8}$$

(I identify $T^{1,0}$ and X. So the variable X is suppressed in the formulae.) This solution can be found without quadratures from a fixed point equation for the gradient map

$$t = \nabla\Phi_T(t), \tag{3.9}$$

$$\Phi_T(t) = \sum_{\alpha,p} T^{\alpha,p}h_{\alpha,p}(t). \tag{3.10}$$

The existence and uniqueness of such a fixed point can be proved for sufficiently small $T^{\alpha,p}$ for $p > 0$ (more precisely, in the domain where $T^{\alpha,0}$ is arbitrary, $T^{1,1} = o(1)$, $T^{\alpha,p} = o(T^{1,1})$ for $p > 0$).

C. τ-function. Let us define coefficients $V_{(\alpha,p),(\beta,q)}(t)$ from the expansion

$$\begin{aligned}(\lambda+\mu)^{-1}(< \nabla h_\alpha(t,\lambda), \nabla h_\beta(t,\mu) > -\eta_{\alpha\beta}) &= \sum_{p,q=0}^{\infty} V_{(\alpha,p),(\beta,q)}(t)\lambda^p\mu^q \\ &\equiv V_{\alpha\beta}(t,\lambda,\mu).\end{aligned} \tag{3.11}$$

The infinite matrix of coefficients $V_{(\alpha,p),(\beta,q)}(t)$ has a simple meaning: it is the energy-momentum tensor of the commutative Hamiltonian hierarchy (3.1). That means that the matrix entry $V_{(\alpha,p),(\beta,q)}(t)$ is the density of flux of the Hamiltonian $H_{\alpha,p-1}$ along the flow $T^{\beta,q}$:

$$\partial_{T^{\beta,q}} h_{\alpha,p}(t) = \partial_X V_{(\alpha,p),(\beta,q)}(t). \tag{3.12}$$

Then

$$\log\tau(T) = \frac{1}{2}\sum V_{(\alpha,p),(\beta,q)}(t(T))T^{\alpha,p}T^{\beta,q} + \sum V_{(\alpha,p),(1,1)}(t(T))T^{\alpha,p} + \frac{1}{2}V_{(1,1),(1,1)}(t(T)). \tag{3.13}$$

Remark. More generally, a family of solutions of (3.1) has the form

$$\nabla[\Phi_T(t) - \Phi_{T_0}(t)] = 0 \tag{3.14}$$

for an arbitrary constant vector $T_0 = T_0^{\alpha,p}$. For massive Frobenius manifolds they form a dense subset in the space of all solutions of (3.1) (see [22, 23, 39]). Formally they can be obtained from the solution (3.9) by a shift of the arguments $T^{\alpha,p}$. The τ-function of the solution (3.14) can be formally obtained from (3.13) by the same shift. For the example of topological gravity [3, 46] such a shift is just the operation that relates the tree-level free energies of the topological phase of 2D gravity and of the matrix model. It should be taken into account that the operation of such a time shift in systems of hydrodynamic type is a subtle one: it can pass through a point of gradient catastrophe where derivatives become infinite. The corresponding solution of the KdV hierarchy has no gradient catastrophes but oscillating zones arise (see [32] for details).

Theorem 3.1. *Let*

$$\mathcal{F}(T) = \log\tau(T), \tag{3.15a}$$

$$< \phi_{\alpha,p}\phi_{\beta,q}\dots >_0 = \partial_{T^{\alpha,p}}\partial_{T^{\beta,q}}\dots\mathcal{F}(T). \tag{3.15b}$$

Then the following relations hold:

$$\mathcal{F}(T)\big|_{T^{\alpha,p}=0 \text{ for } p>0,\ T^{\alpha,0}=t^\alpha} = F(t) \tag{3.16a}$$

$$\partial_X\mathcal{F}(T) = \sum T^{\alpha,p}\partial_{T^{\alpha,p-1}}\mathcal{F}(T) + \frac{1}{2}\eta_{\alpha\beta}T^{\alpha,0}T^{\beta,0} \tag{3.16b}$$

$$< \phi_{\alpha,p}\phi_{\beta,q}\phi_{\gamma,r} >_0 = < \phi_{\alpha,p-1}\phi_{\lambda,0} >_0 \eta^{\lambda\mu} < \phi_{\mu,0}\phi_{\beta,q}\phi_{\gamma,r} >_0 . \tag{3.16c}$$

Let me establish now a 1-1 correspondence between the statements of the theorem and the standard terminology of QFT. In a complete model of 2D TFT (i.e., a matter sector coupled to topological gravity) there are an infinite number of operators that are usually denoted by $\phi_{\alpha,p}$ or $\sigma_p(\phi_\alpha)$. The operators $\phi_{\alpha,0}$ can be identified with the primary operators ϕ_α; the operators $\phi_{\alpha,p}$ for $p > 0$ are called *gravitational descendants* of ϕ_α. Respectively, one has an infinite number of coupling constants $T^{\alpha,p}$. Formula (3.15a) expresses the tree-level (i.e., genus zero) partition function of the model of 2D TFT via the logarithm of the τ-function (3.13). Equation (3.15b) is the standard relation between the correlators (of genus zero) in the model and the free energy. Equation (3.16a) shows that before coupling to gravity the partition function (3.15a) coincides with the primary partition function of the given matter sector. Equation (3.16b) is the string equation for the free energy [3, 4, 8, 46]. And equations (3.16c) coincide with the genus zero recursion relations for correlators of a TFT [4, 46].

In particular, from (3.15) one obtains

$$< \phi_{\alpha,p}\phi_{\beta,q} >_0 = V_{(\alpha,p),(\beta,q)}(t(T)), \tag{3.17a}$$

$$< \phi_{\alpha,p}\phi_{1,0} >_0 = h_{\alpha,p}(t(T)), \tag{3.17b}$$

$$< \phi_{\alpha,p}\phi_{\beta,q}\phi_{\gamma,r} >_0 = < \nabla h_{\alpha,p} \cdot \nabla h_{\beta,q} \cdot \nabla h_{\gamma,r}, [e - \sum T^{\alpha,p}\nabla h_{\alpha,p-1}]^{-1} > . \tag{3.17c}$$

The second factor of the inner product in the r.h.s. of (3.17c) is an invertible element (in the Frobenius algebra of vector fields on M) for sufficiently small $T^{\alpha,p}$, $p > 0$. From the last formula one obtains

Proposition 3.1. *The coefficients*

$$c_{p,\alpha\beta}^{\ \ \gamma}(T) = \eta^{\gamma\mu}\partial_{T^{\alpha,p}}\partial_{T^{\beta,p}}\partial_{T^{\mu,p}} \log \tau(T) \tag{3.18}$$

for any p and any T are structure constants of a commutative associative algebra with the invariant inner product $\eta_{\alpha\beta}$.

As a rule, such an algebra has no unity.

In fact the proposition also holds for a τ-function of an arbitrary solution of the form (3.14).

We see that hierarchy (3.1) determines a family of Bäcklund transforms of the WDVV equation (0.1)

$$F(t) \mapsto \tilde{F}(\tilde{t}),$$

$$\tilde{F} = \log \tau, \ \tilde{t}^\alpha = T^{\alpha,p}$$

for a fixed p and for an arbitrary τ-function of (3.1). So it is natural to consider equations of the hierarchy as Lie – Bäcklund symmetries of WDVV.

Up to now I did not even use the scaling invariance (2.14). It turns out that this gives rise to a bihamiltonian structure of the hierarchy (3.1).

Let us consider a conformal invariant Frobenius manifold, i.e., a TCFT model with charges q_α and dimension d. We say that a pair α, p is *resonant* if

$$\frac{d+1}{2} - q_\alpha + p = 0. \tag{3.19}$$

Here p is a nonnegative integer. The TCFT model is *nonresonant* if all pairs α, p are nonresonant. For example, models satisfying the inequalities

$$0 = q_1 \leq q_2 \leq \ldots \leq q_n = d < 1 \tag{3.20}$$

are nonresonant.

Theorem 3.2. *1) For a conformal invariant Frobenius manifold with charges q_α and dimension d, the formula*

$$\begin{aligned}\{t^\alpha(X), t^\beta(Y)\}_1 = [(&\frac{d+1}{2} - q_\alpha)F^{\alpha\beta}(t(X)) \\ &+ (\frac{d+1}{2} - q_\beta)F^{\alpha\beta}(t(Y))]\delta'(X-Y)\end{aligned} \tag{3.21}$$

$$F^{\alpha\beta}(t) = \eta^{\alpha\alpha'}\eta^{\beta\beta'}\partial_{\alpha'}\partial_{\beta'}F(t)$$

determines a Poisson bracket compatible with the Poisson bracket (3.2). 2) For a nonresonant TCFT model all the equations of the hierarchy (3.1) are Hamiltonian equations also with respect to the Poisson bracket (3.21).

The nonresonancy condition is essential: equations (3.1) with resonant numbers (α, p) do not admit another Poisson structure.

Remark. According to the theory [18-21] of Poisson brackets of hydrodynamic type, any such bracket is determined by a flat Riemannian (or pseudo-Riemannian) metric $g_{\alpha\beta}(t)$ on the target space M (more precisely, one needs a metric $g^{\alpha\beta}(t)$ on the cotangent bundle to M). In our case the target space is the Frobenius manifold M. The first Poisson structure (3.2) is determined by the metric being specified by the double-point correlators $\eta_{\alpha\beta}$. The second flat metric for the Poisson bracket (3.21) on a conformal invariant Frobenius manifold M has the following geometrical interpretation. Let ω_1 and ω_2 be two 2-forms on M. We can multiply them $\omega_1, \omega_2 \mapsto \omega_1 \cdot \omega_2$ using the multiplication of tangent vectors and the isomorphism η between tangent and cotangent spaces. Then the new inner product $< \, , \, >_1$ is defined by the formula

$$< \omega_1, \omega_2 >_1 = \mathrm{i}_v(\omega_1 \cdot \omega_2). \tag{3.22}$$

Here i_v is the operator of contraction with the vector field v (the generator of conformal symmetries (2.3)). The metric (3.22) can be degenerate.

The theorem states that, nevertheless, the Jacobi identity for the Poisson bracket (3.21) holds.

The main examples of solutions of WDVV and of corresponding hierarchies will be given in the next section. Here I will consider the simplest class of examples where $c_{\alpha\beta}^{\gamma}$ does not depend on t. They form the structure constants of a Frobenius algebra A with an invariant inner product $< , >$ ($\eta_{\alpha\beta}$ in a basis $e_1 = 1, \ldots, e_n$). Let

$$\mathbf{t} = t^{\alpha} e_{\alpha} \in A. \tag{3.23}$$

The linear system (3.5) can be solved easily:

$$h_{\alpha}(t, \lambda) = \lambda^{-1} < e_{\alpha}, e^{\lambda \mathbf{t}} - 1 > .$$

This gives the following form of hierarchy (3.1)

$$\partial_{T^{\alpha,p}} \mathbf{t} = \frac{1}{p!} e_{\alpha} \mathbf{t}^p \partial_X \mathbf{t}. \tag{3.24}$$

The solution (3.9) is specified as the fixed point

$$G(\mathbf{t}) = \mathbf{t}, \tag{3.25a}$$

$$G(\mathbf{t}) = \sum_{p=0}^{\infty} \frac{\mathbf{T}_p}{p!} \mathbf{t}^p. \tag{3.25b}$$

Here I introduce A-valued coupling constants

$$\mathbf{T}_p = T^{\alpha,p} e_{\alpha} \in A, \; p = 0, \; 1, \ldots. \tag{3.26}$$

The solution of (3.25) has the well-known form

$$\mathbf{t} = G(G(G(\ldots))) \tag{3.27}$$

(infinite number of iterations). The τ-function of solution (3.27) has the form

$$\log \tau = \frac{1}{6} < 1, \mathbf{t}^3 > - \sum_p \frac{< \mathbf{T}_p, \mathbf{t}^{p+2} >}{(p+2)p!} + \frac{1}{2} \sum_{p,q} \frac{< \mathbf{T}_p \mathbf{T}_q, \mathbf{t}^{p+q+1} >}{(p+q+1)p!q!}. \tag{3.28}$$

For the tree-level correlation functions of a TFT-model with constant primary correlators one immediately obtains

$$< \phi_{\alpha,p} \phi_{\beta,q} >_0 = \frac{< e_{\alpha} e_{\beta}, \mathbf{t}^{p+q+1} >}{(p+q+1)p!q!}, \tag{3.29a}$$

$$< \phi_{\alpha,p}\phi_{\beta,q}\phi_{\gamma,r} >_0 = \frac{1}{p!q!r!} < e_\alpha e_\beta e_\gamma, \frac{t^{p+q+r}}{1-\sum_{s\geq 1}\frac{T_s t^{s-1}}{(s-1)!}} > . \tag{3.29b}$$

For $n = 1$ the formulae (3.29) give the tree-level correlators of the topological gravity (see [3, 46]). For $n = 24$ one obtains the tree-level correlators of the topological sigma-model with a K3-surface as the target space. Here the algebra $A = H^*(K3)$ is a graded one: it has a basis $P, Q_1, \ldots, Q_{22}, R$ of degrees 0, 1 (all the Q's) and 2 respectively. The multiplication has the form

$$P \text{ is the unity, } Q_iQ_j = \eta_{ij}R, \; Q_iR = R^2 = 0 \tag{3.30}$$

for a nondegenerate symmetric matrix η_{ij}. The scalar product (the intersection number) has the form

$$\eta_{PR} = 1, \; \eta_{Q_iQ_j} = \eta_{ij}.$$

Let us consider now the second hamiltonian structure (3.21). I start with the most elementary case $n = 1$ (the pure gravity). Let me redenote the coupling constant by

$$u = t^1.$$

The Poisson bracket (3.21) in this case reads

$$\{u(X), u(Y)\}_1 = \frac{1}{2}(u(X) + u(Y))\delta'(X - Y). \tag{3.31}$$

This is nothing but the Lie – Poisson bracket on the dual space to the Lie algebra of one-dimensional vector fields.

For an arbitrary graded Frobenius algebra A, the Poisson bracket (3.21) is also linear in the coordinates t^α

$$\{t^\alpha(X), t^\beta(Y)\}_1 = [(\frac{d+1}{2} - q_\alpha)c_\gamma^{\alpha\beta}t^\gamma(X) + (\frac{d+1}{2} - q_\beta)c_\gamma^{\alpha\beta}t^\gamma(Y)]\delta'(X-Y). \tag{3.32}$$

It therefore determines the structure of an infinite dimensional Lie algebra on the loop space $\mathcal{L}(A^*)$ where A^* is the dual space to the graded Frobenius algebra A. Theory of linear Poisson brackets of hydrodynamic type and of corresponding infinite dimensional Lie algebras was constructed in [34] (see also [18]). But the class of examples (3.32) is a new one. Observe that the case $A = H^*(K3)$ is a nonresonant one.

Let us come back to the general (i.e., nonlinear) case of a TCFT model. I will assume that the charges and the dimension are ordered in such a way that

$$0 = q_1 < q_2 \leq \ldots \leq q_{n-1} < q_n = d. \tag{3.33}$$

Then from (3.21) one obtains

$$\{t^n(X), t^n(Y)\}_1 = \frac{1-d}{2}(t^n(X) + t^n(Y))\delta'(X - Y). \tag{3.34}$$

Since

$$\{t^\alpha(X), t^n(Y)\}_1 = [(\frac{d+1}{2} - q_\alpha)t^\alpha(X) + \frac{1-d}{2}t^\alpha(Y)]\delta'(X-Y), \quad (3.35)$$

the functional

$$P = \frac{2}{1-d}\int t^n(X)dX \quad (3.36)$$

generates spatial translations. We see that for $d \neq 1$ the Poisson bracket (3.21) can be considered as a nonlinear extension of the Lie algebra of one-dimensional vector fields. An interesting question is to find an analogue of the Gelfand – Fuchs cocycle for this bracket. I found such a cocycle for a more special class of TCFT models. We say that a TCFT-model is *graded* if, for any t, the Frobenius algebra $c_{\alpha\beta}^\gamma(t)$, $\eta_{\alpha\beta}$ is graded.

Theorem 3.3. *For a graded TCFT-model the formula*

$$\{t^\alpha(X), t^\beta(Y)\}_1^{\hat{}} = \{t^\alpha(X), t^\beta(Y)\}_1 + \epsilon^2\eta^{1\alpha}\eta^{1\beta}\delta'''(X-Y) \quad (3.37)$$

determines a Poisson bracket compatible with (3.2) and (3.21) for arbitrary ϵ^2 (the central charge). For a generic graded TCFT model this is the only one deformation of the Poisson bracket (3.21) proportional to $\delta'''(X-Y)$.

For $n = 1$, equation (3.37) determines nothing but the Lie – Poisson bracket on the dual space to the Virasoro algebra

$$\{u(X), u(Y)\}_1^{\hat{}} = \frac{1}{2}[u(X) + u(Y)]\delta'(X-Y) + \epsilon^2\delta'''(X-Y) \quad (3.38)$$

(the second Poisson structure of the KdV hierarchy). For $n > 1$ and constant primary correlators (i.e., for a constant graded Frobenius algebra A) the Poisson bracket (3.37) can be considered as a vector-valued extension (for $d \neq 1$) of that of the Virasoro.

Graded TCFT models occur as the topological sigma-models with a Calabi – Yau manifold of (complex) dimension d as the target space [2, 46, 57]. They are nonresonant where d is even. In particular, for $d = 2$ one obtains the K3-models where the primary correlators are constant. For $d > 2$ they are not constant because of instanton corrections [46, 47, 57]. As it was explained in [57], finding of these primary correlators for the Calabi – Yau models (and, therefore, graded solutions of WDVV) could be a crucial point in solving the problem of mirror symmetry.

The compatible pair of the Poisson brackets (3.2) and (3.37) generates an integrable hierarchy of PDEs for a nonresonant graded TCFT using the standard machinery of the bihamiltonian formalism [52]

$$\partial_{T^{\alpha,p}}t^\beta = \{t^\beta(X), \hat{H}_{\alpha,p}\} = [\frac{d+1}{2} - q_\alpha + p]^{-1}\{t^\beta(X), \hat{H}_{\alpha,p-1}\}_1^{\hat{}}. \quad (3.39)$$

Here the Hamiltonians have the form

$$\hat{H}_{\alpha,p} = \int \hat{h}_{\alpha,p+1} dX, \tag{3.40a}$$

$$\hat{h}_{\alpha,p+1} = h_{\alpha,p+1}(t) + \epsilon^2 \Delta \hat{h}_{\alpha,p+1}(t, \partial_X t, \ldots, \partial_X^p t; \epsilon^2) \tag{3.40b}$$

where $\Delta \hat{h}_{\alpha,p+1}$ are some polynomials determined by (3.39). They are graded-homogeneous of degree 2 where $\deg \partial_X^k t = k$, $\deg \epsilon = -1$. It is clear that hierarchy (3.1) is the zero-dispersion limit of this hierarchy. For $n = 1$ using the pair (3.2) and (3.38) one immediately obtains the KdV hierarchy. Note that this describes the topological gravity. It would be interesting to investigate the relation of the hierarchies determined by the pair (3.2) and (3.37) to a nonperturbative (i.e., for all genera) description of the the K3 models coupled to gravity. For a model with constant correlators (for a graded Frobenius algebra A) the first nontrivial equations of the hierarchy are

$$\partial_{T^{\alpha,1}} \mathbf{t} = e_\alpha \mathbf{t}\mathbf{t}_X + \frac{2\epsilon^2}{3-d} e_\alpha e_n \mathbf{t}_{XXX}. \tag{3.41}$$

For non-graded TCFT models it could be of interest to find nonlinear analogues of the cocycle (3.37). These should be differential geometric Poisson brackets of the third order [58, 18] of the form

$$\begin{gathered}
\{t^\alpha(X), t^\beta(Y)\}\hat{}_1 = \{t^\alpha(X), t^\beta(Y)\}_1 + \\
\epsilon^2 \{ g^{\alpha\beta}(t(X))\delta'''(X-Y) + b^{\alpha\beta}_\gamma(t(X)) t^\gamma_X \delta''(X-Y) + \\
[f^{\alpha\beta}_\gamma(t(X)) t^\gamma_{XX} + h^{\alpha\beta}_{\gamma\delta}(t(X)) t^\gamma_X t^\delta_X]\delta'(X-Y) + \\
[p^{\alpha\beta}_\gamma(t) t^\gamma_{XXX} + q^{\alpha\beta}_{\gamma\delta}(t) t^\gamma_{XX} t^\delta_X + r^{\alpha\beta}_{\gamma\delta\lambda}(t) t^\gamma_X t^\delta_X t^\lambda_X]\delta(X-Y)\}.
\end{gathered} \tag{3.42}$$

I recall (see [58, 18]) that the form (3.42) of the Poisson bracket should be invariant with respect to nonlinear changes of coordinates in the manifold M. This implies that the leading term $g^{\alpha\beta}(t)$ transforms as a metric (that may be degenerate) on the cotangent bundle T_*M, and that $b^{\alpha\beta}_\gamma(t)$ are contravariant components of a connection on M etc. The Poisson bracket (3.42) is assumed to be compatible with (3.2). Then the compatible pair (3.2), (3.42) of the Poisson brackets generates an integrable hierarchy of the same structure (3.39), (3.40).

4. Examples

Example 1. I start with the most elementary examples of solutions of WDVV for $n = 2$. Only massive solutions are of interest here (a 2-dimensional nilpotent Frobenius algebra has no nontrivial deformations).

The Darboux–Egoroff equations in this case are linear. I consider only TCFT case (the similarity reduction of WDVV). Let us redenote the coupling constants

$$t^1 = u,\ t^2 = \rho. \tag{4.1}$$

For $d \neq 1$ the primary free energy F has the form

$$F = \frac{1}{2}\rho u^2 + \frac{g}{a(a+2)}\rho^{a+2}, \tag{4.2}$$

$$a = \frac{1+d}{1-d}, \tag{4.3}$$

where g is an arbitrary constant. The second term in the formula for the free energy should be understood as

$$\frac{g}{a(a+2)}\rho^{a+2} = \int\int\int g(a+1)\rho^{a-1}.$$

The linear system (3.5) can be solved via Bessel functions [39]. Let me take the $T = T^{1,1}$ flow as an example of equations of hierarchy (3.1),

$$u_T + uu_X + g\rho^a\rho_X = 0 \tag{4.4a}$$

$$\rho_T + (\rho u)_X = 0. \tag{4.4b}$$

These are the equations of isentropic motion of a one-dimensional fluid with the dependence of the pressure on the density of the form $p = \frac{g}{a+2}\rho^{a+2}$. The Poisson structure (3.2) for these equations was proposed in [37]. For $a = 0$ (equivalently $d = -1$) the system coincides with the equations of waves on shallow water (the dispersionless limit [59] of the nonlinear Schrödinger equation (NLS)).

For $d = 1$ the primary free energy has the form

$$F = \frac{1}{2}\rho u^2 + ge^\rho. \tag{4.5}$$

This coincides with the free energy of the topological sigma-model with CP^1 as the target space. Note that this can be obtained from the same solution of the Darboux–Egoroff system as the semiclassical limit of the NLS (the case $d = -1$ above) for different choices of the eigenfunction ψ_{i1} (in the notations of (1.24)). The corresponding $T = T^{2,0}$-system of the hierarchy (3.1) reads

$$u_T = g(e^\rho)_X$$

$$\rho_T = u_X.$$

Eliminating u one obtains the long wave limit

$$\rho_{TT} = g(e^{\rho})_{XX} \tag{4.6}$$

of the Toda system

$$\rho_{n tt} = e^{\rho_{n+1}} - 2e^{\rho_n} + e^{\rho_{n-1}}. \tag{4.7}$$

(The 2-dimensional version of (4.6) was obtained in the formalism of Whitham-type equations in [44].) It would be interesting to prove that the nonperturbative free energy of the CP^1-model coincides with the τ-function of the Toda hierarchy.

Example 2. Topological minimal models. I consider here the A_n-series models only. The Frobenius manifold M here is the set of all polynomials (*Landau - Ginsburg superpotentials*) of the form

$$M = \{w(p) = p^{n+1} + a_1 p^{n-1} + \ldots + a_n |\, a_1, \ldots, a_n \in \mathbf{C}\}. \tag{4.8}$$

For any $w \in M$ the Frobenius algebra $A = A_w$ is the algebra of truncated polynomials

$$A_w = \mathbf{C}[p]/(w'(p) = 0) \tag{4.9}$$

(the prime means the derivative with respect to p) with the invariant inner product

$$< f, g >= \operatorname{res}_{p=\infty} \frac{f(p)g(p)}{w'(p)}. \tag{4.10}$$

Algebra A_w is semisimple if the polynomial $w'(p)$ has simple roots. The canonical coordinates (1.15) $u^1, \ldots, u^n$ are the critical values of the polynomial $w(p)$

$$u^i = w(p_i), \text{ where } w'(p_i) = 0, \; i = 1, \ldots, n. \tag{4.11}$$

Let us take the following diagonal metric on M

$$\sum_{i=1}^{n} \eta_{ii}(u)(du^i)^2, \quad \eta_{ii}(u) = [w''(p_i)]^{-1}. \tag{4.12}$$

It can be proved that this is a flat Egoroff metric on M. The corresponding flat coordinates on M have the form

$$t^{\alpha} = -\frac{n+1}{n-\alpha+1} \operatorname{res}_{p=\infty} w^{\frac{n-\alpha+1}{n+1}}(p)dp, \; \alpha = 1, \ldots, n. \tag{4.13}$$

The metric (4.12) in these coordinates has the constant form

$$\sum_{i=1}^{n} \eta_{ii}(u)(du^i)^2 = \eta_{\alpha\beta} dt^{\alpha} dt^{\beta}, \quad \eta_{\alpha\beta} = \delta_{n+1, \alpha+\beta}. \tag{4.14}$$

The orthonormal basis in A_w with respect to this metric consists of the polynomials $\phi_1(p),\dots, \phi_n(p)$ of degrees 0, 1, ... , $n-1$, resp., where

$$\phi_\alpha(p) = \frac{d}{dp}[w^{\frac{\alpha}{n+1}}]_+, \quad \alpha = 1,\dots,n. \tag{4.15}$$

Here $[\ ]_+$ means the polynomial part of the power series in p. This is a TCFT model with the charges and dimension

$$q_\alpha = \frac{\alpha-1}{n+1}, \ d = q_n = \frac{n-1}{n+1}. \tag{4.16}$$

In fact one obtains a n-parameter family of TFT models with the same canonical coordinates u^i of the form (4.11) where

$$\eta_{ii}(u) \mapsto \eta_{ii}(u,c) = [w''(p_i)]^{-1}[\sum c_\alpha \phi_\alpha(p_i)]^2, \tag{4.17a}$$

$$t^\alpha \mapsto t^\alpha(c) = -\frac{n+1}{n-\alpha+1}\mathrm{res}_{p=\infty} w^{\frac{n-\alpha+1}{n+1}}(p)[\sum c_\gamma \phi_\gamma(p)]dp \tag{4.17b}$$

depending on arbitrary parameters c_1, ..., c_n. This reflects an ambiguity in the choice of the solution ψ_{i1} in the formulae (1.24). These models are conformally invariant if only one of the coefficients c_γ is nonzero.

The corresponding hierarchy of the systems of the hydrodynamic type (3.1) coincides with the dispersionless limit of the Gelfand–Dickey hierarchy for the scalar Lax operator of order $n+1$. This essentially follows from [8, 11]. I recall that the Gelfand–Dickey hierarchy for an operator

$$L = \partial^{n+1} + a_1(x)\partial^{n-1} + \dots + a_n(x)$$

$$\partial = d/dx$$

has the form

$$\partial_{t^{\alpha,p}} L = c_{\alpha,p}[L, [L^{\frac{\alpha}{n+1}+p}]_+], \ \alpha = 1,\dots,n, \ p = 0,1,\dots \tag{4.18}$$

for some constants $c_{\alpha,p}$. Here $[\,]_+$ denotes differential part of the pseudo-differential operator. The dispersionless limit of the hierarchy is defined as follows: one should substitute

$$x \mapsto \epsilon x = X, \ t^{\alpha,p} \mapsto \epsilon t^{\alpha,p} = T^{\alpha,p} \tag{4.19}$$

and let ϵ tend to zero. The dispersionless limit of the τ-function of the hierarchy is defined [11, 53-54, 61] as

$$\log \tau_{\text{dispersionless}}(T) = \lim_{\epsilon\to 0} \epsilon^{-2} \log \tau(\epsilon t). \tag{4.20}$$

The modified minimal model (4.17) is related to the same Gelfand – Dickey hierarchy with the following modification of the L-operator

$$L \mapsto \tilde{L} = \sum c_\gamma [L^{\frac{\gamma}{n+1}}]_+. \tag{4.21}$$

The linear equation (3.5) for the minimal model can be solved in the form [39]

$$h_\alpha(t;\lambda) = -\frac{n+1}{\alpha} \mathrm{res}_{p=\infty} w^{\frac{\alpha}{n+1}} {}_1F_1(1; 1 + \frac{\alpha}{n+1}; \lambda w(p))dp. \tag{4.22}$$

Here ${}_1F_1(a;c;z)$ is the Kummer (or confluent hypergeometric) function [35]

$${}_1F_1(a;c;z) = \sum_{m=o}^{\infty} \frac{(a)_m}{(c)_m} \frac{z^m}{m!}, \tag{4.23a}$$

$$(a)_m = a(a+1)\dots(a+m-1). \tag{4.23b}$$

The generating function (3.11) has the form

$$V_{\alpha\beta}(t;\lambda,\mu) = (\lambda+\mu)^{-1}[\eta^{\mu\nu}(\mathrm{res}_{p=\infty} w^{\frac{\alpha}{n+1}-1} {}_1F_1(1; \frac{\alpha}{n+1}; \lambda w(p))\phi_\mu(p)dp) \times$$

$$(\mathrm{res}_{p=\infty} w^{\frac{\beta}{n+1}-1} {}_1F_1(1; \frac{\beta}{n+1}; \mu w(p))\phi_\nu(p)dp) - \eta_{\alpha\beta}]. \tag{4.24}$$

From this one obtains formulae for the τ-function.

Example 3. $M_{g;n_0,\dots,n_m}$-models [13, 14]. Let $M = M_{g;n_0,\dots,n_m}$ be a moduli space of dimension

$$n = 2g + n_0 + \dots + n_m + 2m \tag{4.25}$$

of sets

$$(C; \infty_0, \dots, \infty_m; w; k_0, \dots, k_m; a_1, \dots, a_g, b_1, \dots, b_g) \in M_{g;n_0,\dots,n_m} \tag{4.26}$$

where C is a Riemann surface with marked points ∞_0, ..., ∞_m, and a marked meromorphic function

$$w : C \to CP^1, \;\; w^{-1}(\infty) = \infty_0 \cup \dots \cup \infty_m \tag{4.27}$$

having a degree $n_i + 1$ near the point ∞_i, and a marked symplectic basis $a_1, \dots, a_g$, $b_1, \dots, b_g \in H_1(C, \mathbf{Z})$, and marked branches of roots of w near ∞_0, ..., ∞_m of the orders $n_0 + 1, \dots, n_m + 1$, resp.,

$$k_i^{n_i+1}(P) = w(P), \;\; P \text{ near } \infty_i. \tag{4.28}$$

(This is a connected manifold as it follows from [56].) We need the critical values of w

$$u^j = w(P_j),\ dw|_{P_j} = 0,\ j = 1, \ldots, n \tag{4.29}$$

(i.e., the ramification points of the Riemann surface (4.27)) to be local coordinates in open domains in M where

$$u^i \neq u^j \text{ for } i \neq j \tag{4.30}$$

(by the Riemann existence theorem). Another assumption is that the one-dimensional affine group acts on M as

$$(C; \infty_0, \ldots, \infty_m; w; \ldots) \mapsto (C; \infty_0, \ldots, \infty_m; aw + b; \ldots) \tag{4.31a}$$

$$u^i \mapsto au^i + b,\ i = 1, \ldots, n. \tag{4.31b}$$

Let dp be the normalized Abelian differential of the second kind on C with a double pole at ∞_0

$$dp = dk_0 + \text{ regular terms} \tag{4.32a}$$

$$\oint_{a_i} dp = 0,\ i = 1, \ldots, g. \tag{4.32b}$$

Using u^i as the canonical coordinates (1.15) I define a flat Egoroff metric on M by the formula

$$ds^2 = \sum_{i=1}^n \eta_{ii}(u)(du^i)^2, \tag{4.33a}$$

$$\eta_{ii}(u) = \operatorname{res}_{P_i} \frac{(dp)^2}{dw}. \tag{4.33b}$$

It can be extended globally on M. The corresponding flat coordinates are

$$t^{i;\alpha} = -\frac{n_i + 1}{n_i - \alpha + 1} \operatorname{res}_{\infty_i} k_i^{n_i - \alpha + 1} dp,\ i = 0, \ldots, m,\ \alpha = 1, \ldots, n_i; \tag{4.34a}$$

$$p^i = \text{v.p.} \int_{\infty_0}^{\infty_i} dp = \lim_{Q \to \infty_0} \left(\int_Q^{\infty_i} dp + k_0(Q) \right),\ i = 1, \ldots, m; \tag{4.34b}$$

$$q^i = -\operatorname{res}_{\infty_i} w\, dp,\ i = 1, \ldots, m; \tag{4.34c}$$

$$r^i = \oint_{b_i} dp,\ s^i = -\frac{1}{2\pi i} \oint_{a_i} w\, dp,\ i = 1, \ldots, g. \tag{4.34d}$$

The metric (4.33) in these coordinates has the following form

$$\eta_{t^{i;\alpha} t^{i;\beta}} = \frac{1}{n_i + 1} \delta_{ij} \delta_{\alpha + \beta, n_i + 1} \tag{4.35a}$$

$$\eta_{p^i q^j} = \delta_{ij} \tag{4.35b}$$

$$\eta_{r^i s^j} = \delta_{ij}, \tag{4.35c}$$

and the other components of η vanish. The unity vector field is a unit vector along the coordinate $t^{0;1}$.

Proposition 4.1. *The flat metric (4.35) is well-defined globally on M and the flat coordinates (4.34) are globally independent analytic functions on M.*

As a consequence we see that the moduli space M is an unramified covering over a domain in $\mathbf{C}^n$ (see [13, 14]).

Let us introduce primary differentials on C (or on a universal covering $\tilde{C}$ of $C \setminus \infty_0 \cup \ldots \cup \infty_m$) of the form

$$\phi_{t^A} = \partial_{t^A}(pdw)_{w=\text{const}} \tag{4.36}$$

where

$$p(P) = \int_{Q_0}^{P} dp, \tag{4.37a}$$

$$Q_0 \in C, \; w(Q_0) = 0, \tag{4.37b}$$

t^A is one of the flat coordinates (4.34). Note that the definition (4.36) of the primary differentials can be rewritten as

$$\phi_{t^A} = -\partial_{t^A}(wdp)_{p=\text{const}} \tag{4.38}$$

where the multivalued coordinate p on C is defined in (4.37). So $w(p)$ plays the role of the Landau – Ginsburg superpotential for the $M_{g;n_0,\ldots,n_m}$-models. More explicitly, $\phi_{t^{i;\alpha}}$ is a normalized Abelian differential of the second kind with a pole in ∞_i,

$$\phi_{t^{i;\alpha}} = -\frac{1}{\alpha} dk_i^\alpha + \text{ regular terms} \quad \text{near } \infty_i,$$

$$\oint_{a_j} \phi_{t^{i;\alpha}} = 0; \tag{4.39a}$$

ϕ_{p^i} is a normalized Abelian differential of the second kind on C with a pole only at ∞_i, with the principal part of the form

$$\phi_{p^i} = dw + \text{ regular terms} \quad \text{near } \infty_i,$$

$$\oint_{a_j} \phi_{p^i} = 0; \tag{4.39b}$$

ϕ_{q^i} is a normalized Abelian differential of the third kind with simple poles at ∞_0 and ∞_i with residues -11 and $+1$ resp.; ϕ_{r^i} is a normalized multivalued differential on C with increments along the cycles b_i of the form

$$\phi_{r^i}(P+b_j) - \phi_{r^i}(P) = -\delta_{ij}dw,$$

$$\oint_{a_j} \phi_{r^i} = 0; \tag{4.39c}$$

ϕ_{s^i} are the basic holomorphic differentials* on C normalized by the condition

$$\oint_{a_j} \phi_{s^i} = 2\pi i \delta_{ij}. \tag{4.39d}$$

The inner product (4.33) in terms of the primary differentials ϕ_{t^A} reads

$$\eta_{AB} = \sum_{i=1}^{n} \mathrm{res}_{P_i} \frac{\phi_{t^A}\phi_{t^B}}{dw}. \tag{4.40}$$

The structure functions $c_{ABC}(t)$ can be calculated by

$$c_{ABC}(t) = \sum_{i=1}^{n} \mathrm{res}_{P_i} \frac{\phi_{t^A}\phi_{t^B}\phi_{t^C}}{dw\,dp}. \tag{4.41}$$

The extension of the Frobenius structure on the entire moduli space M is given by the condition that the differential

$$\frac{\phi_{t^A}\phi_{t^B} - c_{AB}^C \phi_{t^C} dp}{dw} \tag{4.42}$$

be holomorphic for $|w| < \infty$. The Frobenius algebra on T_tM will be nilpotent for Riemann surfaces $w : C \to CP^1$ with branch points of order greater than 2. This is a conformally invariant Frobenius manifold with the dimension

$$d = \frac{n_0 - 1}{n_0 + 1} \tag{4.43a}$$

and charges

$$q_{t^{i;\alpha}} = \frac{\alpha}{n_i + 1} - \frac{1}{n_0 + 1} \tag{4.43b}$$

$$q_{r^i} = q_{p^i} = \frac{n_0}{n_0 + 1} \tag{4.43c}$$

---

* The 1-form pdw was used by Novikov and Veselov in their theory of algebro-geometric Poisson brackets [60]. The coordinates s^i are the algebro-geometric action variables of [60]. In [60] it was also an important point that derivatives $\partial_{s^i}(pdw)$ are the normalized holomorphic differentials.

$$q_{s^i} = q_{q^i} = -\frac{1}{n_0+1}. \tag{4.43d}$$

For the particular case $g = m = 0$ we obtain the Frobenius manifolds of the minimal models (the previous example). For $g = 0$, $m > 0$ we obtain models with rational functions as superpotentials.

The generating functions $h_{t^A}(t; \lambda)$ (3.4) have the form

$$h_{t^{i;\alpha}}(t;\lambda) = -\frac{n_i+1}{\alpha} \mathrm{res}_{p=\infty_i} k_i^{\alpha} {}_1F_1(1; 1 + \frac{\alpha}{n_i+1}; \lambda w(p)) dp. \tag{4.44a}$$

$$h_{p^i} = \text{v.p.} \int_{\infty_0}^{\infty_i} e^{\lambda w} dp \tag{4.44b}$$

$$h_{q^i} = \mathrm{res}_{\infty_i} \frac{e^{\lambda w} - 1}{\lambda} dp \tag{4.44c}$$

$$h_{r^i} = \oint_{b_i} e^{\lambda w} dp \tag{4.44d}$$

$$h_{s^i} = \frac{1}{2\pi i} \oint_{a_i} p e^{\lambda w} dw. \tag{4.44e}$$

Remark. Integrals of the form (4.44) seem to be interesting functions on the moduli space of the form $M_{g;n_0,\ldots,n_m}$. The simplest example of such an integral for a family of elliptic curves reads

$$\int_0^{\omega} e^{\lambda \wp(z)} dz \tag{4.45}$$

where $\wp(z)$ is the Weierstrass function with periods 2ω, $2\omega'$. For real negative λ a degeneration of the elliptic curve ($\omega \to \infty$) reduces (4.45) to the standard probability integral $\int_0^\infty e^{\lambda x^2} dx$. So the integral (4.45) is an analogue of the probability integral as a function on λ and on moduli of the elliptic curve. I recall that dependence on these parameters is specified by the equations (3.5), (2.17).

Gradients of this functions on the moduli space M have the form

$$\partial_{t^A} h_{t^{i;\alpha}} = \mathrm{res}_{\infty_i} k_i^{\alpha - n_i - 1} {}_1F_1(1; \frac{\alpha}{n_i+1}; \lambda w(p)) \phi_{t^A}, \tag{4.46a}$$

$$\partial_{t^A} h_{p^i} = \eta_{t^A p^i} - \lambda \text{v.p.} \int_{\infty_0}^{\infty_i} e^{\lambda w} \phi_{t^A} \tag{4.46b}$$

$$\partial_{t^A} h_{q^i} = \mathrm{res}_{\infty_i} e^{\lambda w} \phi_{t^A} \tag{4.46c}$$

$$\partial_{t^A} h_{r^i} = \eta_{t^A r^i} - \lambda \oint_{b_i} e^{\lambda w} \phi_{t^A} \tag{4.46d}$$

$$\partial_{t^A} h_{s^i} = \frac{1}{2\pi i} \oint_{a_i} e^{\lambda w} \phi_{t^A}. \tag{4.46e}$$

The generating function $V_{\alpha\beta}(t; \lambda, \mu)$ of coefficients of the τ-function (3.13) can be calculated via inner products (with respect to the matrix (4.35)) of (4.46). In particular, for a part of the Hessian of the primary free energy $F(t)$ (a function on M) one obtains [13, 14]

$$\frac{\partial^2 F}{\partial s^i \partial s^j} = -\tau_{ij} = -\oint_{b_j} \phi_{s^i}. \tag{4.47}$$

This is nothing but the matrix of periods of holomorphic differentials on M. Other second derivatives of F also turn out to be certain periods of some Abelian differentials on C.

Conclusion

WDVV is a universal system of integrable differential equations for periods of Abelian differentials on Riemann surfaces.

I recall that this system is a higher order analogue of the Painlevé-VI equation (i.e., equations of isomonodromy deformations of (2.15)). To specify the solution of WDVV one needs to find the monodromy matrix of the linear operator (2.15) for the eigenfunctions of the form (4.44). I will do it in a forthcoming publication.

We obtain the following picture of "Painlevé uniformisation" of the moduli spaces $M_{g;n_0,\dots,n_m}$: (1) a global system of analytic coordinates on $M_{g;n_0,\dots,n_m}$; (2) periods of Abelian differentials on curves $C \in M_{g;n_0,\dots,n_m}$ are certain higher order Painlevé transcendents as functions of these coordinates.

Remark. For any Hamiltonian $H_{A,p}$ of the form (3.3), (4.44) one can construct a differential $\Omega_{A,p}$ on C or on the covering $\tilde{C}$ with singularities only at the marked infinite points such that

$$\frac{\partial}{\partial u^i} h_{t^A,p} = \mathrm{res}_{P_i} \frac{\Omega_{A,p} dp}{dw}, \quad i = 1, \dots, n. \tag{4.48}$$

See[13] for an explicit form of these differentials (for $m = 0$ also see [14]).

Using these differentials the hierarchy (3.1) can be written in the Flaschka – Forest –McLaughlin form [16]

$$\partial_{T^{A,p}} dp = \partial_X \Omega_{A,p} \tag{4.49}$$

(derivatives of the differentials are to be calculated with w =const.).

The matrix $V_{(A,p),(B,q)}(t)$ determines a pairing of these differentials with values in functions on the moduli space

$$(\Omega_{A,p}, \Omega_{B,q}) = V_{(A,p),(B,q)}(t) \tag{4.50}$$

Particularly, the primary free energy F as a function on M can be written in the form [13, 14]

$$F = -\frac{1}{2}(pdw, pdw). \tag{4.51}$$

Note that the differential pdw can be written in the form

$$pdw = \sum \frac{n_i+1}{n_i+2}\Omega_{\infty_i}^{(n_i+2)} + \sum t^A \phi_{t^A} \tag{4.52}$$

where $\Omega_{\infty_i}^{(n_i+2)}$ is the Abelian differential of the second kind with a pole at ∞_i of the form

$$\Omega_{\infty_i}^{(n_i+2)} = dk_i^{n_i+2} + \text{ regular terms} \quad \text{near } \infty_i. \tag{4.53}$$

For the pairing (4.50) one can obtain from [44] the following formula

$$(f_1 dw, f_2 dw) = \frac{1}{2}\int\int_C (\bar\partial f_1 \partial f_2 + \partial f_1 \bar\partial f_2) \tag{4.54}$$

where the differentials ∂ and $\bar\partial$ along the Riemann surface should be understood in the distribution sense. The meromorphic differentials $f_1 dw$ and $f_2 dw$ on the covering $\tilde{C}$ should be considered to be piecewise meromorphic differentials on C with jumps on some cuts.

The corresponding hierarchy (3.1) is obtained by averaging along invariant tori of a family of g-gap solutions of a KdV-type hierarchy related to a matrix operator L of the matrix order $m+1$ and of orders $n_0+1, \ldots, n_m+1$, in $\partial/\partial x$. The example $m=0$ (the averaged Gelfand–Dickey hierarchy) was considered in more details in [14]. The Poisson bracket (3.2) is a result of semiclassical limit (or averaging) [18-21] of the first Hamiltonian structure of the Gelfand–Dickey hierarchy; averaging of the second Hamiltonian structure (the classical W-algebra) gives the Poisson structure (3.21). Therefore, (3.21) can be considered to be the semiclassical limit of the classical W-algebras. The corresponding flat metric (3.22) on the moduli space $M_{g;n_0,\ldots,n_m}$ is well-defined on a subset of Riemann surfaces having $w=0$, a non-ramifying point.

Also, for $g+m>0$ one needs to extend the KdV-type hierarchy to obtain (3.1) (see [13-14]). To explain the nature of such an extension let us consider the simplest example of $m=0$, $n_0=1$. The moduli space M consists of hyperelliptic curves of genus g with marked homology basis

$$y^2 = \prod_{i=1}^{2g+1}(w-w_i). \tag{4.55}$$

This parametrizes the family of g-gap solutions of the KdV. The L operator has the well-known form

$$L = -\partial_x^2 + u. \tag{4.56}$$

In real smooth periodic case $u(x+T)=u(x)$ the quasimomentum $p(w)$ is defined by the formula

$$\psi(x+T,w)=e^{ip(w)T}\psi(x,w) \tag{4.57}$$

for a solution $\psi(x,w)$ of the equation

$$L\psi=w\psi \tag{4.58}$$

(the Bloch – Floquet eigenfunction). The differential dp can be extended onto the family of all (i.e., quasiperiodic complex meromorphic) g-gap operators (4.55) as a normalized Abelian differential of the second kind with a double pole at the infinity $w=\infty$. (So the above superpotential (4.38) has the sense of the Bloch dispersion law, i.e., the dependence of the energy w on the quasimomentum p.) The Hamiltonians of the KdV hierarchy can be obtained as coefficients of the expansion of dp near the infinity. To obtain a complete family of conservation laws of the averaged hierarchy (3.1) one needs to extend the family of the KdV integrals by adding nonlocal functionals of u of the form

$$\oint_{a_i} w^k dp,\quad \oint_{b_i} w^{k-1}dp,\ k=1,2,\ldots. \tag{4.59}$$

As in (4.17) one can deform the above Frobenius structure on the moduli space $M=M_{g;n_0,\ldots,n_m}$ by changing the differential dp,

$$dp\mapsto \tilde{dp}=\sum c_A\phi_{tA} \tag{4.60}$$

for arbitrary constant coefficients. (The deformed Frobenius structure genericaly is well-defined only on a subset of M.) Particularly, if $\tilde{dp}$ is a differential of the third kind on C then the "dimension" d of this model always equals 1. The corresponding hierarchy (3.1) is obtained by averaging a Toda-type system.

Here I consider the simplest example of such a deformation. Let M be the 3-dimensional family of elliptic curves

$$y^2=4(w-c)^2-g_2(w-c)-g_3=4(w-c-e_1)(w-c-e_2)(w-c-e_3) \tag{4.61}$$

with ordered roots e_1, e_2, e_3. It is convenient to use the Weierstrass uniformization of (4.63)

$$w=\wp(z)+c \tag{4.62a}$$

$$y=\wp'(z) \tag{4.62b}$$

(I will use the standard notations [35] of the theory of elliptic functions). Let us use the holomorphic differential

$$dp = \frac{\pi i dz}{\omega} \tag{4.63}$$

to construct a Frobenius structure on M (here $\wp(\omega) = e_1$). The corresponding Landau – Ginsburg superpotential is the Weierstrass function (4.62a) where one should substitute $z = \omega p/\pi i$. The flat coordinates t^1, t^2, t^3 for the superpotential read

$$t^1 = -c + \frac{\eta}{\omega} \tag{4.64a}$$

$$t^2 = -1/\omega \tag{4.64b}$$

$$t^3 = 2\pi i \tau \quad \text{where } \tau = \omega'/\omega, \tag{4.64c}$$

$\wp(\omega') = e_3$, $\eta = -\int_0^\omega \wp(z)dz$. The charges of this manifold are $q_1 = 0$, $q_2 = \frac{1}{2}$, $q_3 = d = 1$.

Remark. The above models with $m = 0$, $g > 0$ can be obtained [39] in a semiclassical description of the correlators of multimatrix models (at the tree-level approximation for small couplings they correspond to various self-similar solutions of the hierarchy (3.1)) as functions of the couplings after passing through a point of gradient catastrophe. The idea of such a description originated in the theory of a dispersive analogue of shock waves [32]; see also [18].

More general algebraic-geometrical examples of solutions of WDVV were constructed in [44]. In these examples M is a moduli space of Riemann surfaces of genus g with a marked normalized Abelian differential of the second kind dw with poles at marked points and with fixed b-periods

$$\oint_{b_i} = B_i, \; i = 1, \dots, g.$$

For $B_i = 0$ one obtains the above Frobenius structures on $M_{g;n_0,\dots,n_m}$. Unfortunately, for $B \neq 0$ the Frobenius structures of [44] do not admit a conformal invariance.

Acknowledgments. I wish to thank E. Witten and C. Vafa for instructive and stimulating discussions. I acknowledge the support of INFN, Sez. di Napoli, where this paper was completed.

REFERENCES

[1] F. Brézin and V. Kazakov, *Phys. Lett.* **B 236** (1990) 144.
M. Douglas and S. Shenker, *Nucl. Phys.* **B 335** (1990) 635.
D.J. Gross and A. Migdal, *Phys. Rev. Lett.* **64** (1990) 127.
D.J. Gross and A. Migdal, *Nucl. Phys.* **B 340** (1990) 333.
T. Banks, M. Douglas, N. Seiberg, and S. Shenker, *Phys. Lett.* **B 238** (1990) 279.
M. Douglas, *Phys. Lett.* **B 238** (1990) 176.

[2] E. Witten, *Commun. Math. Phys.* **117** (1988) 353; **118** (1988) 411.

[3] E. Witten, *Nucl. Phys.* **B 340** (1990) 281.

[4] R. Dijkgraaf and E. Witten, *Nucl. Phys.* **B 342** (1990) 486.

[5] J. Distler, *Nucl. Phys.* **B 342** (1990) 523.

[6] K. Li, *Topological gravity and minimal matter*, CALT-68-1662, August 1990; *Recursion relations in topological gravity with minimal matter*, CALT-68-1670, September 1990.

[7] E. Martinec, *Phys. Lett.* **B 217** (1989) 431; *Criticality, Catastrophe and Compactifications*, V.G. Knizhnik memorial volume, 1989.
C. Vafa and N.P. Warner, *Nucl. Phys.* **B 324** (1989) 427.
S. Cecotti, L. Girardello and A. Pasquinucci, *Nucl. Phys.* **B 328** (1989) 701;
S. Cecotti, L. Girardello and A. Pasquinucci, *Int. J. Mod. Phys.* **A 6** (1991) 2427.

[8] R. Dijkgraaf. E. Verlinde and H. Verlinde, *Nucl. Phys.* **B 352** (1991) 59; *Notes on topological string theory and 2D quantum gravity*, PUPT-1217, IASSNS-HEP-90/80, November 1990.

[9] C. Vafa, *Mod. Phys. Lett.* **A 6** (1991) 337.

10. B. Blok and A. Varchenko, *Int. J. Mod. Phys.* **A7** (1992) 1467.

[11] I. Krichever, *Comm. Math. Phys.* **143** (1992) 415.

[12] I. Krichever, *Whitham theory for integrable systems and topological field theories.* To appear in Proceedings of Summer Corgese School, July 1991.

[13] B. Dubrovin, *Differential geometry of moduli spaces and its application to soliton equations and to topological conformal field theory*, Preprint No. 117 of Scuola Normale Superiore, Pisa, November 1991.

[14] B. Dubrovin, *Comm. Math. Phys.* **145** (1992) 195.

[15] G.B. Whitham, *Linear and Nonlinear Waves*, Wiley Intersci., New York - London - Sydney, 1974.
S. Yu. Dobrokhotov and V.P. Maslov, *Multiphase asymptotics of nonlinear PDE with a small parameter, Sov. Sci. Rev.: Math. Phys. Rev.* **3** (1982) 221.

[16]. H. Flaschka, M.G. Forest and D.W. McLaughlin, *Comm. Pure Appl. Math.* **33** (1980) 739.

[17] I. Krichever, *Funct. Anal. Appl.* **22** (1988) 200; *Russ. Math. Surveys*

44 (1989) 145.
[18] B. Dubrovin and S. Novikov, *Russ. Math. Surveys* **44**:6 (1989) 35.
[19] B. Dubrovin and S. Novikov, *Sov. Math. Doklady* **27** (1983) 665.
[20] S. Novikov, *Russ. Math. Surveys* **40**:4 (1985) 85.
[21] B. Dubrovin, *Geometry of Hamiltonian Evolutionary Systems*, Bibliopolis, Naples 1991.
[22] S. Tsarev, *Math. USSR Izvestija* **36** (1991); *Sov. Math. Dokl.* **34** (1985) 534.
[23] B. Dubrovin, *Funct. Anal. Appl.* **24** (1990).
[24] B. Dubrovin, *Funct. Anal. Appl.* **11** (1977) 265.
[25] S.P. Novikov (Ed.), *The Theory of Solitons: the Inverse Problem Method*, Nauka, Moscow, 1980. Translation: Plenum Press, N.Y., 1984.
[26] V. Zakharov and S. Manakov, *Sov. Phys. JETP* **42** (1976) 842.
[27] B. Dubrovin, *J. Sov. Math.* **28** (1985) 20; *Theory of operators and real algebraic geometry*, In: Lecture Notes in Mathematics **1334** (1988) 42.
[28] B. Dubrovin, I. Krichever and S. Novikov, *Integrable Systems.* I. Encyclopaedia of Mathematical Sciences, vol.4 (1985) 173, Springer-Verlag.
[29] L.D. Faddeev and L.A. Takhtajan, *Hamiltonian Methods in the Theory of Solitons.* Springer-Verlag, 1987.
[30] A.S. Fokas, R.A. Leo, L. Martina, and G. Soliani, *Phys. Lett.* **A 115** (1986) 329.
[31] B.M. McCoy, C.A. Tracy, T.T. Wu, *J. Math. Phys.* **18** (1977) 1058; M. Sato, T. Miwa, and M. Jimbo, *Publ. RIMS* **14** (1978) 223; **15** (1979) 201, 577, 871; **16** (1980) 531.
A. Jimbo, T. Miwa, Y. Mori, M. Sato, Physica **1D** (1980) 80.
H. Flaschka and A.C. Newell, *Comm. Math. Phys.* **76** (1980) 65.
A.R. Its and V. Yu. Novokshenov, *The Isomonodromic Deformation Method in the Theory of Painlevé Equations*, Lecture Notes in Mathematics 1191, Springer-Verlag, Berlin 1986.
[32] A.V. Gurevich and L.P. Pitaevskii, *Sov. Phys. JETP* **38** (1974) 291; *ibid.*, **93** (1987) 871; *JETP Letters* **17** (1973) 193.
V. Avilov and S. Novikov, *Sov. Phys. Dokl.* **32** (1987) 366.
V. Avilov, I. Krichever and S. Novikov, *Sov. Phys. Dokl.* **32** (1987) 564.
[33] G. Darboux, *Leçons sur les systèmes ortHogonaux et les cordonnées curvilignes*, Paris, 1897.
D. Th. Egoroff, *Collected papers on differential geometry*, Nauka, Moscow (1970) (in Russian).
[34] A. Balinskii and S. Novikov, *Sov. Math. Dokl.* **32** (1985) 228.
[35] W. Magnus, F. Oberhettinger and R.P. Soni, *Formulas and Theorems for the Special Functions of Mathematical Physics*, Springer-Verlag, Berlin-Heidelberg, New York, 1966.
[36] I.M. Gelfand and L.A. Dickey, *A Family of Hamilton Structures Related*

to Integrable Systems, preprint IPM/136 (1978) (in Russian).
M. Adler, *Invent. Math.* **50** (1979) 219.
I. Gelfand and I. Dorfman, *Funct. Anal. Appl.* **14** (1980) 223.

[37] P.J. Olver, *Math. Proc. Cambridge Philos. Soc.* **88** (1980) 71.

[38] R. Dijkgraaf, *Intersection Theory, Integrable Hierarchies and Topological Field Theory*, Preprint IASSNS-HEP-91/91, December 1991.

[39] B. Dubrovin, *Nucl. Phys.* **B 379** (1992) 627.

[40] S. Cecotti, C.Vafa, *Nucl. Phys.* **B367** (1991) 359.

[41] A.R. Its, A.G.Izergin, and V.E.Korepin, *Comm. Math. Phys.* **129** (1990) 205.

[42] M. Kontsevich, *Funct. Anal. Appl.* **25** (1991) 50.

[43] M. Kontsevich, *Comm. Math. Phys.* **147** (1992) 1.

[44] I. Krichever, *The τ-Function of the Universal Whitham Hierarchy, Matrix Models and Topological Field Theories*, Preprint LPTENS-92/18.

[45] B. Dubrovin, *Comm. Math. Phys.* **152** (1993), 539.

[46] E. Witten, *Surv. Diff. Geom.***1** (1991) 243.

[47] C. Vafa, *Topological Mirrors and Quantum Rings*, Preprint HUTP-91/A059.

[48] E. Witten, *Algebraic Geometry Associated with Matrix Models of Two-Dimensional Gravity*, Preprint IASSNS-HEP-91/74.

[49] E. Witten, *Int. J. Mod. Phys.* **A6** (1991) 2775.

[50] M.F. Atiyah, *Topological Quantum Field Theories*, Publ. Math. I.H.E.S. **68** (1988) 175.

[51] R. Dijkgraaf, *A Geometrical Approach to Two-Dimensional Conformal Field Theory*, Ph.D. Thesis (Utrecht, 1989).

[52] F. Magri, *J. Math. Phys.* **19** (1978) 1156.

[53] K. Takasaki and T. Takebe, *Quasi-classical Limit of KP Hierarchy, W-Symmetries and Free Fermions*, Preprint KUCP-0050/92; *W-Algebra, Twistor, and Nonlinear Integrable Systems*, Preprint KUCP-0049/92.

[54] Y. Kodama, *Phys. Lett.* **129A** (1988) 223; *Phys. Lett.* **147A** (1990) 477;
Y. Kodama and J. Gibbons, *Phys. Lett.***135A** (1989) 167.

[55] E. Brezin, C. Itzykson, G. Parisi, and J.-B.Zuber, *Comm. Math. Phys.* **59** (1978) 35.
D. Bessis, C. Itzykson, and J.-B. Zuber, *Adv. Appl. Math.* **1** (1980) 109.
M.L. Mehta, *Comm. Math. Phys.* **79** (1981) 327;
S. Chadha, G. Mahoux, and M.L.Mehta, *J.Phys.* **A14** (1981) 579.

[56] S. Natanzon, *Sov. Math. Dokl.* **30** (1984) 724.

[57] E. Witten, *Lectures on Mirror Symmetry*, In: *Proceedings MSRI Conference on Mirror Symmetry*, March 1991, Berkeley.

[58] B. Dubrovin and S. Novikov, *Sov. Math. Doklady* **279** (1984) 294.

[59] V. Zakharov, *Funct. Anal. Appl.* **14** (1980).

[60] S. Novikov and A. Veselov, *Sov. Math. Doklady* (1981); *Proceedings of Steklov Institute* (1984).

[61] P.D. Lax, C.D. Levermore, and S. Venakides, *The Generation and Propagation of Oscillations in Dispersive IVPs and their Limiting Behaviour*, In: *Important Developments in Soliton Theory 1980 - 1990*, Eds. A. Fokas and V. Zakharov.

On leave from Department of Mechanics and Mathematics, Moscow State University, 119899 Moscow, Russia

Present address:
SISSA
via Beirut, 2
I-34013 Trieste, Italy

Participants

M.A. Annamalai
Pondicherry University
Department of Mathematics
Kalapet, Pondicherry 605014
India

O. Babelon
CNRS -Université de Paris VI
L.P.T.H.E.
4, place Jussieu
75252 - Paris Cedex 05
France

D. Bennequin
Université de Strasbourg I
Laboratoire de Mathématiques
7, rue René Descartes
67084 - Strasbourg Cedex,
France

A. Bruguières
Université de Paris VII
UFR de Mathématiques
2, place Jussieu
75251 Paris Cedex 05
France

P. Cartier
I.H.E.S.
35, route de Chartres
91440 Bures-sur-Yvette,
France

A. Chenciner
Université de Paris VII
UFR de Mathématiques
2, place Jussieu
75251 Paris Cedex 05
France

A. Cohen
Université de Paris XIII
Mathématiques
Avenue J.-B. Clément
93430 Villetaneuse
France

P. Damianou
P.O. Box 6601
Limassol
Cyprus

E. Date
Osaka University
Faculty of Engineering Science
Toyonaka, Osaka 560
Japan

L. Dickey
University of Oklahoma
Department of Mathematics
601 Elm Avenue
Norman, Oklahoma 73019
USA

B. Dubrovin
SISSA
Via Beirut,2
34013 Trieste
Italy

N. M. Ercolani
The University of Arizona
Department of Mathematics
Tucson, Arizona 85721
USA

H. Flaschka
The University of Arizona
Department of Mathematics
Tucson, Arizona 85721
USA

J.-P Françoise
Université de Paris VI
4, place Jussieu
75252 Paris Cedex 05
France

L. Freidel
E.N.S. Lyon
Département de Physique Théorique
46, allée d'Italie
69364 Lyon Cedex 07
France

P. Gauduchon
Ecole Polytechnique
URA 169 CNRS
91128 Palaiseau
France

R. Gergondey
Université de Lille I
UFR de Mathématiques
59655 Villeneuve d'Ascq Cedex
France

D. Gurevitch
Max Planck Inst. für Mathematik
Gottfried Claren Str. 26
5300 Bonn 3
Germany

A.B. Guerrero
National University of Colombia
Department of Mathematics
Bogota
Colombia

V. Guillemin
MIT
Department of Mathematics
Cambridge, Massachusetts 02139
USA

L. Haine
Université Catholique de Louvain
Institut de Mathématique
Pure et Appliquée
Chemin de Cyclotron, 2
1348, Louvain-la-Neuve
Belgium

N. Kamran
Mc Gill University
Department of Mathematics
Montreal, Quebec H3A 2K6
Canada

T. Kohno
Kyushu University 33
Department of Mathematics
Hakozaki, Fukyoka, 812
Japan

H. Knörrer
ETH Zentrum
8092 Zürich
Switzerland

Y. Kosmann-Schwarzbach
Université de Lille I
UFR de Mathématiques
59655 Villeneuve d'Ascq Cedex
France

Lê Dung Trang
Université de Paris VII
UFR de Mathématiques
2, place Jussieu
75251 Paris Cedex 05
France

Lê Ngoc Chuyen
Institute of Mathematics
PO Box 631, Bo Ho
10 000 Hanoi
Vietnam

F. Magri
Università di Milano
Dipart. di Mat. "F. Enriques"
Via Saldini 50
20133 Milano
Italy

J.-M. Maillard
Université de Paris VI
L.P.T.H. E., CNRS
4, place Jussieu
75252 Paris Cedex 05
France

G. Maltsiniotis
Université de Paris VII
UFR de Mathématiques
2, place Jussieu
75251 Paris Cedex, France

Nguyen Viet Dung
Institute of Mathematics
P.O. Box 631, Bo Ho
10 000 Hanoi
Vietnam

S.P. Novikov
Academy of Sciences
L.D. Landau Inst. for Theor. Physics
Kosygina, 2
117940, GSP-1, Moscow, V-334
Russia

P. Olver
School of Mathematics
University of Minnesota
Minneapolis, Minnesota 55455
USA

M. Pedroni
Università di Milano
Dipart. di Mat. "F. Enriques"
Via Saldini, 50
20133 Milano
Italy

L.A. Piovan
Universidad Nacional del Sur
Departemento de Matematica
Av. Alem 1253
8000 Bahia Blanca
Argentina

E. Previato
Boston University
Department of Mathematics
Boston, Massachusetts 02215
USA

T. Ratiu
University of California
Department of Mathematics
Santa Cruz, California 95064
USA

M. Rosso
Université de Strasbourg I
Laboratoire de Mathématiques
7, rue René Descartes
67084 Strasbourg Cedex
France

M.A. Semenov-Tian-Shansky
LOMI
Fontanka 27
Saint-Petersburg, 191011
Russia

L.A. Takhtajan
SUNY at Stony Brook
Department of Mathematics
Stony Brook, NY 11794-3651
USA

K.M. Tamizhmani
Pondicherry University
Department of Mathematics
Kalapet, Pondicherry 650001
India

H. Torriani
Univ. Estadual de Campinas
Inst. de Mat. Est.
e Ciencias de Computacao
13081 Campinas SP
Brazil

A. Treibich
Université de Lille I
UFR de Mathématiques
59655 Villeneuve d'Ascq Cedex
France

H. Umemura
Kumamoto University
Department of Mathematics
Kumamoto 860
Japan

J.F. van Diejen
University of Amsterdam
Fac. Math/Computer Science
Plantage Muidergracht 24
1018 TV Amsterdam
The Netherlands

P. Vanhaecke
Katholiecke Universiteit Leuven
Department of Mathematics
Celestijnenlaan 200B
3001 Leuven
Belgium

P. van Moerbeke
Université Catholique de Louvain
Institut de Mathématique
Pure et Appliquée
Chemin du Cyclotron, 2
1348, Louvain-la-Neuve
Belgium

G. Wilson
London University
Imperial Coll. Sci. Techn.
Department of Mathematics
London, SW7 2BZ
Great Britain

J.B. Zuber
C.E.A. Saclay
Service Physique Théorique
91191 Gif-sur-Yvette Cedex
France

Index

AKNS equations, 131, 132, 133, 140, 147, 153, 157, 159, 161
Algebraically integrable equations, 121

Baker (wave) functions, 43, 44, 116, 120, 126, 147, 149, 150, 152, 154, 155, 157, 158, 161, 163
Bäcklund transformations, 163, 164, 165, 167, 168, 171
Baxterization, 292, 294
Betti numbers, 227
Bihamiltonian structures, 239, 252, 335, 338, 342
Birational transformations, 48, 283, 286
Boltzmann weights, 279

Casimir functions, 182, 194, 195, 202, 217, 219, 223, 253
Central extensions, 136
Calabi-Yau models, 342, 343
Character formula, 62
Chazy equation, 122, 123, 125, 126
Chern-Simons action, 116
Chiral Potts model, 275
Complexity, 235
Conformal field theory, 62, 313, 314, 316
Correlation functions, 314, 315
Coxeter groups, 283
Cyclic representations, 275

Deformation of Hamiltonian actions, 227
Dressing transformations, 133, 134, 258

Eigenvalue pairs, 242, 243, 244, 245
Elliptic solitons, 45, 46, 47, 50

Factorization method, 182, 192, 220
Fay identity, 168
Flag manifolds, 183, 196, 203, 204, 205, 211, 214, 215, 219
Flat connections, 133
Fractional powers, 261
Fredholm
  determinants, 117
  operators, 148
Frobenius
  algebras, 329
  manifolds, 321, 323, 324, 325, 330
Fuchsian groups, 124, 125
Full Kostant-Toda lattice, 181
Fusion algebras, 62

Gelfand-Dickey polynomials, 262
Grassmannians, 116, 126, 147, 148, 154, 155, 157, 158, 159, 165, 166, 167

Halphen system, 118, 120, 121, 122, 126
Heat equation, 73
Heisenberg group, 64
Hirota's direct method, 131
Hyperelliptic curves, 75, 78, 81, 82, 84

Intersection numbers, 315, 341
Isomonodromy deformations, 317, 330, 331, 333, 334, 352
Isospectral equations, 164
Iteration of mappings, 292

Jacobians, 39, 40, 41, 47, 52, 58, 76, 173

Kac-Moody algebras, 62, 126
Korteweg-de Vries equation, 163, 165, 252
KP hierarchy, 39, 44, 147, 155, 156, 158, 159
Krichever correspondence, 39, 42, 43, 44, 126

Lax equations, 116, 119, 255, 256, 263
Levi decomposition, 191, 213
Lie-Poisson structures, 189, 191
Loop
  algebras, 133
  groups, 132

Mean curvature, 81, 82, 83, 87, 90
Modular forms, 115, 120, 121, 123, 124, 126, 127
Monodromy transformations, 317

Painlevé equations, 117, 317, 331, 333, 352
Parabolic subalgebras, 190, 191
Path integrals, 313, 314
Poisson pencils, 252, 254, 258, 266
Pseudodifferential operators, 165, 251, 266, 269, 270

Quadrics, 69, 73
Quantized universal algebras, 275
Quartics, 69, 73
Quasiperiodic solutions, 82

Reduction, 116, 183, 220, 254, 261
R-matrices, 275, 286, 289, 294
Resolvents, 153

Sato's equations, 265, 268, 270
Schur polynomials, 168, 169
Schottky problem, 61
Self-dual Yang-Mills equations, 115, 116, 117, 126
Sinh-Gordon equation, 81
Sklyanin brackets, 266
Solitons, 147, 264
Spectral curves, 77, 172
Spectral parameters, 133, 134, 163, 277, 282, 289, 291, 303
Star-triangle relations, 279, 282, 283
Symplectic leaves, 187, 254
Systems of hydrodynamic type, 318, 334

τ-functions, 39, 44, 115, 116, 117, 122, 126, 127, 131, 132, 139, 140, 147, 150, 156, 157, 158, 161, 163, 170, 264
Tetrahedron equations, 289, 291, 297
Theta
  characteristics, 64, 65, 67, 68, 75
  divisors, 39, 41, 45, 63, 65, 67
  functions, 39, 41, 44, 56, 61, 64, 69, 70, 73, 74, 83, 117
Toda lattice, 116, 181
Topological
  classification, 237
  field theory, 314, 315, 316, 335, 337, 342
Torelli theorem, 42
Tori, 81, 90
Torus orbits, 209, 210, 211, 212, 215, 219, 220

Verlinde numbers, 62, 63, 67, 69, 70
Vertex
  models, 281
  sets, 227

Weyl groups, 284

Yang-Baxter equations, 281, 285, 287
Young diagrams, 167, 168, 169, 170

Progress in Mathematics

Edited by:

J. Oesterlé
Département de Mathématiques
Université de Paris VI
4, Place Jussieu
75230 Paris Cedex 05, France

A. Weinstein
Department of Mathematics
University of California
Berkeley, CA 94720
U.S.A.

Progress in Mathematics is a series of books intended for professional mathematicians and scientists, encompassing all areas of pure mathematics. This distinguished series, which began in 1979, includes authored monographs and edited collections of papers on important research developments as well as expositions of particular subject areas.

We encourage preparation of manuscripts in some form of TeX for delivery in camera-ready copy which leads to rapid publication, or in electronic form for interfacing with laser printers or typesetters.

Proposals should be sent directly to the editors or to: Birkhäuser Boston, 675 Massachusetts Avenue, Cambridge, MA 02139, U. S. A.

1 GROSS. Quadratic Forms in Infinite-Dimensional Vector Spaces
2 PHAM. Singularités des Systèmes Différentiels de Gauss-Manin
3 OKONEK/SCHNEIDER/SPINDLER. Vector Bundles on Complex Projective Spaces
4 AUPETIT. Complex Approximation, Proceedings, Quebec, Canada, July 3-8, 1978
5 HELGASON. The Radon Transform
6 LION/VERGNE. The Weil Representation, Maslov Index and Theta Series
7 HIRSCHOWITZ. Vector Bundles and Differential Equations Proceedings. Nice, France, June 12-17, 1979
8 GUCKENHEIMER/MOSER/NEWHOUSE. Dynamical Systems, C.I.M.E. Lectures. Bressanone, Italy, June, 1978
9 SPRINGER. Linear Algebraic Groups
10 KATOK. Ergodic Theory and Dynamical Systems I
11 BALSEV. 18th Scandinavian Conferess of Mathematicians, Aarhus, Denmark, 1980
12 BERTIN. Séminaire de Théorie des Nombres, Paris 1979-80
13 HELGASON. Topics in Harmonic Analysis on Homogeneous Spaces
14 HANO/MARIMOTO/MURAKAMI/OKAMOTO/OZEKI. Manifolds and Lie Groups: Papers in Honor of Yozo Matsushima
15 VOGAN. Representations of Real Reductive Lie Groups
16 GRIFFITHS/MORGAN. Rational Homotopy Theory and Differential Forms
17 VOVSI. Triangular Products of Group Representations and Their Applications
18 FRESNEL/VAN DER PUT. Géométrie Analytique Rigide et Applications
19 ODA. Periods of Hilbert Modular Surfaces
20 STEVENS. Arithmetic on Modular Curves

21 KATOK. Ergodic Theory and Dynamical Systems II
22 BERTIN. Séminaire de Théorie des Nombres, Paris 1980-81
23 WEIL. Adeles and Algebraic Groups
24 LE BARZ/HERVIER. Enumerative Geometry and Classical Algebraic Geometry
25 GRIFFITHS. Exterior Differential Systems and the Calculus of Variations
26 KOBLITZ. Number Theory Related to Fermat's Last Theorem
27 BROCKETT/MILLMAN/SUSSMAN. Differential Geometric Control Theory
28 MUMFORD. Tata Lectures on Theta I
29 FRIEDMAN/MORRISON. Birational Geometry of Degenrations
30 YANO/KON. CR Submanifolds of Kaehlerian and Sasakian Manifolds
31 BERTRAND/WALDSCHMIDT. Approximations Diophantiennes et Nombres Transcendants
32 BOOKS/GRAY/REINHART. Differential Geometry
33 ZUILY. Uniqueness and Non-Uniqueness in the Cauchy Problem
34 KASHIWARA. Systems of Micro-differential Equations
35 ARTIN/TATE. Arithmetic and Geometry: Papers Dedicated to I. R. Shafarevich on the Occasion of His Sixtieth Birthday. Vol. 1
36 ARTIN/TATE. Arithmetic and Geometry: Papers Dedicated to I. R. Shafarevich on the Occasion of His Sixtieth Birthday. Vol. II
37 DE MONVEL. Mathématique et Physique
38 BERTIN. Séminaire de Théorie des Nombres, Paris 1981-82
39 UENO. Classification of Algebraic and Analytic Manifolds
40 TROMBI. Representation Theory of Reductive Groups
41 STANLEY. Combinatorics and Commutative Algebra
42 JOUANOLOU. Théorèmes de Bertini et Applications
43 MUMFORD. Tata Lectures on Theta II
44 KAC. Infitine Dimensional Lie Algebras
45 BISMUT. Large deviations and the Malliavin Calculus
46 SATAKE/MORITA. Automorphic Forms of Several Variables, Taniguchi Symposium, Katata, 1983
47 TATE. Les Conjectures de Stark sur les Fonctions L d'Artin en $s = 0$
48 FRÖLICH. Classgroups and Hermitian Modules
49 SCHLICHTKRULL. Hyperfunctions and Harmonic Analysis on Symmetric Spaces
50 BOREL ET AL. Intersection Cohomology
51 BERTIN/GOLDSTEIN. Séminaire de Théorie des Nombres, Paris 1982-83
52 GASQUI/GOLDSCHMIDT. Déformations Infinitesimales des Structures Conformes Plates
53 LAURENT. Théorie de la Deuxième Microlocalisation dans le Domaine Complexe
54 VERDIER/LE POTIER. Module des Fibres Stables sur les Courbes Algébriques: Notes de l'Ecole Normale Supérieure, Printemps, 1983
55 EICHLER/ZAGIER. The Theory of Jacobi Forms
56 SHIFFMAN /SOMMESE. Vanishing Theorems on Complex Manifolds
57 RIESEL. Prime Numbers and Computer Methods for Factorization
58 HELFFER/NOURRIGAT. Hypoellipticité Maximale pour des Opérateurs Polynomes de Champs de Vecteurs
59 GOLDSTEIN. Séminaire de Théorie des Nombres, Paris 1983–84
60 PROCESI. Geometry Today: Giornate Di Geometria, Roma. 1984

61 BALLMANN/GROMOV/SCHROEDER. Manifolds of Nonpositive Curvature
62 GUILLOU/MARIN. A la Recherche de la Topologie Perdue
63 GOLDSTEIN. Séminaire de Théorie des Nombres, Paris 1984–85
64 MYUNG. Malcev-Admissible Algebras
65 GRUBB. Functional Calculus of Pseudo-Differential Boundary Problems
66 CASSOU-NOGUES/TAYLOR. Elliptic Functions and Rings and Integers
67 HOWE. Discrete Groups in Geometry and Analysis: Papers in Honor of G.D. Mostow on His Sixtieth Birthday
68 ROBERT. Autour de L'Approximation Semi-Classique
69 FARAUT/HARZALLAH. Deux Cours d'Analyse Harmonique
70 ADOLPHSON/CONREY/GHOSH/YAGER. Analytic Number Theory and Diophantine Problems: Proceedings of a Conference at Oklahoma State University
71 GOLDSTEIN. Séminaire de Théorie des Nombres, Paris 1985–86
72 VAISMAN. Symplectic Geometry and Secondary Characteristic Classes
73 MOLINO. Riemannian Foliations
74 HENKIN/LEITERER. Andreotti-Grauert Theory by Integral Formulas
75 GOLDSTEIN. Séminaire de Théorie des Nombres, Paris 1986–87
76 COSSEC/DOLGACHEV. Enriques Surfaces I
77 REYSSAT. Quelques Aspects des Surfaces de Riemann
78 BORHO/BRYLINSKI/MACPHERSON. Nilpotent Orbits, Primitive Ideals, and Characteristic Classes
79 MCKENZIE/VALERIOTE. The Structure of Decidable Locally Finite Varieties
80 KRAFT/PETRIE/SCHWARZ. Topological Methods in Algebraic Transformation Groups
81 GOLDSTEIN. Séminaire de Théorie des Nombres, Paris 1987–88
82 DUFLO/PEDERSEN/VERGNE. The Orbit Method in Representation Theory: Proceedings of a Conference held in Copenhagen, August to September 1988
83 GHYS/DE LA HARPE. Sur les Groupes Hyperboliques d'après Mikhael Gromov
84 ARAKI/KADISON. Mappings of Operator Algebras: Proceedings of the Japan-U.S. Joint Seminar, University of Pennsylvania, Philadelphia, Pennsylvania, 1988
85 BERNDT/DIAMOND/HALBERSTAM/HILDEBRAND. Analytic Number Theory: Proceedings of a Conference in Honor of Paul T. Bateman
86 CARTIER/ILLUSIE/KATZ/LAUMON/MANIN/RIBET. The Grothendieck Festschrift: A Collection of Articles Written in Honor of the 60th Birthday of Alexander Grothendieck. Vol. I
87 CARTIER/ILLUSIE/KATZ/LAUMON/MANIN/RIBET. The Grothendieck Festschrift: A Collection of Articles Written in Honor of the 60th Birthday of Alexander Grothendieck. Volume II
88 CARTIER/ILLUSIE/KATZ/LAUMON/MANIN/RIBET. The Grothendieck Festschrift: A Collection of Articles Written in Honor of the 60th Birthday of Alexander Grothendieck. Volume III
89 VAN DER GEER/OORT / STEENBRINK. Arithmetic Algebraic Geometry
90 SRINIVAS. Algebraic K-Theory
91 GOLDSTEIN. Séminaire de Théorie des Nombres, Paris 1988–89
92 CONNES/DUFLO/JOSEPH/RENTSCHLER. Operator Algebras, Unitary Representations, Enveloping Algebras, and Invariant Theory. A Collection of Articles in Honor of the 65th Birthday of Jacques Dixmier

93 AUDIN. The Topology of Torus Actions on Symplectic Manifolds

94 MORA/TRAVERSO (eds.) Effective Methods in Algebraic Geometry

95 MICHLER/RINGEL (eds.) Representation Theory of Finite Groups and Finite Dimensional Algebras

96 MALGRANGE. Equations Différentielles à Coefficients Polynomiaux

97 MUMFORD/NORI/NORMAN. Tata Lectures on Theta III

98 GODBILLON. Feuilletages, Etudes géométriques

99 DONATO /DUVAL/ELHADAD/TUYNMAN. Symplectic Geometry and Mathematical Physics. A Collection of Articles in Honor of J.-M. Souriau

100 TAYLOR. Pseudodifferential Operators and Nonlinear PDE

101 BARKER/SALLY. Harmonic Analysis on Reductive Groups

102 DAVID. Séminaire de Théorie des Nombres, Paris 1989-90

103 ANGER /PORTENIER. Radon Integrals

104 ADAMS /BARBASCH/VOGAN. The Langlands Classification and Irreducible Characters for Real Reductive Groups

105 TIRAO/WALLACH. New Developments in Lie Theory and Their Applications

106 BUSER. Geometry and Spectra of Compact Riemann Surfaces

108 BRYLINSKI. Loop Spaces, Characteristic Classes and Geometric Quantization

108 DAVID. Séminaire de Théorie des Nombres, Paris 1990-91

109 EYSSETTE/GALLIGO. Computational Algebraic Geometry

110 LUSZTIG. Introduction to Quantum Groups

111 SCHWARZ. Morse Homology

112 DONG/LEPOWSKY. Generalized Vertex Algebras and Relative Vertex Operators

113 MOEGLIN/WALDSPURGER. Décomposition spectrale et séries d'Eisenstein

114 BERENSTEIN/GAY/VIDRAS/YGER. Residue Currents and Bezout Identities

115 BABELON/CARTIER/KOSMANN-SCHWARZBACH. Integrable Systems, The Verdier Memorial Conference: Actes du Colloque International de Luminy

116 DAVID. Séminaire de Théorie des Nombres, Paris 1991-92

Zeitfracht Medien GmbH
Ferdinand Jühlke Straße 7
99095 Erfurt, Deutschland
produktsicherheit@kolibri360.de